"101 计划"核心教材

数学领域

数学"101计划"之应用数学

微分方程数值解法

李荣华　李永海　武海军　编著

中国教育出版传媒集团

高等教育出版社·北京

内容提要

本书是作者结合多年来的教学经验，为适应新时代教学和发展而编写的。全书共十一章，第 1 章介绍常微分方程初值问题的数值解法；第 2、3、4 章分别探讨椭圆型、抛物型和双曲型方程的有限差分法；第 5 到 9 章深入讨论边值问题的变分形式与 Ritz-Galerkin 法、有限元法及其多种变体，包括有限体积元法、间断 Galerkin 法和弱有限元法；第 10、11 章介绍有限元多重网格法和自适应算法。本书专为信息与计算科学专业本科生设计，同时也适用于应用数学、力学及工程科学专业的教学，并可为从事科学技术及工程计算的专业人员提供参考。

总　序

　　自数学出现以来, 世界上不同国家、地区的人们在生产实践中、在思考探索中以不同的节奏推动着数学的不断突破和飞跃, 并使之成为一门系统的学科。尤其是进入 21 世纪之后, 数学发展的速度、规模、抽象程度及其应用的广泛和深入都远远超过了以往任何时期。数学的发展不仅是在理论知识方面的增加和扩大, 更是思维能力的转变和升级, 数学深刻地改变了人类认识和改造世界的方式。对于新时代的数学研究和教育工作者而言, 有责任将这些知识和能力的发展与革新及时体现到课程和教材改革等工作当中。

　　数学 "101 计划" 核心教材是我国高等教育领域数学教材的大型编写工程。作为教育部基础学科系列 "101 计划" 的一部分, 数学 "101 计划" 旨在通过深化课程、教材改革, 探索培养具有国际视野的数学拔尖创新人才, 教材的编写是其中一项重要工作。教材是学生理解和掌握数学的主要载体, 教材质量的高低对数学教育的变革与发展意义重大。优秀的数学教材可以为青年学生打下坚实的数学基础, 培养他们的逻辑思维能力和解决问题的能力, 激发他们进一步探索数学的兴趣和热情。为此, 数学 "101 计划" 工作组统筹协调来自国内 16 所一流高校的师资力量, 全面梳理知识点, 强化协同创新, 陆续编写完成符合数学学科 "教与学" 特点, 体现学术前沿, 具备中国特色的高质量核心教材。此次核心教材的编写者均为具有丰富教学成果和教材编写经验的数学家, 他们当中很多人不仅有国际视野, 还在各自的研究领域作出杰出的工作成果。在教材的内容方面, 几乎是包括了分析学、代数学、几何学、微分方程、概率论、现代分析、数论基础、代数几何基础、拓扑学、微分几何、应用数学基础、统计学基础等现代数学的全部分支方向。考虑到不同层次的学生需要, 编写组对个别教材设置了不同难度的版本。同时, 还及时结合现代科技的最新动向, 特别组织编写《人工智能的数学基础》等相关教材。

　　数学 "101 计划" 核心教材得以顺利完成离不开所有参与教材编写和审订的专家、学者及编辑人员的辛勤付出, 在此深表感谢。希望读者们能通过数学 "101 计划" 核心教材更好地构建扎实的数学知识基础, 锻炼数学思维能力, 深化对数学的理解, 进一步生发出自主学习探究的能力。期盼广大青年学生受益于这套核心教材, 有更多的拔尖创新人才脱颖而出!

田 刚

数学 "101 计划" 工作组组长

中国科学院院士

北京大学讲席教授

前　言

微分方程数值解法在数值分析领域占据着举足轻重的地位, 它以逼近论和数值代数等学科为基础, 并反过来推动这些学科的发展。微分方程数值解法广泛应用于物理、工程、经济、生物学等领域, 成为多学科交叉的纽带。自 20 世纪 40 年代以来, 微分方程数值解法已发展成一个庞大的计算技术学科, 并成为信息与计算科学专业的基础课程之一。

为了培养拔尖创新人才, 推动教育教学系统改革, 笔者根据数学领域 "101 计划" 核心教材建设的整体思路以及 "大师引领、科教融汇、融通中外" 的建设模式, 在充分借鉴国内外优秀教材建设经验的基础上, 编写了这本《微分方程数值解法》。本教材继承了李荣华与刘播编写的《微分方程数值解法 (第四版)》一书中的常微分方程数值解法、椭圆型方程有限差分法、抛物型方程有限差分法、双曲型方程有限差分法和偏微分方程 Ritz-Galerkin 法等内容。同时, 改写了有限元法相关章节。另外, 为了反映微分方程数值解法的学科进展, 本教材还增加了有限体积元法、间断 Galerkin 法、弱有限元法、多重网格法和自适应有限元法等章节。

在选材上, 本书遵循少而精和可接受性强的原则, 力求选取基本且对本学科发展有重要影响的内容。由于我国开设信息与计算科学专业的院校众多, 各院校的情况和要求差异较大, 因此教师在讲授时可根据具体情况适当删减部分内容。除文中打星号章节外, 其他部分也可进一步精简, 但要确保所传授知识的系统性。

虽然编者在编写过程中付出了大量努力, 但书中仍可能存在一些缺点甚至错误, 恳请广大师生和读者指正。在成书过程中, 浙江大学包刚院士和吉林大学张然教授在整体框架和内容选择方面提出了许多宝贵建议; 吉林大学吕俊良教授在教材编写中付出了大量精力; 吉林大学翟起龙教授为弱有限元法一章的编写提供了诸多帮助; 高等教育出版社编辑们为本书的出版付出了大量辛勤劳动。在此, 向他们表示衷心的感谢!

编　者

2024 年 8 月

目　录

第 1 章

常微分方程初值问题的
数值解法

1.1 引论

1.1.1 一阶常微分方程初值问题

设 $f(t, u)$ 在区域 $G : 0 \leqslant t \leqslant T, |u| < \infty$ 上连续, 求 $u = u(t)$ 满足

$$\frac{\mathrm{d}u}{\mathrm{d}t} = f(t, u), \quad 0 < t \leqslant T, \tag{1.1a}$$

$$u(0) = u_0, \tag{1.1b}$$

其中 u_0 是给定的初值, 这就是一阶常微分方程的初值问题. 为使问题 (1.1a)—(1.1b) 的解存在、唯一且连续依赖初值 u_0, 即初值问题 (1.1a)—(1.1b) 适定, 还必须对右端 $f(t, u)$ 加适当限制, 通常要求 f 关于 u 满足 Lipschitz 条件: 存在常数 L, 使

$$|f(t, u_1) - f(t, u_2)| \leqslant L |u_1 - u_2| \tag{1.2}$$

对所有 $t \in [0, T]$ 和 $u_1, u_2 \in (-\infty, +\infty)$ 成立 (参见 [2]). 本章总假定 f 满足上述条件.

虽然初值问题 (1.1a)—(1.1b) 对很大一类右端函数有解, 但求出所需的解绝非易事. 事实上, 除了极特殊情形外, 人们不可能求出它的精确解, 只能用各种近似方法得到满足一定精度的近似解. 读者在常微分方程教程中已经熟悉了级数解法和 Picard 逐步逼近法, 这些方法可以给出解的近似表达式, 称为近似解析方法. 另一类近似方法只给出解在一些离散点上的近似值, 称为数值方法. 由于后一类方法应用范围更广, 特别适合用计算机计算, 所以本章只讨论初值问题的数值解法.

1.1.2 Euler 法

最简单的数值解法是 Euler 法. 将区间 $[0, T]$ 作 N 等分, 小区间的长度 $h = \dfrac{T}{N}$ 称为步长, 点列 $t_n = nh$ $(n = 0, 1, \cdots, N)$ 称为节点, $t_0 = 0$. 由已知初值 $u(t_0) = u_0$, 可算出 $u(t)$ 在 $t = t_0$ 的导数值 $u'(t_0) = f(t_0, u(t_0)) = f(t_0, u_0)$. 利用 Taylor 展式

$$\begin{aligned} u(t_1) = u(t_0 + h) &= u(t_0) + hu'(t_0) + \frac{h^2}{2}u''(t_0) + \frac{h^3}{6}u'''(\zeta) \\ &= u_0 + hf(t_0, u_0) + R_0, \end{aligned} \tag{1.3}$$

其中 $\zeta \in (t_0, t_1)$. 略去二阶小量 R_0, 得

$$u_1 = u_0 + hf(t_0, u_0).$$

u_1 就是 $u(t_1)$ 的近似值. 利用 u_1 又可算出 u_2, 如此下去可算出 u 在所有节点上的近似

值, 一般递推公式为

$$u_{n+1} = u_n + hf(t_n, u_n), \quad n = 0, 1, \cdots, N-1, \tag{1.4}$$

这就是 Euler 法.

　　Euler 法有明显的几何意义. 实际上, (1.1a) 的解是 tu 平面上的积分曲线族, 过任一点恰有一积分曲线通过. 按 Euler 法, 过初始点 (t_0, u_0) 作经过此点的积分曲线的切线 (斜率为 $f(t_0, u_0)$), 沿切线取点 (t_1, u_1) (u_1 按 (1.4) 计算) 作为 $(t_1, u(t_1))$ 的近似; 然后过 (t_1, u_1) 作一经过此点的积分曲线的切线, 沿切线取点 (t_2, u_2) (u_2 按 (1.4) 计算) 作为 $(t_2, u(t_2))$ 的近似. 如此下去. 即得一以 (t_n, u_n) 为顶点的折线, 这就是用 Euler 法得到的近似积分曲线 (图 1.1 中的虚折线). 从几何上看, h 越小, 此折线逼近积分曲线越好, 因此也称 Euler 法为 Euler 折线法.

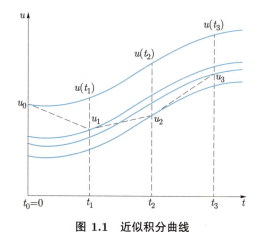

图 1.1　近似积分曲线

　　现在用数值积分法推导 Euler 法. 将问题 (1.1a)—(1.1b) 写成等价的积分形式:

$$u(t) = u_0 + \int_{t_0}^{t} f(\tau, u(\tau)) d\tau \quad (t_0 = 0). \tag{1.5}$$

特别地,

$$u(t_1) = u_0 + \int_{t_0}^{t_1} f(\tau, u(\tau)) d\tau \quad (t_0 = 0).$$

用左矩形公式近似右端积分, 并用 u_1 代替 $u(t_1)$ 即得 $u_1 = u_0 + hf(t_0, u_0)$, 这就是 Euler 法 (1.4). 我们也可用梯形公式近似上述积分, 仍用 u_1 替代 $u(t_1)$, 得

$$u_1 = u_0 + \frac{h}{2}[f(t_0, u_0) + f(t_1, u_1)].$$

一般而言,

$$u_{n+1} = u_n + \frac{h}{2}[f(t_n, u_n) + f(t_{n+1}, u_{n+1})], \quad n = 0, 1, \cdots, N-1, \tag{1.6}$$

称之为改进的 Euler 法. 显然改进的 Euler 法比 Euler 法精度更高, 但每步计算要解非线性方程 (1.6) (关于 u_{n+1}), 这可用如下迭代公式:

$$u_{n+1}^{[k+1]} = u_n + \frac{h}{2}\left[f(t_n, u_n) + f\left(t_{n+1}, u_{n+1}^{[k]}\right)\right], \quad k = 0, 1, \cdots. \tag{1.7}$$

取初值为 $u_{n+1}^{[0]} = u_n$, 一般只需迭代几步即可收敛.

现在分析一下 Euler 法误差的来源. 为使问题简化, 我们不考虑因计算机字长限制引起的舍入误差. 注意 (1.3) 或其一般的递推式

$$u(t_{n+1}) = u(t_n) + hf(t_n, u(t_n)) + R_n \tag{1.8}$$

是精确方程, 其中

$$R_n = \frac{h^2}{2}u''(t_n) + \frac{h^3}{6}u'''(\zeta), \quad \zeta \in (t_n, t_{n+1}). \tag{1.9}$$

由 (1.8) 到 Euler 法 (1.4) 的唯一差别是舍去了余项 R_n. 令

$$L[u_n; h] = u_{n+1} - u_n - hf(t_n, u_n), \tag{1.10}$$

取 $u_n = u(t_n)$, 则 $R_n = L[u(t_n); h] = u(t_{n+1}) - u(t_n) - hu'(t_n)$. 今后称 R_n 为**局部截断误差**. 显然 Euler 法的局部截断误差的阶为 $O(h^2)$.

将 $t \in [t_n, t_{n+1}]$ 表成 $t = t_n + \tau h, 0 \leqslant \tau \leqslant 1$. 由线性插值的余项公式, 我们有

$$f(t, u(t)) = u'(t) = u'(t_n + \tau h)$$
$$= u'(t_n) + \tau[u'(t_{n+1}) - u'(t_n)] + \frac{h^2}{2}\tau(\tau - 1)u'''(t_n + \theta h) \quad (0 \leqslant \theta \leqslant 1).$$

于是

$$\int_{t_n}^{t_{n+1}} f(t, u(t))\mathrm{d}t = \int_0^1 [u'(t_n) + \tau(u'(t_{n+1}) - u'(t_n))]h\mathrm{d}\tau +$$
$$\frac{h^3}{2}\int_0^1 \tau(\tau - 1)u'''(t_n + \theta h)\,\mathrm{d}\tau$$
$$= \frac{h}{2}[u'(t_n) + u'(t_{n+1})] - \frac{h^3}{12}u'''(\zeta), \quad \zeta \in (t_n, t_{n+1}).$$

足见改进 Euler 法的局部截断误差为

$$R_n^{(1)} = -\frac{h^3}{12}u'''(\zeta), \tag{1.11}$$

其阶为 $O(h^3)$, 比 Euler 法高一阶.

当然我们更关心的是近似解的误差, 即

$$e_n = u(t_n) - u_n,$$

称为**整体误差**. 将 (1.4) 和 (1.8) 相减, 知 e_n 满足误差方程:

$$e_{n+1} = e_n + h\left[f\left(t_n, u\left(t_n\right)\right) - f\left(t_n, u_n\right)\right] + R_n. \tag{1.12}$$

因 $f(t, u)$ 关于 u 满足 Lipschitz 条件 (1.2), 故

$$|e_{n+1}| \leqslant |e_n| + Lh|e_n| + R$$
$$= (1 + Lh)|e_n| + R,$$

其中 $R = \max_n |R_n|$. 以此递推, 得

$$|e_n| \leqslant (1 + Lh)|e_{n-1}| + R \leqslant (1 + Lh)^2|e_{n-2}| + (1 + Lh)R + R$$
$$\leqslant \cdots \leqslant (1 + Lh)^n|e_0| + R\sum_{j=0}^{n-1}(1 + Lh)^j$$
$$= (1 + Lh)^n|e_0| + \frac{R}{Lh}\left[(1 + Lh)^n - 1\right].$$

注意 $t_n = t_0 + nh \leqslant T, n = \dfrac{t_n - t_0}{h}$, 于是

$$|e_n| \leqslant \mathrm{e}^{L(T-t_0)}|e_0| + \frac{R}{Lh}\left(\mathrm{e}^{L(T-t_0)} - 1\right), \quad n = 1, 2, \cdots, N. \tag{1.13}$$

右端依赖初始误差 e_0 和局部截断误差的界 R. 对 Euler 法, 可取 $R = Ch^2$ (C 是与 n 无关的常数). 若 $e_0 = 0$ (取 $u_0 = u(t_0)$), 则

$$|e_n| \leqslant CL^{-1}\mathrm{e}^{L(T-t_0)}h. \tag{1.14}$$

所以 $e_n = O(h)$, 比局部截断误差低一阶. 用同样方法可以证明改进的 Euler 法的整体误差的阶为 $O\left(h^2\right)$, 也比局部截断误差低一阶.

在实际计算中, 初值 u_0 往往不能精确给出 (例如, 测量误差, 舍入误差等), 其误差将依次传递下去. 如果传递误差能够被控制, 精确说来, 传递误差连续依赖初始误差, 则称算法稳定; 否则就称不稳定. 显然不稳定的算法是不能用的. 我们考察 Euler 法. 设从初值 u_0 和 v_0 算出的节点值分别为 $\{u_n\}$ 和 $\{v_n\}$, 则

$$u_n = u_{n-1} + hf\left(t_{n-1}, u_{n-1}\right),$$
$$v_n = v_{n-1} + hf\left(t_{n-1}, v_{n-1}\right), \quad n = 1, 2, \cdots, N.$$

两式相减并令 $e_n = u_n - v_n$, 得

$$e_n = e_{n-1} + h\left[f\left(t_{n-1}, u_{n-1}\right) - f\left(t_{n-1}, v_{n-1}\right)\right],$$

从而

$$|e_n| \leqslant |e_{n-1}| + Lh|e_{n-1}| = (1 + Lh)|e_{n-1}|$$

$$\leqslant \cdots \leqslant (1 + Lh)^n |e_0|$$

$$\leqslant e^{LT} |e_0| \quad (\text{因 } nh \leqslant T).$$

这说明 e_n 连续依赖初始误差 e_0, 即 Euler 法稳定. 同样可证改进的 Euler 法也稳定.

1.1.3 线性差分方程

设 $a_0(n), a_1(n), \cdots, a_k(n)$ 和 $b_n(n = 0, 1, \cdots)$ 满足 $a_0(n) \neq 0, a_k(n) \neq 0$. 称序列 $\{u_n\}$ 满足的方程

$$a_k(n)u_{n+k} + a_{k-1}(n)u_{n+k-1} + \cdots + a_0(n)u_n = b_n, \quad n = 0, 1, 2, \cdots \qquad (1.15)$$

为 k 阶线性差分方程, 序列 $\{u_n\}$ 是差分方程的解. 当右端 $b_n = 0(n = 0, 1, \cdots)$ 时, 称为齐方程. 为确定差分解, 需给定 k 个初值 $u_0, u_1, \cdots, u_{k-1}$.

记 $\Delta_+ u_n = u_{n+1} - u_n$, 称为向前差分, 则 $u_{n+1} = u_n + \Delta_+ u_n$, 即 u_{n+1} 可用 u_n 的一阶差分表示. 又二阶差分

$$\Delta_+^2 u_n = \Delta_+ u_{n+1} - \Delta_+ u_n = u_{n+2} - u_{n+1} - \Delta_+ u_n = u_{n+2} - u_n - 2\Delta_+ u_n,$$

故 $u_{n+2} = u_n + 2\Delta_+ u_n + \Delta_+^2 u_n$, 即 u_{n+2} 可用 u_n 的一阶和二阶差分表示. 依次类推, 可知 u_{n+j} 能用 u_n 的一阶、二阶直至 j 阶差分表示. 所以差分方程 (1.15) 的最高阶为 k. k 阶线性差分方程是 k 阶线性常微分方程的离散模拟, 二者有许多平行的基本性质. 例如:

(1) 齐方程的解具有可加性和齐次性. 若 $\{u_n\}$ 和 $\{v_n\}$ 都是齐方程的解, α 和 β 是任意常数, 则 $\{\alpha u_n + \beta v_n\}$ 也是它的解.

(2) k 阶齐方程存在 k 个线性无关的解. k 个解 $\left\{u_n^{(j)}\right\} (j = 0, 1, \cdots, k-1)$ 称为线性无关, 是指方程

$$\sum_{j=0}^{k-1} c_j u_n^{(j)} = 0, \quad n = 0, 1, \cdots$$

仅当 $c_0 = c_1 = \cdots = c_{k-1} = 0$ 时成立. 由于任一解 $\left\{u_n^{(j)}\right\} (n = 0, 1, \cdots)$ 可表为初值 $u_0^{(j)}, u_1^{(j)}, \cdots, u_{k-1}^{(j)}$ 的一次组合, 所以 k 个解 $\left\{u_n^{(j)}\right\} (n = 0, 1, \cdots, k-1)$ 线性无关的充要条件是初始向量 $\left(u_0^{(j)}, u_1^{(j)}, \cdots, u_{k-1}^{(j)}\right)^{\mathrm{T}}$ (T 表示转置, $j = 0, 1, \cdots, k-1$) 线性无关, 即行列式

$$\begin{vmatrix} u_0^{(0)} & u_0^{(1)} & \cdots & u_0^{(k-1)} \\ u_1^{(0)} & u_1^{(1)} & \cdots & u_1^{(k-1)} \\ \vdots & \vdots & & \vdots \\ u_{k-1}^{(0)} & u_{k-1}^{(1)} & \cdots & u_{k-1}^{(k-1)} \end{vmatrix} \neq 0.$$

由此进一步推出, k 阶齐方程恰有 k 个线性无关的解, 且任一解可表示成这些解的线性组合.

(3) 非齐方程的通解等于齐方程的通解与非齐方程一特解之和.

今考虑常系数差分方程:

$$\sum_{j=0}^{k} a_j u_{n+j} = b_n, \quad n = 0, 1, \cdots, \tag{1.16}$$

其齐方程为

$$\sum_{j=0}^{k} a_j u_{n+j} = 0, \quad n = 0, 1, \cdots. \tag{1.17}$$

考虑齐方程形如 $u_n = \zeta^n$ (ζ 待定) 的解, 以之代到 (1.17), 知 ζ 应满足

$$a_k \zeta^k + a_{k-1} \zeta^{k-1} + \cdots + a_1 \zeta + a_0 = 0,$$

即 ζ 应是代数方程

$$a_k \lambda^k + a_{k-1} \lambda^{k-1} + \cdots + a_1 \lambda + a_0 = 0 \tag{1.18}$$

的根. 反之, 若 ζ 是 (1.18) 的任一根, 则 $u_n = \zeta^n$ 必为 (1.17) 的解. 分几种情况:

(i) 方程 (1.18) 有 k 个互异的实根 $\zeta_1, \zeta_2, \cdots, \zeta_k$, 则 $\zeta_1^n, \zeta_2^n, \cdots, \zeta_k^n$ 是差分方程 (1.17) 的 k 个线性无关解, 通解为

$$u_n = \sum_{j=1}^{k} c_j \zeta_j^n, \quad n = 0, 1, \cdots.$$

(ii) 方程 (1.18) 有 m 个互异实根 $\zeta_1, \zeta_2, \cdots, \zeta_m$, ζ_j 的重数是 $r_j (j = 1, 2, \cdots, m)$, $r_1 + r_2 + \cdots + r_m = k$, 则

$$\zeta_j^n, n\zeta_j^n, \cdots, n^{r_j-1}\zeta_j^n, \quad n = 0, 1, \cdots$$

是 (1.17) 的 r_j 个线性无关解. (1.17) 的通解形如

$$u_n = \sum_{j=1}^{m} \sum_{l=1}^{r_j} c_{jl} n^{l-1} \zeta_j^n, \quad n = 0, 1, \cdots. \tag{1.19}$$

(iii) 若 (1.18) 有复根 ζ_j, 则其共轭 $\overline{\zeta_j}$ 也是根. 令

$$\zeta_j = \rho e^{i\theta} = \rho(\cos\theta + i\sin\theta) \quad (i = \sqrt{-1}),$$

则

$$\overline{\zeta_j} = \overline{\rho e^{i\theta}} = \rho(\cos\theta - i\sin\theta).$$

此时可用两个线性无关的实解

$$\rho^n \cos n\theta, \rho^n \sin n\theta$$

替换 ζ_j^n 和 $\overline{\zeta_j^n}$.

现在给出非齐方程 (1.16) 的通解表达式. 引进 k 维向量 $\boldsymbol{U}_n = (u_{n+k-1}, u_{n+k-2}, \cdots, u_n)^{\mathrm{T}}$ 和 $k \times k$ 矩阵:

$$\boldsymbol{C} = \begin{bmatrix} -a_k^{-1}a_{k-1} & -a_k^{-1}a_{k-2} & \cdots & -a_k^{-1}a_1 & -a_k^{-1}a_0 \\ 1 & 0 & \cdots & 0 & 0 \\ 0 & 1 & \cdots & 0 & 0 \\ \vdots & \vdots & & \vdots & \vdots \\ 0 & 0 & \cdots & 1 & 0 \end{bmatrix}. \tag{1.20}$$

将 (1.16) 改写成:

$$u_{n+k} = -a_k^{-1}\left(a_{k-1}u_{n+k-1} + a_{k-2}u_{n+k-2} + \cdots + a_0u_n\right) + a_k^{-1}b_n,$$

进一步写成向量形式:

$$\boldsymbol{U}_{n+1} = \boldsymbol{C}\boldsymbol{U}_n + \boldsymbol{b}_n, \quad \boldsymbol{b}_n = \left(a_k^{-1}b_n, 0, \cdots, 0\right)^{\mathrm{T}}. \tag{1.21}$$

以此递推, 即得通解

$$\boldsymbol{U}_n = \boldsymbol{C}^n\boldsymbol{U}_0 + \sum_{l=0}^{n-1} \boldsymbol{C}^l\boldsymbol{b}_{n-l-1}, \quad n = 1, 2, \cdots, \tag{1.22}$$

其中第一项是齐方程的通解, 第二项是非齐方程的特解 (初值 $u_0 = u_1 = \cdots = u_{k-1} = 0$).

直接展开行列式 $|\boldsymbol{C} - \lambda\boldsymbol{I}_k|$ ($\boldsymbol{I}_k$ 是 k 阶单位矩阵), 即知 (1.18) 的左端就是 $\boldsymbol{C}$ 的特征多项式. 设 λ_j 是 $\boldsymbol{C}$ 的特征值 (方程 (1.18) 的根), $x_j = (d_{k-1}, d_{k-2}, \cdots, d_0)^{\mathrm{T}}$ 是相应的特征向量, 则

$$-a_k^{-1}\left(a_{k-1}d_{k-1} + a_{k-2}d_{k-2} + \cdots + a_0d_0\right) = \lambda_j d_{k-1},$$
$$d_{k-1} = \lambda_j d_{k-2},$$
$$\cdots\cdots\cdots\cdots$$
$$d_1 = \lambda_j d_0.$$

由此得

$$d_0 = d_0, \quad d_1 = \lambda_j d_0, \quad d_2 = \lambda_j^2 d_0, \quad \cdots, \quad d_{k-1} = \lambda_j^{k-1} d_0,$$
$$x_j = d_0 \left(\lambda_j^{k-1}, \lambda_j^{k-2}, \cdots, \lambda_j, 1\right)^{\mathrm{T}}.$$

可见任一特征值的特征空间的维数都是 1, 因此只有单特征值的初等因子的次数才是 1. 用相似变换 $\boldsymbol{S}$ 将 $\boldsymbol{C}$ 化成 Jordan 标准形:

$$\boldsymbol{C} = \boldsymbol{S}\boldsymbol{J}\boldsymbol{S}^{-1}.$$

与单特征值相应的 Jordan 块为 λ, 与重特征值相应的 Jordan 块为

$$
\boldsymbol{J}_r = \begin{bmatrix} \lambda & 1 & & \mathbf{0} \\ & & \ddots & \\ & \ddots & & \\ \mathbf{0} & & & 1 \\ & & & \lambda \end{bmatrix} \quad (r : \lambda \text{ 的重数}).
$$

因 $\boldsymbol{C}^n = \boldsymbol{S}\boldsymbol{J}^n\boldsymbol{S}^{-1}$, $\boldsymbol{J}^n$ 也是分块矩阵, 每一分块形如 $(\lambda)^n = (\lambda^n)$ (λ 是单特征值) 或 (λ 是重特征值)

$$
\boldsymbol{J}_r^n = \begin{bmatrix} \lambda^n & n\lambda^{n-1} & \cdots & n\lambda^{n-r-1} \\ & \lambda^n & \ddots & \vdots \\ \mathbf{0} & & \ddots & n\lambda^{n-1} \\ & & & \lambda^n \end{bmatrix} \quad (n \geqslant r).
$$

引理 1.1 (i) 矩阵族 $\{\boldsymbol{C}^n\}$ $(n = 1, 2, \cdots)$ 有界的充要条件是: 方程 (1.18) 的所有根在单位圆内 ($|\lambda| \leqslant 1$), 而位于单位圆周上的都是单根.

(ii) 矩阵族 $\{\boldsymbol{C}^n\}$ 当 $n \to \infty$ 时有极限的充要条件是: 方程 (1.18) 的所有根在单位圆内, 而位于单位圆周上的根等于 1.

(iii) 矩阵族 $\{\boldsymbol{C}^n\}$ 当 $n \to \infty$ 时趋于零矩阵的充要条件是: 方程 (1.18) 的所有根在单位圆内部 ($|\lambda| < 1$).

1.1.4 Gronwall 不等式

在做解的先验估计时经常要用 Gronwall 不等式 (也称 Bellman 不等式). 先介绍连续形式的 Gronwall 不等式.

引理 1.2 设连续函数 $\eta(t)(a \leqslant t \leqslant b)$ 满足

$$
|\eta(t)| \leqslant \beta + \alpha \int_a^t |\eta(\tau)|\mathrm{d}\tau, \quad a \leqslant t \leqslant b, \tag{1.23}
$$

其中 α, β 为非负常数, 则

$$
|\eta(t)| \leqslant \beta \mathrm{e}^{\alpha(t-a)}, \quad a \leqslant t \leqslant b. \tag{1.24}
$$

证明 先设 $\beta > 0$. 令

$$
\zeta(t) = \beta + \alpha \int_0^t |\eta(\tau)|\mathrm{d}\tau,
$$

则由 (1.23) 得

$$\frac{\mathrm{d}\zeta(t)}{\mathrm{d}t} \leqslant \alpha\zeta(t).$$

显然 $\zeta(t) > 0$, 故

$$\frac{\zeta'(t)}{\zeta(t)} \leqslant \alpha.$$

于 $[a, t]$ 上积分, 得

$$\ln\frac{\zeta(t)}{\beta} \leqslant \alpha(t - a).$$

利用 (1.23) 即得 (1.24).

今设 $\beta = 0$. $\forall \delta > 0$, 由 (1.23) 得

$$|\eta(t)| \leqslant \delta + \alpha \int_a^t |\eta(\tau)| \mathrm{d}\tau.$$

在上面得到的不等式中令 $\delta \to 0$ 便知 $\eta(t) \equiv 0$, 故 (1.24) 仍成立. □

现在介绍离散形式的 Gronwall 不等式.

引理 1.3　设 $\alpha, \beta \geqslant 0$ 是任意常数, 序列 $\{\eta_n\}$ 满足

$$|\eta_n| \leqslant \beta + \alpha h \sum_{j=0}^{n-1} \eta_j, \quad n = k, k+1, \cdots, nh \leqslant T, \tag{1.25}$$

其中 $h > 0$ 是步长, 则

$$|\eta_n| \leqslant \mathrm{e}^{\alpha T} \left(\beta + \alpha k h M_0\right), \quad n \geqslant k, \quad nh \leqslant T, \tag{1.26}$$

其中 $M_0 = \max\{|\eta_0|, |\eta_1|, \cdots, |\eta_{k-1}|\}$.

证明　令 $\zeta_n = \beta + \alpha h \sum_{j=0}^{n-1} |\eta_j|$, 则 (1.25) 相当于

$$\zeta_n - \zeta_{n-1} \leqslant \alpha h \zeta_{n-1},$$

从而

$$\zeta_n \leqslant (1 + \alpha h)\zeta_{n-1} \leqslant (1 + \alpha h)^2 \zeta_{n-2} \leqslant \cdots \leqslant (1 + \alpha h)^{n-k}\zeta_k \leqslant \mathrm{e}^{\alpha T}\left(\beta + \alpha k h M_0\right),$$

于是由 (1.25) 得

$$|\eta_n| \leqslant \zeta_n \leqslant \mathrm{e}^{\alpha T}\left(\beta + \alpha k h M_0\right). \qquad □$$

1.1.5　习题

1. 用 Euler 法和改进的 Euler 法求 $u' = -5u\ (0 \leqslant t \leqslant 1)$, $u(0) = 1$ 的数值解, 步长 $h = 0.1,\ 0.05$; 并比较两个算法的精度.

2. 求差分方程 $u_{n+2} - 2\mu u_{n+1} + \mu u_n = 1$ $(n = 0, 1, \cdots)$ 的通解, $0 < \mu < 1$. 证明 $u_n \to \dfrac{1}{1-\mu}, n \to \infty$.

3. 将 $u'' = -u$ $(0 \leqslant t \leqslant 1)$, $u(0) = 0$, $u'(0) = 1$ 化为一阶方程组, 并用 Euler 法和改进的 Euler 法求解, 步长 $h = 0.1, 0.05$; 并比较两个算法的精度.

1.2 线性多步法

用 Euler 法计算节点 $t_n = t_0 + nh$ $(t_0 = 0)$ 的近似值 u_n 只用到前一节点的值 u_{n-1}, 所以从初值 u_0 出发可算出以后各节点的值, 这样的方法称为**单步法**. 为了提高解的精度, 需要构造线性多步法, 其一般形式为

$$\sum_{j=0}^{k} \alpha_j u_{n+j} = h \sum_{j=0}^{k} \beta_j f_{n+j}, \tag{1.27}$$

其中 $f_{n+j} = f(t_{n+j}, u_{n+j})$, α_j 和 β_j 是常数, 且 $\alpha_k \neq 0, \alpha_0$ 和 β_0 不同时为 0. 按 (1.27) 计算 u_{n+k} 时要用到前面 k 个节点的值 $u_n, u_{n+1}, \cdots, u_{n+k-1}$, 因此称 (1.27) 为多步法或 k 步法. 又因为方程 (1.27) 关于 f_{n+j} 是线性的, 所以称为**线性多步法**. 为使多步法的计算能够进行, 除给定的初值 u_0 外, 还要知道附加初值 $u_1, u_2, \cdots, u_{k-1}$, 这可用其他方法计算, 后面还要介绍. 由于多步法每计算一步用到的信息更多, 因此可望造出精度更高的算法. 若 $\beta_k = 0$, 则称方法 (1.27) 是显式的; 若 $\beta_k \neq 0$, 则称方法 (1.27) 是隐式的.

1.2.1 数值积分法

人物简介

将方程 $u' = f(t, u)$ 写成积分形式, 比如在 $[t_n, t_{n+1}]$ 上积分, 得

$$u(t_{n+1}) = u(t_n) + \int_{t_n}^{t_{n+1}} f(t, u(t)) \mathrm{d}t. \tag{1.28}$$

适当取 $k+1$ 个节点, 以被积函数 $f(t, u(t))$ 的 k 次 Lagrange 插值多项式 $L_{n,k}(t)$ 近似代替 $f(t, u(t))$, 就可得到形如 (1.27) 的线性多步法. 插值节点的不同取法就会得到不同的多步法.

(1) **Adams 外插法** 也称 Adams-Bashforth 法, 这是一种显式多步法. 取 $t_n, t_{n-1}, \cdots, t_{n-k}$ 为节点, 构造 f 的 Langrange 插值多项式 $L_{n,k}(t)$, 则

$$f(t, u(t)) = L_{n,k}(t) + r_{n,k}(t), \tag{1.29}$$

其中 $r_{n,k}(t)$ 是插值余项. 代到 (1.28), 得

$$u\left(t_{n+1}\right) = u\left(t_n\right) + \int_{t_n}^{t_{n+1}} L_{n,k}(t)\mathrm{d}t + \int_{t_n}^{t_{n+1}} r_{n,k}(t)\mathrm{d}t. \tag{1.30}$$

舍去余项

$$R_{n,k} = \int_{t_n}^{t_{n+1}} r_{n,k}(t)\mathrm{d}t, \tag{1.31}$$

并用 u_j 代替 $u\left(t_j\right)$, 即得

$$u_{n+1} = u_n + \int_{t_n}^{t_{n+1}} L_{n,k}(t)\mathrm{d}t. \tag{1.32}$$

像 Euler 法一样, 称 $R_{n,k}$ 为局部截断误差.

现在给出 (1.32) 的具体形式. 因为插值节点等距, 被插值点 $t \in [t_n, t_{n+1}]$ 靠近最后一个节点 t_n, 所以将 $L_{n,k}(t)$ 表示成牛顿向后插值公式更方便. 记

$$t = t_n + \tau h, \quad \tau \in [0,1],$$

则牛顿向后插值公式为

$$
\begin{aligned}
L_{n,k}(t) &= L_{n,k}\left(t_n + \tau h\right) \\
&= f_n + \frac{\tau}{1!}\Delta_+ f_{n-1} + \frac{\tau(\tau+1)}{2!}\Delta_+^2 f_{n-2} + \cdots + \frac{\tau(\tau+1)\cdots(\tau+k-1)}{k!}\Delta_+^k f_{n+k},
\end{aligned}
\tag{1.33}
$$

式中 Δ_+^j 表示 j 阶向前差分, $f_{n-j} = f\left(t_{n-j}, u_{n-j}\right)$. 引进记号

$$\binom{s}{j} = \frac{s(s-1)\cdots(s-j+1)}{j!}, \quad \binom{s}{0} = 1, \tag{1.34}$$

则

$$L_{n,k}(t) = \sum_{j=0}^{k} (-1)^j \binom{-\tau}{j} \Delta_+^j f_{n-j}. \tag{1.35}$$

以之代到 (1.32), 得

$$u_{n+1} = u_n + h \sum_{j=0}^{k} a_j \Delta_+^j f_{n-j}, \tag{1.36}$$

其中

$$a_j = (-1)^j \int_0^1 \binom{-\tau}{j} \mathrm{d}\tau, \quad j = 0,1,\cdots,k. \tag{1.37}$$

令 $\eta_j = h f_j$, 则 (1.36) 还可写成

$$u_{n+1} = u_n + \sum_{j=0}^{k} a_j \Delta_+^j \eta_{n-j}. \tag{1.38}$$

这就是 Adams 外插公式. 显然当 $k = 0$ 时就是 Euler 法.

为了计算 a_j, 我们给出联系这些系数的递推公式. 定义 $\{a_j\}_0^\infty$ 的生成函数

$$G(t) = \sum_{j=0}^\infty a_j t^j,$$

其中 a_j 同 (1.37), $j = 1, 2, \cdots$. 因为 a_j 的界不超过 1, 故级数当 $|t| < 1$ 时收敛. 将 (1.37) 代到上式, 则

$$G(t) = \sum_{j=0}^\infty (-1)^j \int_0^1 \binom{-\tau}{j} t^j \mathrm{d}\tau = \int_0^1 \sum_{j=0}^\infty (-t)^j \binom{-\tau}{j} \mathrm{d}\tau$$

$$= \int_0^1 (1-t)^{-\tau} \mathrm{d}\tau = -\frac{t}{(1-t)\ln(1-t)},$$

从而

$$-\frac{\ln(1-t)}{t} G(t) = \frac{1}{1-t}.$$

两端展成幂级数, 上式就是

$$\left(1 + \frac{1}{2}t + \frac{1}{3}t^2 + \cdots\right)\left(a_0 + a_1 t + a_2 t^2 + \cdots\right) = 1 + t + t^2 + \cdots.$$

比较 t^n 的系数, 则得递推式:

$$a_n + \frac{1}{2}a_{n-1} + \frac{1}{3}a_{n-2} + \cdots + \frac{1}{n+1}a_0 = 1, \quad n = 0, 1, \cdots.$$

由此可依次算出系数 a_j. 表 1.1 给出前几个系数值.

表 1.1　Adams 外插公式系数的值

j	0	1	2	3	4	5	6
a_j	1	$\dfrac{1}{2}$	$\dfrac{5}{12}$	$\dfrac{3}{8}$	$\dfrac{251}{720}$	$\dfrac{95}{288}$	$\dfrac{10\,987}{60\,480}$

回想插值公式的余项为

$$r_{n,k}(t) = r_{n,k}\left(t_n + \tau h\right) = (-1)^{k+1} \binom{-\tau}{k+1} h^{k+1} u^{(k+2)}(\bar{\xi}), \tag{1.39}$$

其中 $t_{n-k} \leqslant \bar{\xi} \leqslant t_{n+1}$, 则知

$$R_{n,k} = h^{k+2} \int_0^1 (-1)^{k+1} \binom{-\tau}{k+1} u^{(k+2)}(\bar{\xi}) \mathrm{d}\tau$$

$$= a_{k+1} h^{k+2} u^{(k+2)}(\xi), t_{n-k} \leqslant \xi \leqslant t_{n+1}. \tag{1.40}$$

这里用到了积分第二中值公式. 由 (1.40) 知道 Adams 外插法 (1.32) 或 (1.36) 的局部截

断误差的阶为 $O\left(h^{k+2}\right)$.

实际计算时, 常常将 (1.36) 右端的差分表为 f_{n-j} 的线性组合. 为此利用差分公式

$$\Delta_+^j f_{n-j} = \sum_{l=0}^{j} (-1)^l \binom{j}{l} f_{n-l}, \tag{1.41}$$

则 (1.36) 化为

$$u_{n+1} = u_n + h \sum_{l=0}^{k} b_{kl} f_{n-l}, \tag{1.42}$$

其中

$$b_{kl} = (-1)^l \sum_{j=l}^{k} a_j \binom{j}{l}. \tag{1.43}$$

利用表 1.1, 可给出 b_{kl} 如表 1.2.

表 1.2 系数 b_{kl} 的值

l	0	1	2	3	4	5
b_{0l}	1					
$2b_{1l}$	3	-1				
$12b_{2l}$	23	-16	5			
$24b_{3l}$	55	-59	37	-9		
$720b_{4l}$	1 901	$-2\,774$	2 616	$-1\,274$	251	
$1\,440b_{5l}$	4 277	$-7\,923$	9 982	$-7\,298$	2 877	-475

例如 $k = 0, 1, 2, 3$ 的外插公式分别为

$$k = 0: \quad u_{n+1} = u_n + hf\left(t_n, u_n\right),$$

$$k = 1: \quad u_{n+1} = u_n + \frac{h}{2}\left(3f_n - f_{n-1}\right),$$

$$k = 2: \quad u_{n+1} = u_n + \frac{h}{12}\left(23f_n - 16f_{n-1} + 5f_{n-2}\right),$$

$$k = 3: \quad u_{n+1} = u_n + \frac{h}{24}\left(55f_n - 59f_{n-1} + 37f_{n-2} - 9f_{n-3}\right).$$

(2) **Adams 内插法** 也称 Adams-Moulton 法, 这是一种隐式多步法. 现在取插值节点为 $t_{n-k}, t_{n-k+1}, \cdots, t_n, t_{n+1}$ (比外插法多取一点 t_{n+1}), 构造 $u'(t)$ 或 $f(t, u(t))$ 的 $k+1$ 次 Lagrange 插值多项式 $L_{n,k}^{(1)}(t)$, 插值余项为 $r_{n,k}^{(1)}(t)$, 则

$$f = L_{n,k}^{(1)}(t) + r_{n,k}^{(1)}(t).$$

以之代到 (1.28) 右端, 得

$$u\left(t_{n+1}\right) = u\left(t_n\right) + \int_{t_n}^{t_{n+1}} L_{n,k}^{(1)}(t)\mathrm{d}t + \int_{t_n}^{t_{n+1}} r_{n,k}^{(1)}(t)\mathrm{d}t. \tag{1.44}$$

舍去余项

$$R_{n,k}^{(1)} = \int_{t_n}^{t_{n+1}} r_{n,k}^{(1)}(t)\mathrm{d}t, \tag{1.45}$$

并用 u_j 代替 $u(t_j)$, 则得 Adams 内插法:

$$u_{n+1} = u_n + \int_{t_n}^{t_{n+1}} L_{n,k}^{(1)}(t)\mathrm{d}t. \tag{1.46}$$

当 $k = 0$ 时, 就是改进的 Euler 法. 余项 $R_{n,k}^{(1)}$ 是内插法的局部截断误差.

现在将 (1.46) 具体化. 仍用牛顿向后插值公式

$$L_{n,k}^{(1)}(t) = L_{n,k}^{(t)}(t) = \sum_{j=0}^{k+1} (-1)^j \binom{-\tau}{j} \Delta_+^j f_{n-j+1}, \tag{1.47}$$

其中 $\tau \in [-1,0]$, 而二项系数

$$\binom{-\tau}{j} = \frac{-\tau(-\tau-1)\cdots(-\tau-j+1)}{j!}$$

$$= (-1)^j \frac{\tau(\tau+1)\cdots(\tau+j-1)}{j!}. \tag{1.48}$$

将 (1.47) 代到 (1.46) 右端, 则得 Adams 内插公式:

$$u_{n+1} = u_n + h\sum_{j=0}^{k+1} a_j^* \Delta_+^j f_{n-j+1} = u_n + \sum_{j=0}^{k+1} a_j^* \Delta_+^j \eta_{n-j+1}, \tag{1.49}$$

其中 $\eta_{n-j+1} = hf_{n-j+1} = hf(t_{n-j+1}, u_{n-j+1})$, 而

$$a_j^* = (-1)^j \int_{-1}^0 \binom{-\tau}{j} \mathrm{d}\tau, \quad j = 0, 1, \cdots, k+1. \tag{1.50}$$

用生成函数法可导出系数 a_j^* 的递推公式. 表 1.3 给出 a_j^* 的前几个值.

表 1.3　系数 a_j^* 的值

j	0	1	2	3	4	5	6
a_j^*	1	$-\dfrac{1}{2}$	$-\dfrac{1}{12}$	$-\dfrac{1}{24}$	$-\dfrac{19}{720}$	$-\dfrac{3}{160}$	$-\dfrac{863}{60\,480}$

利用插值余项公式

$$r_{n,k}^{(1)}(t) = r_{n,k}^{(1)}(t_{n+1} + \tau h)$$

$$= (-1)^k \binom{-\tau}{k+2} h^{k+2} u^{(k+3)}(\bar{\xi}), \quad t_{n-k} \leqslant \bar{\xi} \leqslant t_{n+1}, \tag{1.51}$$

则得

$$R_{n,k}^{(1)} = a_{k+2}^* h^{k+3} u^{(k+3)}(\xi), \quad t_{n-k} \leqslant \xi \leqslant t_{n+1}. \tag{1.52}$$

这里用到了积分第二中值公式. 由此可见, Adams 内插法的局部截断误差的阶为 $O\left(h^{k+3}\right)$.

利用差商公式 (1.41), 可将 (1.49) 写成便于计算的形式:

$$u_{n+1} = u_n + h \sum_{l=0}^{k+1} b_{k+1,l}^* f_{n-l+1}, \tag{1.53}$$

其中

$$b_{k+1,l}^* = (-1)^l \sum_{j=l}^{k+1} a_j^* \binom{j}{l}. \tag{1.54}$$

表 1.4 列出 $b_{k+1,l}^*$ 的值.

表 1.4   系数 $b_{k+1,l}^*$ 的值

l	0	1	2	3	4	5
b_{0l}^*	1					
$2b_{1l}^*$	1	1				
$12b_{2l}^*$	5	8	-1			
$24b_{3l}^*$	9	19	-5	1		
$720b_{4l}^*$	251	646	-264	106	-19	
$1\,440b_{5l}^*$	475	1\,427	-798	482	-173	27

例如 $k = 0, 1, 2, 3$ 的内插公式分别为

$$k = 0: \quad u_{n+1} = u_n + h f_{n+1},$$

$$k = 1: \quad u_{n+1} = u_n + \frac{h}{2}\left(f_{n+1} + f_n\right),$$

$$k = 2: \quad u_{n+1} = u_n + \frac{h}{12}\left(5f_{n+1} + 8f_n - f_{n-1}\right),$$

$$k = 3: \quad u_{n+1} = u_n + \frac{h}{24}\left(9f_{n+1} + 19f_n - 5f_{n-1} + f_{n-2}\right).$$

Adams 外插法和内插法有以下几点区别.

第一, 从表 1.1 和表 1.3 (表 1.2 和表 1.4) 可知, 按绝对值系数 a_j^* 比 a_j 小 ($b_{k+1,l}^*$ 比 b_{kl} 小), 因此计算中内插法的舍入误差影响比外插法小.

第二, 用外插法和内插法计算 t_{n+1} 处的值 u_{n+1}, 用到的已知量相同 ($k+1$ 个值 $u_n, u_{n-1}, \cdots, u_{n-k}$), 但内插法局部截断误差的阶为 $O\left(h^{k+3}\right)$, 外插法局部截断误差的阶为 $O\left(h^{k+2}\right)$, 前者比后者高一阶. 所以为达到相同的误差阶, 内插法比外插法可少用一个初始已知量.

第三, 外插法是显式, 计算 u_{n+1} 是直接的. 内插法是隐式, 计算 u_{n+1} 需要解方程

(1.53), 通常用如下迭代求解:

$$u_{n+1}^{[m+1]} = u_n + hb_{k+1,0}^* f\left(t_{n+1}, u_{n+1}^{[m]}\right) + h\sum_{l=1}^{k+1} b_{k+1,l}^* f_{n-l+1}, \quad m = 0, 1 \cdots. \quad (1.55)$$

当 h 充分小时, 可使

$$\left| hb_{k+1,0}^* \frac{\partial f\left(t_{n+1}, u_{n+1}\right)}{\partial u_{n+1}} \right| \leqslant hb_{k+1,0}^* L < 1,$$

此时迭代 (1.55) 收敛. 初始近似可用外插法给出, 即

$$u_{n+1}^{[0]} = u_n + h\sum_{l=0}^{k} b_{kl} f_{n-l}. \quad (1.56)$$

由于这是好的近似, 所以收敛是很快的, 通常迭代 2 至 3 次就可收敛.

  Adams 外插法和内插法是这样得到的, 先将初值问题改写成积分形式 (1.28), 再用适当的数值积分离散 (1.28). 其实, 也可将初值问题写成其他积分形式, 例如:

$$u\left(t_{n+2}\right) - u\left(t_n\right) = \int_{t_n}^{t_{n+2}} f(t, u(t))\mathrm{d}t,$$

再用适当的数值积分代替右端积分, 例如用 Simpson 公式, 得到

$$u_{n+2} - u_n = \frac{h}{3}\left(f_n + 4f_{n+1} + f_{n+2}\right), \quad (1.57)$$

这是线性二步法.

  还应指出, 用数值积分法只能构造一类特殊的多步法, 其系数

$$\alpha_k = 1, \quad \alpha_{k-m} = -1, \quad \alpha_l = 0 \quad (l \neq k-m, k).$$

下面介绍更一般的待定系数法.

1.2.2 待定系数法

  令

$$L[u(t); h] = \sum_{j=0}^{k} \left[\alpha_j u(t+jh) - h\beta_j u'(t+jh)\right]. \quad (1.58)$$

设 $u(t)$ 是初值问题的解, 将 $u(t+jh)$ 和 $u'(t+jh)$ 在点 t 用 Taylor 公式展开, 按 h 的同次幂合并同类项, 得

$$L[u(t); h] = c_0 u(t) + c_1 h u^{(1)}(t) + \cdots + c_q h^q u^{(q)}(t) + \cdots, \quad (1.59)$$

其中

$$\begin{cases} c_0 = \alpha_0 + \alpha_1 + \cdots + \alpha_k, \\ c_1 = \alpha_1 + 2\alpha_2 + \cdots + k\alpha_k - (\beta_0 + \beta_1 + \cdots + \beta_k), \\ \cdots\cdots\cdots\cdots \\ c_q = \dfrac{1}{q!}\left(\alpha_1 + 2^q\alpha_2 + \cdots + k^q\alpha_k\right) - \\ \qquad \dfrac{1}{(q-1)!} \cdot \left(\beta_1 + 2^{q-1}\beta_2 + \cdots + k^{q-1}\beta_k\right), \quad q = 2, 3, \cdots . \end{cases} \tag{1.60}$$

若 $u(t)$ 有 $p+2$ 次连续微商, 则可选取 k (足够大) 和 α_j, β_j 使 $c_0 = c_1 = \cdots = c_p = 0$, 而 $c_{p+1} \neq 0$, 即选择 α_j, β_j 满足

$$\begin{cases} \alpha_0 + \alpha_1 + \cdots + \alpha_k = 0, \\ \alpha_1 + 2\alpha_2 + \cdots + k\alpha_k - (\beta_0 + \beta_1 + \cdots + \beta_k) = 0, \\ \cdots\cdots\cdots\cdots \\ \dfrac{1}{p!}\left(\alpha_1 + 2^p\alpha_2 + \cdots + k^p\alpha_k\right) - \dfrac{1}{(p-1)!} \cdot \left(\beta_1 + 2^{p-1}\beta_2 + \cdots + k^{p-1}\beta_k\right) = 0. \end{cases} \tag{1.61}$$

此时

$$L[u(t); h] = c_{p+1}h^{p+1}u^{(p+1)}(t) + O\left(h^{p+2}\right). \tag{1.62}$$

由于 $u'(t) = f(t, u(t))$, 则

$$\sum_{j=0}^{k} \left[\alpha_j u\left(t_n + jh\right) - h\beta_j f\left(t_n + jh, u\left(t_n + jh\right)\right)\right] = R_{n,k}, \tag{1.63a}$$

$$R_{n,k} = c_{p+1}h^{p+1}u^{(p+1)}\left(t_n\right) + O\left(h^{p+2}\right). \tag{1.63b}$$

略去余项 $R_{n,k}$, 并用 u_{n+j} 代替 $u\left(t_n + jh\right)$, 用 f_{n+j} 记 $f\left(t_{n+j}, u_{n+j}\right)$, 就得到线性多步法 (1.27), 其局部截断误差 $R_{n,k} = O\left(h^{p+1}\right)$. 往后将证明方法的整体误差的阶是 $O\left(h^p\right)$, 所以称此法为 p **阶** k **步法**. 显然 p 的大小和 k 有关.

因为多步法 (1.27) 可以差一个非零乘数, 所以不妨设 $\alpha_k = 1$. 当 $\beta_k = 0$ 时, u_{n+k} 可用 $u_{n+k-1}, u_{n+k-2}, \cdots, u_n$ 直接表示, 此为显方法. 反之, 当 $\beta_k \neq 0$ 时, 求 u_{n+k} 需解一个方程 (一般用迭代法), 此为隐方法. 用待定系数法构造多步法的一个基本要求, 是选取 α_j, β_j 使局部截断误差的阶尽可能高.

作为待定系数法的一个应用, 我们讨论一般的二步法. 此时 $k = 2$, $\alpha_2 = 1$. 记 $\alpha_0 = \alpha$, 其余四个系数 $\alpha_1, \beta_0, \beta_1, \beta_2$ 由 $c_0 = c_1 = c_2 = c_3 = 0$ 确定, 即满足方程:

$$\begin{cases} c_0 = \alpha + \alpha_1 + 1 = 0, \\ c_1 = \alpha_1 + 2 - (\beta_0 + \beta_1 + \beta_2) = 0, \\ c_2 = \dfrac{1}{2}(\alpha_1 + 4) - (\beta_1 + 2\beta_2) = 0, \\ c_3 = \dfrac{1}{6}(\alpha_1 + 8) - \dfrac{1}{2}(\beta_1 + 4\beta_2) = 0. \end{cases}$$

解之得

$$\alpha_1 = -(1 + \alpha), \quad \beta_0 = -\frac{1}{12}(1 + 5\alpha),$$

$$\beta_1 = \frac{2}{3}(1 - \alpha), \quad \beta_2 = \frac{1}{12}(5 + \alpha).$$

所以一般二步法为

$$u_{n+2} - (1 + \alpha)u_{n+1} + \alpha u_n = \frac{h}{12}\left[(5 + \alpha)f_{n+2} + 8(1 - \alpha)f_{n+1} - (1 + 5\alpha)f_n\right]. \quad (1.64)$$

由 (1.60) 还知道

$$c_4 = \frac{1}{24}(\alpha_1 + 16) - \frac{1}{6}(\beta_1 + 8\beta_2) = -\frac{1}{24}(1 + \alpha),$$

$$c_5 = \frac{1}{120}(\alpha_1 + 32) - \frac{1}{24}(\beta_1 + 16\beta_2) = -\frac{1}{360}(17 + 13\alpha).$$

所以当 $\alpha \neq -1$ 时, $c_4 \neq 0$, 方法 (1.64) 是三阶二步法. 当 $\alpha = -1$ 时, $c_4 = 0$, 但 $c_5 \neq 0$, 方法 (1.64) 化为

$$u_{n+2} = u_n + \frac{h}{3}(f_{n+2} + 4f_{n+1} + f_n), \quad (1.65)$$

这是四阶二步法, 是具有最高阶的二步法, 称为 Milne 法. 前面我们曾用 Simpson 公式导出这一算法 (见 (1.57)). 此外若取 $\alpha = 0$, 则 (1.64) 为二步 Adams 内插法; 若取 $\alpha = -5$, 则 (1.64) 是显方法.

1.2.3 预估 – 校正算法

将隐式 k 步法 (1.27) 写成:

$$u_{n+k} + \sum_{j=0}^{k-1} \alpha_j u_{n+j} = h\beta_k f(t_{n+k}, u_{n+k}) + h\sum_{j=0}^{k-1} \beta_j f_{n+j}, \quad (1.66)$$

其中 $f_{n+j} = f(t_{n+j}, u_{n+j})$. 若已求出 $u_{n+j}, j = 0, 1, \cdots, k-1$, 则 (1.66) 关于 u_{n+k} 为非线性方程, 通常用如下迭代法求解:

$$u_{n+k}^{[m+1]} + \sum_{j=0}^{k-1} \alpha_j u_{n+j} = h\beta_k f\left(t_{n+k}, u_{n+k}^{[m]}\right) + h\sum_{j=0}^{k-1} \beta_j f_{n+j}, m = 0, 1, \cdots, \quad (1.67)$$

其中 $u_{n+k}^{[0]}$ 为给定的迭代初值. 显然若

$$h < \frac{1}{L}|\beta_k|,$$

L 为 f 关于 u 的 Lipschitz 常数, 初值 $u_{n+k}^{[0]}$ 又选择适当, 则迭代 (1.67) 收敛.

因隐式方法 (1.66) 每步的计算量取决于迭代 (1.67) 的次数, 所以选好初值 $u_{n+k}^{[0]}$ 非

常重要. 最自然的一种方法是用显式多步法计算 $u_{n+k}^{[0]}$, 比如

$$u_{n+k}^{[0]} + \sum_{j=0}^{k-1} \alpha_j^* u_{n+j} = h \sum_{j=0}^{k-1} \beta_j^* f_{n+j}. \tag{1.68}$$

称 (1.68) 为预估算式 (P 算式), (1.67) 为校正算式 (C 算式), 统称 (1.67)—(1.68) 为预估–校正算法, 简称预–校算法或 PC 算法 (Predictor-Corrector methods).

一个极端情形是允许 (1.67) 不断进行, 直至不等式 $\left| u_{n+k}^{[m+1]} - u_{n+k}^{[m]} \right| < \varepsilon$ 成立, 其中 ε 是预先指定的容许误差. 由于这种算法对迭代次数不加限制, 花费在计算函数 f 的工作量可能很大, 所以通常采用另一种限制迭代次数的算法. 假定校正次数 M (即迭代次数) 固定, P 表示预估子, C 是一次校正算子 (即迭代一次), E 是计算 f 一次的运算, 则预估一次校正 M 次的算法可记为 $P(EC)^M = P(EC)(EC)\cdots(EC)$, 计算过程如下:

$$\begin{aligned}
P: \quad & u_{n+k}^{[0]} + \sum_{j=0}^{k-1} \alpha_j^* u_{n+j}^{[M]} = h \sum_{j=0}^{k-1} \beta_j^* f_{n+j}^{[M-1]}, \\
E: \quad & f_{n+k}^{[m]} = f\left(t_{n+k}, u_{n+k}^{[m]}\right), \\
C: \quad & u_{n+k}^{[m+1]} + \sum_{j=0}^{k-1} \alpha_j u_{n+j}^{[M]} = h\beta_k f_{n+k}^{[m]} + h \sum_{j=0}^{k-1} \beta_j f_{n+j}^{[M-1]},
\end{aligned} \tag{1.69}$$

其中 $m = 0, 1, \cdots, M-1$. 按这一预–校格式计算结束时, 得到的数据是 $u_{n+k}^{[M]}$ 和 $f_{n+k}^{[M-1]} = f\left(t_{n+k}, u_{n+k}^{[M-1]}\right)$, 为下一步 $(t = t_{n+1+k})$ 预估计算所用. 显然 $u_{n+k}^{[M]}$ 比 $u_{n+k}^{[M-1]}$ 更接近 u_{n+k}, 因此还可以设计一种算法, 每一步算出 $u_{n+k}^{[M]}$ 后, 利用它将 $f_{n+k}^{[M]} = f\left(t_{n+k}, u_{n+k}^{[M]}\right)$ 算出, 供下一步预估时使用. 这种预–校算法记为 $P(EC)^M E$, 计算过程如下:

$$\begin{aligned}
P: & u_{n+k}^{[0]} + \sum_{j=0}^{k-1} \alpha_j^* u_{n+j}^{[M]} = h \sum_{j=0}^{k-1} \beta_j^* f_{n+j}^{[M]}, \\
E: & f_{n+k}^{[m]} = f\left(t_{n+k}, u_{n+k}^{[m]}\right), \\
C: & u_{n+k}^{[m+1]} + \sum_{j=0}^{k-1} \alpha_j u_{n+j}^{[M]} = h\beta_k f_{n+k}^{[m]} + h \sum_{j=0}^{k-1} \beta_j f_{n+j}^{[M]}, \quad 0 \leqslant m \leqslant M-1, \\
E: & f_{n+k}^{[M]} = f\left(t_{n+k}, u_{n+k}^{[M]}\right).
\end{aligned}$$

原则上任一显式多步法和隐式多步法都可搭配成预–校算法及各种计算方案.

例 1.1 Adams 四阶四步预–校算法. 取四阶四步 Adams 外插法为预估算法, 四阶三步 Adams 内插法为校正算法, 即得

$$\begin{aligned}
P: & u_{n+4} - u_{n+3} = \frac{h}{24}\left(55f_{n+3} - 59f_{n+2} + 37f_{n+1} - 9f_n\right), \\
C: & u_{n+4} - u_{n+3} = \frac{h}{24}\left(9f_{n+4} + 19f_{n+3} - 5f_{n+2} + f_{n+1}\right).
\end{aligned}$$

例 1.2 Milne 方法. 以四阶四步法

$$P: u_{n+4} - u_n = \frac{4h}{3}\left(2f_{n+3} - f_{n+2} + 2f_{n+1}\right)$$

为预估算法, 四阶二步法

$$C: u_{n+4} - u_{n+2} = \frac{h}{3}\left(f_{n+4} + 4f_{n+3} + f_{n+2}\right)$$

为校正算法, 得到由 P 和 C 组成的预–校方案 $PECE$, 称为 Milne 算法, 计算公式为

$$P: \quad u_{n+4}^{[0]} - u_n^{[1]} = \frac{4h}{3}\left(2f_{n+3}^{[1]} - f_{n+2}^{[1]} + 2f_{n+1}^{[1]}\right),$$

$$E: \quad f_{n+4}^{[0]} = f\left(t_{n+4}, u_{n+4}^{[0]}\right),$$

$$C: \quad u_{n+4}^{[1]} - u_{n+2}^{[1]} = \frac{h}{3}\left(f_{n+4}^{[0]} + 4f_{n+3}^{[1]} + f_{n+2}^{[1]}\right),$$

$$E: \quad f_{n+4}^{[1]} = f\left(t_{n+4}, u_{n+4}^{[1]}\right).$$

1.2.4　多步法的计算问题

用 k 步法计算时, 需要知道 k 个初值 $u_0, u_1, \cdots, u_{k-1}$, 其中 $u_0 = u(t_0)$ 是给定的初值, 其余是附加初值. 计算附加初值主要是用单步法, 比如 Euler 法和 1.4 节将要介绍的 Runge-Kutta 法及其他单步法. 为了保持多步法的精度, 计算附加初值时要将 t_0, t_{k-1} 之间的节点加密或采用和多步法有同样阶的 Runge-Kutta 法.

多步法的第二个问题是如何选择阶 p (或者步数 k). 从收敛阶的观点, 自然希望把 p 取大一些. 但是高阶收敛方法要求解的光滑性也高, 否则达不到高精度的目的. 从后面关于绝对稳定性的分析还知道, 高阶多步法的绝对稳定域也小, 所以 p 的选取要考虑到解的光滑性和稳定性以及总的工作量.

多步法的第三个问题是步长 h 的选取. 理论上似乎按照下节的误差估计式选定 h 是合理的, 但那种估计往往偏大, 因此选定的 h 可能过小, 既不必要也不经济. 实际用的步长 h 不是一次取定, 而是根据精度要求, 由粗到细逐渐调整 (选步长), 当 h 达到要求后就以此为步长计算. 在计算中还可以改变步长, 但计算过程变复杂了, 这是多步法的缺点. 与此相反, 单步法 (如 Euler 法及后面要介绍的 Runge-Kutta 法) 则适合用变步长计算.

1.2.5　习题

1. 用待定系数法求四阶三步方法类, 确定四阶三步显式法.

2. 满足条件 $\beta_j = 0$, $j = 0, 1, 2, \cdots, k-1$ 的 k 阶 k 步法叫做 Gear 法, 试对 $k = 1$, 2, 3, 4 求 Gear 法的表达式.

3. 用三阶 Adams 内插法及外插法分别解初值问题 $u' = -5u, u(0) = 1$. 取步长 $h = 0.1, 0.05$. 观察解在 $t = 1$ 处的误差, 并与用 Euler 法计算的结果比较 (参看 1.1 节习题 1).

1.3 相容性、稳定性和误差估计

本节讨论线性多步法的几个基本理论问题: 相容性、稳定性和误差估计.

1.3.1 局部截断误差和相容性

考虑初值问题

$$u' = f(t, u), \quad t \in [t_0, T] = [0, T], \tag{1.70a}$$

$$u(t_0) = u_0 \tag{1.70b}$$

和逼近它的 p 阶 k 步法:

$$\sum_{j=0}^{k} \alpha_j u_{n+j} = h \sum_{j=0}^{k} \beta_j f_{n+j}, \quad n = 0, 1 \cdots. \tag{1.71}$$

要想 (1.71) 的解 u_n 逼近精确解 $u(t_n)$, 必需 (1.71) 在某种意义下逼近 (1.70a). 引进差分算子

$$L[u(t); h] = \sum_{j=0}^{k} [\alpha_j u(t + jh) - h\beta_j u'(t + jh)]. \tag{1.72}$$

设 $u(t)$ 是 (1.70a) 的具有 $p+2$ 阶连续微商的解 $(u(t) \in C^{p+2})$, 则由 (1.62) 和 (1.63a)—(1.63b), 我们有

$$L[u(t_n); h] = \sum_{j=0}^{k} \alpha_j u(t_n + jh) - h \sum_{j=0}^{k} \beta_j u'(t_n + jh)$$

$$= c_{p+1} h^{p+1} u^{(p+1)}(t_n) + O(h^{p+2}) \tag{1.73}$$

或

$$\sum_{j=0}^{k} \alpha_j u(t_{n+j}) = h \sum_{j=0}^{k} \beta_j f(t_{n+j}, u(t_{n+j})) + L[u(t_n); h], \tag{1.74}$$

$$L[u(t_n); h] = c_{p+1} h^{p+1} u^{(p+1)}(t_n) + O(h^{p+2}), \tag{1.75}$$

其中 (参看 (1.60))

$$c_{p+1} = \frac{1}{(p+1)!} \left(\alpha_1 + 2^{p+1}\alpha_2 + \cdots + k^{p+1}\alpha_k \right) - \frac{1}{p!} \left(\beta_1 + 2^p\beta_2 + \cdots + k^p\beta_k \right). \quad (1.76)$$

像 1.2 节那样称 $L\left[u\left(t_n\right);h\right]$ 为**局部截断误差**, 而称 $c_{p+1}h^{p+1}u^{(p+1)}\left(t_n\right)$ 为**局部截断误差的主项**, c_{p+1} 为**误差主项系数**. 在 (1.74) 中舍去 $L\left[u\left(t_n\right);h\right]$, 并用 u_{n+j} 代 $u\left(t_{n+j}\right)$ 就导致多步法 (1.71). 我们关心的是误差 $e_n = u\left(t_n\right) - u_n$, 称为**整体误差**.

现在考虑一般的 k 步法 (1.71) (不必要求是 p 阶方法). 为使 (1.71) 的解 u_n 当 $h \to 0$ 时有可能收敛到 (1.70a) 的解 $u(t)$, 自然要求

$$\frac{1}{h}\left[\sum_{j=0}^{k}\alpha_j u\left(t_{n+j}\right) - h\sum_{j=0}^{k}\beta_j f\left(t_{n+j}, u\left(t_{n+j}\right)\right)\right] - \left[u'\left(t_n\right) - f\left(t_n, u\left(t_n\right)\right)\right] = o(1)(h \to 0),$$
$$(1.77)$$

而 $u'(t) = f(t, u(t))$, 在 (1.72) 中令 $t = t_n$, 则 (1.77) 可写成:

$$L\left[u\left(t_n\right);h\right] = o(h)(h \to 0). \quad (1.78)$$

称多步法 (1.71) 相容, 如果对 (1.70a)(1.70b) 的任意光滑解 $u(t)$, 关系 (1.77) 或 (1.78) 成立. 注意当 $u(t)$ 和 $f(t, u)$ 连续可微时, (1.77) 右端的 $o(1) = O(h)$, 从而 $L[u(t_n);h] = O\left(h^2\right)$, 所以多步法 (1.71) 至少是一阶的 (参看 (1.63a)(1.63b)). 这样可将相容性定义为

定义 1.1 解初值问题 (1.70a)(1.70b) 的多步法 (1.71) 说是相容的 (consistent), 如果它至少是一阶的.

引进多步法 (1.71) 的第一和第二特征多项式:

$$\rho(\lambda) = \sum_{j=0}^{k} \alpha_j \lambda^j, \quad (1.79)$$

$$\sigma(\lambda) = \sum_{j=0}^{k} \beta_j \lambda^j. \quad (1.80)$$

由 (1.60) 推出

定理 1.1 为使 k 步法 (1.71) 相容, 必须且只需

$$\rho(1) = 0, \quad \rho'(1) = \sigma(1). \quad (1.81)$$

1.3.2 稳定性

用多步法计算时, 各种因素 (如初值 $u_0, u_1, \cdots, u_{k-1}$) 是有误差的, 且这些误差将在计算中传递下去. 如果误差积累无限增长, 将会歪曲精确解, 这样的算法是不能用的, 为此我们对多步法提出稳定性要求.

定义 1.2 称多步法 (1.71) 稳定 (stable), 若存在常数 C (不依赖 h 和 (1.71) 的解) 和 $h_0 > 0$, 使 $\forall h \in (0, h_0)$ 和 (1.71) 的任何两个解 $\{u_n\}$ 和 $\{v_n\}$ (初值不同), 恒有

$$\max_{nh \leqslant T} |u_n - v_n| \leqslant C \max_{0 \leqslant j < k} |u_j - v_j|. \tag{1.82}$$

这等于说, 对一切充分小的 h, 多步法的解连续依赖初值.

定理 1.2   设 $\rho(\lambda)$ 是形如 (1.79) 的第一特征多项式, 则线性多步法 (1.71) 稳定的充要条件是 $\rho(\lambda)$ 满足根条件, 即 $\rho(\lambda)$ 的所有根在单位圆内 ($|\lambda| \leqslant 1$), 且位于单位圆周上的根都是单根.

证明 必要性   将多步法用于方程 $u' = 0(f = 0)$. 此时 (1.71) 简化为

$$\sum_{j=0}^{k} \alpha_j u_{n+j} = 0, \quad n = 0, 1, \cdots,$$

其通解形如 (1.19). 又 $\{v_n = 0\}$ 是上述方程的平凡解, 不等式 (1.82) 化为

$$\max_{nh \leqslant T} |u_n| \leqslant C \max_{0 \leqslant j < k} |u_j|, 0 < h < h_0,$$

即 $\{u_n\}$ 关于 n 和 $h(nh \leqslant T, 0 < h < h_0)$ 一致有界. 而当 $h \to 0$ 时, n 可趋于 ∞, 由引理 1.1 的 (i), $\rho(\lambda)$ 必满足根条件.

充分性   设 $\{u_n\}$ 和 $\{v_n\}$ 是 (1.71) 的任何两个解, 则

$$\sum_{j=0}^{k} \alpha_j u_{n+j} = h \sum_{j=0}^{k} \beta_j f\left(t_{n+j}, u_{n+j}\right),$$

$$\sum_{j=0}^{k} \alpha_j v_{n+j} = h \sum_{j=0}^{k} \beta_j f\left(t_{n+j}, v_{n+j}\right).$$

令 $e_n = u_n - v_n$, 则 e_n 满足

$$\sum_{j=0}^{k} \alpha_j e_{n+j} = h b_n, \quad n = 0, 1, \cdots, \frac{T}{h}, \quad 0 < h < h_0, \tag{1.83}$$

其中

$$b_n = \sum_{j=0}^{k} \beta_j \left[f\left(t_{n+j}, u_{n+j}\right) - f\left(t_{n+j}, v_{n+j}\right) \right]. \tag{1.84}$$

设 $B = \max\{|\beta_0|, |\beta_1|, \cdots, |\beta_k|\}, f$ 关于 u 满足 Lipschitz 条件:

$$|f(t, u) - f(t, v)| \leqslant L|u - v|,$$

则

$$|b_n| \leqslant BL \sum_{j=0}^{k} |e_{n+j}|. \tag{1.85}$$

引进向量 $\boldsymbol{E}_n = (e_{n+k-1}, e_{n+k-2}, \cdots, e_n)^{\mathrm{T}}$, $\boldsymbol{B}_n = (h\alpha_k^{-1} b_n, 0, \cdots, 0)^{\mathrm{T}}$ (k 维) 和矩阵

$$\boldsymbol{C} = \begin{bmatrix} -\alpha_k^{-1}\alpha_{k-1} & -\alpha_k^{-1}\alpha_{k-2} & \cdots & -\alpha_k^{-1}\alpha_1 & -\alpha_k^{-1}\alpha_0 \\ 1 & 0 & \cdots & 0 & 0 \\ 0 & 1 & \cdots & 0 & 0 \\ \vdots & \vdots & & \vdots & \vdots \\ 0 & 0 & \cdots & 1 & 0 \end{bmatrix}$$

便可将 (1.83) 写成向量形式:

$$\boldsymbol{E}_{n+1} = \boldsymbol{C}\boldsymbol{E}_n + \boldsymbol{B}_n,$$

进而有

$$\boldsymbol{E}_n = \boldsymbol{C}^n \boldsymbol{E}_0 + \sum_{l=0}^{n-1} \boldsymbol{C}^l \boldsymbol{B}_{n-l-1}, \quad n = 1, 2, \cdots, \frac{T}{h}, \quad 0 < h < h_0. \tag{1.86}$$

今设 $\rho(\lambda)$ 满足根条件, 则由引理 1.1 的 (i), 矩阵 $\{\boldsymbol{C}^n\}$ 一致有界. 以 $\|\boldsymbol{E}_n\|$ 表示向量的欧氏模, $\|\boldsymbol{C}\|$ 表示相应的矩阵模, 则有常数 M 使

$$\|\boldsymbol{C}^n\| \leqslant M, \quad n = 1, 2, \cdots, \frac{T}{h}, \quad 0 < h < h_0. \tag{1.87}$$

又

$$\|\boldsymbol{B}_n\| \leqslant h \left|\alpha_k^{-1}\right| |b_n| \leqslant BL \left|\alpha_k^{-1}\right| h \sum_{j=0}^{k} |e_{n+j}|, \tag{1.88}$$

于是由 (1.86) 和 (1.87) 得

$$\|\boldsymbol{E}_n\| \leqslant M\|\boldsymbol{E}_0\| + MBL \left|\alpha_k^{-1}\right| h \sum_{l=0}^{n-1} \sum_{j=0}^{k} |e_{n+j-l-1}|, \tag{1.89}$$

而

$$\sum_{l=0}^{n-1} \sum_{j=0}^{k} |e_{n+j-l-1}| = \sum_{l=0}^{n-1} |e_{n+k-l-1}| + \sum_{l=0}^{n-1} \sum_{j=0}^{k-1} |e_{n+j-l-1}|$$

$$\leqslant \sum_{l=0}^{n-1} \|\boldsymbol{E}_{n-l}\| + \sqrt{k} \sum_{l=0}^{n-1} \|\boldsymbol{E}_{n-l-1}\|$$

$$\leqslant \|\boldsymbol{E}_n\| + (\sqrt{k}+1) \sum_{l=0}^{n-1} \|\boldsymbol{E}_{n-l-1}\|$$

$$\leqslant \|\boldsymbol{E}_n\| + (\sqrt{k}+1) \sum_{j=0}^{n-1} \|\boldsymbol{E}_j\|.$$

故

$$\|\boldsymbol{E}_n\| \leqslant M\|\boldsymbol{E}_0\| + MBL \left|\alpha_k^{-1}\right| h\|\boldsymbol{E}_n\| + MBL \left|\alpha_k^{-1}\right| h(\sqrt{k}+1) \sum_{j=0}^{n-1} \|\boldsymbol{E}_j\|.$$

取 $h > 0$ 充分小, 例如 $h < h_0$, 使

$$MBL \left| \alpha_k^{-1} \right| h < 1.$$

令

$$K_1 = \left(1 - MBL \left| \alpha_k^{-1} \right| h \right)^{-1} M,$$

$$K_2 = \left(1 - MBL \left| \alpha_k^{-1} \right| h \right)^{-1} MBL \left| \alpha_k^{-1} \right| (\sqrt{k} + 1),$$

则

$$\|\boldsymbol{E}_n\| \leqslant K_1 \|\boldsymbol{E}_0\| + K_2 h \sum_{j=0}^{n-1} \|\boldsymbol{E}_j\|. \tag{1.90}$$

最后, 利用 Gronwall 不等式 (1.26) 得到

$$\|\boldsymbol{E}_n\| \leqslant \mathrm{e}^{K_2 T} \left(K_1 + K_2 k h \right) \|\boldsymbol{E}_0\|, \quad n = 1, 2, \cdots, \frac{T}{h}, \quad 0 < h < h_0. \tag{1.91}$$

这证明了多步法稳定. □

对单步法 $(k = 1)$: $\alpha_1 u_{n+1} + \alpha_0 u_n = h \left(\beta_1 f_{n+1} + \beta_0 f_n \right), \rho(\lambda) = \alpha_1 \lambda + \alpha_0$, 唯一根 $\lambda_1 = -\dfrac{\alpha_0}{\alpha_1}$. 如果方法相容, 则 $\alpha_1 + \alpha_0 = 0, \lambda_1 = 1$, 且是单根, 故稳定. 特别地, Euler 法稳定.

对 Adams 外插法和内插法, 相应的 $\rho(\lambda) = \lambda^k - \lambda^{k-1} = (\lambda - 1)\lambda^{k-1} (k \geqslant 2)$, 除单根 $\lambda = 1$ 在单位圆周上外, 其余的重根 $\lambda = 0$ 都在单位圆内部, 所以 Adams 法稳定. 若 $\rho(\lambda) = \lambda^k - \lambda^{k-2} = \left(\lambda^2 - 1 \right) \lambda^{k-2} (k \geqslant 2)$, 则称相应的显方法为 Nyström 法, 相应的隐式方法为广义 Milne 法. 因为唯一可能的重根 $\lambda = 0$ 在单位圆内部, 而在单位圆周上的根 $\lambda = \pm 1$ 都是单根, 所以稳定. 特别地, Milne 方法 (1.65) 稳定. 不稳定的方法是不能用的.

例 1.3 初值问题

$$u' = 4t u^{\frac{1}{2}}, \quad 0 \leqslant t \leqslant 2,$$

$$u(0) = 1$$

的精确解为 $u(t) = \left(1 + t^2 \right)^2$. 考虑线性二步法:

$$u_{n+2} - (1+a) u_{n+1} + a u_n = \frac{1}{2} h \left[(3-a) f_{n+1} - (1+a) f_n \right],$$

当 $a \neq -5$ 时是二阶方法, $a = -5$ 时是三阶方法. 第一特征多项式

$$\rho(\lambda) = \lambda^2 - (1+a)\lambda + a = (\lambda - 1)(\lambda - a).$$

当 $a = 0$ 时稳定, $a = -5$ 时不稳定. 取步长 $h = 0.1$, 初值 $u_0 = 1$, 附加初值 $u_1 = \left(1 + h^2 \right)^2 (h = 0.1)$ 是精确的. 用方案 (i) $a = 0$ 和 (ii) $a = -5$ 计算. 在刚开始的几步, 两种方案算出的结果都和精确解符合, 且 (ii) 比 (i) 更精确. 但再往后算, 方案 (i) 的结果仍

和精确解基本符合, 方案 (ii) 的误差则急剧增长, 完全歪曲了精确解, 具体数据如表 1.5.

表 1.5 具 体 数 据

t	精确解	(i) $a = 0$	(ii) $a = -5$
0.0	1.000 000 0	1.000 000 0	1.000 000 0
0.1	1.020 100 0	1.020 100 0	1.020 100 0
0.2	1.081 600 0	1.080 700 0	1.081 200 0
0.3	1.188 100 0	1.185 248 1	1.189 238 5
0.4	1.345 600 0	1.339 629 8	1.338 866 0
0.5	1.562 500 0	1.552 090 0	1.592 993 5
$\vdots$	$\vdots$	$\vdots$	$\vdots$
1.0	4.000 000 0	3.940 690 3	$-68.639\,804$
1.1	4.884 100 0	4.808 219 7	$367.263\,92$
$\vdots$	$\vdots$	$\vdots$	$\vdots$
2.0	25.000 000 0	24.632 457	-6.96×10^8

1.3.3 收敛性和误差估计

有了前述准备, 我们就可证明数值解的收敛性并估计整体误差. 设 $u(t)$ 为初值问题 (1.70a) (1.70b) 的解, u_n 是线性多步法 (1.71) 的解, 则 $u(t_n)$ 和 u_n 分别满足

$$\sum_{j=0}^{k} \alpha_j u\left(t_{n+j}\right) = h \sum_{j=0}^{k} \beta_j f\left(t_{n+j}, u\left(t_{n+j}\right)\right) + L\left[u\left(t_n\right); h\right] \tag{1.92}$$

和

$$\sum_{j=0}^{k} \alpha_j u_{n+j} = h \sum_{j=0}^{k} \beta_j f_{n+j} \quad \left(f_{n+j} = f\left(t_{n+j}, u_{n+j}\right)\right). \tag{1.93}$$

两式相减, 则误差 (整体误差) $e_n = u(t_n) - u_n$ 满足

$$\sum_{j=0}^{k} \alpha_j e_{n+j} = h b_n + L\left[u\left(t_n\right); h\right], \tag{1.94}$$

$$b_n = \sum_{j=0}^{k} \beta_j \left[f\left(t_{n+j}, u\left(t_{n+j}\right)\right) - f\left(t_{n+j}, u_{n+j}\right)\right]. \tag{1.95}$$

如前所设, f 关于 u 满足 Lipschitz 条件, 因此 b_n 仍满足不等式 (1.85). 若 k 步法 (1.71) 相容, 例如, 设 (1.71) 是 p 阶方法, 则 $L\left[u\left(t_n\right); h\right]$ 有渐近表示 (1.75), 于是可将 (1.94) 写成:

$$\sum_{j=0}^{k} \alpha_j e_{n+j} = h b_n^*, \tag{1.96}$$

其中

$$b_n^* = b_n + c_{p+1} h^p u^{(p+1)}(t_n) + O\left(h^{p+1}\right).$$

令 $\boldsymbol{B}_n^* = \left(h\alpha_k^{-1} b_n^*, 0, \cdots, 0\right)^{\mathrm{T}}$, 则由 (1.85), 有

$$\|\boldsymbol{B}_n^*\| \leqslant \left|h\alpha_k^{-1} b_n^*\right| \leqslant h\left|\alpha_k^{-1}\right| |b_n| + M_{p+1} h^{p+1}$$

$$\leqslant hBL\left|\alpha_k^{-1}\right| \sum_{j=0}^{k} |e_{n+j}| + M_{p+1} h^{p+1} \quad \left(M_{p+1} = \left|\alpha_k^{-1}\right| C_{p+1} \sup_{t} \left|u^{(p+1)}(t)\right| + 1\right).$$

比较 (1.96) 和 (1.83), 知向量 $\boldsymbol{E}_n = (e_{n+k-1}, e_{n+k-2}, \cdots, e_n)^{\mathrm{T}}$ 仍可表示成 (1.86), 只需用 $\boldsymbol{B}_n^*$ 代替那里的 $\boldsymbol{B}_n$.

若 k 步法 (1.71) 稳定, 即 $\rho(\lambda)$ 满足根条件, 则 (1.87) 成立, 于是和 (1.89) 平行地有

$$\|\boldsymbol{E}_n\| \leqslant M\left(\|\boldsymbol{E}_0\| + M_{p+1} T h^p\right) + MBL\left|\alpha_k^{-1}\right| h \sum_{l=0}^{n-1} \sum_{j=0}^{k} |e_{n+j-l-1}|.$$

取 $h > 0$ 充分小, 使

$$MBL\left|\alpha_k^{-1}\right| h < 1.$$

则可得到与 (1.90) 平行的不等式:

$$\|\boldsymbol{E}_n\| \leqslant K_1 \|\boldsymbol{E}_0 + M_{p+1} T h^p\| + K_2 h \sum_{j=0}^{n-1} \|\boldsymbol{E}_j\|.$$

最后由 Gronwall 不等式就得到误差估计:

$$\|\boldsymbol{E}_n\| \leqslant \mathrm{e}^{K_2 T}\left((K_1 + K_2 kh)\|\boldsymbol{E}_0\| + M_{p+1} T h^p\right). \tag{1.97}$$

总之我们得

定理 1.3　若解初值问题 (1.70a) (1.70b) 的多步法 (1.71) 相容而且稳定, 则当 $h \to 0, t_n \to t$ 时数值解 $u_n \to u(t)$, 其中 $\boldsymbol{E}_0$ 是初始误差向量. 若更设 (1.71) 是 p 阶方法, 则还有误差估计 (1.97).

1.3.4　习题

1. 证明线性多步法

$$u_{n+2} + (b-1)u_{n+1} - bu_n = \frac{1}{4}h\left[(b+3)f_{n+2} + (3b+1)f_n\right]$$

当 $b \neq -1$ 时阶是 2; 当 $b = -1$ 时阶是 3. 又 $b = -1$ 是不稳定的. 将 $b = -1$ 的方法用到 $u' = u, u(0) = 1$, 解出相应的差分方程 $(u_0 = 1, u_1 = 1)$, 说明方法发散.

2. 确定 α 的变化域, 使线性多步法

$$u_{n+3} + \alpha\left(u_{n+2} - u_{n+1}\right) - u_n = \frac{1}{2}(3 + \alpha)h\left(f_{n+2} + f_{n+1}\right)$$

是稳定的, 并说明方法的阶不能大于 2.

1.4 单步法和 Runge-Kutta 法

Euler 法是最简单的单步法. 单步法不需要附加初值, 所需的存储量小, 改变步长灵活, 但线性单步法的阶最多是 2. 本节将介绍非线性 (关于 f) 高阶单步法, 重点是 Runge-Kutta 法.

1.4.1 Taylor 展开法

设初值问题

$$\begin{cases} u' = f(t, u), \\ u\left(t_0\right) = u_0 \end{cases}$$

的解充分光滑. 将 $u(t)$ 在 t_0 处用 Taylor 公式展开:

$$u\left(t_1\right) = u\left(t_0\right) + hu'\left(t_0\right) + \frac{h^2}{2!}u^{(2)}\left(t_0\right) + \cdots + \frac{h^p}{p!}u^{(p)}\left(t_0\right) + O\left(h^{p+1}\right), \tag{1.98}$$

其中 $u\left(t_0\right) = u_0, u'\left(t_0\right) = f\left(t_0, u\left(t_0\right)\right) = f\left(t_0, u_0\right)$,

$$\begin{cases} u^{(2)}\left(t_0\right) = \left.\frac{\mathrm{d}}{\mathrm{d}t}f\right|_{t=t_0} = \left[f'_t + f'_u \cdot u'(t)\right]_{t=t_0} \\ \qquad = f'_t\left(t_0, u_0\right) + f\left(t_0, u_0\right)f'_u\left(t_0, u_0\right), \\ u^{(3)}\left(t_0\right) = \left.\frac{\mathrm{d}}{\mathrm{d}t}\left[\frac{\mathrm{d}}{\mathrm{d}t}f\right]\right|_{t=t_0} \\ \qquad = f''_{tt}\left(t_0, u_0\right) + 2f\left(t_0, u_0\right)f''_{tu}\left(t_0, u_0\right) + \\ \qquad\quad f^2\left(t_0, u_0\right)f''_{uu}\left(t_0, u_0\right) + f'_t\left(t_0, u_0\right)f'_u\left(t_0, u_0\right) + \\ \qquad\quad f\left(t_0, u_0\right)f'^2_u\left(t_0, u_0\right), \\ \qquad\quad \cdots\cdots\cdots\cdots \end{cases} \tag{1.99}$$

令

$$\varphi(t, u(t), h) = \sum_{j=1}^{p} \frac{h^{j-1}}{j!} \frac{\mathrm{d}^{j-1}}{\mathrm{d}t^{j-1}} f(t, u(t)), \tag{1.100}$$

则可将 (1.98) 改写为

$$u(t_0 + h) - u(t_0) = h\varphi(t_0, h(t_0), h) + O(h^{p+1}). \tag{1.101}$$

舍去余项 $O(h^{p+1})$, 则得

$$u_1 - u_0 = h\varphi(t_0, u_0, h).$$

一般说来, 若已知 u_n, 则

$$u_{n+1} - u_n = h\varphi(t_n, u_n, h), \quad n = 0, 1, \cdots. \tag{1.102}$$

这是一个单步法, 局部截断误差为 $O(h^{p+1})$. 由 (1.99) 和 (1.100) 可知 φ 关于 f 非线性. 当 $p = 1$ 时它是 Euler 折线法. 由于计算 $\varphi(t_n, u_n, h)$ 的工作量太大, 一般不用 Taylor 展开法作数值计算, 但可用它计算附加初值.

1.4.2　单步法的稳定性和收敛性

将初值问题写成积分形式:

$$u(t + h) - u(t) = \int_{t}^{t+h} f(\tau, u(\tau))\mathrm{d}\tau, \quad u(t_0) = u_0. \tag{1.103}$$

如果有某一确定的函数 $\varphi(t, u, h)$ (通过某种离散化), 使初值问题的任一解 $u(t)$ 满足

$$u(t + h) - u(t) = h\varphi(t, u(t), h) + O(h^{p+1}), \tag{1.104}$$

其中 $p \geqslant 1$ 是使 (1.104) 成立的最大整数, 则称算法

$$u_{n+1} = u_n + h\varphi(t_n, u_n, h), \quad n = 0, 1, \cdots, \frac{T}{h} \tag{1.105}$$

为 p 阶单步法.

　　Taylor 展开法是 p 阶单步法, $\varphi(t, u, h)$ 由 (1.100) 定义. Euler 法是一阶单步法, 相应的 $\varphi = f(t, u(t))$.

　　注意

$$\varphi(t, u(t), h) = \frac{u(t + h) - u(t)}{h} + O(h^p) = \frac{1}{h} \int_{t}^{t+h} f(\tau, u(\tau))\mathrm{d}\tau + O(h^p),$$

故

$$\lim_{h \to 0} \varphi(t, u(t), h) = f(t, u(t)).$$

定义 $\varphi(t,u(t),0)=f(t,u(t))$, 则知 $\varphi(t,u(t),h)$ 于 $h=0$ 连续. 反之, 若 $\varphi(t,u(t),h)$ 于 $h=0$ 连续且单步法 (1.105) 的局部截断误差 $R_h=o(h)(h\to 0)$, 则由

$$\varphi(t,u(t),h)=\frac{1}{h}\int_t^{t+h}f(\tau,u(\tau))\mathrm{d}\tau+o(1),$$

令 $h\to 0$, 知 $\varphi(t,u(t),0)=f(t,u(t))$. 所以可将单步法的相容性定义为

定义 1.3 称单步法 (1.105) **相容**, 如果 $\varphi(t,u(t),h)$ 于 $h=0$ 连续, 且

$$\varphi(t,u,0)=f(t,u).$$

定理 1.4 设 $\varphi(t,u,h)\,(t_0\leqslant t\leqslant T,0\leqslant h\leqslant h_0,u\in(-\infty,\infty))$ 关于 u 满足 Lipschitz 条件, 则单步法 (1.105) 稳定.

实际上, 设 v_n 是 (1.105) 的以 v_0 为初值的解, 则

$$v_{n+1}=v_n+h\varphi(t_n,v_n,h).$$

与 (1.105) 相减, 知 $e_n=u_n-v_n$ 满足

$$e_{n+1}=e_n+h\left[\varphi(t_n,u_n,h)-\varphi(t_n,v_n,h)\right],$$

于是

$$|e_{n+1}|\leqslant|e_n|+hL|e_n|=(1+hL)|e_n|$$
$$\leqslant\cdots\leqslant(1+hL)^{n+1}|e_0|$$
$$\leqslant\mathrm{e}^{L(n+1)h}|e_0|\leqslant\mathrm{e}^{L(T-t_0)}|e_0|,\quad(n+1)h\leqslant T-t_0,$$

所以 (1.105) 稳定.

定理 1.5 设 $\varphi(t,u,h)$ 满足定理 1.4 的条件, 又单步法 (1.105) 相容, 则当 $h\to 0$ 时, 它的数值解 $u_n\to u(t)$, 只要 $t_0+nh\to t$, 初值 $u_0\to u(t_0)$. 若更设 (1.105) 是 p 阶单步法, 则还有敛速估计 (1.106).

证明 不妨设 (1.105) 是 p 阶单步法, 则初值问题的解 $u(t)$ 满足

$$u(t_{n+1})=u(t_n)+h\varphi(t_n,u(t_n),h)+O(h^{p+1}).$$

与 (1.105) 相减, 并令 $e_n=u(t_n)-u_n$, 则

$$e_{n+1}=e_n+h\left[\varphi(t_n,u(t_n),h)-\varphi(t_n,u_n,h)\right]+O(h^{p+1}).$$

因 φ 关于 u 满足 Lipschitz 条件, 所以

$$|e_{n+1}|\leqslant|e_n|+hL|e_n|+ch^{p+1},$$
$$|e_{n+1}|-|e_n|\leqslant hL|e_n|+ch^{p+1}.$$

两端关于 n 求和, 得

$$|e_n| \leqslant (|e_0| + cTh^p) + hL \sum_{k=0}^{n-1} |e_k|.$$

再利用 Gronwall 不等式 (1.26), 就得到估计:

$$|e_n| \leqslant \mathrm{e}^{LT} \left[(1 + Lh) |e_0| + cTh^p\right]. \tag{1.106}$$

特别地, 若取 $u_0 = u(t_0)$, 则 $e_0 = 0$, 误差 e_n 的阶为 $O(h^p)$. □

1.4.3　Runge-Kutta 法

Taylor 展开法, 用 f 在同一点 (t_n, u_n) 的高阶导数表示 $\varphi(t_n, u_n, h)$, 这不便于数值计算. Runge-Kutta 法是用 f 在一些点上的值表示 $\varphi(t_n, u_n, h)$, 使单步法局部截断误差的阶和 Taylor 展开法相等. 我们先在区间 $[t, t+h]$ 上讨论. 将初值问题写成积分形式:

$$u(t + h) = u(t) + \int_t^{t+h} f(\tau, u(\tau))\mathrm{d}\tau. \tag{1.107}$$

在 $[t, t+h]$ 取 m 个点 $t_1 = t \leqslant t_2 \leqslant t_3 \leqslant \cdots \leqslant t_m \leqslant t+h$. 若知道 $k_i = f(t_i, u(t_i))$, $i = 1, 2, \cdots, m$, 则可用它们的一次组合去近似 f:

$$\sum_{i=1}^m c_i k_i \approx f. \tag{1.108}$$

问题是如何计算 k_i (因 $u(t_i)$ 未知). 一个直观的想法是: 设已知 $(t_1, k_1) = (t_1, f(t_1, u(t_1)))$, 由 Euler 法 $u(t_2) \approx u(t_1) + (t_2 - t_1) f(t_1, u(t_1)) = u(t_1) + (t_2 - t_1) k_1$, 于是

$$k_2 \approx f(t_2, u(t_1) + (t_2 - t_1) k_1).$$

再利用 Euler 法又可以由 (t_2, k_2) 算出

$$k_3 \approx f(t_3, u(t_1) + (t_2 - t_1) k_1 + (t_3 - t_2) k_2).$$

如此可继续下去. 要求节点 $\{t_i\}$ 和系数 $\{c_i\}$ 适当选取, 使近似式 (1.108) 有尽可能高的逼近阶. 这为下面构造 Runge-Kutta 法提供某些启示.

为便于推导, 我们先引进若干记号. 首先令

$$t_i = t + a_i h = t_1 + a_i h, \quad i = 2, 3, \cdots, m,$$

其中 a_i 与 h 无关. 再引进下三角形系数阵:

$$\begin{array}{cccc} b_{21} & & & \\ b_{31} & b_{32} & & \\ \vdots & \vdots & \ddots & \\ b_{m1} & b_{m2} & \cdots & b_{m,m-1}, \end{array}$$

其中 b_{ij} 与 h 无关,

$$\sum_{j=1}^{i-1} b_{ij} = a_i, \quad i = 2, 3, \cdots, m. \tag{1.109}$$

又 $c_i \geqslant 0$,

$$\sum_{i=1}^{m} c_i = 1. \tag{1.110}$$

假设三组系数 $\{a_i\}, \{b_{ij}\}$ 和 $\{c_i\}$ 已给定, 则 Runge-Kutta 法计算过程如下:

$$u_{n+1} = u_n + h\varphi(t_n, u_n, h), \quad n = 0, 1, \cdots, \tag{1.111}$$

其中

$$\varphi(t, u(t), h) = \sum_{i=1}^{m} c_i k_i, \tag{1.112}$$

$$\begin{cases} k_1 = f(t, u), \\ k_2 = f(t + ha_2, u(t) + hb_{21}k_1), \quad b_{21} = a_2, \\ k_3 = f(t + ha_3, u(t) + h(b_{31}k_1 + b_{32}k_2)), \quad b_{31} + b_{32} = a_3, \\ \quad \cdots\cdots\cdots\cdots \\ k_m = f\left(t + ha_m, u(t) + h\sum_{j=1}^{m-1} b_{mj}k_j\right), \quad \sum_{j=1}^{m-1} b_{mj} = a_m. \end{cases} \tag{1.113}$$

系数 $\{a_i\}, \{b_{ij}\}$ 和 $\{c_i\}$ 按如下原则确定: 将 k_i 关于 h 展开, 以之代到 (1.112), 使 l 次幂 $h^l (l = 0, 1, \cdots, p-1)$ 的系数和 (1.100) 同次幂的系数相等, 如此得到的算法 (1.111) 称为 m 级 p 阶 Runge-Kutta 法.

现在推导一些常用的计算方案. 将 $u(t+h)$ 展开到 h 的三次幂:

$$u(t+h) = u(t) + \sum_{l=1}^{3} \frac{h^l}{l!} u^{(l)}(t) + O(h^4) = u(t) + h\varphi_T(t, u, h), \tag{1.114}$$

其中

$$\begin{cases} \varphi_T(t, u, h) = f + \dfrac{1}{2}hF + \dfrac{1}{6}h^2(Ff_u' + G) + O(h^3), \\ F = f_t' + ff_u', \\ G = f_{tt}'' + 2ff_{tu}'' + f^2 f_{uu}''. \end{cases} \tag{1.115}$$

其次, 由二元 Taylor 展开式,

$$k_1 = f(t, u) = f,$$
$$k_2 = f(t + ha_2, u + ha_2 k_1)$$
$$= f + ha_2(f_t' + k_1 f_u') + \frac{1}{2}h^2 a_2^2 (f_{tt}'' + 2k_1 f_{tu}'' + k_1^2 f_{uu}'') + O(h^3)$$

$$= f + ha_2F + \frac{1}{2}h^2a_2^2G + O\left(h^3\right).$$

同样地,

$$k_3 = f + ha_3F + h^2\left(a_2b_{32}f'_uF + \frac{1}{2}a_3^2G\right) + O\left(h^3\right).$$

于是

$$\varphi(t,u,h) = (c_1 + c_2 + c_3)f + h(a_2c_2 + a_3c_3)F +$$
$$\frac{1}{2}h^2\left[2a_2b_{32}c_3f'_uF + \left(a_2^2c_2 + a_3^2c_3\right)G\right] + O\left(h^3\right). \tag{1.116}$$

比较 $\varphi(t,u,h)$ 和 $\varphi_T(t,u,h)$ 的同次幂系数, 可得以下具体方案.

1. $m = 1$ 比较 h 的零次幂, 知

$$\varphi(t,u,h) = f,$$

算法 (1.111) 是 Euler 法.

2. $m = 2$ 此时 $c_3 = 0$,

$$\varphi(t,u,h) = (c_1 + c_2)f + ha_2c_2F + \frac{1}{2}h^2a_2^2c_2G + O\left(h^3\right).$$

与 $\varphi_T(t,u,h)$ 比较 $1, h$ 的系数, 则

$$c_1 + c_2 = 1, \quad a_2c_2 = \frac{1}{2}.$$

它有无穷多组解, 从而有无穷多个二级二阶算法. 两个常见的方法是

(1) $c_1 = 0, c_2 = 1, a_2 = \frac{1}{2}$. 此时

$$u_{n+1} = u_n + hf\left(t_n + \frac{1}{2}h, u_n + \frac{1}{2}hf_n\right).$$

称为中点法, 这是一种修正的 Euler 法.

(2) $c_1 = c_2 = \frac{1}{2}, a_2 = 1$, 此时

$$u_{n+1} = u_n + \frac{1}{2}h\left(f\left(t_n, u_n\right) + f\left(t_{n+1}, u_n + hf_n\right)\right).$$

这是改进的 Euler 法.

3. $m = 3$ 比较 (1.115) 和 (1.116), 令 $1, h, h^2$ 的系数相等, 并注意 F, G 的任意性, 得

$$c_1 + c_2 + c_3 = 1, \quad a_2c_2 + a_3c_3 = \frac{1}{2},$$
$$a_2^2c_2 + a_3^2c_3 = \frac{1}{3}, \quad a_2b_{32}c_3 = \frac{1}{6}.$$

由这 4 个方程不能完全确定 6 个系数, 因此这是含两个参数的三级三阶方法. 常见的

方案有

(1) **Heun 三阶方法**. 此时

$$c_1 = \frac{1}{4}, \quad c_2 = 0, \quad c_3 = \frac{3}{4},$$
$$a_2 = \frac{1}{3}, \quad a_3 = \frac{2}{3}, \quad b_{32} = \frac{2}{3}.$$

算法为

$$\begin{cases} u_{n+1} = u_n + \dfrac{h}{4}\left(k_1 + 3k_3\right), \\ k_1 = f\left(t_n, u_n\right), \\ k_2 = f\left(t_n + \dfrac{1}{3}h, u_n + \dfrac{1}{3}hk_1\right), \\ k_3 = f\left(t_n + \dfrac{2}{3}h, u_n + \dfrac{2}{3}hk_2\right). \end{cases} \tag{1.117}$$

(2) **Kutta 三阶方法**. 此时

$$c_1 = \frac{1}{6}, \quad c_2 = \frac{2}{3}, \quad c_3 = \frac{1}{6},$$
$$a_2 = \frac{1}{2}, \quad a_3 = 1, \quad b_{32} = 2.$$

算法为

$$\begin{cases} u_{n+1} = u_n + \dfrac{h}{6}\left(k_1 + 4k_2 + k_3\right), \\ k_1 = f\left(t_n, u_n\right), \\ k_2 = f\left(t_n + \dfrac{1}{2}h, u_n + \dfrac{1}{2}hk_1\right), \\ k_3 = f\left(t_n + h, u_n - hk_1 + 2hk_2\right). \end{cases} \tag{1.118}$$

当 f 与 u 无关时, 这就是 Simpson 公式.

4. $m = 4$　将 (1.115), (1.116) 展开到 h^3, 比较 $h^i(i = 0, 1, 2, 3)$ 的系数, 则得含 13 个待定系数的 11 个方程, 由此得到含两个参数的四级四阶 Runge-Kutta 方法类, 其中最常用的有以下两个算法:

四阶 Runge-Kutta 法:

$$\begin{cases} u_{n+1} = u_n + \dfrac{h}{6}\left(k_1 + 2k_2 + 2k_3 + k_4\right), \\ k_1 = f\left(t_n, u_n\right), \\ k_2 = f\left(t_n + \dfrac{1}{2}h, u_n + \dfrac{1}{2}hk_1\right), \\ k_3 = f\left(t_n + \dfrac{1}{2}h, u_n + \dfrac{1}{2}hk_2\right), \\ k_4 = f\left(t_n + h, u_n + hk_3\right) \end{cases} \tag{1.119}$$

和

$$\begin{cases} u_{n+1} = u_n + \dfrac{h}{8}\left(k_1 + 3k_2 + 3k_3 + k_4\right), \\[2mm] k_1 = f\left(t_n, u_n\right), \\[2mm] k_2 = f\left(t_n + \dfrac{1}{3}h, u_n + \dfrac{1}{3}hk_1\right), \\[2mm] k_3 = f\left(t_n + \dfrac{2}{3}h, u_n - \dfrac{1}{3}hk_1 + hk_2\right), \\[2mm] k_4 = f\left(t_n + h, u_n + hk_1 - hk_2 + hk_3\right). \end{cases} \quad (1.120)$$

(1.119) 是最常用的 Runge-Kutta 法, 通常也称为经典的四阶 Runge-Kutta 法.

仿此人们还可造出更多的算法. 设 $f(t,u)\,(t_0 \leqslant t \leqslant T, u \in (-\infty, +\infty))$ 连续, 且关于 u 满足 Lipschitz 条件. 由 $\varphi(t, u(t), h)$ 的表达式 (1.112) (1.113) (注意 $c_1 + c_2 + \cdots + c_m = 1$) 知 $\varphi(t, u, 0) = f(t, u)$, 即 Runge-Kutta 法相容, 所以定理 1.4 和定理 1.5 对 Runge-Kutta 法恒成立, 特别地, p 阶 Runge-Kutta 法整体误差的阶为 $O(h^p)$.

例 1.4 用四级四阶 Runge-Kutta 法计算初值问题:

$$u' = 4tu^{\frac{1}{2}}, \quad 0 \leqslant t \leqslant 2,$$
$$u(0) = 1.$$

取 $h = 0.1, 0.5, 1$. 精确解为

$$u(t) = \left(1 + t^2\right)^2.$$

计算结果如表 1.6. 与例 1.3 的表 1.5 比较, 可见 Runge-Kutta 法的稳定性较线性三阶二步法优越.

表 1.6 四阶 Runge-Kutta 法的计算结果

t	精确解	$h = 0.1$	$h = 0.5$	$h = 1$
0.0	1.000 000	1.000 000	1.000 000	1.000 000
0.3	1.081 600	1.081 599	-	-
0.5	1.562 500	1.562 497	1.561 106	-
0.8	2.689 600	2.689 592	-	-
1.0	4.000 000	3.999 985	3.993 247	3.913 900
1.3	5.953 600	5.953 576	-	-
1.5	10.562 500	10.562 455	10.542 656	-
2.0	25.000 000	24.999 904	24.957 954	24.530 977

1.4.4 习题

就 $c_2 = c_3$ 和 $a_2 = a_3$ 导出三阶 Runge-Kutta 法.

*1.5 绝对稳定性和绝对稳定域

1.5.1 绝对稳定性

无论从理论还是应用方面看, 单步法和多步法都必须是稳定的. 但这种稳定有两个限制, 一是要求 $h \in (0, h_0)$ 充分小, 而实际用的 h 是固定的; 二是只允许初值有误差, 往后各步计算都精确, 而实际计算时每步都可能有舍入误差. 为了控制这种误差的增长, 需对多步法提出进一步要求, 即绝对稳定性.

对一般非线性常微分方程组:

$$\boldsymbol{u}' = \boldsymbol{f}(t, \boldsymbol{u})$$

讨论绝对稳定性是困难的, 通常是考虑它在解 $\boldsymbol{u}$ 临近的线性化方程:

$$(\boldsymbol{u} - \overline{\boldsymbol{u}})' = \frac{\partial f(t, \overline{\boldsymbol{u}})}{\partial \boldsymbol{u}}(\boldsymbol{u} - \overline{\boldsymbol{u}}).$$

为此我们讨论线性常微分方程组:

$$\boldsymbol{u}' = \boldsymbol{Au}, \tag{1.121}$$

其中 $\boldsymbol{A}$ 是常数矩阵. 设 $\boldsymbol{A}$ 可对角化:

$$\boldsymbol{T}^{-1}\boldsymbol{AT} = \operatorname{diag}\left(\lambda_1, \lambda_2, \cdots, \lambda_m\right),$$

λ_j 是实或复特征值, 作变换 $\boldsymbol{u} = \boldsymbol{Tv}$, 则 (1.121) 化为

$$v_i' = \lambda_i v_i, \quad i = 1, 2, \cdots, m.$$

因此作为模型, 我们考虑方程:

$$u' = \mu u \tag{1.122}$$

的绝对稳定性, 其中 μ 是实数或复数.

求解 (1.122) 的线性多步法为

$$\sum_{j=0}^{k} \alpha_j u_{n+j} = \mu h \sum_{j=0}^{k} \beta_j u_{n+j}. \tag{1.123}$$

令 $\bar{h} = \mu h$, 则

$$\sum_{j=0}^{k} \alpha_j u_{n+j} - \bar{h} \sum_{j=0}^{k} \beta_j u_{n+j} = 0. \tag{1.124}$$

实际计算时每步都可能有舍入误差, 得到的是 u_n 的近似 $\bar{u}_n$, 满足

$$\sum_{j=0}^{k} \left(\alpha_j - \bar{h}\beta_j \right) \bar{u}_{n+j} = \eta_n, \tag{1.125}$$

其中 η_n 为局部舍入误差. 假设 $|\eta_n| \leqslant M$. 令 $\bar{e}_n = \bar{u}_n - u_n$, 显然 $\bar{e}_n$ 满足

$$\sum_{j=0}^{k} \left(\alpha_j - \bar{h}\beta_j \right) \bar{e}_{n+j} = \eta_n. \tag{1.126}$$

如前引进 k 维列向量 $\boldsymbol{E}_n = (\bar{e}_{n+k-1}, \bar{e}_{n+k-2}, \cdots, \bar{e}_n)^{\mathrm{T}}$ 和 $\boldsymbol{\eta}_n = \left(\alpha_k^{-1}\eta_n, 0, \cdots, 0 \right)^{\mathrm{T}}$ 以及 $k \times k$ 矩阵

$$\overline{C} = \begin{bmatrix} -a_k^{-1}a_{k-1} & -a_k^{-1}a_{k-2} & \cdots & -a_k^{-1}a_1 & -a_k^{-1}a_0 \\ 1 & 0 & \cdots & 0 & 0 \\ 0 & 1 & \cdots & 0 & 0 \\ \vdots & \vdots & & \vdots & \vdots \\ 0 & 0 & \cdots & 1 & 0 \end{bmatrix}, \tag{1.127}$$

其中 $a_j = \alpha_j - \bar{h}\beta_j, j = k, k-1, \cdots, 1, 0$. 假定 h 充分小使 $a_k \neq 0$, 则可将 (1.126) 写成向量形式:

$$\boldsymbol{E}_n = \overline{C}\boldsymbol{E}_{n-1} + \boldsymbol{\eta}_n.$$

逐次递推, 得

$$\boldsymbol{E}_n = \overline{C}^n \boldsymbol{E}_0 + \left(\overline{C}^{n-1}\boldsymbol{\eta}_0 + \cdots + \overline{C}^{n-i-1}\boldsymbol{\eta}_i + \cdots + \boldsymbol{\eta}_{n-1} \right) \tag{1.128}$$

(参看 (1.86)). 为使误差 $\boldsymbol{E}_n$ 在逐步计算中减小, 应要求

$$\lim_{n \to \infty} \overline{C}^n = \boldsymbol{O}. \tag{1.129}$$

令

$$\rho(\lambda) = \sum_{j=0}^{k} \alpha_j \lambda^j, \quad \sigma(\lambda) = \sum_{j=0}^{k} \beta_j \lambda^j, \tag{1.130}$$

则矩阵 $\overline{C}$ 的特征方程为

$$\rho(\lambda) - \bar{h}\sigma(\lambda) = 0. \tag{1.131}$$

由引理 1.1 的 (iii), 可知 (1.129) 成立的充要条件是 (1.131) 的根都在单位圆内.

定义 1.4 称线性 k 步法关于 $\bar{h} = \mu h$ **绝对稳定** (absolutely stable), 如果特征方程 (1.131) 的根都在单位圆内 ($|\lambda| < 1$). 若存在复数域 D_A, 使多步法对任意的 $\bar{h} \in D_A$ 都绝对稳定, 则称 D_A 为绝对稳定域.

显然绝对稳定域越大, 方法的适应性越强, 因此也更优越.

可以证明, 当矩阵 $\overline{C}$ 的特征值都在单位圆内时 ($\overline{C}$ 的谱半径小于 1), 存在一种范数

$\|\|\cdot\|\|$, 使 $\|\|\overline{\boldsymbol{C}}\|\| < 1$. 由 (1.128), 直接得

$$\|\boldsymbol{E}_n\| \leqslant \|\|\overline{\boldsymbol{C}}\|\|^n + M(1 - \|\|\overline{\boldsymbol{C}}\|\|)^{-1}, \quad M \geqslant |\eta_n|, \quad n = 1, 2, \cdots,$$

所以舍入误差的影响是可控的 (连续依赖 M).

对一般的非线性问题, f'_u 不是常数, 此时可取 μ 是 f'_u 的界, 或是 f'_u 的一个或多个代表值, h 为最大容许步长.

1.5.2　绝对稳定域

设 D_A 是多步法的绝对稳定域, 则特征方程 (1.131) 确定一由单位圆 $|\lambda| < 1$ 到复平面 $\bar{h} \in Z$ 的解析变换:

$$\bar{h} = \frac{\rho(\lambda)}{\sigma(\lambda)}. \tag{1.132}$$

命题 1.1　一个相容、稳定的多步法若绝对稳定, 则 μ 的实部 $\operatorname{Re}\mu < 0$, 从而绝对稳定域 $D_A \subseteq Z_-$ (左半平面).

证明　因多步法相容且稳定, 故 1 必为 $\rho(\lambda)$ 的单根, 即 $\rho(1) = 0$, 但 $\sigma(1) = \rho'(1) \neq 0$. 设 k 次方程

$$\rho(\lambda) - \bar{h}\sigma(\lambda) = 0$$

的根为 $\lambda_1(\bar{h}), \lambda_2(\bar{h}), \cdots, \lambda_k(\bar{h})$, 则必有唯一根, 比如 $\lambda_1(\bar{h}) \to 1$ (1 是 $\rho(\lambda) = 0$ 的单根) 当 $\bar{h} \to 0$, 其余根和 1 保持一正距离; 比如 $|\lambda_j(\bar{h}) - 1| \geqslant \delta_0 > 0$, 当 $\bar{h} \to 0, j = 2, 3, \cdots, k$. 又 $u = \mathrm{e}^{\mu t}$ 满足 $u' = \mu u$. 若方法为 p 阶, 则

$$\sum_{j=0}^{k} \alpha_j \mathrm{e}^{\mu(t+jh)} - \bar{h} \sum_{j=0}^{k} \beta_j \mathrm{e}^{\mu(t+jh)} = O\left(h^{p+1}\right) = O\left(\bar{h}^{p+1}\right),$$

从而

$$\rho\left(\mathrm{e}^{\bar{h}}\right) - \bar{h}\sigma\left(\mathrm{e}^{\bar{h}}\right) = O\left(\bar{h}^{p+1}\right).$$

将左端分解因子, 得

$$\left(\mathrm{e}^{\bar{h}} - \lambda_1(\bar{h})\right)\left(\mathrm{e}^{\bar{h}} - \lambda_2(\bar{h})\right) \cdots \left(\mathrm{e}^{\bar{h}} - \lambda_k(\bar{h})\right) = O\left(\bar{h}^{p+1}\right).$$

因 $\exp(\bar{h}) \to 1$ 当 $\bar{h} \to 0$, 故除第一个因子外, 其余因子均有正下界, 即

$$\left|\mathrm{e}^{\bar{h}} - \lambda_j(\bar{h})\right| \geqslant \delta_1 > 0, \quad j = 2, 3, \cdots, k$$

(δ_1 是与 $\bar{h}$ 无关的正数), 因此

$$\lambda_1(\bar{h}) = \mathrm{e}^{\bar{h}} + O\left(\bar{h}^{p+1}\right) = 1 + \bar{h} + O\left(\bar{h}^2\right) + O\left(\bar{h}^{p+1}\right). \tag{1.133}$$

由方法的绝对稳定性知 $\left|\lambda_1(\bar{h})\right| < 1$ 恒成立, 又 $p \geqslant 1$, 故必有 $\operatorname{Re}\bar{h} = \operatorname{Re}\mu h < 0$, 因此 $\operatorname{Re}\mu < 0$.

注意单位圆周 $|\lambda| = 1$ 在变换 (1.132) 之下, 所得的映像就是绝对稳定域 D_A 的边界. 由 (1.133), $\bar{h} = 0$ 时 $\lambda_1(0) = 1$, 故 D_A 的边界经过 0. □

检验绝对稳定性归结为检验特征方程 (1.131) 的根是否在单位圆内 ($|\lambda| < 1$), 这有很多判别法, 如著名的 Routh-Hurwitz 准则, Schur 准则和 Miller 准则. 这里只列一个简单而常用的判别法: 复系数二次方程 $\lambda^2 - b\lambda - c = 0$ 的根在单位圆内的充要条件是

$$2 - |b|^2 - \left|b^2 + 4c\right| + 2|c|^2 > 0, \quad |c| < 1. \tag{1.134}$$

1.5.3　应用例子

例 1.5　Adams 法的绝对稳定域.

Adams 外插法和内插法的特征多项式分别为

$$\rho(\lambda) - \bar{h}\sigma(\lambda) = \lambda^{k-1}(\lambda - 1) - \bar{h}\sum_{l=0}^{k-1} b_{k-1,l}\lambda^{k-l-1}$$

和

$$\rho(\lambda) - \bar{h}\sigma(\lambda) = \lambda^{k-1}(\lambda - 1) - \bar{h}\sum_{l=0}^{k} b_{kl}^{*}\lambda^{k-l},$$

其中 b_{kl} 和 b_{kl}^{*} 分别由表 1.2 及表 1.4 给出. 可以算出 k 步 ($k = 1, 2, 3, 4$) Adams 外插法和内插法的绝对稳定域与实轴的交集分别为 $(\alpha_E, 0)$ 和 $(\alpha_I, 0)$, 其中 α_E, α_I 如表 1.7. 从表中看出, 内插法的稳定域比外插法大.

表 1.7　Adams 方法的绝对稳定域

k	1	2	3	4
α_E	-2	-1	$-\dfrac{6}{11}$	$-\dfrac{3}{10}$
α_I	$-\infty$	-6	-3	$-\dfrac{90}{49}$

例 1.6　Runge-Kutta 法的绝对稳定域.

在 Runge-Kutta 法中取 $f = \mu u$ (μ 为常数), 则

$$k_1 = \mu u_n,$$

$$k_2 = \mu\left(1 + b_{21}\mu h\right)u_n = \mu P_1(\mu h)u_n,$$

$$k_3 = \mu \left(u_n + h \sum_{j=1}^{2} b_{3j} k_j \right) = \mu \left(1 + b_{31} \mu h P_1(\mu h) \right) u_n = \mu P_2(\mu h) u_n,$$

$\cdots\cdots\cdots$

$$k_m = \mu P_{m-1}(\mu h) u_n,$$

其中 $P_i(\lambda)$ 是 i 次多项式, 从而

$$\varphi(t_n, u_n, h) = \mu \left(\sum_{i=1}^{m} c_i P_{i-1}(\mu h) \right) u_n.$$

Runge-Kutta 法为

$$u_{n+1} = u_n + h\varphi(t_n, u_n, h) = u_n + P_m(\mu h) u_n, \quad n = 0, 1, \cdots. \tag{1.135}$$

其次, 将 $u(t_{n+1})$ 在 t_n 展开:

$$u(t_{n+1}) = u(t_n) + hu'(t_n) + \cdots + \frac{h^p}{p!} u^{(p)}(t_n) + O(h^{p+1}).$$

将 $u' = \mu u$ 的解 $u(t) = \mathrm{e}^{\mu t}$ 代到上式得

$$u(t_{n+1}) = \left(1 + \mu h + \cdots + \frac{(\mu h)^p}{p!} \right) u(t_n) + O(h^{p+1}).$$

若方法是 p 阶的, 则

$$1 + P_m(\mu h) = 1 + \mu h + \cdots + \frac{(\mu h)^p}{p!},$$

而 μh 任意, 故 $m \geqslant p$. 取 $m = p$, 将 (1.135) 写为

$$u_{n+1} = \left(\sum_{l=0}^{m} \frac{(\mu h)^l}{l!} \right) u_n, \quad n = 0, 1, \cdots,$$

其特征方程是一次的, 唯一的特征值

$$\lambda_1 = 1 + \bar{h} + \frac{1}{2!} \bar{h}^2 + \cdots + \frac{1}{m!} \bar{h}^m, \quad \bar{h} = \mu h. \tag{1.136}$$

注意, 当 $m = 1, 2, 3, 4$ 时, 解不等式 $|\lambda_1| < 1$ 就可得出绝对稳定域 D_A, 参看图 1.2. 表 1.8 是 D_A 与实轴相交的区间, 从中看出, Runge-Kutta 法的绝对稳定域一般比线性多步法大, 这是它的优点.

在使用 Runge-Kutta 法时, 应取 h 使 $\bar{h}$ 属于绝对稳定域, 否则有可能产生很大误差 (虽然方法稳定). 例如用四阶 Runge-Kutta 法 (1.119) 求解

$$u' = -20u, \quad u(0) = 1,$$

步长为 0.1 及 0.2. 当步长取 0.1 时, $\bar{h}$ 属于绝对稳定域, 误差随 n 下降到零. 当步长取 0.2 时, $\bar{h}$ 不属于绝对稳定域, 误差很快增长. 计算结果的误差如表 1.9.

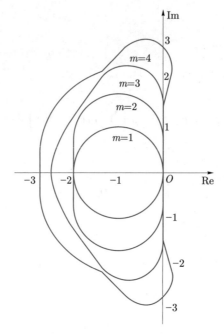

图 1.2　特征值的分布

表 1.8　Runge-Kutta 法的绝对稳定域

级	λ_1	绝对稳定域
一级	$1 + \bar{h}$	$(-2, 0)$
二级	$1 + \bar{h} + \dfrac{\bar{h}^2}{2}$	$(-2, 0)$
三级	$1 + \bar{h} + \dfrac{\bar{h}^2}{2} + \dfrac{\bar{h}^3}{6}$	$(-2.51, 0)$
四级	$1 + \bar{h} + \dfrac{\bar{h}^2}{2} + \dfrac{\bar{h}^3}{6} + \dfrac{\bar{h}^4}{24}$	$(-2.78, 0)$

表 1.9　四阶 Runge-Kutta 法的计算误差

t	$h = 0.1$	$h = 0.2$
0.0	0	0
0.2	$-0.092\,795$	4.98
0.4	$-0.012\,010$	25.0
0.6	$-0.001\,366$	125.0
0.8	$-0.000\,152$	625.0
1.0	$-0.000\,017$	3\,125.0

Runge-Kutta 法和预–校算法是求解常微分方程初值问题的有效数值方法. 本节介绍的 Runge-Kutta 法都是显式的, 为了进一步改善稳定域, 人们也采用隐式 Runge-Kutta 法, 参见 [25, 26, 27].

1.5.4 习题

1. 证明方法 $u_{n+1} - u_n = h f_{n+1}$ 对所有 $\bar{h} \in (-\infty, 0)$ 绝对稳定.

2. 验证表 1.7 所列 Adams 外插法和内插法的绝对稳定域.

3. 求二级二阶隐式 Runge-Kutta 法

$$u_{n+1} = u_n + \frac{1}{2} h (k_1 + k_2),$$
$$k_1 = f(t_n, u_n),$$
$$k_2 = f\left(t_n + h, u_n + \frac{1}{2} h (k_1 + k_2)\right)$$

的绝对稳定域.

*1.6 一阶方程组和刚性问题

1.6.1 对一阶方程组的推广

实际中遇到的不只是一阶方程式, 还会有含 m 个方程的一阶方程组, 其一般形式为

$$\begin{cases} \dfrac{\mathrm{d}u_1}{\mathrm{d}t} = f_1(t, u_1, \cdots, u_m), \\[2mm] \dfrac{\mathrm{d}u_2}{\mathrm{d}t} = f_2(t, u_1, \cdots, u_m), \\ \cdots\cdots\cdots\cdots \\ \dfrac{\mathrm{d}u_m}{\mathrm{d}t} = f_m(t, u_1, \cdots, u_m), \end{cases} \tag{1.137}$$

这里 $f_1, f_2, \cdots, f_m \, (t_0 \leqslant t \leqslant T, |u_i| < \infty, i = 1, 2, \cdots, m)$ 是 $m+1$ 个变元的连续函数. 为使 (1.137) 的解确定, 还需给出初值条件:

$$u_i(t_0) = u_{0i}, \quad i = 1, 2, \cdots, m. \tag{1.138}$$

这就是一阶方程组的初值问题. 如果实际问题不是一阶方程组而是高阶方程式, 我们也可

以把它化为一阶方程组, 例如对于 m 阶微分方程

$$u^{(m)} = f\left(t, u, u', \cdots, u^{(m-1)}\right),$$

只要引进新变量

$$u_1 = u, \quad u_2 = u', \cdots, \quad u_m = u^{(m-1)},$$

就化为一阶方程组

$$\begin{cases} \dfrac{\mathrm{d}u_1}{\mathrm{d}t} = u_2, \\ \dfrac{\mathrm{d}u_2}{\mathrm{d}t} = u_3, \\ \cdots\cdots\cdots\cdots \\ \dfrac{\mathrm{d}u_m}{\mathrm{d}t} = f\left(t, u_1, u_2, \cdots, u_{m-1}\right). \end{cases}$$

此种转化不仅是理论上需要, 在计算上也可能更方便. 引进向量记号:

$$\boldsymbol{u} = (u_1, u_2, \cdots, u_m)^{\mathrm{T}}, \quad \boldsymbol{f} = (f_1, f_2, \cdots, f_m)^{\mathrm{T}}, \quad \boldsymbol{u}_0 = (u_{01}, u_{02}, \cdots, u_{0m})^{\mathrm{T}}$$

则 (1.137) 可写为向量形式:

$$\boldsymbol{u}' = \boldsymbol{f}(t, \boldsymbol{u}), \quad \boldsymbol{u}(t_0) = \boldsymbol{u}_0. \tag{1.139}$$

若 $\boldsymbol{f}(t, \boldsymbol{u})$ 关于 $\boldsymbol{u}$ 满足 Lipschitz 条件, 则问题 (1.139) 有唯一解 (参见 [2]).

前面介绍的线性多步法, 预 – 校算法和 Runge-Kutta 法都可直接推广到一阶方程组, 只需用向量代替相应的标量. 所有关于相容性、稳定性和收敛性的定义和结论都可推广到方程组, 只需将绝对值 $|\cdot|$ 换成 m 维欧氏空间的向量模 $\|\cdot\|$. 例如解方程组的线性多步法是

$$L[\boldsymbol{u}_n; h] = \sum_{j=0}^{k} [\alpha_j \boldsymbol{u}_{n+j} - h\beta_j \boldsymbol{f}(t_{n+j}, \boldsymbol{u}_{n+j})] = 0, \tag{1.140}$$

α_j, β_j 是标量, $L[\boldsymbol{u}_n; h]$ 是向量算子. 稳定性的充要条件仍然是第一特征多项式满足根条件.

但绝对稳定性的定义要适当修改. 因为在方程式的情形, $\boldsymbol{f}$ 的导数 $\dfrac{\partial \boldsymbol{f}}{\partial \boldsymbol{u}}$ 是标量, 在模型问题 $\boldsymbol{u}' = \mu \boldsymbol{u}$ 中的 μ 也是标量. 现在 $\dfrac{\partial \boldsymbol{f}}{\partial \boldsymbol{u}}$ 是 m 阶 Jacobi 矩阵, 应当用 m 阶常矩阵 $\boldsymbol{A}$ 代替 $\dfrac{\partial \boldsymbol{f}}{\partial \boldsymbol{u}}$. 和 (1.126) 平行的线性化误差方程是

$$\sum_{j=0}^{k} (\alpha_j \boldsymbol{I} - h\beta_j \boldsymbol{A}) \overline{\boldsymbol{e}}_{n+j} = \boldsymbol{\eta}_n. \tag{1.141}$$

假定矩阵 $\boldsymbol{A}$ 的特征值互异, 则可对角化

$$
\boldsymbol{H}^{-1}\boldsymbol{A}\boldsymbol{H} = \begin{bmatrix} \mu_1 & & & \\ & \mu_2 & & \\ & & \ddots & \\ & & & \mu_m \end{bmatrix}.
$$

从而方程组 (1.141) 可化成 m 个独立的方程式, 相应的特征多项式有 m 个:

$$
\rho(\lambda) - h\mu_l\sigma(\lambda) = 0, \quad l = 1, 2, \cdots, m, \tag{1.142}
$$

其中

$$
\rho(\lambda) = \sum_{j=0}^{k} \alpha_j \lambda^j, \sigma(\lambda) = \sum_{j=0}^{k} \beta_j \lambda^j.
$$

以 $r_j^{(l)}(j = 1, 2, \cdots, k, l = 1, 2, \cdots, m)$ 表示 (1.142) 的根的绝对值, 则可将方法的绝对稳定性定义为

$$
r_j^{(l)} < 1, \quad j = 1, 2, \cdots, k, \quad l = 1, 2, \cdots, m. \tag{1.143}
$$

一般说来, 矩阵 $\boldsymbol{A}$ 非对称, 特征值 μ_l 是复的, 所以由 (1.143) 确定的参数 $\bar{h} = h\mu$ 的稳定域也是复的.

1.6.2 刚性问题

一阶方程组的解在 $t \to \infty$ 的过程中, 各分量的变化可能相差很大, 这会给计算带来一定困难. 例如考虑如下线性常微分方程组:

$$
\boldsymbol{u}' = \boldsymbol{A}\boldsymbol{u}, \quad \boldsymbol{u} \in \mathbb{R}^3, \tag{1.144}
$$

$$
\boldsymbol{u}(0) = (2, 1, 2)^{\mathrm{T}}, \tag{1.145}
$$

其中

$$
\boldsymbol{A} = \begin{bmatrix} -0.1 & -49.9 & 0 \\ 0 & -50 & 0 \\ 0 & 70 & -3 \times 10^4 \end{bmatrix}. \tag{1.146}
$$

$\boldsymbol{A}$ 的特征值为

$$
\lambda_1 = -0.1, \quad \lambda_2 = -50, \quad \lambda_3 = -3 \times 10^4.
$$

所以方程组 (1.144) (1.145) 的解为

$$
u_1(t) = \mathrm{e}^{-0.1t} + \mathrm{e}^{-50t},
$$

$$
u_2(t) = \mathrm{e}^{-50t},
$$

$$u_3(t) = \frac{70}{3 \times 10^4 - 70} e^{-50t} + \left(2 - \frac{70}{3 \times 10^4 - 70}\right) e^{-3 \times 10^{-4}}$$
$$= 0.002\,337 e^{-50t} + 1.997\,663 e^{-3 \times 10^4 t}.$$

显然当 $t \to \infty$ 时解的各分量 $u_i(t)$ 均按指数衰减到稳态解 $u_i(t) = 0, i = 1, 2, 3$. 但这些分量收敛到稳态解的速度很不一样, 这跟特征值的大小悬殊有关. 若用数值方法求解, 例如用 Runge-Kutta 法, 其绝对稳定域为 $(-\alpha_R, 0) = (-2.78, 0)$. 为使方法绝对稳定, 应要求 $|h\lambda_3| = 3 \times 10^4 h \leqslant \alpha_R = 2.78$ 或

$$h \approx \frac{\alpha_R}{|\lambda_3|} = \frac{2.78}{3 \times 10^4} \approx 10^{-4}.$$

其次, 为使 $u(t)$ 充分接近稳态解, 应要求 $e^{\lambda_1 t} = e^{-0.1t}$ 充分接近零, 比如 $e^{-0.1t} \approx e^{-4}$ 或 $T \approx \dfrac{4}{|\lambda_1|} \approx 40$, 于是计算步数

$$N \approx \frac{T}{h} \approx \frac{4|\lambda_3|}{\alpha_R |\lambda_1|} \approx \frac{40}{10^{-4}} = 4 \times 10^5.$$

若注意到每步要计算右端函数 f, 便知计算量是很大的.

产生上述困难主要来自方程的系数矩阵 (或一般方程的 Jacobi 矩阵) 的特征值的分布, 它们位于左半平面, 而按绝对值相差悬殊, 这类方程称为刚性 (stiff) 方程.

考虑线性常系数系统

$$\boldsymbol{u}'(t) = \boldsymbol{A}\boldsymbol{u} + \boldsymbol{g}(t) \tag{1.147}$$

和非线性系统

$$\boldsymbol{u}'(t) = \boldsymbol{f}(t, \boldsymbol{u}) \tag{1.148}$$

定义 1.5 称 (1.147) 为刚性的, 如果 λ_i 是矩阵 $\boldsymbol{A}$ 的特征值, 满足

(i) $\operatorname{Re} \lambda_i < 0, \quad i = 1, 2, \cdots, m$,

(ii) $\dfrac{\max\limits_i |\operatorname{Re} \lambda_i|}{\min\limits_i |\operatorname{Re} \lambda_i|} = R \gg 1$, 其中 $\operatorname{Re} \lambda_i$ 是 λ_i 的实部, R 称为刚性比.

定义 1.6 称 (1.148) 为刚性的, 如果在 t 的区间 $I = [0, T]$ 上, $\boldsymbol{f}$ 的 Jacobi 矩阵 $\dfrac{\partial \boldsymbol{f}}{\partial \boldsymbol{u}}$ 的特征值 $\lambda_i(t)$ 满足定义 1.5 的条件 (i) (ii).

粗略说来, 刚性方程组的特征是其解同时存在快变和慢变部分, 这类方程组在生物学、化学、电子学和控制论等领域有重要应用.

1.6.3 A 稳定性

刚性问题数值解法的基本问题是数值稳定性. 显然若刚性比 $R = \dfrac{\max\limits_i |\operatorname{Re} \lambda_i|}{\min\limits_i |\operatorname{Re} \lambda_i|}$ 很大, 则为保证方法绝对稳定, 最好要求绝对稳定域就是左复平面 $Z_-: \operatorname{Re}(h\lambda) < 0$, 为此引进

A 稳定定义.

定义 1.7　线性多步法说是 A 稳定的, 如果将它用于模型问题

$$u'(t) = \lambda u(t) \tag{1.149}$$

的绝对稳定域就是左复平面 Z_-, 其中 λ 是复数.

显然用 A 稳定算法计算时, 步长 h 不必受绝对稳定条件的限制.

为了判别线性多步法 A 稳定, 将它用于模型问题 (1.149), 得线性差分方程:

$$\sum_{j=0}^{k} \left(\alpha_j - \bar{h}\beta_j \right) u_{n+j} = 0, \quad \bar{h} = h\lambda \tag{1.150}$$

相应的特征方程为 $\rho(\lambda) - \bar{h}\sigma(\lambda) = 0$ 或

$$\bar{h} = \frac{\rho(\lambda)}{\sigma(\lambda)}, \tag{1.151}$$

其中

$$\rho(\lambda) = \sum_{j=0}^{k} \alpha_j \lambda^j, \quad \sigma(\lambda) = \sum_{j=0}^{m} \beta_j \lambda^j, \quad m \leqslant k. \tag{1.152}$$

(1.151) 是一个由 $\lambda \in Z$ 到 $\bar{h} \in Z$ 的单值解析变换, 其逆是由 $\bar{h} \in Z$ 到 $\lambda \in Z$ 的 k 值逆变换. 由定义推出

命题 1.2　设 $\lambda_i (i = 1, 2, \cdots, k)$ 是方程 (1.151) 的根, 则下列表述等价:

(i) 线性多步法 A 稳定;

(ii) $\operatorname{Re} \bar{h} < 0 \Rightarrow |\lambda_i| < 1, i = 1, 2, \cdots, k;$

(iii) $|\lambda| \geqslant 1 \Rightarrow \operatorname{Re} \bar{h}(\lambda) \geqslant 0.$

例 1.7　Euler 向后公式

$$u_{n+1} = u_n + h f_{n+1}.$$

由于 $\rho(\lambda) = \lambda - 1, \sigma(\lambda) = \lambda$, 则

$$\operatorname{Re} \bar{h}(\lambda) = \operatorname{Re} \frac{\lambda - 1}{\lambda} = \frac{|\lambda|^2 - |\lambda| \cos\theta}{|\lambda|^2} = \frac{|\lambda|(|\lambda| - \cos\theta)}{|\lambda|^2}.$$

显然当 $|\lambda| \geqslant 1$ 时, $\operatorname{Re} \bar{h}(\lambda) \geqslant 0$, 故 Euler 向后公式 A 稳定.

例 1.8　梯形公式

$$u_{n+1} = u_n + \frac{h}{2} \left(f_{n+1} + f_n \right).$$

因 $\rho(\lambda) = \lambda - 1, \sigma(\lambda) = \frac{1}{2}(\lambda + 1)$, 故

$$\operatorname{Re} \bar{h}(\lambda) = \operatorname{Re} \frac{\rho(\lambda)}{\sigma(\lambda)} = \operatorname{Re} \frac{\lambda - 1}{(\lambda + 1)/2} = 2 \left(\frac{|\lambda|^2 - 1}{|\lambda + 1|^2} \right).$$

于是当 $|\lambda| \geqslant 1$ 时, $\operatorname{Re}\bar{h}(\lambda) \geqslant 0$. 所以梯形公式 A 稳定.

例 1.9 考虑 k 步线性方法:

$$u_{n+k} - u_n = \frac{h}{2}k\left(f_{n+k} + f_n\right).$$

因

$$\rho(\lambda) = \lambda^k - 1, \quad \sigma(\lambda) = \frac{k}{2}\left(\lambda^k + 1\right),$$

故

$$\bar{h} = \frac{\rho(\lambda)}{\sigma(\lambda)} = \frac{2}{k}\frac{\lambda^k - 1}{\lambda^k + 1} = \frac{2}{k}\frac{|\lambda|^{2k} - 1 + \mathrm{i}2|\lambda|^k \sin\theta}{|\lambda^k + 1|^2}.$$

于是

$$\operatorname{Re}\bar{h}(\lambda) = \frac{2}{k}\frac{|\lambda|^{2k} - 1}{|\lambda^k + 1|^2}.$$

显然当 $|\lambda| \geqslant 1$ 时, $\operatorname{Re}\bar{h}(\lambda) \geqslant 0$, 故此 k 步法 A 稳定.

现在看 Euler 法

$$u_{n+1} - u_n = hf_n.$$

这是显方法, 相应的 $\rho(\lambda) = \lambda - 1, \sigma(\lambda) = 1$, 此时

$$\operatorname{Re}\bar{h} = \operatorname{Re}\frac{1}{\lambda - 1} = \operatorname{Re}\frac{\operatorname{Re}\lambda - 1 + \mathrm{i}\operatorname{Im}\lambda}{|\lambda - 1|^2} = \frac{\operatorname{Re}\lambda - 1}{|\lambda - 1|^2}.$$

显然若 $|\lambda| \geqslant 1$, 而 $\operatorname{Re}\lambda < 1$, 则 $\operatorname{Re}\bar{h} < 0$, 所以 Euler 法非 A 稳定.

实际上, 可以证明显线性多步法都不是 A 稳定的 (参见 [9]).

1.6.4 数值例子

1. 用向后 Euler 公式求解初值问题 (1.144)—(1.146). 以 u_j^n 表示 $u_j(t)$ 于 $t_n = nh$ 的近似, 则计算公式为

$$u_1^{n+1} - u_1^n = h\left(-0.1u_1^{n+1} - 49.9u_2^{n+1}\right),$$
$$u_2^{n+1} - u_2^n = h\left(-50u_2^{n+1}\right),$$
$$u_3^{n+1} - u_3^n = h\left(70u_2^{n+1} - 3 \times 10^4 u_3^{n+1}\right)$$

或

$$(1 + 0.1h)u_1^{n+1} + 4.99hu_2^{n+1} = u_1^n,$$
$$(1 + 50h)u_2^{n+1} = u_2^n,$$
$$\left(1 + 3 \times 10^4 h\right)u_3^{n+1} - 70hu_2^{n+1} = u_3^n.$$

以 $h = 1$ 和 $n = 1, 2, \cdots$ 计算, 直至

$$\|u^n\| = \left[(u_1^n)^2 + (u_2^n)^2 + (u_3^n)^2\right]^{\frac{1}{2}} \leqslant e^{-4} \approx 0.000\,027.$$

计算结果如表 1.10. 从表中看到, 当 $t = 100$ 时达到稳定解.

表 1.10 向后 Euler 公式的计算结果

t	精确解			数值解		
	$u_1(t)$	$u_2(t)$	$u_3(t)$	$u_1(t)$	$u_2(t)$	$u_3(t)$
0	2.000 000	1.000 000	2.000 000	2.000 000	1.000 000	2.000 000
1	0.904 837	0.000 000	0.000 000	0.928 698	0.019 607	0.000 112
2	0.818 730	0.000 000	0.000 000	0.826 830	0.000 384	0.000 000
3	0.740 818	0.000 000	0.000 000	0.751 322	0.000 007	0.000 000
4	0.670 320	0.000 000	0.000 000	0.683 013	0.000 000	0.000 000
5	0.606 530	0.000 000	0.000 000	0.620 921	0.000 000	0.000 000
$\vdots$	$\vdots$	$\vdots$	$\vdots$	$\vdots$	$\vdots$	$\vdots$
95	0.000 082	0.000 000	0.000 000	0.000 128	0.000 000	0.000 000
96	0.000 074	0.000 000	0.000 000	0.000 116	0.000 000	0.000 000
97	0.000 067	0.000 000	0.000 000	0.000 106	0.000 000	0.000 000
98	0.000 061	0.000 000	0.000 000	0.000 096	0.000 000	0.000 000
99	0.000 055	0.000 000	0.000 000	0.000 087	0.000 000	0.000 000
100	0.000 050	0.000 000	0.000 000	0.000 087	0.000 000	0.000 000

2. 用向前 Euler 公式求解初值问题 (1.144)—(1.146), 计算公式为

$$u_1^{n+1} - u_1^n = -h\left(0.1hu_1^n + 4.99u_2^n\right),$$

$$u_2^{n+1} - u_2^n = -50hu_2^n,$$

$$u_3^{n+1} - u_3^n = h\left(70u_2^n - 3 \times 10^4 u_3^n\right).$$

取 $h = 0.5$, 从表 1.11 看出, 计算到 $t = 2$ 即出现不稳定现象.

表 1.11 向前 Euler 公式的计算结果

t	精确解			数值解		
	$u_1(t)$	$u_2(t)$	$u_3(t)$	$u_1(t)$	$u_2(t)$	$u_3(t)$
0	2.000 000	1.000 000	2.000 000	2.000 000	1.000 000	2.000 000
0.5	0.951 229	0.000 000	0.000 000	$-23.050\,000$	$-24.000\,000$	$-29.963\,000$
1	0.904 837	0.000 000	0.000 000	576.902 499	576.000 000	$4.494\,141 \times 10^8$
1.5	0.860 707	0.000 000	0.000 000	$-13\,823.142\,625$	$-13\,824.000\,000$	$-6.740\,763 \times 10^{12}$
2	0.818 730	0.000 000	0.000 000	$3.317\,768 \times 10^5$	$3.317\,760 \times 10^5$	$1.011\,047 \times 10^{17}$

*1.7　外推法

1.7.1　多项式外推

设 $h > 0$ 是离散化参数 (比如是步长), $A(h)$ 是按某种算法得到的数 A_0 的近似, 且 $\lim\limits_{h \to 0} A(h) = A_0$ (定义 $A(0) = A_0$). 假定对任意正整数 $N, A(h)$ 有渐近展开式

$$A(h) = A_0 + A_1 h + A_2 h^2 + \cdots + A_N h^N + O\left(h^{N+1}\right), \quad h \to 0, \tag{1.153}$$

其中系数 $A_0, A_1, \cdots, A_N$ 与 h 无关. 若已算出 $A(h_0)$ 和 $A\left(\dfrac{1}{2}h_0\right)$, 则由 (1.7.1) 知

$$2A\left(\frac{1}{2}h_0\right) - A(h_0) = A_0 + O\left(h_0^2\right). \tag{1.154}$$

可见左端较 $A(h_0)$ 和 $A\left(\dfrac{1}{2}h_0\right)$ 逼近 A_0 的阶更高. 这种由已知近似组合成更好近似的方法称为**外推法** (extrapolation methods), 其基本思想属于 Richardson (1927). 计算数值积分的 Romberg 方法实际上也是一种外推法. 如果除 $A(h_0), A\left(\dfrac{1}{2}h_0\right)$ 外还算出 $A\left(\dfrac{1}{4}h_0\right)$, 则可找到有逼近阶更高的线性组合:

$$\frac{1}{3}A(h_0) - 2A\left(\frac{h_0}{2}\right) + \frac{8}{3}A\left(\frac{h_0}{4}\right) = A_0 + O\left(h_0^3\right). \tag{1.155}$$

将这一思想推广, 就得到更一般的所谓多项式外推法. 考虑一般的 h 序列:

$$h_0 > h_1 > h_2 > \cdots > h_J > 0.$$

若展开式 (1.153) 成立, 则总可求得 $A(h_j)\,(j = 0, 1, \cdots, J)$ 的线性组合, 使

$$\sum_{j=0}^{J} c_{jJ} A(h_j) = A_0 + O\left(h_0^{J+1}\right). \tag{1.156}$$

实际上, 求一以 $(h_j, A(h_j))\,(j = 0, 1, \cdots, J)$ 为型值的 $A(h)$ 的 J 次插值多项式 $P_J(h)$, 因

$$A(h) = P_J(h) + O\left(h_0^{J+1}\right),$$

$A(0) = A_0, P_J(0)$ 是 $A(h_j)$ 的一次组合, 于上式中令 $h = 0$ 即得 (1.156). 求 $P_J(h)$ 可用 Aitken 的逐步线性插值实现. 例如以 $\left(h_0, a_0^{(0)}\right)$ 和 $\left(h_1, a_1^{(0)}\right)$ 为型值的 h 的一次多项式为

$$I_{01}(h) = \frac{1}{h_1 - h_0} \begin{vmatrix} a_0^{(0)} & h_0 - h \\ a_1^{(0)} & h_1 - h \end{vmatrix},$$

其中 $a_0^{(0)} = A(h_0), a_1^{(0)} = A(h_1)$. 令 $a_0^{(1)} = I_{01}(0)$, 则由 (1.156) 知 $a_0^{(1)} = A_0 + O(h_0^2)$. 特别地, 当 $h_1 = \frac{1}{2}h_0$ 时, $a_0^{(1)}$ 就是 (1.154) 的左端. 同样过型值 $\left(h_1, a_1^{(0)} \right)$, $\left(h_2, a_2^{(0)} \right) \left(a_2^{(0)} = A(h_2) \right)$ 的一次多项式为

$$I_{12}(h) = \frac{1}{h_2 - h_1} \begin{vmatrix} a_1^{(0)} & h_1 - h \\ a_2^{(0)} & h_2 - h \end{vmatrix}.$$

令 $a_1^{(1)} = I_{12}(0)$. 以 $I_{012}(h)$ 表示过三个点 $\left(h_0, a_0^{(0)} \right), \left(h_1, a_1^{(0)} \right), \left(h_2, a_2^{(0)} \right)$ 的二次多项式, 则

$$I_{012}(h) = \frac{1}{h_2 - h_0} \begin{vmatrix} I_{01}(h) & h_0 - h \\ I_{12}(h) & h_2 - h \end{vmatrix}.$$

令 $a_0^{(2)} = I_{12}(0)$, 则由 (1.156) 知 $a_0^{(2)} = A_0 + O(h_0^3)$. 特别地, 当 $h_1 = \frac{h_0}{2}, h_2 = \frac{h_0}{4}$ 时, $a_0^{(2)}$ 就是 (1.155) 的左端. 如此可继续作下去, 但插值多项式的次数不能超过方法的阶. 实际应用时, 作一两次插值就够了.

若渐近展开式形如

$$A(h) = A_0 + A_2 h^2 + A_4 h^4 + O(h^6),$$

则线性组合

$$\frac{4}{3} A\left(\frac{1}{2} h_0 \right) - \frac{1}{3} A(h_0) = A_0 + O(h_0^4) \tag{1.157}$$

比 (1.154) 的收敛阶更高, 可见外推法的效果和渐近展开的类型有关.

1.7.2 对初值问题的应用

设 $u(t)$ 是初值问题

$$u' = f(t, u), \quad u(t_0) = u_0$$

的解, $u(t, h)$ 是由某一数值方法 (如线性多步法, 预 – 校算法, Runge-Kutta 法等) 确定的 $u(t)$ 的近似解, h 是步长. 假定 H 是基本步长 (可取大一些), $h_0 = \frac{H}{N_0}$ $(N_0 \geqslant 1)$. 从 $t = 0$ 出发, 用数值方法算 N_0 步, 得到 $u(t_0 + H, h_0)$. 然后取 $h_1 = \frac{H}{N_1}$, $N_1 > N_0$, 从 $t = t_0$ 出发用数值方法算 N_1 步, 得到近似解 $u(t_0 + H, h_1)$. 一般取 $h_j = \frac{H}{N_j}, j = 0, 1, \cdots, J$, $N_0 < N_1 < \cdots < N_J$, 从 $t = t_0$ 出发用数值方法算 N_j 步, 得到近似解 $u(t_0 + H, h_j)$. 如

果数值解有渐近展开:

$$u(t,h) = u(t) + A_1 h + A_2 h^2 + A_3 h^3 + \cdots + A_N h^N + O\left(h^{N+1}\right), \quad h \to 0, \quad (1.158)$$

令 $a_j^{(0)} = u\left(t_0 + H, h_j\right), j = 0, 1, \cdots, J$, 则可按逐步线性插值法得到 $u(t)$ 的更为精确的近似. 通常取 $h_0 = H, h_1 = \dfrac{1}{2} h_0$, 则

$$
\begin{aligned}
u\left(H, h_0\right) &= u(H) + O\left(h_0\right), \\
2u\left(H, h_1\right) - u\left(H, h_0\right) &= u(H) + O\left(h_0^2\right).
\end{aligned}
\quad (1.159)
$$

对单步法, 常有展开式

$$u(t,h) = u(t) + \varepsilon(t) h^p + O\left(h^{p+1}\right), \quad (1.160)$$

其中 $\varepsilon(t)$ 为误差主项系数. 用 $\dfrac{1}{2}h$ 为步长由 t_0 算到 t, 则

$$u\left(t, \frac{1}{2}h\right) = u(t) + \varepsilon(t)\left(\frac{h}{2}\right)^p + O\left(h^{p+1}\right). \quad (1.161)$$

与 (1.160) 作线性组合 (线性插值), 得

$$\frac{2^p u\left(t, \dfrac{h}{2}\right) - u(t,h)}{2^p - 1} = u(t) + O\left(h^{p+1}\right). \quad (1.162)$$

1.7.3　用外推法估计误差

假定方法的数值解 $u(t,h)$ 有渐进展开式 (1.160). 以 $e(t,h) = u(t) - u(t,h)$ 表示整体误差. 由 (1.160), (1.161) 得

$$e\left(t, \frac{h}{2}\right) = 2^{-p} e(t,h) + O\left(h^{p+1}\right).$$

而 $e\left(t, \dfrac{h}{2}\right) = u(t) - u\left(t, \dfrac{h}{2}\right) = e(t,h) + u(t,h) - u\left(t, \dfrac{h}{2}\right)$, 代入上式左端, 解出

$$e(t,h) = \frac{2^p}{2^p - 1}\left[u\left(t, \frac{h}{2}\right) - u(t,h)\right] + O\left(h^{p+1}\right). \quad (1.163)$$

取

$$\bar{e}(t,h) = \frac{2^p}{2^p - 1}\left[u\left(t, \frac{h}{2}\right) - u(t,h)\right] \quad (1.164)$$

作为 $e(t,h)$ 的近似, 右端是可以用近似解估算的. 利用 (1.164) 可以估计解的误差.

例 1.10　用 Euler 法解初值问题:

$$u' = -u, \quad u(0) = 1.$$

其精确解 $u(t) = \mathrm{e}^{-t}$. Euler 法的误差阶为 $O(h)$, 外推公式 (1.159) 的误差阶为 $O(h^2)$. 表 1.12 就 $h = 2^{-j}$ $(j = 0, 1, 2, 3, 4, 5, 6)$ 列出 $t = 1$ 的近似值和误差. 从表 1.12 中看出, 外推解比 Euler 解精确, 用 (1.164) 作出的误差估计与实际误差基本符合.

表 1.12 $t = 1$ 的近似值和误差

h	Euler 解 $u(1, h)$	$2u\left(1, \dfrac{1}{2}\right) - u(1, h)$	Euler 解的误差	外推解误差	用 (1.164) 估计出的误差
1	$0.000\,000$	$0.500\,000$	$-0.367\,879$	$0.132\,121$	$-0.500\,000$
$\dfrac{1}{2}$	$0.250\,000$	$0.382\,813$	$-0.117\,879$	$0.014\,933$	$-0.132\,813$
$\dfrac{1}{4}$	$0.316\,406$	$0.370\,812$	$-0.051\,473$	$0.002\,932$	$-0.054\,405$
$\dfrac{1}{8}$	$0.343\,609$	$0.368\,539$	$-0.024\,271$	$0.000\,660$	$-0.024\,930$
$\dfrac{1}{16}$	$0.356\,074$	$0.368\,036$	$-0.011\,805$	$0.000\,157$	$-0.011\,962$
$\dfrac{1}{32}$	$0.362\,055$	$0.367\,918$	$-0.005\,824$	$0.000\,038$	$-0.005\,863$

1.7.4 习题

1. 证明任一相容的显式单步法的解 $u(t, h)$ 有渐近展开式 (1.160).

2. 设单位圆内正 n 边型的半周长为 $A(h), nh = 1$, 证明 $A(h)$ 可展成

$$A(h) = \pi + A_2 h^2 + A_4 h^4 + \cdots.$$

并利用 $A(h), h = \dfrac{1}{4}, \dfrac{1}{6}, \dfrac{1}{8}$ 推出 π 的近似式.

第 2 章

椭圆型方程的有限差分法

从本章开始, 我们介绍偏微分方程的数值解法, 主要是有限差分法和 Galerkin 有限元法. 由于计算机只能存储有限个数据和作有限次运算, 所以任何一种用计算机解题的方法, 都必须把连续问题 (微分方程的边值问题、初值问题等) 离散化, 最终化成有限形式的线性代数方程组. 用差分法和有限元法将连续问题离散化的步骤是, 首先对求解区域作网格剖分, 用有限个网格节点代替连续区域, 然后将微分算子离散化, 从而把微分方程的定解问题化为线性代数方程组的求解问题. 差分法和有限元法的主要区别是离散化的第二步. 前者从定解问题的微分形式或积分形式出发, 用数值微商或数值积分公式导出相应的线性代数方程组. 后者从定解问题的变分形式出发, 用 Ritz-Galerkin 法导出相应的线性代数方程组, 但基函数按特定方式选取. 本章和第 3 章、第 4 章讨论有限差分法, 第 5 章、第 6 章讨论 Galerkin 有限元法.

差分法的基本问题有:

(1) 对求解域作网格剖分.

一维情形是把区间分成一些等距或不等距的小区间, 称之为**单元**. 二维情形则把区域分割成一些均匀或不均匀的矩形, 其边与坐标轴平行. 也可分割成一些小三角形或凸四边形等.

(2) 构造逼近微分方程定解问题的差分格式.

我们将介绍两种构造差分格式的方法: 直接差分化法和有限体积法 (积分插值法).

(3) 差分解的存在唯一性、收敛性及稳定性的研究.

(4) 差分方程的解法.

2.1　差分逼近的基本概念

考虑二阶常微分方程边值问题:

$$Lu = -\frac{\mathrm{d}^2 u}{\mathrm{d}x^2} + qu = f, \quad a < x < b, \tag{2.1}$$

$$u(a) = \alpha, \quad u(b) = \beta, \tag{2.2}$$

其中 q, f 为 $[a,b]$ 上的连续函数, $q \geqslant 0$; α, β 为给定常数. 这是最简单的椭圆型方程第一边值问题.

将区间 $[a,b]$ 分成 N 等分, 分点为

$$x_i = a + ih, \quad i = 0, 1, \cdots, N,$$

$h = \dfrac{b-a}{N}$. 于是我们得到区间 $I = [a,b]$ 的一个网格剖分. x_i 称为网格的**节点**, h 称为**步长**.

现在将方程 (2.1) 在节点 x_i 离散化. 为此, 对充分光滑的解 u, 由 Taylor 展开式可得

$$\frac{u(x_{i+1}) - 2u(x_i) + u(x_{i-1})}{h^2} = \left[\frac{\mathrm{d}^2 u(x)}{\mathrm{d}x^2}\right]_i + \frac{h^2}{12}\left[\frac{\mathrm{d}^4 u(x)}{\mathrm{d}x^4}\right]_i + O\left(h^3\right), \tag{2.3}$$

其中 $[\,\cdot\,]_i$ 表示方括号内的函数在 x_i 点取值. 于是在 x_i 可将方程 (2.1) 写成

$$-\frac{u(x_{i+1}) - 2u(x_i) + u(x_{i-1})}{h^2} + q(x_i)u(x_i) = f(x_i) + R_i(u), \tag{2.4}$$

其中

$$R_i(u) = -\frac{h^2}{12}\left[\frac{\mathrm{d}^4 u(x)}{\mathrm{d}x^4}\right]_i + O\left(h^3\right). \tag{2.5}$$

显然, 当 $h \to 0$ 时, $R_i(u)$ 是 h 的二阶无穷小量. 若舍去 $R_i(u)$, 则得到逼近方程 (2.1) 的差分方程:

$$L_h u_i = -\frac{u_{i+1} - 2u_i + u_{i-1}}{h^2} + q_i u_i = f_i, \tag{2.6}$$

式中 $q_i = q(x_i)$, $f_i = f(x_i)$. 称 $R_i(u)$ 为差分方程 (2.6) 的**截断误差**. 利用差分算子 L_h, 可将 (2.4) 写成

$$L_h u(x_i) = f(x_i) + R_i(u). \tag{2.7}$$

而在节点 x_i 处, 微分方程 (2.1) 为

$$[Lu]_i = f(x_i),$$

与 (2.7) 相减, 得

$$R_i(u) = L_h u(x_i) - [Lu]_i. \tag{2.8}$$

所以 $R_i(u)$ 是用差分算子 L_h 逼近微分算子 L 所引起的截断误差, 在这里关于 h 的阶为 $O\left(h^2\right)$.

差分方程 (2.6) 当 $i = 1, 2, \cdots, N-1$ 时成立, 加上边值条件 $u_0 = \alpha, u_N = \beta$, 就得到关于 u_i 的线性代数方程组:

$$L_h u_i = -\frac{u_{i+1} - 2u_i + u_{i-1}}{h^2} + q_i u_i = f_i, \quad i = 1, 2, \cdots, N-1, \tag{2.9}$$

$$u_0 = \alpha, \quad u_N = \beta. \tag{2.10}$$

它的解 u_i 是 $u(x)$ 于 $x = x_i$ 的近似. 称 (2.9)—(2.10) 为逼近 (2.1)—(2.2) 的**差分方程**或**差分格式**. 由于 (2.9) 是用二阶中心差商代替 (2.1) 中二阶微商得到的, 所以也称 (2.9)—(2.10) 为**中心差分格式**.

注意方程 (2.9) 的个数等于网格内点 $x_1, x_2, \cdots, x_{N-1}$ 的个数 $N-1$, 因此它是 $N-1$ 阶的方程组. 一般说来, 这是高阶方程组, 例如取 $N = 100$ (即把区间 $[a, b]$ 作 100 等分), 则阶数为 99. 但每个方程的未知数最多有三个, 因此系数矩阵 $\boldsymbol{A}$ 的大量元素是零. 如

果我们把方程和未知数按由左到右的节点顺序排列, 则 $\boldsymbol{A}$ 是对称的三对角矩阵. 例如取 $N = 5$, 则

$$\boldsymbol{A} = \begin{bmatrix} \dfrac{2}{h^2} + q_1 & -\dfrac{1}{h^2} & 0 & 0 \\[2ex] -\dfrac{1}{h^2} & \dfrac{2}{h^2} + q_2 & -\dfrac{1}{h^2} & 0 \\[2ex] 0 & -\dfrac{1}{h^2} & \dfrac{2}{h^2} + q_3 & -\dfrac{1}{h^2} \\[2ex] 0 & 0 & -\dfrac{1}{h^2} & \dfrac{2}{h^2} + q_4 \end{bmatrix}.$$

我们可用消元法或迭代法求解方程组 (2.9) (2.10).

对于差分方程 (2.9) (2.10), 我们自然关心它是否有唯一解. 其次, 差分解 u_i 当网格无限加密, 或者说 $h \to 0$ 时是否收敛到精确解 $u(x_i)$, 以及在何种度量意义下收敛, 收敛的速度如何. 为此需要引进若干记号.

以 I_h 表示网格内点 $x_1, x_2, \cdots, x_{N-1}$ 的集合, $\bar{I}_h$ 表示网格内点和界点 $x_0 = a, x_N = b$ 的集合. 定义在 I_h (相应的 $\bar{I}_h$) 上的函数 $u_h(x_i) = u_i$ 称为 I_h (相应的 $\bar{I}_h$) 上的**网格函数**. 和连续变量的函数类似, 我们对 I_h 上的网格函数引进范数

$$\|u_h\|_C = \max_{1 \leqslant i \leqslant N-1} |u_i|, \tag{2.11}$$

$$\|u_h\|_0^2 = \sum_{i=1}^{N-1} h u_i^2. \tag{2.12}$$

$$\|u_h\|_1^2 = \|u_h\|_0^2 + |u_h|_1^2, \tag{2.13}$$

其中

$$|u_h|_1^2 = \sum_{i=1}^{N} h \left(\frac{u_i - u_{i-1}}{h} \right)^2. \tag{2.14}$$

若不特别说明, 我们用 $\|\cdot\|$ 表示 (2.11) — (2.13) 中任一种范数.

很明显, 要想差分解 u_h 按范数 $\|\cdot\|$ 收敛到 u, 差分算子 L_h 必须在某种意义下逼近微分算子 L, 这导致下列定义.

定义 2.1 设 $\mathcal{M}$ 是某一充分光滑的函数类, $R_h(u)$ 是由截断误差 (2.8) 定义的网格函数. 若对任何 $u \in \mathcal{M}$, 恒有

$$\lim_{h \to 0} \|R_h(u)\| = 0, \tag{2.15}$$

则说差分算子 L_h 逼近微分算子 L, 而称 (2.15) 为**相容条件**.

由 (2.5) 便知, 差分算子 (2.6) 逼近微分算子 (2.1), 且逼近的阶是 $\|R_h(u)\|_C = O(h^2)$, $\|R_h(u)\|_0 = O(h^2)$, $\|R_h(u)\|_1 = O(h)$.

定义 2.2 称差分解 u_h 收敛到边值问题的解 u, 如果当 h 充分小时, (2.9) (2.10) 的

解 u_h 存在, 且按某一范数 $\|\cdot\|$ 有

$$\lim_{h\to 0} \|u_h - u\| = 0, \tag{2.16}$$

这里把 u 看成 I_h 上的网格函数.

将 (2.4) 写成

$$L_h u\,(x_i) = f_i + R_i(u),$$

以此与 (2.9) 相减, 得

$$L_h\,(u\,(x_i) - u_i) = R_i(u).$$

引进误差

$$e_i = u\,(x_i) - u_i,$$

则误差函数 $e_h\,(x_i) = e_i$ 满足下列差分方程:

$$\begin{cases} L_h e_i = R_i(u), \\ e_0 = e_N = 0, \end{cases} \quad i = 1, 2, \cdots, N-1. \tag{2.17}$$

于是收敛性及收敛速度的估计问题, 就归结到通过右端 $R_i(u)$ (截断误差) 估计误差函数 e_h 的问题. 这和差分方程的稳定性有关.

定义 2.3　称差分方程 $L_h v_i = f_i (i = 1, 2, \cdots, N-1), v_0 = v_N = 0$ 关于右端稳定, 如果存在与网格 I_h 及右端 $f_h\,(f_h\,(x_i) = f_i)$ 无关的正常数 M 和 h_0, 使

$$\|v_h\| \leqslant M \|f_h\|_R, \quad 0 < h < h_0, \tag{2.18}$$

其中 $\|f_h\|_R$ 是右端 f_h 的某一范数, 它可以和 $\|\cdot\|$ 相同, 也可以不同, $v_h\,(x_i) = v_i$, $i = 1, 2, \cdots, N-1$.

不等式 (2.18) 表明, 解 v_h 连续依赖右端 f_h, 即右端变化小时解的变化也小. 实际上, 设 $u_h^{(1)}, u_h^{(2)}$ 是差分方程 (2.9) (2.10) 对应右端 $f_h^{(1)}, f_h^{(2)}$ 的解, 则 $v_h = u_h^{(1)} - u_h^{(2)}$ 满足 $L_h v_i = f_i^{(1)} - f_i^{(2)}, v_0 = v_N = 0$. 由 (2.18),

$$\left\| u_h^{(1)} - u_h^{(2)} \right\| \leqslant M \left\| f_h^{(1)} - f_h^{(2)} \right\|_R.$$

若 $\lim_{h\to 0} \left\| f_h^{(1)} - f_h^{(2)} \right\|_R = 0$, 则 $\lim_{h\to 0} \left\| u_h^{(1)} - u_h^{(2)} \right\|_R = 0$.

由 (2.18) 推出, 与 (2.9) (2.10) 相应的齐方程 ($f_i = 0, \alpha = \beta = 0$) 只能有平凡解 $u_i \equiv 0\,(i = 1, 2, \cdots, N-1)$, 从而非齐方程对任何边值及右端有唯一解.

将不等式 (2.18) 用到误差方程 (2.17), 则

$$\|e_h\| \leqslant M \|R_h(u)\|_R. \tag{2.19}$$

若解 u 充分光滑, L_h 关于范数 $\|\cdot\|_R$ 满足相容条件, 则当 $h \to 0$ 时 $\|e_h\| \to 0$, 从而差分

解收敛到边值问题的解, 且有和截断误差相同的收敛阶.

定理 2.1　若边值问题的解 u 充分光滑, 差分方程按 $\|\cdot\|_R$ 满足相容条件, 且关于右端稳定, 则差分解 u_h 按 $\|\cdot\|$ 收敛到边值问题的解, 且有和 $\|R_h(u)\|_R$ 相同的收敛阶.

这样, 为了建立差分解的收敛性, 就需要检验相容条件并建立差分方程的稳定性. 检验相容条件并不困难, 例如由 (2.9) 定义的差分算子, 我们曾用 Taylor 展式证明它关于 $\|\cdot\|_0$ 及 $\|\cdot\|_C$ 都满足相容条件, 并且估计了截断误差的阶. 我们的主要问题是去建立差分方程的稳定性, 即建立形如 (2.18) 的估计式, 称之为关于差分方程解的**先验估计**.

稳定性概念在理论研究和实际应用中都有重要意义. 实际上, 由于有实测误差和舍入误差, 右端数据不可能准确给出. 如果小的右端误差会引起解的很大偏离, 即差分方程不稳定, 便失去实际意义.

2.2　一维差分格式

考虑两点边值问题:

$$Lu = -\frac{\mathrm{d}}{\mathrm{d}x}\left(p\frac{\mathrm{d}u}{\mathrm{d}x}\right) + r\frac{\mathrm{d}u}{\mathrm{d}x} + qu = f, \quad a < x < b, \tag{2.20}$$

$$u(a) = \alpha, \quad u(b) = \beta. \tag{2.21}$$

假定 $p \in C^1[a,b], p(x) \geqslant p_{\min} > 0, r, q, f \in C[a,b], \alpha, \beta$ 是给定的常数.

本节我们将介绍构造差分格式的两种方法: 直接差分化法、有限体积法. 还将讨论边值条件的逼近方法.

显然, 我们可以造出许多逼近 (2.20) (2.21) 的差分格式, 但并非任何格式都是可取的. 一个好的差分格式, 应该是以尽可能小的工作量 (包括程序的准备和计算机的运算) 获得所需精度的结果. 因此, 一方面, 差分格式应该结构简单、便于求解; 另一方面, 应具有尽可能高的逼近阶. 此外, 还要根据问题的特点, 对差分格式提出其他要求.

2.2.1　直接差分化

首先取 $N+1$ 个节点:

$$a = x_0 < x_1 < \cdots < x_i < \cdots < x_N = b,$$

将区间 $I = [a,b]$ 分成 N 个小区间 (见图 2.1):

$$I_i : x_{i-1} \leqslant x \leqslant x_i, \quad i = 1, 2, \cdots, N.$$

于是得到 I 的一个**网格剖分**. 记 $h_i = x_i - x_{i-1}$, $h = \max\limits_{i} h_i$ 为最大网格步长. 用 I_h 表示网格内点 $x_1, x_2, \cdots, x_{N-1}$ 的集合, $\bar{I}_h$ 表示内点和界点 $x_0 = a, x_N = b$ 的集合.

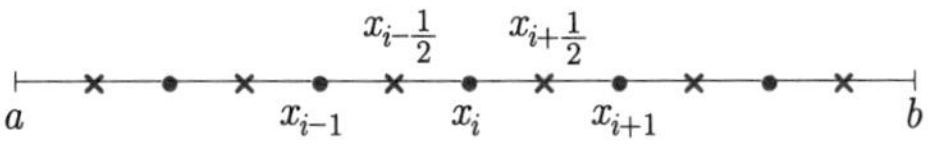

图 2.1　网格剖分

取相邻节点 x_{i-1}, x_i 的中点 $x_{i-\frac{1}{2}} = \dfrac{1}{2}\left(x_{i-1} + x_i\right) (i = 1, 2, \cdots, N)$, 称其为半整数点. 则由节点

$$a = x_0 < x_{\frac{1}{2}} < x_{\frac{3}{2}} < \cdots < x_{i-\frac{1}{2}} < \cdots < x_{N-\frac{1}{2}} < x_N = b$$

又构成 $[a, b]$ 的一个剖分, 称为**对偶剖分**. 图 2.1 中打 "•" 号的是原剖分节点, 打 "×" 号的是对偶剖分节点.

其次用差商代替微商, 将方程 (2.1) 在内点 x_i 离散化. 注意对充分光滑的 u, 由 Taylor 展开式有

$$\frac{u\left(x_{i+1}\right) - u\left(x_{i-1}\right)}{h_i + h_{i+1}} = \left[\frac{\mathrm{d}u}{\mathrm{d}x}\right]_i + \frac{h_{i+1} - h_i}{2}\left[\frac{\mathrm{d}^2 u}{\mathrm{d}x^2}\right]_i + O\left(h^2\right), \tag{2.22}$$

$$p\left(x_{i-\frac{1}{2}}\right)\frac{u\left(x_i\right) - u\left(x_{i-1}\right)}{h_i} = \left[p\frac{\mathrm{d}u}{\mathrm{d}x}\right]_{i-\frac{1}{2}} + \frac{h_i^2}{24}\left[p\frac{\mathrm{d}^3 u}{\mathrm{d}x^3}\right]_{i-\frac{1}{2}} + O\left(h^3\right)$$

$$= \left[p\frac{\mathrm{d}u}{\mathrm{d}x}\right]_{i-\frac{1}{2}} + \frac{h_i^2}{24}\left[p\frac{\mathrm{d}^3 u}{\mathrm{d}x^3}\right]_i + O\left(h^3\right), \tag{2.23}$$

$$p\left(x_{i+\frac{1}{2}}\right)\frac{u\left(x_{i+1}\right) - u\left(x_i\right)}{h_{i+1}} = \left[p\frac{\mathrm{d}u}{\mathrm{d}x}\right]_{i+\frac{1}{2}} + \frac{h_{i+1}^2}{24}\left[p\frac{\mathrm{d}^3 u}{\mathrm{d}x^3}\right]_i + O\left(h^3\right). \tag{2.24}$$

由 (2.24) 减 (2.23), 并除以 $\dfrac{\left(h_i + h_{i+1}\right)}{2}$, 得

$$\frac{2}{h_i + h_{i+1}}\left[p\left(x_{i+\frac{1}{2}}\right)\frac{u\left(x_{i+1}\right) - u\left(x_i\right)}{h_{i+1}} - p\left(x_{i-\frac{1}{2}}\right)\frac{u\left(x_i\right) - u\left(x_{i-1}\right)}{h_i}\right]$$

$$= \frac{2}{h_i + h_{i+1}}\left(\left[p\frac{\mathrm{d}u}{\mathrm{d}x}\right]_{i+\frac{1}{2}} - \left[p\frac{\mathrm{d}u}{\mathrm{d}x}\right]_{i-\frac{1}{2}}\right) + \frac{h_{i+1} - h_i}{12}\left[p\frac{\mathrm{d}^3 u}{\mathrm{d}x^3}\right]_i + O\left(h^2\right)$$

$$= \left[\frac{\mathrm{d}}{\mathrm{d}x}\left(p\frac{\mathrm{d}u}{\mathrm{d}x}\right)\right]_i + \frac{h_{i+1} - h_i}{4}\left[\frac{\mathrm{d}^2}{\mathrm{d}x^2}\left(p\frac{\mathrm{d}u}{\mathrm{d}x}\right)\right]_i + \frac{h_{i+1} - h_i}{12}\left[p\frac{\mathrm{d}^3 u}{\mathrm{d}x^3}\right]_i + O\left(h^2\right). \tag{2.25}$$

令 $p_{i-\frac{1}{2}} = p\left(x_{i-\frac{1}{2}}\right), r_i = r\left(x_i\right), q_i = q\left(x_i\right), f_i = f\left(x_i\right)$, 则由 (2.22) (2.25) 知, 边值问题的解 $u(x)$ 满足方程:

$$L_h u\left(x_i\right) \equiv -\frac{2}{h_i + h_{i+1}}\left[p_{i+\frac{1}{2}}\frac{u\left(x_{i+1}\right) - u\left(x_i\right)}{h_{i+1}} - p_{i-\frac{1}{2}}\frac{u\left(x_i\right) - u\left(x_{i-1}\right)}{h_i}\right] +$$

$$\frac{r_i}{h_i + h_{i+1}}\left[u\left(x_{i+1}\right) - u\left(x_{i-1}\right)\right] + q_i u\left(x_i\right)$$

$$= f_i + R_i(u), \tag{2.26}$$

其中

$$R_i(u) = -(h_{i+1} - h_i)\left(\frac{1}{4}\left[\frac{\mathrm{d}^2}{\mathrm{d}x^2}\left(p\frac{\mathrm{d}u}{\mathrm{d}x}\right)\right]_i + \frac{1}{12}\left[p\frac{\mathrm{d}^3u}{\mathrm{d}x^3}\right]_i - \frac{1}{2}\left[r\frac{\mathrm{d}^2u}{\mathrm{d}x^2}\right]_i\right) + O\left(h^2\right)$$

$$\tag{2.27}$$

为差分算子 L_h 的截断误差. 舍去 $R_i(u)$, 便得逼近边值问题 (2.20) (2.21) 的差分方程:

$$L_h u_i \equiv -\frac{2}{h_i + h_{i+1}}\left[p_{i+\frac{1}{2}}\frac{u_{i+1} - u_i}{h_{i+1}} - p_{i-\frac{1}{2}}\frac{u_i - u_{i-1}}{h_i}\right] +$$

$$\frac{r_i}{h_i + h_{i+1}}\left(u_{i+1} - u_{i-1}\right) + q_i u_i = f_i, \quad i = 1, 2, \cdots, N-1, \tag{2.28}$$

$$u_0 = \alpha, \quad u_N = \beta. \tag{2.29}$$

差分方程 (2.28) 也可用数值微商公式

$$\left[\frac{\mathrm{d}u}{\mathrm{d}x}\right]_i \approx \frac{u_{i+1} - u_{i-1}}{h_i + h_{i+1}},$$

$$\left[\frac{\mathrm{d}}{\mathrm{d}x}\left(p\frac{\mathrm{d}u}{\mathrm{d}x}\right)\right]_i \approx \left(p_{i+\frac{1}{2}}\left[\frac{\mathrm{d}u}{\mathrm{d}x}\right]_{i+\frac{1}{2}} - p_{i-\frac{1}{2}}\left[\frac{\mathrm{d}u}{\mathrm{d}x}\right]_{i-\frac{1}{2}}\right)\bigg/\frac{h_i + h_{i+1}}{2}$$

$$\approx \frac{2}{h_i + h_{i+1}}\left(p_{i+\frac{1}{2}}\frac{u_{i+1} - u_i}{h_{i+1}} - p_{i-\frac{1}{2}}\frac{u_i - u_{i-1}}{h_i}\right)$$

代入方程 (2.20) 得到. 我们采取前述推导, 是为了导出截断误差公式 (2.27).

方程 (2.28) (2.29) 是 $N-1$ 阶的线性代数方程组. 若节点次序由左到右排列, 则系数矩阵 $\boldsymbol{A}$ 是三对角矩阵. 由于 r 不恒等于零, 矩阵 $\boldsymbol{A}$ 不对称. 当 $r \equiv 0$ 即 (2.20) 对称时, 若网格不均匀, 则矩阵 $\boldsymbol{A}$ 也可能不对称, 但可以对称化, 这只要在 (2.28) 两端乘 $(h_i + h_{i+1})$ 即可. 求解 (2.28) (2.29) 就得出解 $u(x)$ 在 x_i 的近似值 u_i.

由方程 (2.26) (2.28), 截断误差 $R_i(u)$ 可表为

$$R_i(u) = L_h u\left(x_i\right) - L_h u_i = L_h\left(u\left(x_i\right) - u_i\right). \tag{2.30}$$

以 $R_h(u)$ 表示由 $R_i(u)$ 定义的网格函数, 则由 (2.27) 可知截断误差按 $\|\cdot\|_C$ 或 $\|\cdot\|_0$ 的阶都是 $O(h)$. 当网格均匀, 即 $h_i = h(i = 1, 2, \cdots, N)$ 时, $\|R_h(u)\|_c$ 或 $\|R_h(u)\|_0$ 的阶提高为 $O\left(h^2\right)$. 此时差分方程 (2.28) 简化为

$$L_h u_i = -\frac{1}{h^2}\left[p_{i+\frac{1}{2}}u_{i+1} - \left(p_{i+\frac{1}{2}} + p_{i-\frac{1}{2}}\right)u_i + p_{i-\frac{1}{2}}u_{i-1}\right] +$$

$$r_i\frac{u_{i+1} - u_{i-1}}{2h} + q_i u_i = f_i. \tag{2.31}$$

这相当于用一阶中心差商、二阶中心差商依次代替方程 (2.20) 的一阶微商和二阶微商.

2.2.2 有限体积法 (积分插值法)

考虑守恒型微分方程:

$$Lu = -\frac{\mathrm{d}}{\mathrm{d}x}\left(p(x)\frac{\mathrm{d}u}{\mathrm{d}x}\right) + q(x)u = f(x). \tag{2.32}$$

如果把它看作是分布在一根杆上的稳定温度场方程, 则在 $[a,b]$ 上任一小区间 $\left[x^{(1)}, x^{(2)}\right]$ 上的热量守恒律具有形式

$$-\int_{x^{(1)}}^{x^{(2)}} \frac{\mathrm{d}}{\mathrm{d}x}\left(p(x)\frac{\mathrm{d}u}{\mathrm{d}x}\right)\mathrm{d}x + \int_{x^{(1)}}^{x^{(2)}} qu\mathrm{d}x = \int_{x^{(1)}}^{x^{(2)}} f\mathrm{d}x,$$

或

$$W\left(x^{(1)}\right) - W\left(x^{(2)}\right) + \int_{x^{(1)}}^{x^{(2)}} q(x)u\mathrm{d}x = \int_{x^{(1)}}^{x^{(2)}} f\mathrm{d}x, \tag{2.33}$$

其中

$$W(x) = p(x)\frac{\mathrm{d}u}{\mathrm{d}x}. \tag{2.34}$$

把微分方程 (2.32) 写成积分守恒型 (2.33) 后, 最高阶微商由二阶降到一阶, 从而可减弱对 p、u 光滑性的要求. 以后会看到, 从积分守恒型方程出发构造差分格式, 便于推广到任意网格和处理第二边值条件.

既然具守恒形式的微分方程反映了物理、力学某些守恒定律, 那么我们构造的差分格式也应反映这一基本性质. 现在来构造这种差分格式.

特别地, 于 (2.33) 中取 $\left[x^{(1)}, x^{(2)}\right]$ 为对偶单元 $\left[x_{i-\frac{1}{2}}, x_{i+\frac{1}{2}}\right]$, 则

$$W\left(x_{i-\frac{1}{2}}\right) - W\left(x_{i+\frac{1}{2}}\right) + \int_{x_{i-\frac{1}{2}}}^{x_{i+\frac{1}{2}}} qu\mathrm{d}x = \int_{x_{i-\frac{1}{2}}}^{x_{i+\frac{1}{2}}} f\mathrm{d}x. \tag{2.35}$$

考虑到 $p(x)$ 可能有间断点, 此时由 (2.34) 进一步差分化是不合适的. 但 "热流量" $W(x)$ 恒连续, 故将 (2.34) 改写成

$$\frac{\mathrm{d}u}{\mathrm{d}x} = \frac{W(x)}{p(x)},$$

再沿 $[x_{i-1}, x_i]$ 积分, 得

$$u_i - u_{i-1} = \int_{x_{i-1}}^{x_i} \frac{W(x)}{p(x)}\mathrm{d}x,$$

利用中矩形公式, 有

$$W_{i-\frac{1}{2}} \approx a_i \frac{u_i - u_{i-1}}{h_i}, \tag{2.36}$$

$$a_i = \left(\frac{1}{h_i}\int_{x_{i-1}}^{x_i} \frac{\mathrm{d}x}{p(x)}\right)^{-1}. \tag{2.37}$$

又

$$\int_{x_{i-\frac{1}{2}}}^{x_{i+\frac{1}{2}}} qu\mathrm{d}x \approx \frac{h_i + h_{i+1}}{2} d_i u_i, \tag{2.38}$$

$$d_i = \frac{2}{h_i + h_{i+1}} \int_{x_{i-\frac{1}{2}}}^{x_{i+\frac{1}{2}}} q(x)\mathrm{d}x. \tag{2.39}$$

将 (2.36) (2.38) 代到 (2.35), 即得守恒型差分方程:

$$-\left(a_{i+1}\frac{u_{i+1} - u_i}{h_{i+1}} - a_i\frac{u_i - u_{i-1}}{h_i}\right) + \frac{1}{2}\left(h_i + h_{i+1}\right)d_i u_i = \frac{1}{2}\left(h_i + h_{i+1}\right)\phi_i, \quad (2.40)$$

$$\phi_i = \frac{2}{h_i + h_{i+1}} \int_{x_{i-\frac{1}{2}}}^{x_{i+\frac{1}{2}}} f(x)\mathrm{d}x. \tag{2.41}$$

如果系数 p, q 及右端 f 光滑, 则可用中矩形公式计算 (2.37) (2.39) 和 (2.41), 从而

$$\begin{cases} a_i = p_{i-\frac{1}{2}} = p(x_{i-\frac{1}{2}}), \\ d_i = q_i = q\left(x_i\right), \\ \phi_i = f_i = f\left(x_i\right), \end{cases} \tag{2.42}$$

也可用梯形公式, 此时

$$\begin{cases} a_i = \dfrac{2p_{i-1}p_i}{p_{i-1} + p_i}, \\ d_i = \dfrac{1}{2}\left(q_{i-\frac{1}{2}} + q_{i+\frac{1}{2}}\right), \\ f_i = \dfrac{1}{2}\left(f_{i-\frac{1}{2}} + f_{i+\frac{1}{2}}\right). \end{cases} \tag{2.43}$$

注 2.1   差分方程 (2.40) 也适用于具第一类间断系数的微分方程. 此时若系数计算公式 (2.42) 或 (2.43) 右端的函数在间断点取值, 则应取左右极限的算术平均值. 对于具间断系数的微分方程, 保持守恒形式尤为重要. 例如微分方程

$$\frac{\mathrm{d}}{\mathrm{d}x}\left(p(x)\frac{\mathrm{d}u}{\mathrm{d}x}\right) = 0.$$

若把它写成非守恒形式

$$p(x)\frac{\mathrm{d}^2 u}{\mathrm{d}x^2} + p'(x)\frac{\mathrm{d}u}{\mathrm{d}x} = 0,$$

再用中心差分格式

$$p_i\frac{u_{i+1} - 2u_i + u_{i-1}}{h^2} + \frac{p_{i+1} - p_{i-1}}{2h}\frac{u_{i+1} - u_{i-1}}{2h} = 0,$$

则差分解可能不收敛 (参看 [16] 的第 2 章 §2).

2.2.3 边值条件的处理

最简单的第一边值条件已处理过了, 现在处理第二、第三边值条件:

$$u'(a) = \alpha_0 u(a) + \alpha_1, \tag{2.44}$$

$$u'(b) = \beta_0 u(b) + \beta_1. \tag{2.45}$$

最容易想到的是用数值微商公式

$$u'(a) \approx \frac{u_1 - u_0}{h_1}, \quad u'(b) \approx \frac{u_N - u_{N-1}}{h_N}$$

代替 (2.44) 和 (2.45) 中的微商. 但这样处理有两个缺点: 一是截断误差的阶比内点低, 例如对均匀网格, 内点的截断误差为 $O\left(h^2\right)$, 界点的截断误差的阶为 $O(h)$; 二是可能会破坏差分方程 (2.40) 的对称性. 为此我们用有限体积法, 像推导内点差分方程那样导出近似边值条件.

因为 $p(x) > 0$, 不失一般性可将边值条件 (2.44) 和 (2.45) 写成形式

$$-p(a)u'(a) = \alpha_0 u(a) + \alpha_1, \tag{2.46}$$

$$-p(b)u'(b) = \beta_0 u(b) + \beta_1. \tag{2.47}$$

于积分守恒形式 (2.33) 中取 $x^{(1)} = x_0 = a, x^{(2)} = x_{\frac{1}{2}}$, 得

$$W(a) - W\left(x_{\frac{1}{2}}\right) + \int_{x_0}^{x_{\frac{1}{2}}} qu\mathrm{d}x = \int_{x_0}^{x_{\frac{1}{2}}} f\mathrm{d}x.$$

而

$$W(a) = p(x)\frac{\mathrm{d}u}{\mathrm{d}x}\bigg|_{x=a} = -\left(\alpha_0 u_0 + \alpha_1\right),$$

故

$$-W\left(x_{\frac{1}{2}}\right) + \int_{x_0}^{x_{\frac{1}{2}}} qu\mathrm{d}x = (\alpha_0 u_0 + \alpha_1) + \int_{x_0}^{x_{\frac{1}{2}}} f\mathrm{d}x. \tag{2.48}$$

由 (2.36) 得

$$W\left(x_{\frac{1}{2}}\right) \approx a_1 \frac{u_1 - u_0}{h_1}, a_1 = \left(\frac{1}{h_1}\int_{x_0}^{x_1}\frac{\mathrm{d}x}{p(x)}\right)^{-1}. \tag{2.49}$$

又

$$\int_{x_0}^{x_{\frac{1}{2}}} qu\mathrm{d}x \approx \frac{h_1}{2}d_0 u_0, d_0 = \frac{2}{h_1}\int_{x_0}^{x_{\frac{1}{2}}} q\mathrm{d}x, \tag{2.50}$$

$$\int_{x_0}^{x_{\frac{1}{2}}} f\mathrm{d}x = \frac{h_1}{2}\phi_0, \phi_0 = \frac{2}{h_1}\int_{x_0}^{x_{\frac{1}{2}}} f\mathrm{d}x. \tag{2.51}$$

以 (2.49) — (2.51) 代到 (2.48), 得

$$-a_1 \frac{u_1 - u_0}{h_1} + \left(-\alpha_0 + \frac{h_1}{2} d_0\right) u_0 - \left(\alpha_1 + \frac{h_1}{2}\phi_0\right) = 0. \tag{2.52}$$

类似地可导出逼近 (2.47) 的差分方程.

可以证明, 当网格均匀且系数光滑时, 差分方程 (2.40) 逼近 (2.32) 的阶为 $O\left(h^2\right)$, 边界差分方程 (2.52) 逼近 (2.44) 的阶亦为 $O\left(h^2\right)$.

2.2.4　习题

1. 用有限体积法导出逼近微分方程 (2.20) 的差分方程.

2. 构造逼近

$$(pu'')'' + (qu')' + ru = f, \ \text{于}(a, b),$$

$$u(a) = u'(a) = 0, \quad u(b) = u'(b) = 0$$

的中心差分格式.

2.3　矩形网的差分格式

考虑 Poisson 方程:

$$-\Delta u = f(x, y), \quad (x, y) \in G, \tag{2.53}$$

其中 G 是 xy 平面上一有界区域, 其边界 Γ 为分段光滑曲线. 在 Γ 上 u 满足下列边值条件之一:

$$u|_\Gamma = \alpha(x, y) \quad (\text{第一边值条件}), \tag{2.54}$$

$$\left.\frac{\partial u}{\partial \boldsymbol{n}}\right|_\Gamma = \beta(x, y) \quad (\text{第二边值条件}), \tag{2.55}$$

$$\frac{\partial u}{\partial \boldsymbol{n}} + ku|_\Gamma = \gamma(x, y) \quad (\text{第三边值条件}), \tag{2.56}$$

其中 $f(x, y), \alpha(x, y), \beta(x, y), \gamma(x, y)$ 及 $k(x, y)$ 都是连续函数, $k \geqslant 0$. 本节讨论逼近方程 (2.53) 及相应边值条件的差分格式. 原则上, 前节的方法都可推广到二维边值问题, 但会遇到新的困难. 例如随着维数的增加, 求解域的几何形状会更复杂, 如何作网格剖分及处理好边值条件, 就是一个重要而困难的问题.

2.3.1 五点差分格式

取定沿 x 轴和 y 轴的步长 h_1 和 h_2, $h = \left(h_1^2 + h_2^2\right)^{\frac{1}{2}}$. 作两族与坐标轴平行的直线:

$$x = ih_1, \quad i = 0, \pm 1, \cdots,$$

$$y = jh_2, \quad j = 0, \pm 1, \cdots.$$

两族直线的交点 (ih_1, jh_2) 称为**网点**或**节点**, 记为 (x_i, y_j) 或 (i, j). 两个节点 (x_i, y_j) 和 $(x_{i'}, y_{j'})$ 说是相邻, 如果

$$\left| \frac{x_i - x_{i'}}{h_1} \right| + \left| \frac{y_j - y_{j'}}{h_2} \right| = 1 \quad \text{或} \quad |i - i'| + |j - j'| = 1.$$

以 $G_h = \{(x_i, y_i) \in G\}$ 表示所有属于 G 内部的节点集合, 并称如此的节点为**内点**. 以 Γ_h 表示网线 $x = x_i$ 或 $y = y_j$ 与 Γ 的交点集合, 并称如此的点为**界点**. 令 $\bar{G}_h = G_h \cup \Gamma_h$, 则 $\bar{G}_h$ 就是代替域 $\bar{G} = G \cup \Gamma$ 的网点集合. 若内点 (x_i, y_j) 的四个相邻点都属于 G_h, 就称为**正则内点**; 否则称为**非正则内点**. 图 2.2 中打 "∘" 号的点为正则内点, 打 "×" 号的点为非正则内点, 打 "•" 号的点为界点.

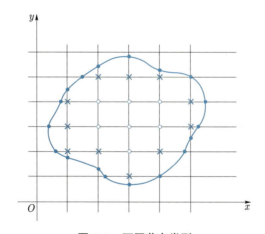

图 2.2 不同节点类型

现在假定 (x_i, y_j) 为正则内点. 沿 x, y 方向分别用二阶中心差商代替 u_{xx}, u_{yy}, 则得

$$-\Delta_h u_{ij} = -\left(\frac{u_{i+1,j} - 2u_{ij} + u_{i-1,j}}{h_1^2} + \frac{u_{i,j+1} - 2u_{ij} + u_{i,j-1}}{h_2^2} \right) = f_{ij}, \qquad (2.57)$$

式中 u_{ij} 表示节点 (i, j) 上的网函数值. 若以 u_h, f_h 表示网格函数, $u_h(x_i, y_j) = u_{ij}$, $f_h(x_i, y_j) = f_{ij} = f(x_i, y_j)$, 则差分方程 (2.57) 可简写成

$$-\Delta_h u_h = f_h. \qquad (2.58)$$

利用 Taylor 展开式,

$$\frac{u\left(x_{i+1}, y_j\right) - 2u\left(x_i, y_j\right) + u\left(x_{i-1}, y_j\right)}{h_1^2}$$

$$= \frac{\partial^2 u\left(x_i, y_j\right)}{\partial x^2} + \frac{h_1^2}{12}\frac{\partial^4 u\left(x_i, y_j\right)}{\partial x^4} + \frac{h_1^4}{360}\frac{\partial^6 u\left(x_i, y_j\right)}{\partial x^6} + O\left(h_1^6\right), \tag{2.59}$$

$$\frac{u\left(x_i, y_{j+1}\right) - 2u\left(x_i, y_j\right) + u\left(x_i, y_{j-1}\right)}{h_2^2}$$

$$= \frac{\partial^2 u\left(x_i, y_j\right)}{\partial y^2} + \frac{h_2^2}{12}\frac{\partial^4 u\left(x_i, y_j\right)}{\partial y^4} + \frac{h_2^4}{360}\frac{\partial^6 u\left(x_i, y_j\right)}{\partial y^6} + O\left(h_2^6\right), \tag{2.60}$$

可得差分算子 $-\Delta_h$ 的截断误差

$$R_{ij}(u) = \Delta u\left(x_i, y_j\right) - \Delta_h u\left(x_i, y_j\right)$$

$$= -\frac{1}{12}\left[h_1^2\frac{\partial^4 u}{\partial x^4} + h_2^2\frac{\partial^4 u}{\partial y^4}\right]_{ij} + O\left(h^4\right)$$

$$= O\left(h^2\right), \tag{2.61}$$

其中 u 是方程 (2.53) 的光滑解.

由于差分方程 (2.57) 中只出现 u 在 (i,j) 及其四个邻点上的值, 故称为**五点差分格式**, 其图式如图 2.3. 特别地, 取正方形网格: $h_1 = h_2 = h$, 则差分方程 (2.57) 简化为

$$u_{ij} - \frac{1}{4}\left(u_{i-1,j} + u_{i,j-1} + u_{i+1,j} + u_{i,j+1}\right) = \frac{h^2}{4}f_{ij}. \tag{2.62}$$

若 $f \equiv 0$ (Laplace 方程), 则

$$u_{ij} = \frac{1}{4}\left(u_{i-1,j} + u_{i,j-1} + u_{i+1,j} + u_{i,j+1}\right). \tag{2.63}$$

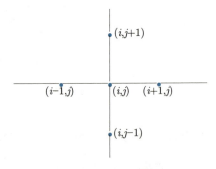

图 2.3　五点差分格式

注 2.2　若将 (2.59) (2.60) 两式相加, 则得

$$\Delta_h u\left(x_i, y_j\right)$$

$$= \Delta u\left(x_i, y_j\right) + \frac{1}{12}\left(h_1^2\frac{\partial^4 u\left(x_i, y_j\right)}{\partial x^4} + h_2^2\frac{\partial^4 u\left(x_i, y_j\right)}{\partial y^4}\right) + O\left(h^4\right)$$

$$
\begin{aligned}
&= \Delta u\left(x_i, y_j\right) + \frac{1}{12}\left(h_1^2 \frac{\partial^2}{\partial x^2} + h_2^2 \frac{\partial^2}{\partial y^2}\right)\left(\frac{\partial^2 u\left(x_i, y_j\right)}{\partial x^2} + \frac{\partial^2 u\left(x_i, y_j\right)}{\partial y^2}\right) - \\
&\quad \frac{h_1^2 + h_2^2}{12}\frac{\partial^4 u\left(x_i, y_j\right)}{\partial x^2 \partial y^2} + O\left(h^4\right) \\
&= -f\left(x_i, y_j\right) - \frac{1}{12}\left(h_1^2 \frac{\partial^2 f\left(x_i, y_j\right)}{\partial x^2} + h_2^2 \frac{\partial^2 f\left(x_i, y_j\right)}{\partial y^2}\right) - \\
&\quad \frac{h_1^2 + h_2^2}{12}\frac{\partial^4 u\left(x_i, y_j\right)}{\partial x^2 \partial y^2} + O\left(h^4\right).
\end{aligned}
$$

又

$$
\begin{aligned}
\frac{\partial^4 u\left(x_i, y_j\right)}{\partial x^2 \partial y^2} &= \frac{u_{xx}''\left(x_i, y_{j+1}\right) - 2u_{xx}''\left(x_i, y_j\right) + u_{xx}''\left(x_i, y_{j-1}\right)}{h_2^2} + O\left(h_2^2\right) \\
&= \frac{1}{h_1^2 h_2^2}\left[u\left(x_{i+1}, y_{j+1}\right) - 2u\left(x_i, y_{j+1}\right) + \right. \\
&\quad u\left(x_{i-1}, y_{j+1}\right) - 2\left(u\left(x_{i+1}, y_j\right) - 2u\left(x_i, y_j\right) + \right. \\
&\quad u\left(x_{i-1}, y_j\right)\right) + u\left(x_{i+1}, y_{j-1}\right) - \\
&\quad \left. 2u\left(x_i, y_{j-1}\right) + u\left(x_{i-1}, y_{j-1}\right)\right] + O\left(h^2\right).
\end{aligned}
$$

因此

$$
\begin{aligned}
&\Delta_h u\left(x_i, y_j\right) + \frac{1}{12}\left[4u\left(x_i, y_j\right) - 2\left(u\left(x_{i-1}, y_j\right) + u\left(x_i, y_{j-1}\right) + \right.\right. \\
&\quad \left. u\left(x_{i+1}, y_j\right) + u\left(x_i, y_{j+1}\right)\right) + u\left(x_{i-1}, y_{j-1}\right) + u\left(x_{i+1}, y_{j-1}\right) + \\
&\quad \left. u\left(x_{i+1}, y_{j+1}\right) + u\left(x_{i-1}, y_{j+1}\right)\right]\frac{h_1^2 + h_2^2}{h_1^2 h_2^2} \\
&= -f\left(x_i, y_j\right) - \frac{1}{12}\left(h_1^2 \frac{\partial^2 f\left(x_i, y_j\right)}{\partial x^2} + h_2^2 \frac{\partial^2 f\left(x_i, y_j\right)}{\partial y^2}\right) + O\left(h^4\right).
\end{aligned}
$$

舍去截断误差项, 便得到逼近 Poisson 方程的**九点差分格式**:

$$
\begin{aligned}
&-\Delta_h u_{ij} - \frac{1}{12}\left[4u_{ij} - 2\left(u_{i-1,j} + u_{i,j-1} + u_{i+1,j} + u_{i,j+1}\right) + \right. \\
&\quad \left. u_{i-1,j-1} + u_{i+1,j-1} + u_{i+1,j+1} + u_{i-1,j+1}\right]\frac{h_1^2 + h_2^2}{h_1^2 h_2^2} \\
&= f_{ij} + \frac{1}{12}\left[h_1^2 f_{xx}''\left(x_i, y_j\right) + h_2^2 f_{yy}''\left(x_i, y_j\right)\right],
\end{aligned}
$$

其截断误差的阶为 $O\left(h^4\right)$.

现在用有限体积法推导五点差分格式. 为此我们需要作对偶剖分. 记 $x_{i-\frac{1}{2}} = \left(i - \frac{1}{2}\right)h_1$, $y_{j-\frac{1}{2}} = \left(j - \frac{1}{2}\right)h_2$. 作两族平行于坐标轴的直线 $x = x_{i-\frac{1}{2}}$ 和 $y = y_{j-\frac{1}{2}}, i, j = 0, \pm 1, \cdots$, 其交点属于 G 内部者为对偶剖分的内点, 直线与边界 Γ 的交点为对偶剖分的界点. 对于任一正则内点 $\left(x_i, y_j\right)$, 考虑对偶剖分的网点: $A\left(x_{i-\frac{1}{2}}, y_{j-\frac{1}{2}}\right)$, $B\left(x_{i+\frac{1}{2}}, y_{j-\frac{1}{2}}\right)$,

$C\left(x_{i+\frac{1}{2}}, y_{j+\frac{1}{2}}\right)$, $D\left(x_{i-\frac{1}{2}}, y_{j+\frac{1}{2}}\right)$, 用 G_{ij} 表示以 A, B, C, D 为顶点的矩形域, 称为控制体积或对偶单元, ∂G_{ij} 为其边界 (参看图 2.4). 于 G_{ij} 积分 Poisson 方程 (2.53), 并利用 Green 公式, 得到 Poisson 方程的积分守恒形式:

$$-\int_{\partial G_{ij}} \frac{\partial u}{\partial \boldsymbol{n}} \mathrm{d}s = \iint_{G_{ij}} f \mathrm{d}x\mathrm{d}y. \tag{2.64}$$

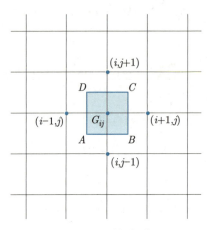

图 2.4   对偶剖分

式中 $\dfrac{\partial u}{\partial \boldsymbol{n}}$ 表示 u 沿矩形 ∂G_{ij} 的外法向导数. 用中矩形公式代替沿四边的线积分, 再用中心差商代替外法向导数, 则

$$\int_{\partial G_{ij}} \frac{\partial u}{\partial \boldsymbol{n}} \mathrm{d}s \approx \frac{u_{i,j-1} - u_{ij}}{h_2} h_1 + \frac{u_{i+1,j} - u_{ij}}{h_1} h_2 + \frac{u_{i,j+1} - u_{ij}}{h_2} h_1 + \frac{u_{i-1,j} - u_{ij}}{h_1} h_2.$$

以之代到 (2.64), 并除以 $h_1 h_2$, 即得五点差分格式:

$$-\left(\frac{u_{i+1,j} - 2u_{ij} + u_{i-1,j}}{h_1^2} + \frac{u_{i,j+1} - 2u_{ij} + u_{i,j-1}}{h_2^2} \right) = \phi_{ij}, \tag{2.65}$$

$$\phi_{ij} = \frac{1}{h_1 h_2} \iint_{G_{ij}} f \mathrm{d}x\mathrm{d}y \approx f_{ij},$$

它和 (2.57) 一致.

2.3.2   边值条件的处理

先讨论第一边值条件

$$u|_{\Gamma} = \alpha(x, y). \tag{2.66}$$

以 G_h^* 表示非正则内点集合, Γ_h 表示界点集合. 因 $\Gamma_h \subset \Gamma$, 当 $(\bar{x}_i, \bar{y}_j) \in \Gamma_h$ 时, 便令

$$u_{ij} = \alpha(\bar{x}_i, \bar{y}_j). \tag{2.67}$$

当 $(\bar{x}_i, \bar{y}_j) \in G_h^*$ 即它为非正则内点时, 将它和正则内点一样, 在 $(\bar{x}_i, \bar{y}_j)$ 建立逼近 Poisson 方程的不等距差分格式. 例如在节点 0 (参看图 2.5) 有

$$-\left[\frac{1}{\bar{h}_1}\left(\frac{u_1 - u_0}{h_1} - \frac{u_0 - u_3}{h_1^-}\right) + \frac{1}{h_2^2}(u_2 - 2u_0 + u_4)\right] = f_0, \qquad (2.68)$$

$$\bar{h}_1 = \frac{1}{2}\left(h_1 + h_1^-\right), h_1^- = x_0 - x_3.$$

其截断误差的阶为 $O(h)$.

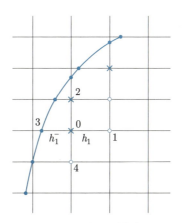

图 2.5 非正则内点

按 (2.68) 处理边值条件有一个缺点, 即破坏了对称正定性, 而这一性质是五点差分格式所固有的. 为了保持对称正定性, 可用

$$-\left[\frac{1}{h_1}\left(\frac{u_1 - u_0}{h_1} - \frac{u_0 - u_3}{h_1^-}\right) + \frac{1}{h_2^2}(u_2 - 2u_0 + u_4)\right] = f_0 \qquad (2.69)$$

代替 (2.68). 此时截断误差的阶降为 $O(1)$. 尽管如此, 仍可证明, 差分解的收敛阶仍是 $O\left(h^2\right)$ (按最大模) (见 [16] 的第 3 章).

今讨论第二、第三边值条件:

$$\frac{\partial u}{\partial \boldsymbol{n}} + ku\bigg|_{\Gamma} = \gamma. \qquad (2.70)$$

我们用有限体积法构造 (2.70) 的差分逼近. 我们只讨论一种特殊情况, 假定 Γ_h 中的节点 (界点) 是两族网线的交点 (作网格时可要求界点为两族网格交点). 如图 2.6, $P_0\left(x_{i_0}, y_{j_0}\right)$ 是界点, $P_1\left(x_{i_0+1}, y_{j_0}\right)$ 和 $P_2\left(x_{i_0}, y_{j_0-1}\right)$ 是与之相邻的内点. 过 $(x_{i_0+\frac{1}{2}}, y_{j_0})$, $(x_{i_0}, y_{j_0-\frac{1}{2}})$ 分别作与 y 轴和 x 轴平行的直线, 它们与外边界 Γ 一起截出一曲边三角形 $\widetilde{\triangle}ABC$, 其为相应于 P_0 的对偶单元. 于 $\widetilde{\triangle}ABC$ 积分 (2.53) 两端, 并利用 Green 公式, 得

$$-\int_{\widehat{ABCA}} \frac{\partial u}{\partial \boldsymbol{n}}\mathrm{d}s = \iint_{\widetilde{\triangle}ABC} f\mathrm{d}x\mathrm{d}y. \qquad (2.71)$$

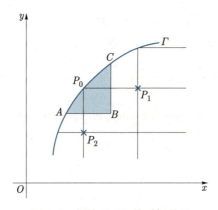

图 2.6 相应于 P_0 的对偶单元

而

$$\int_{\overline{AB}} \frac{\partial u}{\partial \boldsymbol{n}} \mathrm{d}s \approx \frac{u_{P_2} - u_{P_0}}{h_2} \cdot \overline{AB},$$

$$\int_{\overline{BC}} \frac{\partial u}{\partial \boldsymbol{n}} \mathrm{d}s \approx \frac{u_{P_1} - u_{P_0}}{h_1} \cdot \overline{BC},$$

$$\int_{\widehat{CA}} \frac{\partial u}{\partial \boldsymbol{n}} \mathrm{d}s = \int_{\widehat{CA}} (\gamma - ku) \mathrm{d}s \approx (\gamma_{P_0} - k_{P_0} u_{P_0}) \cdot \widehat{CA},$$

以之代到 (2.71) 即得逼近 (2.70) 的差分方程:

$$-\left[\frac{u_{p_2} - u_{p_0}}{h_2} \cdot \overline{AB} + \frac{u_{p_1} - u_{p_0}}{h_1} \cdot \overline{BC} + (\gamma_{p_0} - k_{p_0} u_{p_0}) \cdot \widehat{CA} \right] = \iint_{\widetilde{\triangle ABC}} f \mathrm{d}x \mathrm{d}y. \quad (2.72)$$

可见用有限体积法处理第二、第三边值条件特别方便. 对非正则内点, 仍可像前面一样建立一形如 (2.68) 或 (2.69) 的方程.

2.3.3 习题

1. 用有限体积法构造逼近方程

$$-\nabla(k\nabla u) = -\left[\frac{\partial}{\partial x}\left(k\frac{\partial u}{\partial x} \right) + \frac{\partial}{\partial y}\left(k\frac{\partial u}{\partial y} \right) \right] = f \quad (2.73)$$

的第一边值问题的五点差分格式, 这里 $k = k(x,y) \geqslant k_{\min} > 0$.

2. 用有限体积法构造逼近方程 (2.73) 的第二边值问题的五点差分格式.

3. 设步长 $h_1 = h_2 = h$. 记

$$\diamondsuit u_{ij} = u_{i+1,j} + u_{i,j+1} + u_{i-1,j} + u_{i,j-1} - 4u_{ij},$$

$$\square u_{ij} = u_{i+1,j+1} + u_{i-1,j+1} + u_{i-1,j-1} + u_{i+1,j-1} - 4u_{ij}.$$

证明逼近 Laplace 方程 $\Delta u = 0$ 的差分方程

$$\frac{1}{6h^2}\left(4\diamond u_{i,j} + \square u_{i,j}\right) = 0$$

的截断误差的绝对值

$$|R_{i,j}(u)| = \frac{40h^6}{3\cdot 8!}\theta M_8,$$

其中 M_8 是 u 的八阶偏导数的绝对值于考虑区域的上确界, $|\theta| \leqslant 1$.

2.4 三角网的差分格式

利用有限体积法, 可将矩形网的差分格式推广到三角网, 得到三角网的差分格式, 文献上也称之为广义差分法 (见 [9, 20]). 三角网的差分格式具有网格灵活、边值条件容易处理等优点, 特别地, 它还保持积分守恒 (质量守恒), 所以受到应用部门的欢迎.

考虑有界域 G 上的 Poisson 方程

$$-\Delta u = f. \tag{2.74}$$

在边界 Γ 上满足第一、第二或第三边值条件. 我们先对 G 作三角剖分. 如图 2.7, 在 Γ 上取一系列节点, 以它们为顶点作逼近 Γ 的闭折线 $\widetilde{\Gamma}$. 设 $\widetilde{G}$ 为由 $\widetilde{\Gamma}$ 围成的逼近 G 的多边形域, 然后把 $\widetilde{G}$ 分割成有限个小三角形之和, 使不同三角形无重叠的内部区域, 任一三角形的顶点不属于其他三角形边的内部. 此外, 我们还要求这些三角形的内角不大于 90°. 这样, 就把 $\widetilde{G}$ 分割成一三角网, 称为 G 的**三角剖分**. 组成剖分的小三角形也称为**三角单元**.

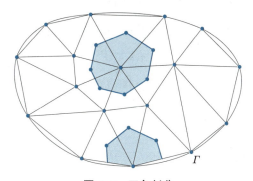

图 2.7 三角剖分

对于任一节点, 考虑所有以它为顶点的三角单元和以它为端点的三角形的边. 过每边作中垂线, 它们依次交于相应三角形的外心, 从而得到围绕该节点的小多边形域, 称为**对偶单元** (也叫控制体积). 这些对偶单元全体构成区域 G 的一个新的网格剖分, 称为**对偶剖分**. 如图 2.8(a), 内点 $P_0 \in G$ 的对偶单元是六边形域, P_0 在六边形内部. 若 P_0 是界点, 即 $P_0 \in \Gamma$, 则 P_0 是其对偶单元的一个顶点 (参看图 2.8(b)).

现就每一内点建立差分方程. 如图 2.8(a), 设 P_0 是内点, $P_1, P_2, \cdots, P_6$ 是和 P_0 相邻的节点, q_i 为三角形 $P_0 P_i P_{i+1}$ ($P_7 = P_1$, 下同) 的外心, m_i 是线段 $\overline{P_0 P_i}$ 的中点, $K_{P_0}^*$ 是由六边形 $q_1 q_2 \cdots q_6$ 围成的对偶单元. 在子域 K_{P_0} 积分 (2.74), 得

$$-\iint_{K_{P_0}^*} \Delta u \, \mathrm{d}x \mathrm{d}y = \iint_{K_{P_0}^*} f \, \mathrm{d}x \mathrm{d}y.$$

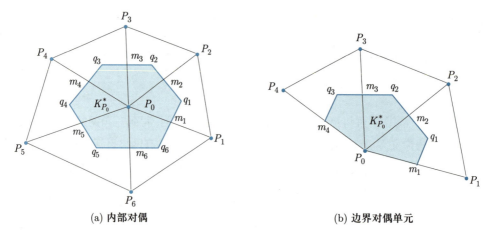

(a) 内部对偶   (b) 边界对偶单元

图 2.8   对偶单元

利用 Green 公式, 可将上式改写成

$$-\int_{\partial K_{P_0}^*} \frac{\partial u}{\partial \boldsymbol{n}} \mathrm{d}s = \iint_{K_{P_0}^*} f \, \mathrm{d}x \mathrm{d}y. \tag{2.75}$$

$\partial K_{P_0}^*$ 是 $K_{P_0}^*$ 的边界, $\boldsymbol{n}$ 是 ∂K_{P_0} 的单位外法向量. 注意

$$\int_{\partial K_{P_0}^*} \frac{\partial u}{\partial \boldsymbol{n}} \mathrm{d}s = \sum_{i=1}^{6} \int_{\overline{q_i q_{i+1}}} \frac{\partial u}{\partial \boldsymbol{n}} \mathrm{d}s = \sum_{i=1}^{6} \frac{\overline{q_i q_{i+1}}}{\overline{P_0 P_{i+1}}}. \tag{2.76}$$

$$[u(P_{i+1}) - u(P_0)] + m(G_0) R_{G_0}(u) \quad (q_7 = q_1).$$

以之代到 (2.75), 即得点 P_0 的差分方程:

$$-\sum_i \frac{\overline{q_i q_{i+1}}}{\overline{P_0 P_{i+1}}} \left(u_{P_{i+1}} - u_{P_0} \right) = \iint_{K_{P_0}^*} f \, \mathrm{d}x \mathrm{d}y = m(K_{P_0}^*) \cdot \varphi_0, \tag{2.77}$$

$$\varphi_0 = \frac{1}{m(K_{P_0}^*)} \iint_{K_{P_0}^*} f \, \mathrm{d}x \mathrm{d}y,$$

其中 $m(K_{P_0}^*)$ 是 $K_{P_0}^*$ 的面积. 其次建立界点的差分方程. 如图 2.8(b), 设 P_0 是界点, 相应的对偶单元为由 $P_0 m_1 q_1 q_2 q_3 m_4 P_0$ 围成的多边形 $K_{P_0}^*$. 若在 Γ 上给的是第一边值条件 (2.54), 则令

$$u_{P_0} = \alpha(P_0). \tag{2.78}$$

若给的是第二或第三边值条件, 例如

$$\frac{\partial u}{\partial \boldsymbol{n}} + ku\Big|_{\Gamma} = \gamma \tag{2.79}$$

($k \equiv 0$ 就是第二边值条件), 则需补充一个方程. 如图 2.8(b), 此时和 (2.75) 类似地有

$$-\left(\int_{\overline{m_4 P_0}} \frac{\partial u}{\partial \boldsymbol{n}} \mathrm{d}s + \int_{\overline{P_0 m_1}} \frac{\partial u}{\partial \boldsymbol{n}} \mathrm{d}s + \int_{\overline{m_1 q_1}} \frac{\partial u}{\partial \boldsymbol{n}} \mathrm{d}s + \right.$$

$$\left. \int_{\overline{q_1 q_2}} \frac{\partial u}{\partial \boldsymbol{n}} \mathrm{d}s + \int_{\overline{q_2 q_3}} \frac{\partial u}{\partial \boldsymbol{n}} \mathrm{d}s + \int_{\overline{q_3 m_4}} \frac{\partial u}{\partial \boldsymbol{n}} \mathrm{d}s \right)$$

$$= \iint_{K_{P_0}^*} f \mathrm{d}x \mathrm{d}y. \tag{2.80}$$

上式左端括号内后四项仿照公式 (2.76) 的方法离散化, 例如

$$\int_{\overline{m_1 q_1}} \frac{\partial u}{\partial \boldsymbol{n}} \mathrm{d}s \approx \frac{\overline{m_1 q_1}}{\overline{P_0 P_1}} (u_1 - u_0), \quad \int_{\overline{q_1 q_2}} \frac{\partial u}{\partial \boldsymbol{n}} \mathrm{d}s \approx \frac{\overline{q_1 q_2}}{\overline{P_0 P_2}} (u_2 - u_0).$$

(2.80) 左端前两项是沿外边界的积分, 利用条件 (2.79) 消去法向导数, 得到仅含 u 的积分. 假定 k, γ 是常数, u 用三角单元边上的线性函数去逼近, 则可利用梯形公式计算相应的积分, 于是得

$$\int_{\overline{m_4 P_0}} \frac{\partial u}{\partial \boldsymbol{n}} \mathrm{d}s = \int_{\overline{m_4 P_0}} (\gamma - ku) \mathrm{d}s$$

$$= \overline{m_4 P_0} \left[\gamma - \frac{1}{2} k \left(u_{P_0} + u_{m_4} \right) \right]$$

$$= \frac{1}{2} \overline{P_0 P_4} \left[\gamma - \frac{1}{4} k \left(3u_{P_0} + u_{P_4} \right) \right], \tag{2.81}$$

同理

$$\int_{\overline{P_0 m_1}} \frac{\partial u}{\partial \boldsymbol{n}} \mathrm{d}s = \frac{1}{2} \overline{P_0 P_1} \left[\gamma - \frac{1}{4} k \left(3u_{P_0} + u_{P_1} \right) \right]. \tag{2.82}$$

将这些公式代到 (2.80), 就得到界点的差分方程. 显然所有内点、界点的差分方程组成一个封闭的线性代数方程组, 其系数矩阵是对称的稀疏矩阵.

从前面的推导看出, 用有限体积法构造三角网差分格式和矩形网情形完全类似, 而边值条件的处理则更方便灵活, 特别是第二、第三边值条件, 其处理方法跟内点没有实质区别. 还应指出, 方程 (2.75) 是 (2.74) 的积分形式, 表示某一物理量在单元 G_0 守恒, 而差分方程 (2.77) 则是守恒律的离散形式.

例 2.1 五点差分格式

在矩形网上用同向对角线将每一矩形单元分成两个直角三角形, 得到 "直角三角剖分", 对偶单元是矩形, 由此导出的差分格式恰是五点差分格式.

例 2.2 正三角网上的差分格式

图 2.9 是一个正三角网, 每个三角形的边长为 h. 取一内节点 P_0, 设与之相邻的六个

节点为 $P_1, P_2, P_3, P_4, P_5, P_6$. 过 $\overline{P_0 P_i}$ 的中点 m_i 作 $\overline{P_0 P_i}$ 的中垂线, 依次交于 $\triangle P_0 P_i P_{i+1}$ 的外心 q_i (这时与重心重合). 正六边形 $q_1 q_2 \cdots q_6$ 围成的多边形域 G_0 是围绕 P_0 的对偶单元. 显然

$$\overline{P_0 P_i} = h, \quad \overline{q_i q_{i+1}} = \frac{h}{\sqrt{3}}.$$

G_0 的面积 $m(G_0) = \dfrac{\sqrt{3} h^2}{2}$. 因此差分格式 (2.77) 为

$$-\frac{2}{3h^2} \left(\sum_{i=1}^{6} u_i - 6 u_0 \right) = \frac{2}{\sqrt{3} h^2} \iint_{G_0} f(x, y) \mathrm{d}x \mathrm{d}y. \tag{2.83}$$

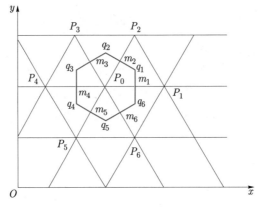

图 2.9   正三角网

例 2.3   正六边形网上的差分格式

图 2.10 是正六边形网, 边长为 h. 设 P_0 是任一内节点, 与之相邻的三个节点为 P_1, P_2, P_3. 过 $\overline{P_0 P_i}$ 的中点作中垂线, 彼此相交于六边形的中心 q_1, q_2, q_3, $\triangle q_1 q_2 q_3$ 是围绕 P_0 的对偶单元. 显然 $\overline{P_0 P_i} = h$, $\overline{q_i q_{i+1}} = \sqrt{3} h$, 对偶单元 $\triangle q_1 q_2 q_3$ 的面积为 $\dfrac{3\sqrt{3} h^2}{4}$.

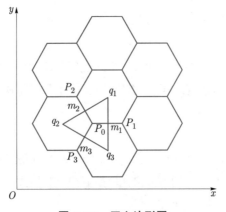

图 2.10   正六边形网

因此差分格式为

$$-\frac{4}{3h^2}\left(\sum_{i=1}^{3} u_i - 3u_0\right) = \frac{4}{3\sqrt{3}h^2}\iint_{\triangle q_1 q_2 q_3} f(x,y)\mathrm{d}x\mathrm{d}y. \tag{2.84}$$

2.4.1 习题

1. 试证三角网的差分格式 (第一或第三边值条件) 的系数矩阵对称.

2. 构造逼近 (2.73) 的三角网的差分格式.

3. 求出差分格式 (2.83) 和 (2.84) 的截断误差的阶 (分别为 $O(h^2)$ 和 $O(h)$).

*2.5 极值定理和敛速估计

为了得到差分解的收敛性、敛速估计及其稳定性, 需要对差分解作某种先验估计, 极值定理是作这类估计的常用方法.

2.5.1 差分方程

考虑二阶椭圆偏微分方程第一边值问题:

$$\begin{cases} -(Au'_x)_x - (Bu'_y)_y + Cu'_x + Du'_y + Eu = F, & (x,y) \in G, \\ u|_\Gamma = \alpha, \end{cases} \tag{2.85}$$

其中 $A(x,y), B(x,y)$ 属于 $C^1(\bar{G})$, $C(x,y), D(x,y), E(x,y)$ 和 $F(x,y)$ 属于 $C(\bar{G})$, $\alpha \in C(\Gamma)$, 且 $A(x,y) \geqslant A_{\min} > 0, B(x,y) \geqslant B_{\min} > 0, E \geqslant 0$.

如 2.3 节构造矩形网, h_1 和 h_2 分别为沿 x 和 y 方向的步长. 用 G_h 表示网格内点集合, Γ_h 表示网格界点集合, $\bar{G}_h = G_h \cup \Gamma_h$. 本节总假定 G_h 是连通的, 就是说, 对任意两节点 $\bar{P}, \bar{\bar{P}} \in G_h$, 必有一串节点 $P_i \in G_h(i=1,2,\cdots,m-1)$, 可与 $\bar{P}, \bar{\bar{P}}$ 排成下列顺序:

$$\bar{P}, P_1, P_2, \cdots, P_{m-1}, \bar{\bar{P}},$$

使前后两点为相邻节点.

对于正则内点 (x_i, y_j), 用如下的差分方程逼近 (2.85):

$$-\left[A_{i-\frac{1}{2},j}(u_{ij})_{\bar{x}}\right]_x - \left[B_{i,j-\frac{1}{2}}(u_{ij})_{\bar{y}}\right]_y + C_{ij}(u_{ij})_{\hat{x}} + D_{ij}(u_{ij})_{\hat{y}} + E_{ij}u_{ij} = F_{ij}, \tag{2.86}$$

其中

$$A_{i-\frac{1}{2},j} = A\left(x_{i-\frac{1}{2}}, y_j\right) = A\left(\left(i-\frac{1}{2}\right)h_1, jh_2\right),$$

$$B_{i,j-\frac{1}{2}} = B\left(x_i, y_{j-\frac{1}{2}}\right) = B\left(ih_1, \left(j-\frac{1}{2}\right)h_2\right),$$

而

$$\begin{cases} (u_{ij})_{\bar{x}} = \dfrac{u_{ij} - u_{i-1,j}}{h_1}, & (u_{ij})_{\bar{y}} = \dfrac{u_{ij} - u_{i,j-1}}{h_2}, \\[2mm] (u_{ij})_x = \dfrac{u_{i+1,j} - u_{i,j}}{h_1}, & (u_{ij})_y = \dfrac{u_{i,j+1} - u_{i,j}}{h_2}, \\[2mm] (u_{ij})_{\hat{x}} = \dfrac{u_{i+1,j} - u_{i-1,j}}{2h_1}, & (u_{ij})_{\hat{y}} = \dfrac{u_{i,j+1} - u_{i,j-1}}{2h_2}. \end{cases} \tag{2.87}$$

显然, 截断误差的阶为 $O\left(h_1^2 + h_2^2\right)$. 方程 (2.86) 可改写为

$$a_{ij}u_{ij} - (a_{i-1,j}u_{i-1,j} + a_{i,j-1}u_{i,j-1} + a_{i+1,j}u_{i+1,j} + a_{i,j+1}u_{i,j+1}) = F_{ij}, \tag{2.88}$$

其中

$$\begin{cases} a_{i-1,j} = h_1^{-2}\left(A_{i-\frac{1}{2},j} + \dfrac{h_1}{2}C_{ij}\right), \\[2mm] a_{i,j-1} = h_2^{-2}\left(B_{i,j-\frac{1}{2}} + \dfrac{h_2}{2}D_{ij}\right), \\[2mm] a_{i+1,j} = h_1^{-2}\left(A_{i+\frac{1}{2},j} - \dfrac{h_1}{2}C_{ij}\right), \\[2mm] a_{i,j+1} = h_2^{-2}\left(B_{i,j+\frac{1}{2}} - \dfrac{h_2}{2}D_{ij}\right), \\[2mm] a_{ij} = h_1^{-2}\left(A_{i+\frac{1}{2},j} + A_{i-\frac{1}{2},j}\right) + h_2^{-2}\left(B_{i,j+\frac{1}{2}} + B_{i,j-\frac{1}{2}}\right) + E_{ij}. \end{cases} \tag{2.89}$$

由系数 A, B 的假设条件, 只要 h_1 和 h_2 充分小, 则 $a_{i-1,j}, a_{i,j-1}, a_{i+1,j}, a_{i,j+1}$ 和 a_{ij} 均大于 0, 且

$$a_{ij} - (a_{i-1,j} + a_{i,j-1} + a_{i+1,j} + a_{i,j+1}) = E_{ij} \geqslant 0. \tag{2.90}$$

对于非正则内点, 则建立一不等距差分方程. 例如设 (x_i, y_j) 为图 2.5 中点 "0", 则用

$$\left[A_{i-\frac{1}{2},j}(u_{ij})_{\bar{x}}\right]_x = \frac{1}{\bar{h}_1}\left(A_{i+\frac{1}{2},j}\frac{u_{i+1,j} - u_{ij}}{h_1} - A_{i-\frac{1}{2},j}\frac{u_{i,j} - u_{i-1,j}}{h_1^-}\right)$$

和

$$(u_{ij})_{\hat{x}} = \frac{u_{i+1,j} - u_{i-1,j}}{h_1 + h_1^-}$$

依次代替 (2.86) 中的相应项, 其中 $h_1^-, \bar{h}_1$ 如 (2.68). 此时仍可将 (2.86) 写成形式 (2.88). 只要 h_1, h_1^-, h_2, h_2^- 充分小, 则 (2.88) 左端之系数 $a_{i-1,j}, a_{i,j-1}, a_{i+1,j}, a_{i,j+1}$ 和 a_{ij} 就是正的, 且 (2.90) 成立. 显然, 在非正则内点, 差分逼近的阶为 $O\left(h_1 + h_2\right)$.

在研究 (2.88) 的极值性质之前, 我们指出它的几个简单而有用的性质. 将 (2.88) 改写成

$$L_h u_{ij} = a_{ij}u_{ij} - a_{i-1,j}u_{i-1,j} - a_{i,j-1}u_{i,j-1} - a_{i+1,j}u_{i+1,j} - a_{i,j+1}u_{i,j+1} = F_{ij}. \quad (2.91)$$

将网格内点按适当次序排列, 例如从左下角网点开始, 按由左向右、由下向上的顺序排列, 得到一线性代数方程组, 其系数矩阵 $\boldsymbol{A}$ 有下列性质:

(i) $\boldsymbol{A}$ 的每行最多有五个非零元素, 所以 $\boldsymbol{A}$ 为稀疏矩阵. 在排列网点顺序时, 应尽量使非零元素 "靠近" 对角线, 这对消元法特别有利.

(ii) $\boldsymbol{A}$ 的对角元素是正的, 非对角元素是非正的. 非对角元素绝对值之和不超过对角元素, 即

$$a_{i-1,j} + a_{i,j-1} + a_{i+1,j} + a_{i,j+1} \leqslant a_{ij}. \quad (2.92)$$

当 (i,j) 为非正则内点时, 其四个相邻点至少有一个是界点, 比如设 $(i-1,j)$ 是界点, 则可将 (2.91) 中之相应项 $a_{i-1,j}u_{i-1,j}$ 移到右端, 视 (2.91) 左端之 $a_{i-1,j} = 0$, 此时不等式 (2.92) 严格小于号成立. 所以矩阵 $\boldsymbol{A}$ 对角占优, 这对于保证迭代法的收敛性是重要的.

(iii) 若方程 (2.85) 对称, 即 $C = D = 0$, 则矩阵 $\boldsymbol{A}$ 也对称 (设非正则内点的格式为 (2.69)).

上述性质在构造差分方程的解法时特别有用.

2.5.2 极值定理

现在讨论差分方程 (2.91) 的极值性质.

定理 2.2 (极值定理)   设 u_{ij} 是 $\bar{G}_h$ 上的任一网格函数. 若 $L_h u_{ij} \leqslant 0$ $(L_h u_{ij} \geqslant 0)$, 对任意 $(x_i, y_j) \in G_h$, 则 u_{ij} 不可能在内点取正的极大值 (负的极小值), 除非 $u_{ij} \equiv$ 常数.

证明   只证明定理的第一部分, 因为第二部分是类似的. 用反证法, 设 $u_{ij} \not\equiv$ 常数, u_{ij} 在 G_h 中某点达到正的极大值 M. 由于 G_h 连通, 必有某一内点 (x_{i_0}, y_{j_0}), 使 $u_{i_0 j_0} = M$, 且至少有一个相邻网点, 比如 (x_{i_0-1}, y_{j_0}), 使 $u_{i_0-1,j_0} < M$. 于是

$$L_h u_{i_0 j_0} > (a_{i_0 j_0} - a_{i_0-1,j_0} - a_{i_0+1,j_0-1} - a_{i_0+1,j_0} - a_{i_0,j_0+1}) M \geqslant 0$$

(若 $a_{i_0-1,j_0} = 0$, 则 $>$ 改为 $\geqslant$, $\geqslant$ 改为 $>$) 与假设矛盾.   □

推论 2.1   差分方程 (2.91) 有唯一解.

证明   只需证明相应的齐问题 (边值和右端都恒等于 0) 只有平凡解. 实际上, 设 u_{ij} 是齐问题的解, 则由定理 2.2, u_{ij} 既不能在 G_h 取正的极大值, 也不能取负的极小值, 因此 $u_{ij} \equiv 0$.   □

推论 2.2   若网格函数 u_{ij} 满足

$$L_h u_{ij} \geqslant 0, \quad \forall (x_i, y_j) \in G_h,$$

$$u_{ij} \geqslant 0, \quad \forall (x_i, y_j) \in \Gamma_h,$$

则 $u_{ij} \geqslant 0, \forall (x_i, y_j) \in G_h$.

证明　由定理 2.2 直接推得.　□

定理 2.3 (比较定理)　设 u_{ij} 和 U_{ij} 是两个网格函数, 满足

$$|L_h u_{ij}| \leqslant L_h U_{ij}, \quad \forall (x_i, y_j) \in G_h, \tag{2.93}$$

$$|u_{ij}| \leqslant U_{ij}, \quad \forall (x_i, y_j) \in \Gamma_h, \tag{2.94}$$

则

$$|u_{ij}| \leqslant U_{ij}, \quad \forall (x_i, y_j) \in G_h. \tag{2.95}$$

证明　由 (2.93) 和 (2.94) 可知

$$\begin{cases} L_h (U_{ij} - u_{ij}) \geqslant 0, & \text{于 } G_h, \\ U_{ij} - u_{ij} \geqslant 0, & \text{于 } \Gamma_h \end{cases}$$

和

$$\begin{cases} L_h (U_{ij} + u_{ij}) \geqslant 0, & \text{于 } G_h, \\ U_{ij} + u_{ij} \geqslant 0, & \text{于 } \Gamma_h. \end{cases}$$

由推论 2.2 便知 (2.95) 成立.　□

推论 2.3　*差分方程*

$$\begin{cases} L_h u_{ij} = 0, & \text{于 } G_h, \\ u_{ij} = \alpha_{ij}, & \text{于 } \Gamma_h \end{cases}$$

的解 u_{ij} 满足不等式

$$\max_{G_h} |u_{ij}| \leqslant \max_{\Gamma_h} |\alpha_{ij}|. \tag{2.96}$$

证明　设 U_{ij} 是下列问题的解:

$$L_h U_{ij} = 0, \quad \text{于 } G_h,$$

$$U_{ij} = |\alpha_{ij}|, \quad \text{于 } \Gamma_h,$$

则由定理 2.3

$$|u_{ij}| \leqslant U_{ij}, \text{ 于 } \bar{G}_h.$$

若 $U_{ij} \equiv$ 常数, 则 $U_{ij} \equiv \max\limits_{\Gamma_h} |\alpha_{ij}|$. 若 $U_{ij} \neq$ 常数, 则由定理 2.2, 函数 $U_{ij}(\geqslant 0)$ 的最大值只能在 Γ_h 达到, 因此 $U_{ij} \leqslant \max\limits_{\Gamma_h} |\alpha_{ij}|$, 从而 (2.96) 成立.　□

2.5.3 五点差分格式的敛速估计

设 $u = u(x, y)$ 是 Poisson 方程第一边值问题的解 (参看 (2.53) (2.54)), u_{ij} 是五点差分格式

$$\begin{cases} L_h u_{ij} = \varphi_{ij}, & \text{于 } G_h, \\ u_{ij} = \alpha_{ij}, & \text{于 } \Gamma_h \end{cases}$$

的解, 此时 $A = B = 1, C = D = E = 0$. 当 (x_i, y_j) 是正则内点, 且 $h_1 = h_2$ 时, (2.91) 中的 $a_{ij} = 4$, $a_{i-1,j} = a_{i,j-1} = a_{i+1,j} = a_{i,j+1} = 1$. 当 (x_i, y_j) 为非正则内点时, 需对系数作适当修正. 令 $e_{ij} = u(x_i, y_j) - u_{ij}$, 若 $u \in C^4(\bar{G})$, 则 e_{ij} 满足

$$\begin{cases} L_h e_{ij} = R_{ij}, & \text{于 } G_h, \\ e_{ij} = 0, & \text{于 } \Gamma_h. \end{cases} \tag{2.97}$$

截断误差

$$R_{ij} = \begin{cases} O\left(h_1^2 + h_2^2\right), & (x_i, y_j) \text{ 是正则内点}, \\ O\left(h_1 + h_2\right), & (x_i, y_j) \text{ 是非正则内点}. \end{cases}$$

令 $h = \sqrt{h_1^2 + h_2^2}$, 可设

$$|R_{ij}| \leqslant Kh,$$

其中 K 是常数.

现在估计误差 e_{ij}. 不妨设 $(0,0) \in G, R$ 是以 $(0,0)$ 为圆心且包含 G 在内部的最小圆域的半径. 令

$$E_{ij} = \frac{Kh}{4} \left(R^2 - x_i^2 - y_j^2\right).$$

显然, E_{ij} 于 $\overline{G_h}$ 非负. 又 x_i^2 关于 x 方向的二阶中心差商等于 2, y_j^2 关于 y 方向的二阶中心差商也等于 2, 故当 (x_i, y_j) 是正则内点时, $L_h E_{ij} = Kh$. 而当 (x_i, y_j) 为非正则内点时, L_h 中仍出现二阶差商 (但不一定是中心差商), 此时仍有 $L_h E_{ij} = Kh$. 这样, E_{ij} 满足

$$\begin{cases} L_h E_{ij} = Kh, & (x_i, y_j) \in G_h, \\ E_{ij} \geqslant 0, & (x_i, y_j) \in \Gamma_h. \end{cases} \tag{2.98}$$

将定理 2.3 用于 (2.97) 和 (2.98), 便得

$$|e_{ij}| \leqslant E_{ij} = \frac{Kh}{4} \left(R^2 - x_i^2 - y_j^2\right),$$

从而

$$\max_{G_h} |e_{ij}| \leqslant \frac{KR^2 h}{4}. \tag{2.99}$$

足见若 $u(x,y) \in C^4(\bar{G})$, 则差分解 u_{ij} 一致收敛到 u 且有敛速估计 (2.99).

注 2.3　极值定理在证明椭圆型差分方程的稳定性及差分解的误差估计中起重要作用. 在下列习题 1, 2 中给出极值定理的其他形式.

2.5.4　习题

1. 设 $\bar{I}_h = \{x_i : i = 0, 1, \cdots, N, x_0 < x_1 < \cdots < x_N\}$, y_i 是 $\bar{I}_h$ 上的网格函数. 又

$$ly_i = -(a_i y_{i-1} - b_i y_i + c_i y_{i+1}) + q_i y_i, i = 1, 2, \cdots, N-1,$$

其中 a_i, b_i, c_i 恒正, q_i 非负, 且 $a_i + c_i \leqslant b_i$. 证明当 $ly_i \leqslant 0\,(ly_i \geqslant 0)$ 时, y_i 不能在内点取正的极大值 (负的极小值), 除非 y_i 等于常数.

2. 在上题中, 若设 $d_i = b_i - a_i - c_i + q_i > 0 (i = 1, 2, \cdots, N-1)$, 则差分方程

$$\begin{cases} ly_i = \varphi_i, & i = 1, 2, \cdots, N-1, \\ y_0 = y_N = 0 \end{cases}$$

的解满足

$$\max_i |y_i| \leqslant \max_i \frac{|\varphi_i|}{d_i}.$$

3. 利用上题估计差分方程 (2.28) (2.29) 解的收敛阶 (假定 $r = 0, q \geqslant q_0 > 0, h_i \equiv h$).

第 3 章

抛物型方程的有限差分法

椭圆型方程描写的是状态 (如温度、电位等) 不随时间 t 改变的问题, 称为**驻定问题**. 现在讨论与时间 t 有关的**非驻定问题**. 驻定问题可看成是某一非驻定问题当 $t \to \infty$ 时的渐近状态, 所以当我们用渐近方法 (例如迭代法) 求解驻定问题时, 只关心最终状态, 而不管中间过程. 相反, 非驻定问题的瞬时状态有物理意义, 需要我们求解. 在考虑偏微分方程的数值解法时, 注意到这两类问题的联系和区别是有益的. 下面分别讨论抛物型方程和双曲型方程的差分法.

3.1 最简差分格式

考虑一维热传导方程

$$\frac{\partial u}{\partial t} = a\frac{\partial^2 u}{\partial x^2} + f(x), \quad 0 < t \leqslant T, \tag{3.1}$$

其中 a 是正常数, $f(x)$ 是给定的连续函数. 按照初边值条件的不同给法, 可将 (3.1) 的定解问题分为两类:

第一, 初值问题 (也称 Cauchy 问题): 求具有一定阶偏微商的函数 $u(x,t)$, 满足方程 (3.1) 和初值条件

$$u(x,0) = \varphi(x), \quad -\infty < x < \infty. \tag{3.2}$$

第二, 初边值问题 (也称混合问题): 求具有一定阶偏微商的函数 $u(x,t)$, 满足方程 (3.1) 和初值条件

$$u(x,0) = \varphi(x), \quad 0 < x < l \tag{3.3}$$

及边值条件

$$u(0,t) = u(l,t) = 0, \quad 0 \leqslant t \leqslant T. \tag{3.4}$$

假定 $f(x)$ 和 $\varphi(x)$ 在相应区域光滑, 并且在 $x = 0, x = l$ 相容 ($\varphi(0) = \varphi(l) = 0$), 则上述问题有唯一的光滑解.

现在考虑边值问题 (3.1) (3.3) (3.4) 的差分逼近. 取空间步长 $h = \dfrac{l}{J}$ 和时间步长 $\tau = \dfrac{T}{N}$, 其中 J, N 都是自然数. 用两族平行直线 $x = x_j = jh \ (j = 0, 1, \cdots, J)$ 和 $t = t_n = n\tau (n = 0, 1, \cdots, N)$ 将矩形域 $\bar{G} = \{0 \leqslant x \leqslant l; 0 \leqslant t \leqslant T\}$ 分割成矩形网格, 网格节点为 (x_j, t_n). 以 G_h 表示网格内点集合, 即位于开矩形 G 的网点集合; $\bar{G}_h$ 表示所有位于闭矩形 $\bar{G}$ 的网点集合; $\varGamma_h = \bar{G}_h - G_h$ 是网格界点集合 (参看图 3.1).

其次, 用 u_j^n 表示定义在网点 (x_j, t_n) 上的函数, $0 \leqslant j \leqslant J, 0 \leqslant n \leqslant N$. 用适当的差商代替方程 (3.1) 中相应的偏微商, 便得到以下几种最简差分格式.

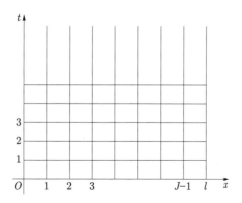

图 3.1　矩形网格

(一) **向前差分格式**, 即

$$\frac{u_j^{n+1} - u_j^n}{\tau} = a \frac{u_{j+1}^n - 2u_j^n + u_{j-1}^n}{h^2} + f_j, \quad f_j = f(x_j), \tag{3.5}$$

$$u_j^0 = \varphi_j = \varphi(x_j), \quad u_0^n = u_J^n = 0, \tag{3.6}$$

其中 $j = 1, 2, \cdots, J-1, n = 0, 1, \cdots, N-1$. 以 $r = \dfrac{a\tau}{h^2}$ 表示**网比**. 将 (3.5) 改写成便于计算的形式, 使第 n 层值 (上标为 n) 在等式右边, 第 $n+1$ 层值在等式左边, 则得

$$u_j^{n+1} = ru_{j+1}^n + (1-2r)u_j^n + ru_{j-1}^n + \tau f_j. \tag{3.7}$$

取 $n = 0$, 利用初值 $u_j^0 = \varphi_j$ 和边值 $u_0^n = u_J^n = 0$ 可由 (3.7) 算出第一层值 u_j^1. 于 (3.7) 取 $n = 1$, 又可利用 u_j^1 和边值, 由 (3.7) 算出 u_j^2. 如此下去, 即可逐层求出所有 u_j^n, 并视 u_j^n 为精确解 $u(x_j, t_n)$ 的近似. 由于第 $n+1$ 层值通过第 n 层值明显表为 (3.7), 无需解线性代数方程组, 如此的差分格式称为**显格式**. 将 (3.7) 看成网点 (x_j, t_n) 处的差分方程, 它联系第 $n+1$ 层的点 (x_j, t_{n+1}) 和第 n 层的点 $(x_{j-1}, t_n), (x_j, t_n)$ 及 (x_{j+1}, t_n), 其分布如图 3.2(a) 所示.

　　记

$$Lu = \frac{\partial u}{\partial t} - a\frac{\partial^2 u}{\partial x^2},$$

$$L_h^{(1)} u_j^n = \frac{u_j^{n+1} - u_j^n}{\tau} - a\frac{u_{j+1}^n - 2u_j^n + u_{j-1}^n}{h^2}.$$

显然截断误差

$$\begin{aligned}
R_j^n(u) &= L_h^{(1)} u(x_j, t_n) - (Lu)_j^n \\
&= -\tau \left(\frac{1}{12r} - \frac{1}{2}\right) \left(\frac{\partial^2 \tilde{u}}{\partial t^2}\right)_j^n + O\left(\tau^2 + h^2\right) \\
&= O\left(\tau + h^2\right),
\end{aligned} \tag{3.8}$$

其中 $\left(\dfrac{\partial^2 \tilde{u}}{\partial t^2}\right)^n_j$ 是 $\dfrac{\partial^2 u}{\partial t^2}$ 在矩形 $x_{j-1} < x < x_{j+1}, t_n < t < t_{n+1}$ 中的某点值.

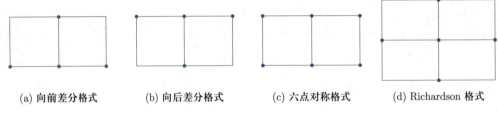

(a) 向前差分格式　　(b) 向后差分格式　　(c) 六点对称格式　　(d) Richardson 格式

图 3.2　网点分布

(二) **向后差分格式**, 即

$$\frac{u_j^{n+1} - u_j^n}{\tau} = a\frac{u_{j+1}^{n+1} - 2u_j^{n+1} + u_{j-1}^{n+1}}{h^2} + f_j, \tag{3.9a}$$

$$u_j^0 = \varphi_j = \varphi(x_j), \quad u_0^n = u_J^n = 0, \tag{3.9b}$$

其中 $j = 1, 2, \cdots, J-1$, $n = 0, 1, \cdots, N-1$. 将 (3.9a) 改写为

$$-ru_{j+1}^{n+1} + (1+2r)u_j^{n+1} - ru_{j-1}^{n+1} = u_j^n + \tau f_j. \tag{3.10}$$

令 $n = 0, 1, 2, \cdots$, 则可利用 u_j^0 和边值确定 u_j^1, 利用 u_j^1 和边值确定 u_j^2, 等等. 现在第 $n+1$ 层的值不能用第 n 层值明显表示, 而是由线性代数方程组 (3.10) 确定, 如此的差分格式称为**隐格式**. 我们指出, (3.10) 左端系数矩阵严格对角占优, 方程总是可解的. 将 (3.9a) 看成是网点 (x_j, t_{n+1}) 处的差分方程, 它所联系的网点分布如图 3.2(b) 所示.

令

$$L_h^{(2)} u_j^n = \frac{u_j^{n+1} - u_j^n}{\tau} - a\frac{u_{j+1}^{n+1} - 2u_j^{n+1} + u_{j-1}^{n+1}}{h^2},$$

则截断误差

$$\begin{aligned} R_j^n(u) &= L_h^{(2)} u(x_j, t_n) - [Lu]_j^n \\ &= -\tau\left(\frac{1}{12r} + \frac{1}{2}\right)\left(\frac{\partial^2 \tilde{u}}{\partial t^2}\right)^n_j + O(\tau^2 + h^2) \\ &= O(\tau + h^2), \end{aligned} \tag{3.11}$$

其中 $\left(\dfrac{\partial^2 \tilde{u}}{\partial t^2}\right)^n_j$ 是 $\dfrac{\partial^2 u}{\partial t^2}$ 在矩形 $x_{j-1} < x < x_{j+1}, t_n < t < t_{n+1}$ 中的某点值.

(三) **六点对称格式 (Crank-Nicolson 格式)**. 将向前差分格式和向后差分格式作算术平均, 即得六点对称格式:

$$\frac{u_j^{n+1} - u_j^n}{\tau} = \frac{a}{2}\left(\frac{u_{j+1}^{n+1} - 2u_j^{n+1} + u_{j-1}^{n+1}}{h^2} + \frac{u_{j+1}^n - 2u_j^n + u_{j-1}^n}{h^2}\right) + f_j, \tag{3.12a}$$

$$u_j^0 = \varphi_j = \varphi(x_j), \quad u_0^n = u_J^n = 0. \tag{3.12b}$$

将 (3.12a) 改写为

$$-\frac{r}{2}u_{j+1}^{n+1} + (1+r)u_j^{n+1} - \frac{r}{2}u_{j-1}^{n+1} = \frac{r}{2}u_{j+1}^n + (1-r)u_j^n + \frac{r}{2}u_{j-1}^n + \tau f_j, \tag{3.13}$$

利用 u_j^0 和边值便可逐层求到 u_j^n. 六点对称格式是隐格式, 由第 n 层计算第 $n+1$ 层时, 需解线性代数方程组 (因系数矩阵严格对角占优, 方程组可唯一求解), 它所联系的网点分布如图 3.2(c) 所示.

令

$$L_h^{(3)}u_j^n = \frac{u_j^{n+1} - u_j^n}{\tau} - \frac{a}{2}\left(\frac{u_{j+1}^{n+1} - 2u_j^{n+1} + u_{j-1}^{n+1}}{h^2} + \frac{u_{j+1}^n - 2u_j^n + u_{j-1}^n}{h^2}\right).$$

将截断误差

$$R_j^n(u) = L_h^{(3)}u(x_j, t_n) - [Lu]_j^n$$

于 $\left(x_j, t_{n+\frac{1}{2}}\right)\left(t_{n+\frac{1}{2}} = \left(n+\frac{1}{2}\right)\tau\right)$ 展开, 则得

$$R_j^n(u) = O\left(\tau^2 + h^2\right). \tag{3.14}$$

(四) **Richardson 格式**, 即

$$\frac{u_j^{n+1} - u_j^{n-1}}{2\tau} = a\frac{u_{j+1}^n - 2u_j^n + u_{j-1}^n}{h^2} + f_j, \tag{3.15}$$

或

$$u_j^{n+1} = 2r\left(u_{j+1}^n - 2u_j^n + u_{j-1}^n\right) + u_j^{n-1} + 2\tau f_j. \tag{3.16}$$

这是三层显式差分格式, 它联系的网点分布如图 3.2(d) 所示. 显然截断误差的阶为 $O\left(\tau^2 + h^2\right)$. 为了计算能够逐层进行, 除初值 u_j^0 外, 还要用到 u_j^1, 这可以用前述二层差分格式计算 (为保证精度, 可将 $[0, \tau]$ 分成若干等份).

除以上四种差分格式外, 还可作出 (例如用待定系数法) 许多逼近 (3.1), (3.3)—(3.4) 解的差分格式, 但并不是每一种差分格式都是可用的. 衡量一个差分格式是否经济实用, 由多方面的因素决定, 主要有:

(1) **计算简单**. 显格式无须解方程组, 计算较隐格式简单. 但隐格式 (3.10) 和 (3.13) 左端系数是与 n 无关的三对角矩阵, 这相当于求解许多具不同右端但有同一三对角系数矩阵的方程组, 用消元法有许多方便. 再考虑到其他因素 (如稳定性), 隐格式也是可用的.

(2) **收敛性和收敛速度**. 当网比 r 固定, 步长 $h \to 0$ 时, 差分解 u_j^n 应收敛到精确解 $u(x_j, t_n)$, 并希望有尽可能快的收敛速度. 差分算子 L_h 的截断误差的无穷小阶反映了

L_h 对微分算子 L 的逼近程度, 因此可以期望, 截断误差的阶越高, 差分解的精度也越高. 六点对称格式和 Richardson 格式截断误差的阶是 $O\left(\tau^2 + h^2\right)$, 而显格式 (3.5) 与隐格式 (3.9a) 是 $O\left(\tau + h^2\right)$, 故从截断误差方面看, 六点对称格式和 Richardson 格式有更大优越性.

(3) **稳定性**. 在计算过程中, 由于初始数据有误差, 并且不可避免地有舍入误差, 因此人们自然关心这些误差传递下去, 是无限增长还是可以被控制? 这便是稳定性问题. 显然, 只有稳定的差分格式才是可用的.

作为例子, 我们考察 Richardson 格式的稳定性. 由前面知道, Richardson 格式是显格式, 截断误差的阶是 $O\left(\tau^2 + h^2\right)$. 但从稳定性方面来看, 它是不可用的. 用 e_j^n 表示 u_j^n 的误差, 假定右端 f_j^n 的计算是精确的, 则 e_j^n 满足与 (3.16) 相应的齐方程:

$$e_j^{n+1} = 2r\left(e_{j+1}^n - 2e_j^n + e_{j-1}^n\right) + e_j^{n-1}. \tag{3.17}$$

设误差只在初始层的原点 $(j = 0)$ 发生, 即 $e_j^0 = \delta_{j0}\varepsilon(\varepsilon > 0; \delta_{00} = 1, \delta_{j0} = 0$ 当 $j \neq 0$ 时), $e_j^{-1} = 0$, 而在以后计算中都是精确的, 则初始误差的传播如表 3.1.

表 3.1 $r = \dfrac{1}{2}$ 时 Richardson 格式的误差传播

n	j								
	-4	-3	-2	-1	0	1	2	3	4
0	0	0	0	0	ε	0	0	0	0
1	0	0	0	ε	-2ε	ε	0	0	0
2	0	0	ε	-4ε	7ε	-4ε	ε	0	0
3	0	ε	-6ε	17ε	-24ε	17ε	-6ε	ε	0
4	ε	-8ε	31ε	-68ε	89ε	-68ε	31ε	-8ε	ε
5	-10ε	49ε	-144ε	273ε	-388ε	273ε	-144ε	49ε	-10ε
6	71ε	-260ε	641ε	$-1\,096\varepsilon$	$1\,311\varepsilon$	$-1\,096\varepsilon$	641ε	-260ε	71ε

从表中看出, 误差随 $n \to \infty$ $(h \to 0)$ 无限增长, 所以差分格式不稳定. 表中的计算虽然是就 $r = \dfrac{1}{2}$ 进行的, 实际上对任何 $r > 0$ 都有类似现象, 所以 Richardson 格式恒不稳定.

如果采用向前差分格式, 并取 $r = \dfrac{1}{2}$, 则误差方程为

$$e_j^{n+1} = \frac{1}{2}\left(e_{j+1}^n + e_{j-1}^n\right). \tag{3.18}$$

此时误差逐渐衰减, 如表 3.2 所示. 显然如此的误差传递是允许的. 若限制 $0 < r \leqslant \dfrac{1}{2}$, 则误差仍然衰减; 但当 $r > \dfrac{1}{2}$ 时, 误差也无限增长, 所以向前差分格式是条件稳定的.

表 **3.2** $r = \dfrac{1}{2}$ 时向前差分格式的误差传播

n	j								
	-4	-3	-2	-1	0	1	2	3	4
0	0	0	0	0	ε	0	0	0	0
1	0	0	0	0.5ε	0	0.5ε	0	0	0
2	0	0	0.25ε	0	0.5ε	0	0.25ε	0	0
3	0	0.125ε	0	0.375ε	0	0.375ε	0	0.125ε	0
4	$0.062\,5\varepsilon$	0	0.25ε	0	0.375ε	0	0.25ε	0	$0.062\,5\varepsilon$

稳定性不仅对控制误差增长是重要的, 而且也和收敛性有关, 因此稳定性理论在数值求解非驻定问题中占有中心地位.

3.1.1　习题

1. (实习题) 就 $r = \dfrac{5}{11}, \dfrac{5}{9}$ 用显格式 3.7 作数值实验, 观察误差的增长规律, 并说明 $r = \dfrac{5}{11}$ 时稳定, $r = \dfrac{5}{9}$ 时不稳定.

2. 将向前差分格式和向后差分格式作加权平均, 得到下列格式:

$$\frac{u_j^{n+1} - u_j^n}{\tau} = \frac{a}{h^2} \left[\theta \left(u_{j+1}^{n+1} - 2u_j^{n+1} + u_{j-1}^{n+1} \right) + (1 - \theta) \left(u_{j+1}^n - 2u_j^n + u_{j-1}^n \right) \right],$$
$$(3.19)$$

其中 $0 \leqslant \theta \leqslant 1$. 试计算其截断误差, 并证明当 $\theta = \dfrac{1}{2} - \dfrac{1}{12r}$ 时, 截断误差的阶最高 $\left(O \left(\tau^2 + h^4 \right) \right)$.

3. 在 Richardson 格式 (3.15) 中以 $u_j^n = \dfrac{1}{2} \left(u_j^{n+1} + u_j^{n-1} \right)$ 代入左端, 便得 Dufort-Frankel 格式:

$$\frac{u_j^{n+1} - u_j^{n-1}}{2\tau} = a \frac{u_{j+1}^n - u_j^{n+1} - u_j^{n-1} + u_{j-1}^n}{h^2}.$$
$$(3.20)$$

试求其截断误差.

4. 设有逼近热传导方程的带权三层差分格式:

$$(1 + \theta) \frac{u_j^{n+1} - u_j^n}{\tau} - \theta \frac{u_j^n - u_j^{n-1}}{\tau} = a \frac{u_{j+1}^{n+1} - 2u_j^{n+1} + u_{j-1}^{n+1}}{h^2},$$
$$(3.21)$$

其中 $\theta \geqslant 0$. 试计算其截断误差, 并证明当 $\theta = \dfrac{1}{2} + \dfrac{1}{12r}$ 时, 截断误差的阶最高 $\left(O \left(\tau^2 + h^4 \right) \right)$.

3.2 稳定性与收敛性

3.2.1 稳定性概念

前节引进的二层差分格式, 均可用矩阵和向量的记号表成

$$AU^{n+1} = BU^n + \tau F, \tag{3.22}$$

其中 $U^n = (u_1^n, u_2^n, \cdots, u_{J-1}^n)^{\mathrm{T}}, F = (f_1, f_2, \cdots, f_{J-1})^{\mathrm{T}}, A$ 和 B 是 $(J-1) \times (J-1)$ 矩阵. 假定 A 有逆, 并令

$$C = A^{-1}B, \tag{3.23}$$

则可将 (3.22) 化为

$$U^{n+1} = CU^n + \tau A^{-1}F, \tag{3.24}$$

其中 C 称为**增长矩阵**.

例如对于向前差分格式, $A = I$((J-1) 阶单位矩阵), $B = (1-2r)I + rS$, 其中

$$S = \begin{bmatrix} 0 & 1 & & & \\ 1 & 0 & & \ddots & \\ & & \ddots & \ddots & \\ & \ddots & \ddots & & 1 \\ & & & 1 & 0 \end{bmatrix}_{(J-1) \times (J-1)}. \tag{3.25}$$

故 $C = (1-2r)I + rS$. 对于向后差分格式, $A = (1+2r)I - rS, B = I$, 故 $C = [(1+2r)I - rS]^{-1}$. 对于六点对称格式, $A = (1+r)I - \frac{r}{2}S, B = (1-r)I + \frac{r}{2}S$, 故 $C = \left[(1+r)I - \frac{r}{2}S\right]^{-1}\left[(1-r) + \frac{r}{2}S\right]$.

至于一般的三层或多层格式, 总可适当引进新变量化成二层格式. 例如 Richardson 格式, 其矩阵形式为

$$U^{n+1} = 2r(S - 2I)U^n + U^{n-1}. \tag{3.26}$$

令 $W^n = (U^n, U^{n-1})^{\mathrm{T}}$, 则化为

$$W^{n+1} = CW^n, \tag{3.27}$$

其中

$$C = \begin{bmatrix} 2r(S - 2I) & I \\ I & O \end{bmatrix}. \tag{3.28}$$

我们仅讨论系数及右端与时间 t 无关的线性抛物型方程, 所以 (3.22) 中的 $\boldsymbol{A}, \boldsymbol{B}$ 和 $\boldsymbol{F}$ 均不依赖 n, 但 $\boldsymbol{A}, \boldsymbol{B}$ 可依赖步长 h 和 τ. 我们要求 h, τ 之间满足一定关系, 设为 $h = g(\tau)$, 其中 $g(\tau)$ 连续且满足 $g(0) = 0$. 于是 $\boldsymbol{A} = \boldsymbol{A}(\tau), \boldsymbol{B} = \boldsymbol{B}(\tau), \boldsymbol{C} = \boldsymbol{C}(\tau)$.

先讨论按初值稳定. 此时 $\boldsymbol{F} = \boldsymbol{0}$,

$$\boldsymbol{U}^{n+1} = \boldsymbol{C}(\tau)\boldsymbol{U}^n = \cdots = [\boldsymbol{C}(\tau)]^{n+1}\boldsymbol{U}^0. \tag{3.29}$$

我们说差分格式 (3.22) **按初值稳定**, 如果存在 $\tau_0 > 0$ 和常数 $K > 0$, 使不等式

$$\left\|\boldsymbol{U}^{n+1}\right\| = \left\|[\boldsymbol{C}(\tau)]^{n+1}\boldsymbol{U}^0\right\| \leqslant K\left\|\boldsymbol{U}^0\right\| \tag{3.30}$$

对一切 $\boldsymbol{U}^0 \in \mathbb{R}^{J-1}, 0 < \tau \leqslant \tau_0$ 和 $0 < n\tau \leqslant T$ 成立. 这里 $\|\cdot\|$ 是 $\mathbb{R}^{J-1}$ 中的某一种范数, 一般取

$$\|\boldsymbol{U}\|^2 = \sum_{j=1}^{J-1} hu_j^2.$$

显然差分格式 (3.22) 按初值稳定, 当且仅当

$$\|\boldsymbol{C}^n(\tau)\| \leqslant K, \quad 0 < \tau \leqslant \tau_0, \quad 0 < n\tau \leqslant T. \tag{3.31}$$

其次讨论按右端稳定. 此时认为初值没有误差, 即 $\boldsymbol{U}^0 = \boldsymbol{0}$. 我们说差分格式 (3.22) **按右端稳定**, 如果存在 $\tau_0 > 0$ 和常数 $K > 0$, 使不等式

$$\left\|\boldsymbol{U}^{n+1}\right\| \leqslant K\|\boldsymbol{F}\|$$

对一切 $0 < \tau \leqslant \tau_0$ 和 $0 < n\tau \leqslant T$ 成立, 其中 $\boldsymbol{U}^n$ 是下列方程的解:

$$\boldsymbol{U}^{n+1} = \boldsymbol{C}(\tau)\boldsymbol{U}^n + \tau\boldsymbol{A}^{-1}\boldsymbol{F}, \quad \boldsymbol{U}^0 = \boldsymbol{0}. \tag{3.32}$$

反复利用递推式 (3.32), 得

$$\begin{aligned}
\boldsymbol{U}^{n+1} &= \boldsymbol{C}(\tau)\boldsymbol{U}^n + \tau\boldsymbol{A}^{-1}\boldsymbol{F} \\
&= \boldsymbol{C}(\tau)\left[\boldsymbol{C}(\tau)\boldsymbol{U}^{n-1} + \tau\boldsymbol{A}^{-1}\boldsymbol{F}\right] + \tau\boldsymbol{A}^{-1}\boldsymbol{F} \\
&= \boldsymbol{C}^2(\tau)\boldsymbol{U}^{n-1} + \tau\boldsymbol{C}(\tau)\boldsymbol{A}^{-1}\boldsymbol{F} + \tau\boldsymbol{A}^{-1}\boldsymbol{F} \\
&= \boldsymbol{C}^2(\tau)\left[\boldsymbol{C}(\tau)\boldsymbol{U}^{n-2} + \tau\boldsymbol{A}^{-1}\boldsymbol{F}\right] + \tau[\boldsymbol{C}(\tau) + \boldsymbol{I}]\boldsymbol{A}^{-1}\boldsymbol{F} \\
&\quad \cdots \\
&= \tau\left[\boldsymbol{C}^n(\tau) + \boldsymbol{C}^{n-1}(\tau) + \cdots + \boldsymbol{C}(\tau) + \boldsymbol{I}\right]\boldsymbol{A}^{-1}\boldsymbol{F}.
\end{aligned}$$

设 $\|\boldsymbol{A}^{-1}\| \leqslant K'$, 又差分格式按初值稳定, 即存在常数 K'' 使 $\|\boldsymbol{C}^n(\tau)\| \leqslant K''$, 则

$$\left\|\boldsymbol{U}^{n+1}\right\| \leqslant \tau(n+1)K'K''\|\boldsymbol{F}\| \leqslant TK'K''\|\boldsymbol{F}\|.$$

取 $K = TK'K''$, 即知格式按右端稳定.

如果右端与时间有关, 即 $\boldsymbol{F} = \boldsymbol{F}^n$, 以上推导仍成立, 只需用 $\sup_n \|\boldsymbol{F}^n\|$ 代替上述不等式右端的 $\|\boldsymbol{F}\|$. 总之, 若 $\|\boldsymbol{A}^{-1}(\tau)\| \leqslant K'$, 则由格式按初值稳定可推出它按右端稳定. 为检验格式按初值稳定, 需检验不等式 (3.31), 即矩阵族

$$\{\boldsymbol{C}^n(\tau) : 0 < \tau \leqslant \tau_0, 0 < n\tau \leqslant T\} \tag{3.33}$$

一致有界. 往后, 我们所述的稳定均指按初值稳定.

3.2.2 判别稳定性的直接估计法 (矩阵法)

判别矩阵族 (3.33) 的一致有界性是一个困难问题, 只在某些特殊情形才能给出解答.

命题 3.1 (必要条件)   以 $\rho(\boldsymbol{C})$ 表示矩阵 $\boldsymbol{C}(\tau)$ 的谱半径, 则差分格式稳定的必要条件是存在与 τ 无关的常数 M 使

$$\rho(\boldsymbol{C}) \leqslant 1 + M\tau \quad (\rho(\boldsymbol{C}) \leqslant 1 + O(\tau)). \tag{3.34}$$

证明   由 (3.31) 知,

$$\rho^n(\boldsymbol{C}) \leqslant \|\boldsymbol{C}^n\| \leqslant K, \quad 0 < n \leqslant \frac{T}{\tau}, \quad 0 < \tau \leqslant \tau_0.$$

不妨设 $K > 1$, 并取 $n = \left[\dfrac{T}{\tau}\right] \left(\left[\dfrac{T}{\tau}\right]$ 表示 $\dfrac{T}{\tau}$ 的整数部分$\right)$, 则

$$\rho(\boldsymbol{C}) \leqslant K^{\frac{1}{n}} \leqslant K^{\frac{\tau}{T-\tau}} = \mathrm{e}^{\frac{\tau}{T-\tau}\ln K} \leqslant \mathrm{e}^{\frac{\ln K}{T-\tau_0}\tau} = 1 + O(\tau). \qquad \square$$

命题 3.2 (充分条件)   若 $\boldsymbol{C}(\tau)$ 是正规矩阵, 即 $\boldsymbol{C}$ 和它的共轭转置 $\boldsymbol{C}^*$ 乘积可交换: $\boldsymbol{C}\boldsymbol{C}^* = \boldsymbol{C}^*\boldsymbol{C}$, 则 (3.34) 也是差分格式稳定的充分条件.

证明   因为此时 $\|\boldsymbol{C}(\tau)\| = \rho(\boldsymbol{C})$, 由 (3.34),

$$\|\boldsymbol{C}^n(\tau)\| \leqslant \|\boldsymbol{C}(\tau)\|^n = \rho^n(\boldsymbol{C}) \leqslant (1 + M\tau)^n$$
$$\leqslant (1 + M\tau)^{\frac{T}{\tau}} \leqslant K < \infty. \qquad \square$$

推论 3.1   若 $\boldsymbol{S}$ 是对称矩阵, $\boldsymbol{C}(\tau)$ 是矩阵 $\boldsymbol{S}$ 的实系数有理函数: $\boldsymbol{C}(\tau) = R(\boldsymbol{S})$, 则差分格式稳定的充要条件是

$$\max_j \left| R\left(\lambda_j^S\right) \right| \leqslant 1 + M\tau,$$

其中 λ_j^S 是 $\boldsymbol{S}$ 的特征值.

注意 $R(\boldsymbol{S})$ 是实数和矩阵 $\boldsymbol{S}$ 的四则运算, 因此矩阵 $\boldsymbol{C}(\tau)$ 也对称, 其特征值是 $R(\lambda_j^S)$. 特别地, 当 $\boldsymbol{S}$ 是形如 (3.25) 的矩阵时, 其特征值

$$\lambda_j^S = 2\cos j\pi h, \quad j = 1, 2, \cdots, J-1, \quad h = \frac{l}{J},$$

特征向量 $\boldsymbol{U}^j$ 的分量 $u_k^j = \sin jk\pi h, k = 1, 2, \cdots, J-1.$

例 3.1 对向前差分格式 (以下设 (3.4) 中的 $l = 1$), $\boldsymbol{C} = (1-2r)\boldsymbol{I} + r\boldsymbol{S}$,

$$\lambda_j^C = 1 - 2r + 2r\cos j\pi h = 1 - 4r\sin^2\frac{j\pi h}{2}.$$

为使 $|\lambda_j^C| \leqslant 1 + M\tau$ 或

$$-1 - M\tau \leqslant \lambda_j^C = 1 - 4r\sin^2\frac{j\pi h}{2} \leqslant 1 + M\tau,$$

必须且只需

$$4r\sin^2\frac{j\pi h}{2} \leqslant 2 + M\tau, \quad j = 1, 2, \cdots, J-1,$$

从而 $4r \leqslant 2, r \leqslant \frac{1}{2}$. 所以向前差分格式当 $r \leqslant \frac{1}{2}$ 时稳定, 当 $r > \frac{1}{2}$ 时不稳定.

例 3.2 对向后差分格式, $\boldsymbol{C} = [(1+2r)\boldsymbol{I} - r\boldsymbol{S}]^{-1}$,

$$\lambda_j^C = [(1+2r) - 2r\cos j\pi h]^{-1} = [1 + 2r(1 - \cos j\pi h)]^{-1} \leqslant 1,$$

故对任何 $r > 0$ 稳定, 即**恒稳定**或**绝对稳定**.

例 3.3 对六点对称格式,

$$\boldsymbol{C} = \left[(1+r)\boldsymbol{I} - \frac{r}{2}\boldsymbol{S}\right]^{-1}\left[(1-r)\boldsymbol{I} + \frac{r}{2}\boldsymbol{S}\right],$$

$$\lambda_j^C = \frac{1 - 2r\sin^2\dfrac{j\pi h}{2}}{1 + 2r\sin^2\dfrac{j\pi h}{2}}, \quad j = 1, 2, \cdots, J-1,$$

故对任何 $r > 0$ 有 $|\lambda_j^C| \leqslant 1$, 因此六点对称格式恒稳定.

例 3.4 对 Richardson 格式,

$$\boldsymbol{C} = \begin{bmatrix} 2r(\boldsymbol{S} - 2\boldsymbol{I}) & \boldsymbol{I} \\ \boldsymbol{I} & \boldsymbol{O} \end{bmatrix}$$

是对称矩阵. 设 λ 为 $\boldsymbol{C}$ 的特征值, $\boldsymbol{W} = (\boldsymbol{\omega}_1, \boldsymbol{\omega}_2)^{\mathrm{T}}$ 为相应的特征向量, 即 $\boldsymbol{C}\boldsymbol{W} = \lambda\boldsymbol{W}$, 或

$$2r(\boldsymbol{S} - 2\boldsymbol{I})\boldsymbol{\omega}_1 + \boldsymbol{\omega}_2 = \lambda\boldsymbol{\omega}_1, \quad \boldsymbol{\omega}_1 = \lambda\boldsymbol{\omega}_2.$$

显然 $\boldsymbol{\omega}_2 \neq \boldsymbol{0}$. 利用第二方程消去 $\boldsymbol{\omega}_1$, 得

$$2\lambda r(\boldsymbol{S} - 2\boldsymbol{I})\boldsymbol{\omega}_2 + \boldsymbol{\omega}_2 = \lambda^2\boldsymbol{\omega}_2,$$

从而

$$S\boldsymbol{\omega}_2 = \left(2 + \frac{\lambda}{2r} - \frac{1}{2\lambda r}\right)\boldsymbol{\omega}_2.$$

可见 $\mu = 2 + \dfrac{\lambda}{2r} - \dfrac{1}{2\lambda r}$ 是 S 的特征值. 于是 λ 满足方程

$$\lambda^2 + 2r(2 - \mu)\lambda - 1 = 0 \quad (\mu = 2\cos j\pi h),$$

或

$$\lambda^2 + \left(8r\sin^2\frac{j\pi h}{2}\right)\lambda - 1 = 0.$$

其根的按模最大值

$$\max_j\left\{\left|\lambda_1^j\right|, \left|\lambda_2^j\right|\right\} = \max_j\left\{\left|4r\sin^2\frac{j\pi h}{2} + \sqrt{16r^2\sin^4\frac{j\pi h}{2} + 1}\right|\right\}$$

$$> r + \sqrt{1 + r^2} > 1 + r, \quad \text{对任意 } r > 0,$$

所以 Richardson 格式恒不稳定.

例 3.5 带第二边值条件的向前差分格式:

$$u_j^{n+1} = ru_{j+1}^n + (1 - 2r)u_j^n + u_{j-1}^n, \quad j = 1, 2, \cdots, J - 1, \tag{3.35a}$$

$$u_0^n = 0, \quad u_J^n = u_{J-1}^n, \tag{3.35b}$$

其中 $u_J^n = u_{J-1}^n$ 是第二边值条件 $u_x(1, t) = 0$ 的差分近似. 利用 (3.35b) 消去 (3.35a) 中的 u_0^n, u_J^n, 则知增长矩阵

$$C = \begin{bmatrix} 1 - 2r & r & & & \\ r & 1 - 2r & r & & \\ & \ddots & \ddots & \ddots & \\ & & r & 1 - 2r & r \\ & & & r & 1 - r \end{bmatrix} = I - rD,$$

其中

$$D = \begin{bmatrix} 2 & -1 & & & \\ -1 & 2 & -1 & & \\ & \ddots & \ddots & \ddots & \\ & & -1 & 2 & -1 \\ & & & -1 & 1 \end{bmatrix}$$

是对称矩阵, 其特征值 λ 是实数. 求 D 的特征值等同于解下列差分算子的特征问题:

$$l_h u_j = -(u_{j+1} + u_{j-1}) = (\lambda - 2)u_j, \quad j = 1, 2, \cdots, J - 1, \quad u_0 = 0, \quad u_J = u_{J-1}.$$

以 $u_j = z^j$ 代入上式, 得 $z^2 + (\lambda - 2)z + 1 = 0$, 其解

$$z_1, z_2 = \frac{1}{2}\left(2 - \lambda \pm \sqrt{\lambda^2 - 4\lambda}\right).$$

为使解满足左边值条件, 它的二根 z_1, z_2 不能是实的, 而是一对共轭复根 $z_1 = \bar{z}_2 = \mathrm{e}^{\mathrm{i}\theta}$, 且 $\cos\theta = 1 - \dfrac{\lambda}{2}, \sin\theta = \dfrac{\sqrt{4\lambda - \lambda^2}}{2}$. 一般解为 $u_j = c_1\cos j\theta + c_2\sin j\theta$. 由边值条件 $u_0 = 0, u_J = u_{J-1}$ 知 $c_1 = 0, \sin J\theta = \sin(J-1)\theta$, 从而 $\theta = \dfrac{(2j-1)\pi}{2J-1}$, $\boldsymbol{D}$ 的特征值为 $\lambda = 2 - 2\cos\theta$, 即

$$\begin{aligned} \lambda_j &= 2 - 2\cos\frac{(2j-1)\pi}{2J-1}, \\ &= 4\sin^2\frac{(2j-1)\pi}{2(2J-1)\pi}, \quad j = 1, 2, \cdots, J-1. \end{aligned}$$

所以 $\boldsymbol{C}$ 的特征值

$$\lambda_j^C = 1 - 4r\sin^2\frac{2j-1}{2(2J-1)}\pi, \quad j = 1, 2, \cdots, J-1.$$

为使 $\left|\lambda_j^C\right| \leqslant 1$ 必须且只需 $r \leqslant \dfrac{1}{2}$. 又因 $\boldsymbol{C}$ 对称, 故格式 (3.35a) (3.35b) 的稳定条件是 $r \leqslant \dfrac{1}{2}$.

3.2.3 收敛性与敛速估计

考虑热传导方程的初边值问题:

$$\begin{cases} Lu = \dfrac{\partial u}{\partial t} - a\dfrac{\partial^2 u}{\partial x^2} = f(x), & 0 < x < l, \quad 0 < t \leqslant T, \\ u(x,0) = \varphi(x), & u(0,t) = u(l,t) = 0. \end{cases} \tag{3.36}$$

相应的差分格式为

$$\begin{cases} L_h u_j^n = f_j, & j = 1, 2, \cdots, J-1, \quad n = 0, 1, \cdots, N-1, \\ u_j^0 = \varphi_j, & u_0^n = u_J^n = 0. \end{cases} \tag{3.37}$$

其向量形式如 (3.24).

差分逼近的截断误差

$$R_j^n(u) = L_h u(x_j, t_n) - [Lu]_j^n, \tag{3.38}$$

$u(x,t)$ 是 $0 \leqslant x \leqslant l, 0 \leqslant t \leqslant T$ 上的任一充分光滑函数. 称差分算子 L_h 是边值问题 (3.36) 的**相容逼近**, 如果相容条件

$$\lim_{\tau \to 0} \|\boldsymbol{R}^n\| = 0 \quad (\|\boldsymbol{R}^n\| = o(1)) \tag{3.39}$$

成立, 其中 $\boldsymbol{R}^n$ 是分量为 $R_j^n(u)$ 的向量, $\|\cdot\|$ 是 $\mathbb{R}^{J-1}$ 中的范数 (参看 (2.11)—(2.14)).

先对差分解作出某种估计. 将 (3.37) 的解分解为 $u_j^n = v_j^n + w_j^n$, 其中 v_j^n 满足零初值和非齐右端方程:

$$V^{n+1} = C(\tau)V^n + \tau A^{-1}F \quad (V^0 = 0),$$

而 w_j^n 满足非零初值和齐右端方程:

$$W^{n+1} = C(\tau)W^n \quad (W^0 = U^0),$$

其中 V^n, W^n 依次为以 v_j^n, w_j^n 为分量的向量. 若差分格式按初值稳定, 则亦按右端稳定, 于是有常数 K_1 和 K_2, 使

$$\|V^n\| \leqslant K_1\|F\|, \|W^n\| \leqslant K_2\|W^0\| = K_2\|U^0\|.$$

这样

$$\|U^n\| \leqslant K\left(\|U^0\| + \|F\|\right), \quad K = \max\{K_1, K_2\}. \tag{3.40}$$

现在估计差分解的误差. 设 $u(x,t)$ 是热传导方程 (3.36) 的解, u_j^n 是差分方程 (3.37) 的解. 误差 $e_j^n = u(x_j, t_n) - u_j^n = [u]_j^n - u_j^n$. 我们有

$$R_j^n(u) = L_h[u]_j^n - [Lu]_j^n = L_h[u]_j^n - f_j$$
$$= L_h[u]_j^n - L_h u_j^n = L_h e_j^n,$$

即误差 e_j^n 满足差分方程:

$$L_h e_j^n = R_j^n(u), \quad e_j^0 = 0, \quad j = 1, 2, \cdots, J-1.$$

由 (3.24) 知其向量形式为

$$E^{n+1} - C(\tau)E^n + \tau A^{-1}R^n,$$

这里 E^n, R^n 依次为以 e_j^n, R_j^n 为分量的向量. 由估计式 (3.40) 得

$$\|E^n\| \leqslant K \sup_n \|R^n\|. \tag{3.41}$$

若相容条件 (3.39) 成立, 则

$$\lim_{\tau \to 0} \|E^n\| = \lim_{\tau \to 0} \|u^n - U^n\| = 0,$$

其中 u^n 表示以 $u(x_j, t_n)$ 为分量的向量. 这证明了如下

定理 3.1 若差分方程满足相容条件且按初值稳定, 则差分解收敛到热传导方程的解且有误差估计式 (3.41).

推论 3.2 当网比 $r \leqslant \dfrac{1}{2}$ 时, 向前差分格式的解有收敛阶 $O\left(\tau + h^2\right)$. 对任何网比 $r > 0$, 向后差分格式的解有收敛阶 $O\left(\tau + h^2\right)$, 六点对称格式的解有收敛阶 $O\left(\tau^2 + h^2\right)$.

注 3.1　实际上, 定理 3.1 及其证明对更一般的非驻定偏微分方程和差分格式也成立 (参见 [28] 的第 3 章).

3.2.4　习题

1. 求证差分格式 (3.19) 当 $\frac{1}{2} \leqslant \theta \leqslant 1$ 时恒稳定, 当 $0 \leqslant \theta < \frac{1}{2}$ 时稳定的充要条件是

$$r \leqslant \frac{1 - 2\theta}{2}.$$

2. 证明如下格式恒稳定:

$$\frac{1}{12}\frac{u_{j+1}^{n+1} - u_{j+1}^n}{\tau} + \frac{5}{6}\frac{u_j^{n+1} - u_j^n}{\tau} + \frac{1}{12}\frac{u_{j-1}^{n+1} - u_{j-1}^n}{\tau}$$
$$= a\frac{u_{j+1}^{n+1} - 2u_j^{n+1} + u_{j-1}^{n+1} + u_{j+1}^n - 2u_j^n + u_{j-1}^n}{2h^2} \quad (a > 0). \tag{3.42}$$

3.3　Fourier 方法

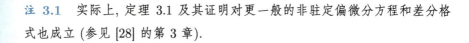

前节介绍的判别稳定性的直接估计法, 原则上可用于一般非驻定问题, 但只在某些简单情形才能估计矩阵族 $C^n(\tau)$ 的范数, 这里遇到的主要困难之一是矩阵 $C(\tau)$ 的阶 $(J-1)$ 随 $\tau \to 0$ 而无限增大. 本节仅限于讨论常系数线性非驻定方程的纯初值问题和带周期边值条件的混合问题, 此时可用 Fourier 方法 (Fourier 积分和 Fourier 级数) 将空间变量和时间变量分离, 从而将差分方程的稳定性归结为有限阶矩阵族的一致有界性.

先考虑线性常系数一维抛物型方程, 具初值和周期 (设周期为 l) 边值条件. 逼近它的二层差分方程的一般形式为

$$\sum_{m \in \mathcal{N}_1} a_m u_{j+m}^{n+1} = \sum_{m \in \mathcal{N}_0} b_m u_{j+m}^n, \quad j = 0, 1, \cdots, J-1 \tag{3.43}$$

(只考虑按初值稳定, 故可设非齐项等于零). 这是在空间网点 x_j 处的差分方程, $\mathcal{N}_0$ 和 $\mathcal{N}_1$ 是包含 0 及其附近的正负整数的有限集合, a_m 和 b_m 不依赖 j 但可能和 τ 有关. 例如对向前差分格式

$$u_j^{n+1} = ru_{j+1}^n + (1-2r)u_j^n + ru_{j-1}^n,$$

$$\mathcal{N}_0 = \{-1, 0, 1\}, \quad \mathcal{N}_1 = \{0\}, \quad b_{-1} = b_1 = r, \quad b_0 = 1 - 2r, \quad a_0 = 1.$$

对向后差分格式

$$-ru_{j+1}^{n+1} + (1+2r)u_j^{n+1} - ru_{j-1}^{n+1} = u_j^n,$$

$$\mathscr{N}_0 = \{0\}, \quad \mathscr{N}_1 = \{-1,0,1\}, \quad b_0 = 1, \quad a_{-1} = a_1 = -r, \quad a_0 = 1+2r.$$

对六点对称格式

$$-\frac{r}{2}u_{j+1}^{n+1} + (1+r)u_j^{n+1} - \frac{r}{2}u_{j-1}^{n+1} = \frac{r}{2}u_{j+1}^n + (1-r)u_j^n + \frac{r}{2}u_{j-1}^n,$$

$$\mathscr{N}_0 = \mathscr{N}_1 = \{-1,0,1\}, \quad b_{-1} = b_1 = \frac{r}{2}, \quad b_0 = 1-r, \quad a_{-1} = a_1 = -\frac{r}{2}, \quad a_0 = 1+r.$$

由于是周期边值条件 $(u_0^n = u_J^n)$, 故可将 u_j^n 周期开拓使其对一切 $j = 0, \pm 1, \cdots$ 有意义, 且方程 (3.43) 对所有整数 j 成立. 为了应用 Fourier 方法, 我们再将 $u_j^n = u^n(x_j)$ 开拓为 $(-\infty, \infty)$ 上的 $u^n(x)$. 为此, 取半整数点 $x_{j+\frac{1}{2}} = x_j + \frac{1}{2}h, j = 0, \pm 1, \cdots$, 并用如下阶梯函数逼近初始函数 $\varphi(x)$:

$$u^0(x) = \varphi(x_j), \quad x_{j-\frac{1}{2}} < x < x_{j+\frac{1}{2}},$$

其中 $j = 0, \pm 1, \cdots$. 再将 (3.43) 看成在任一 $x_j = x \in (-\infty, \infty)$ 成立, 则得具连续变量的差分解 $u^n(x)$. 显然 $u^n(x)$ 仍是 x 的周期函数 (周期为 l), 且

$$u^n(x) = u_j^n, \quad x_{j-\frac{1}{2}} < x < x_{j+\frac{1}{2}},$$

其中 $j = 0, \pm 1, \cdots$. 显然 $u^n(x)$ 于 $(0,l)$ 平方可积, 因此属于空间 $L^2(0,l)$, 其范数

$$\|u^n\|_{L^2}^2 = \int_0^l |u^n(x)|^2 \,\mathrm{d}x.$$

此外还有

$$\|U^n\|^2 = \sum_{j=0}^{J-1} h\left(u_j^n\right)^2 = \sum_{j=1}^{J-1} h\left(u_j^n\right)^2 + \frac{h}{2}\left\{(u_0^n)^2 + (u_N^n)^2\right\}$$
$$= \int_0^l |u^n(x)|^2 \,\mathrm{d}x = \|u^n(x)\|_{L^2}^2.$$

这样, 我们就可将 Fourier 方法用于具连续空间变量的差分方程

$$\sum_{m\in\mathscr{N}_1} a_m u^{n+1}(x+x_m) = \sum_{m\in\mathscr{N}_0} b_m u^n(x+x_m). \tag{3.44}$$

将 $u^n(x)$ 展成 Fourier 级数:

$$u^n(x) = \sum_{p=-\infty}^{\infty} v_p^n \exp\left(\mathrm{i}\frac{2p\pi}{l}x\right), \tag{3.45}$$

$$v_p^n = \frac{1}{l}\int_0^l u^n(x)\exp\left(-\mathrm{i}\frac{2p\pi}{l}x\right)\mathrm{d}x, \quad p = 0, \pm 1, \cdots. \tag{3.46}$$

人物简介 我们有 Parseval 等式:

$$\|u^n(x)\|_{L^2}^2 = l \sum_{p=-\infty}^{\infty} |v_p^n|^2. \tag{3.47}$$

把 (3.45) 代到 (3.44), 得

$$\sum_{p=-\infty}^{\infty} v_p^{n+1} \left[\sum_{m \in \mathscr{N}_1} a_m \exp\left(\mathrm{i}\frac{2p\pi}{l}x_m\right) \right] \exp\left(\mathrm{i}\frac{2p\pi}{l}x\right)$$
$$= \sum_{p=-\infty}^{\infty} v_p^n \left[\sum_{m \in \mathscr{N}_0} b_m \exp\left(\mathrm{i}\frac{2p\pi}{l}x_m\right) \right] \exp\left(\mathrm{i}\frac{2p\pi}{l}x\right). \tag{3.48}$$

比较对应项的系数, 得

$$v_p^{n+1} = G(ph, \tau)v_p^n, \tag{3.49}$$

其中

$$G(ph, \tau) = \left[\sum_{m \in \mathscr{N}_1} a_m \exp\left(\mathrm{i}\frac{2m\pi}{l}ph\right) \right]^{-1} \left[\sum_{m \in \mathscr{N}_0} b_m \exp\left(\mathrm{i}\frac{2m\pi}{l}ph\right) \right]. \tag{3.50}$$

将 (3.49) 代到 (3.47), 则

$$\|u^n(x)\|_{L^2}^2 = l \sum_{p=-\infty}^{\infty} \left|G(ph, \tau)v_p^{n-1}\right|^2 = l \sum_{p=-\infty}^{\infty} \left|G^n(ph, \tau)v_p^0\right|^2. \tag{3.51}$$

若差分格式稳定, 则有常数 $K > 0$ 使

$$\|u^n(x)\|_{L^2}^2 = l \sum_{p=-\infty}^{\infty} \left|G^n(ph, \tau)v_p^0\right|^2 \leqslant lK^2 \left\|u^0(x)\right\|_{L^2}^2.$$

由于阶梯函数类 $\{u^0(x)\}$ 于 $L^2(0, l)$ 稠密, 取 $u^0(x)$ 使 $\|u^0(x)\|_{L^2} = 1$, 其 Fourier 系数 $v_p^0 = 1, v_q^0 = 0 \ (q \neq p)$, 则由上式得

$$|G^n(ph, \tau)| \leqslant K, \quad 0 < \tau \leqslant \tau_0, \quad 0 < n\tau \leqslant T, \tag{3.52}$$

即 $G^n(ph, \tau)$ 一致有界. 反之, 若 $G^n(ph, \tau)$ 一致有界, 则由 (3.51) 得

$$\|u^n(x)\|_{L^2}^2 \leqslant K^2 l \sum_{p=-\infty}^{\infty} \left|v_p^0\right|^2 = K^2 \left\|u^0(x)\right\|_{L^2}^2, \tag{3.53}$$

从而差分格式按初值稳定.

往后我们称 $G(ph, \tau)$ 为**增长因子** (amplification factor). 不妨设 $K \geqslant 1$. 显然不等式 (3.52) 又等价于 $|G(ph, \tau)| \leqslant K^{\frac{1}{n}}$, 取 $n = \left[\dfrac{T}{\tau}\right]$ (取整数部分), 则 $\dfrac{1}{n} \leqslant \dfrac{\tau}{T-\tau}$, 所以 $|G(ph, \tau)| \leqslant K^{\frac{\tau}{T-\tau}} \leqslant \exp\left(\dfrac{\tau}{T-\tau}\ln K\right)$, 于是

$$|G(ph, \tau)| \leqslant 1 + M\tau. \tag{3.54}$$

上式也称为 von Neumann 条件. 综合上述, 我们得

命题 3.3 差分格式 (3.43) 稳定 $\Longleftrightarrow$ $G^n(ph,\tau)$ 一致有界 $\Longleftrightarrow$ von Neumann 条件 (3.54) 成立.

注 3.2 注意 (3.50) 中 $ph=x_p$ 是空间网点, $G(x_p,\tau)$ 关于 x_p,τ 连续, 关于 x_p 是以 l 为周期的函数, 所以只需就 $p=0,1,\cdots,J-1$ 研究 $G^n(x_p,\tau)$ 的一致有界性, 此时 $0=x_0<x_1<\cdots<x_{J-1}<l$.

注 3.3 增长因子的计算. 以 Fourier 展式 (3.45) 的通项

$$v^n \exp(i\alpha x_j) \quad \left(\alpha = \frac{2p\pi}{l}\right) \tag{3.55}$$

代到 (3.43) 两端, 得

$$v^{n+1} \sum_{m\in\mathscr{N}_1} a_m \exp(i\alpha x_{m+j}) = v^n \sum_{m\in\mathscr{N}_0} b_m \exp(i\alpha x_{m+j}).$$

消去公因子 $e^{i\alpha x_j}$, 即得

$$v^{n+1} = \left[\sum_{m\in\mathscr{N}_1} a_m \exp(i\alpha x_m)\right]^{-1} \left[\sum_{m\in\mathscr{N}_0} b_m \exp(i\alpha x_m)\right] v^n.$$

v^n 前面的因子就是增长因子 $G(ph,\tau)$ (参看 (3.50)).

注 3.4 如果求解的是纯初值问题, 则需用 Fourier 积分

$$u^n(x) = \frac{1}{\sqrt{2\pi}} \int_{-\infty}^{\infty} v^n(s) e^{ixs} ds \tag{3.56}$$

代替 Fourier 级数 (3.45). 为使 (3.56) 有意义, 应要求初值 $\varphi(x)\in L^2(-\infty,\infty)$. 计算增长因子的方法如注 3.3, 不再详述.

例 3.6 考虑向前差分格式

$$u_j^{n+1} = ru_{j+1}^n + (1-2r)u_j^n + ru_{j-1}^n,$$

以 $u_j^n = v^n e^{i\alpha jh}$ 代入, 得

$$v^{n+1}e^{i\alpha jh} = \left(re^{i\alpha(j+1)h} + (1-2r)e^{i\alpha jh} + re^{i\alpha(j-1)h}\right)v^n.$$

消去 $e^{i\alpha jh}$, 则知增长因子

$$G(x_p,\tau) = (1-2r) + r\left(e^{i\alpha h} + e^{-i\alpha h}\right)$$
$$= 1 - 2r(1-\cos\alpha h)$$
$$= 1 - 4r\sin^2\frac{\alpha h}{2}.$$

由于 $\dfrac{\alpha h}{2}\left(=\dfrac{\pi p h}{l}\right)$ 在 $[0,\pi]$ 中分布稠密 (随 $h\to 0$), 为使 $G\left(x_p,\tau\right)$ 满足 von Neumann 条件, 必须且只需网比 $r\leqslant\dfrac{1}{2}$ (见 3.2 节例 3.1), 所以向前差分格式的稳定条件是 $r\leqslant\dfrac{1}{2}$.

注 3.5   Fourier 方法同样可以分析差分方程组的稳定性. 设差分方程组形如

$$\sum_{m\in\mathscr{N}_1}\boldsymbol{A}_m\boldsymbol{U}^{n+1}_{j+m}=\sum_{m\in\mathscr{N}_0}\boldsymbol{B}_m\boldsymbol{U}^n_{j+m}, \tag{3.57}$$

其中 $\boldsymbol{A}_m,\boldsymbol{B}_m$ 是 $s\times s$ 方阵, 一般依赖步长 τ, 但和 j 无关; $\boldsymbol{U}^n_j$ 是 s 维列向量, 其分量为 $u^n_{1j},u^n_{2j},\cdots,u^n_{sj}$. 像方程式的情形一样, 将 $\boldsymbol{U}^n_j$ 开拓为连续变量的周期函数 $\boldsymbol{U}^n(x)=(u^n_1(x),u^n_2(x),\cdots,u^n_s(x))^{\mathrm{T}}$, 并将它展成 Fourier 级数

$$\boldsymbol{U}^n(x)=\sum_{p=-\infty}^{\infty}\boldsymbol{V}^n_p\exp\left(\mathrm{i}\frac{2p\pi}{l}x\right),$$

将其代入 (3.57), 比较相应项的系数, 则得 s 阶矩阵

$$\boldsymbol{G}\left(x_p,\tau\right)=\left[\sum_{m\in\mathscr{N}_1}\boldsymbol{A}_m\exp\left(\mathrm{i}\frac{2m\pi}{l}x_p\right)\right]^{-1}\left[\sum_{m\in\mathscr{N}_0}\boldsymbol{B}_m\exp\left(\mathrm{i}\frac{2m\pi}{l}x_p\right)\right], \tag{3.58}$$

称其为增长矩阵. 计算增长矩阵的方法跟以前一样, 以通项

$$\boldsymbol{V}^n\exp\left(\mathrm{i}\alpha x_j\right)\quad\left(\alpha=\frac{2p\pi}{l}\right) \tag{3.59}$$

代到方程 (3.57), 消去共同因子 $\exp\left(\mathrm{i}\alpha x_j\right)$, 则得

$$\boldsymbol{V}^{n+1}=\boldsymbol{G}\left(x_p,\tau\right)\boldsymbol{V}^n, \tag{3.60}$$

其中 $\boldsymbol{G}\left(x_p,\tau\right)$ 就是形如 (3.58) 的增长矩阵.

与前面类似地有

命题 3.4   差分格式 (3.57) 稳定的充要条件是矩阵族

$$\{\boldsymbol{G}^n\left(x_p,\tau\right):0<\tau\leqslant\tau_0,0<n\tau\leqslant T,p=0,1,\cdots,J-1\} \tag{3.61}$$

一致有界.

命题 3.5   矩阵族 (3.61) 一致有界的必要条件是 $\boldsymbol{G}\left(x_p,\tau\right)$ 的谱半径

$$\rho(\boldsymbol{G})\leqslant 1+O(\tau), \tag{3.62}$$

即 von Neumann 条件成立.

例 3.7   将 Richardson 格式写成等价的方程组:

$$\begin{cases} u_j^{n+1} = 2r\left(u_{j+1}^n - 2u_j^n + u_{j-1}^n\right) + w_j^n, \\ w_j^{n+1} = u_j^n. \end{cases} \tag{3.63}$$

以 $u_j^n = v_1^n \mathrm{e}^{\mathrm{i}\alpha x_j}, w_j^n = v_2^n \mathrm{e}^{\mathrm{i}\alpha x_j}$ 代入, 并消去公因子, 得

$$\begin{cases} v_1^{n+1} = 4r(\cos\alpha h - 1)v_1^n + v_2^n, \\ v_2^{n+1} = v_1^n. \end{cases} \tag{3.64}$$

显然增长矩阵

$$\boldsymbol{G}(\alpha h) = \begin{bmatrix} -8r\sin^2\dfrac{\alpha h}{2} & 1 \\ 1 & 0 \end{bmatrix}.$$

由 3.2 节例 3.4 的计算结果, 知 $\boldsymbol{G}(\alpha h)$ 的谱半径对任意 $r > 0$ 不满足 von Neumann 条件, 故 Richardson 格式恒不稳定.

注 3.6 Fourier 方法也可用于多维差分格式, 求解域或为全空间 (纯初值问题), 或为超长方体 (周期边值条件). 作为例子, 考虑二维热传导方程的初边值问题

$$\begin{cases} \dfrac{\partial u}{\partial t} = a\left(\dfrac{\partial^2 u}{\partial x^2} + \dfrac{\partial^2 u}{\partial y^2}\right), & 0 < x, y < l(a > 0), \\ u(x, y, 0) = \varphi(x, y), \\ u(0, y, t) = u(l, y, t) = 0, \quad u(x, 0, t) = u(x, l, t) = 0. \end{cases} \tag{3.65}$$

取步长 $h = \dfrac{l}{J}, \tau = \dfrac{T}{N}$, 用两族平行线 $x = x_j = jh, y = y_k = kh$ 将求解域分划成矩形网格, 网点为 $(x_j, y_k, t_n)\,(t_n = n\tau)$. 引进二阶差分算子

$$\delta_x^2 u_{jk}^n = u_{j+1,k}^n - 2u_{j,k}^n + u_{j-1,k}^n,$$

$$\delta_y^2 u_{jk}^n = u_{j,k+1}^n - 2u_{j,k}^n + u_{j,k-1}^n,$$

作逼近 (3.65) 的向前差分格式

$$\frac{u_{jk}^{n+1} - u_{jk}^n}{\tau} = \frac{a}{h^2}\left(\delta_x^2 u_{jk}^n + \delta_y^2 u_{jk}^n\right), \tag{3.66}$$

向后差分格式

$$\frac{u_{jk}^{n+1} - u_{jk}^n}{\tau} = \frac{a}{h^2}\left(\delta_x^2 u_{jk}^{n+1} + \delta_y^2 u_{jk}^{n+1}\right) \tag{3.67}$$

和 Crank-Nicolson 格式

$$\frac{u_{jk}^{n+1} - u_{jk}^n}{\tau} = \frac{a}{2h^2}\left(\delta_x^2 u_{jk}^{n+1} + \delta_x^2 u_{jk}^n + \delta_y^2 u_{jk}^{n+1} + \delta_y^2 u_{jk}^n\right). \tag{3.68}$$

它们的截断误差的阶依次为 $O\left(\tau + h^2\right), O\left(\tau + h^2\right)$ 和 $O\left(\tau^2 + h^2\right)$.

现在研究 (3.66) 的稳定性. 取通项

$$u_{jk}^n = v^n \exp\left(\mathrm{i}\left(\alpha x_j + \beta y_k\right)\right), \quad \alpha = \frac{2\pi p}{l}, \quad \beta = \frac{2\pi q}{l},$$

代到 (3.66) 两端并消去公因子, 得

$$v^{n+1} = \left(1 - 4r\sin^2\frac{\alpha h}{2} - 4r\sin^2\frac{\beta h}{2}\right)v^n \quad \left(r = \frac{a\tau}{h^2}\right),$$

从而增长因子

$$G = G(\alpha h, \beta h) = 1 - 4r\left(\sin^2\frac{\alpha h}{2} + \sin^2\frac{\beta h}{2}\right).$$

为使 $|G| = 1 + O(\tau)$, 必须且只需 $r \leqslant \dfrac{1}{4}$. 由此可见, 随着维数的增加, 对网比的限制更严了.

用同样的方法可证隐格式 (3.67) 和 (3.68) 恒稳定. 逐层计算需要求解形如

$$u_{jk}^{n+1} - c\left(\delta_x^2 u_{jk}^{n+1} + \delta_y^2 u_{jk}^{n+1}\right) = f\left(u_{jk}^n\right) \tag{3.69}$$

的方程 (对 (3.67), $c = r$; 对 (3.68), $c = \dfrac{r}{2}$), 虽然第 2 章的方法仍可以采用, 但计算量明显增加了.

3.3.1　习题

1. 用 Fourier 方法给出差分格式 (3.19) 的稳定条件.
2. 证明格式 (3.67) 和 (3.68) 恒稳定.

*3.4　判别差分格式稳定性的代数准则

由命题 3.4 知道, 差分格式的稳定性归结为矩阵族 (3.61) 的一致有界性. 当增长矩阵 $\boldsymbol{G}$ 的阶 $s = 1$ 时, $\boldsymbol{G}^n$ 一致有界的充要条件是 von Neumann 条件成立, 即 $|\boldsymbol{G}| = 1 + O(\tau)$. 当 $s \geqslant 2$ 时 von Neumann 条件只是稳定的必要条件, 不是充分条件. 但若 $\boldsymbol{G}(x_p, \tau)$ 是正规矩阵 (特别是对称矩阵), 则 $\boldsymbol{G}(x_p, \tau)$ 的欧氏模等于谱半径, 于是 von Neumann 条件也是稳定的充分条件. 然而增长矩阵一般不是正规矩阵, 因此有必要寻求新的充分条件.

定理 3.2　设 $\boldsymbol{G}(x_p, \tau)$ 关于 τ 于 $\tau = 0$ 满足 Lipschitz 条件, 则矩阵族 (3.61) 一致有界的充要条件是矩阵族

$$\{\boldsymbol{G}^n(x_p, 0) : 0 < \tau \leqslant \tau_0, \quad 0 < n\tau \leqslant T, \quad p = 0, 1, \cdots, J-1\}$$

一致有界.

证明　只证充分性, 因为必要性的证明完全类似. 由假设, 有常数 K 使 $\boldsymbol{G}\left(x_p,\tau\right)-\boldsymbol{G}\left(x_p,0\right)=\tau\boldsymbol{G}_1$, 而 $\left\|\boldsymbol{G}_1\right\|\leqslant K$. 记 $\boldsymbol{G}_0=\boldsymbol{G}\left(x_p,0\right)$, 则 $\boldsymbol{G}=\boldsymbol{G}\left(x_p,\tau\right)=\boldsymbol{G}_0+\tau\boldsymbol{G}_1$.

注意

$$
\begin{aligned}
\boldsymbol{G}^n &= \left(\boldsymbol{G}_0+\tau\boldsymbol{G}_1\right)\boldsymbol{G}^{n-1}=\boldsymbol{G}_0\boldsymbol{G}^{n-1}+\tau\boldsymbol{G}_1\boldsymbol{G}^{n-1}\\
&= \boldsymbol{G}_0\left(\boldsymbol{G}_0+\tau\boldsymbol{G}_1\right)\boldsymbol{G}^{n-2}+\tau\boldsymbol{G}_1\boldsymbol{G}^{n-1}\\
&= \boldsymbol{G}_0^2\boldsymbol{G}^{n-2}+\tau\boldsymbol{G}_0\boldsymbol{G}_1\boldsymbol{G}^{n-2}+\tau\boldsymbol{G}_1\boldsymbol{G}^{n-1}\\
&\cdots\\
&= \boldsymbol{G}_0^n+\tau\sum_{i=0}^{n-1}\boldsymbol{G}_0^i\boldsymbol{G}_1\boldsymbol{G}^{n-i-1}.
\end{aligned}
$$

由于 $\boldsymbol{G}_0^n$ 一致有界, 可设 $\left\|\boldsymbol{G}_0^i\right\|\leqslant M,\left\|\boldsymbol{G}_0^i\boldsymbol{G}_1\right\|\leqslant M$, 从而得

$$
\begin{aligned}
\left\|\boldsymbol{G}^n\right\| &\leqslant\left\|\boldsymbol{G}_0^n\right\|+\tau\sum_{i=0}^{n-1}\left\|\boldsymbol{G}_0^i\boldsymbol{G}_1\right\|\left\|\boldsymbol{G}^{n-i-1}\right\|\\
&\leqslant M\left[1+\tau\sum_{i=0}^{n-1}\left\|\boldsymbol{G}^{n-i-1}\right\|\right].
\end{aligned}
$$

由 Gronwall 不等式 (见 1.1 节引理 1.3), 得

$$
\left\|\boldsymbol{G}^n\right\|\leqslant M(1+M\tau)^{n-1}.
$$

又 $0<n\leqslant\dfrac{T}{\tau}$, 故不等式右端一致有界.　　□

例 3.8　考虑逼近带低阶项的抛物方程:

$$
\frac{\partial u}{\partial t}=\frac{\partial^2 u}{\partial x^2}+bu.
$$

逼近它的向前差分格式为

$$
\frac{u_j^{n+1}-u_j^n}{\tau}=\frac{u_{j+1}^n-2u_j^n+u_{j-1}^n}{h^2}+bu_j^n.
$$

用 Fourier 方法即知增长因子 $G=1-4r\sin^2\dfrac{\alpha h}{2}+b\tau$. 由定理 3.2, G^n 一致有界等价于 $G_0^n\left(G_0=1-4r\sin^2\dfrac{\alpha h}{2}\right)$ 一致有界. 由例 3.6, G_0^n 一致有界的充要条件是 $r\leqslant\dfrac{1}{2}$. 这说明低阶项 bu_j^n 不影响差分格式的稳定性.

今设 $\boldsymbol{G}\left(x_p,\tau\right)=\boldsymbol{G}\left(x_p\right)$ 与 τ 无关. 考虑矩阵族

$$
\left\{\boldsymbol{G}^n\left(x_p\right):x_0=0<x_1<\cdots<x_J=l,\quad 0<\tau\leqslant\tau_0,\quad 0<n\tau\leqslant T\right\} \tag{3.70}
$$

的一致有界性.

命题 3.6　矩阵族 (3.70) 一致有界的充要条件是矩阵族

$$\{\boldsymbol{G}^n(x): 0 \leqslant x \leqslant l, \quad n = 1, 2, \cdots\} \tag{3.71}$$

一致有界.

　　证明　充分性显然, 只证必要性. 假定网格按 2 等分, 4 等分, $\cdots$, 2^m 等分加密, 则二等分点 x_j 一旦是 $[0, l]$ 的网点便永远是网点. 由假设,

$$\|\boldsymbol{G}^n(x_j)\| \leqslant M, \quad 0 < n\tau \leqslant T,$$

M 是与分划无关的常数. 令 $\tau \to 0$ (从而 $h \to 0$), 则

$$\|\boldsymbol{G}^n(x_j)\| \leqslant M, \quad n = 1, 2, \cdots,$$

而二等分点 $\{x_j\}$ 于 $[0, l]$ 稠密, $\boldsymbol{G}(x)$ 是连续函数, 故

$$\|\boldsymbol{G}^n(x)\| \leqslant M, \quad 0 \leqslant x \leqslant l, \quad n = 1, 2, \cdots. \qquad \square$$

　　定理 3.3 (一致对角化)　若对任一 $\boldsymbol{G}(x_p, \tau)$, 有矩阵 $\boldsymbol{H}$ 使

$$\boldsymbol{H}^{-1}\boldsymbol{G}\boldsymbol{H} = \boldsymbol{\Lambda} = \begin{bmatrix} \lambda_1 & & \\ & \ddots & \\ & & \lambda_s \end{bmatrix},$$

且 $\boldsymbol{H}$ 和 $\boldsymbol{H}^{-1}$ 关于 p 和充分小的 $\tau > 0$ 一致有界, 则 von Neumann 条件也是稳定的充分条件.

　　证明　因 $\boldsymbol{G}^n = \boldsymbol{H}\boldsymbol{\Lambda}^n\boldsymbol{H}^{-1}$, 故结论显然. $\qquad \square$

　　若差分方程组 (3.57) 是二阶方程组, 则增长矩阵 $\boldsymbol{G}(x, \tau)$ 也是二阶, 此时有一个便于检验的稳定性条件.

　　定理 3.4　设 $\boldsymbol{G}(x, \tau)$ 是二阶矩阵, g_{ij} 是 $\boldsymbol{G}$ 的第 i 行第 j 列元素, λ_1 和 λ_2 是 $\boldsymbol{G}$ 的特征值, 若下列条件成立:

$$(\alpha) \quad |\lambda_i(x, \tau)| \leqslant 1 + M\tau, \quad i = 1, 2,$$

$$(\beta) \quad \left\|\boldsymbol{G}(x, \tau) - \frac{1}{2}\left(g_{11}(x, \tau) + g_{22}(x, \tau)\right)\boldsymbol{I}\right\|$$
$$\leqslant M\left(\tau + |1 - |\lambda_1(x, \tau)|| + |\lambda_1(x, \tau) - \lambda_2(x, \tau)|\right),$$

则矩阵族 (3.61) 一致有界, 其中 $\boldsymbol{I}$ 是二阶单位矩阵.

　　证明　注意条件 (β) 实际上是

$$\left\|\boldsymbol{G} - \frac{1}{2}(\lambda_1 + \lambda_2)\boldsymbol{I}\right\| \leqslant M\left(\tau + |1 - |\lambda_1|| + |\lambda_1 - \lambda_2|\right). \tag{3.72}$$

利用 $\boldsymbol{G}$ 的 Jordan 标准形, 我们有

$$G^n - \lambda^n I = n\lambda^{n-1}(G - \lambda I), \quad \lambda_1 = \lambda_2 = \lambda, \tag{3.73}$$

$$G^n - \frac{1}{2}\left(\lambda_1^n + \lambda_2^n\right)I = \frac{\lambda_1^n - \lambda_2^n}{\lambda_1 - \lambda_2}\left(G - \frac{1}{2}\left(\lambda_1 + \lambda_2\right)I\right), \quad \lambda_1 \neq \lambda_2. \tag{3.74}$$

形式上也可将 (3.73) 写成 (3.74). 设 $\lambda_1 = r_1 \mathrm{e}^{\mathrm{i}\theta_1}, \lambda_2 = r_2 \mathrm{e}^{\mathrm{i}\theta_2}$, 不妨设 $r_1 \geqslant r_2$.

由条件 $(\alpha), \lambda_1^n$ 和 λ_2^n 一致有界. 由 (3.74), 可将 G^n 一致有界归结为 (3.74) 右端一致有界. 因 $\dfrac{|\lambda_1^n - \lambda_2^n|}{|\lambda_1 - \lambda_2|} \leqslant nr_1^{n-1}, n\tau \leqslant T$, 由 (3.72) 可知只需证明 $nr_1^{n-1}|1 - r_1|$ 一致有界. 当 $r_1 < 1$ 时, $nr_1^{n-1}(1 - r_1) \leqslant \left(1 + r_1 + \cdots + r_1^{n-1}\right)(1 - r_1) = 1 - r_1^n \leqslant 1$; 当 $r_1 \geqslant 1$ 时由 (α) 知 $|1 - r_1| \leqslant M\tau$, 从而 $nr_1^{n-1}|1 - r_1| \leqslant Mn\tau \leqslant M_T$. $\qquad\square$

注 3.7 可以证明, $(\alpha),(\beta)$ 也是矩阵族 (3.61) 一致有界的必要条件 (参见 [4]).

推论 3.3 特别地, 若 $G(x,\tau)$ 与 τ 无关, 则知二阶矩阵族 (3.71) 一致有界的充要条件是

$(\alpha)' \quad |\lambda_1(x)| \leqslant 1, \quad i = 1, 2, \quad 0 \leqslant x \leqslant l,$

$(\beta)' \quad \left\| G(x) - \dfrac{1}{2}\left(g_{11}(x) + g_{22}(x)\right)I \right\|$

$\qquad \leqslant M\left(|1 - |\lambda_1(x)|| + |\lambda_1(x) - \lambda_2(x)|\right), \quad 0 \leqslant x \leqslant l.$

注 3.8 定理 3.4 是一个很有用的稳定性判别法, 应用时注意到以下两点是方便的:

1. 实系数二次方程 $\lambda^2 - b\lambda - c = 0$ 的根按模不大于 1 的充要条件是

$$|b| \leqslant 1 - c \leqslant 2. \tag{3.75}$$

这在检验 von Neumann 条件时有用.

2. 检验条件 (β) 时要计算二阶矩阵的范数, 通常用 Frobenius 范数 $\|\cdot\|_{\mathrm{F}}$ (F 范数). m 阶矩阵 $A = (a_{ij})$ 的 F 范数是

$$\|A\|_{\mathrm{F}} = \left(\sum_{i,j=1}^{m} |a_{ij}|^2\right)^{\frac{1}{2}}. \tag{3.76}$$

例 3.9 考虑逼近热传导方程的 **Dufort-Frankel 格式**

$$\frac{u_j^{n+1} - u_j^n}{2\tau} = a\frac{u_{j+1}^n - u_j^{n+1} - u_j^{n-1} + u_{j-1}^n}{h^2}. \tag{3.77}$$

引进新变量 $v_j^{n+1} = u_j^n$, 将它化为一阶方程组:

$$\begin{cases} u_j^{n+1} = \dfrac{2r}{1+2r}\left(u_{j+1}^n + u_{j-1}^n\right) + \dfrac{1-2r}{1+2r}v_j^n, \\[2mm] v_j^{n+1} = u_j^n, \quad r = \dfrac{\tau}{h^2} \end{cases}$$

或

$$\begin{pmatrix} u_j^{n+1} \\ v_j^{n+1} \end{pmatrix} = \begin{bmatrix} \dfrac{2r}{1+2r}\,(T_1 + T_{-1}) & \dfrac{1-2r}{1+2r} \\ 1 & 0 \end{bmatrix} \begin{pmatrix} u_j^n \\ v_j^n \end{pmatrix},$$

其中 $T_{\pm 1} u_j = u_{j\pm 1}$ 为移位算子. 用 Fourier 方法可知增长矩阵

$$\boldsymbol{G}(\alpha h) = \begin{bmatrix} \dfrac{2r}{1+2r}\,(\mathrm{e}^{\mathrm{i}\alpha h} + \mathrm{e}^{-\mathrm{i}\alpha h}) & \dfrac{1-2r}{1+2r} \\ 1 & 0 \end{bmatrix} = \begin{bmatrix} \dfrac{4r}{1+2r}\cos\alpha h & \dfrac{1-2r}{1+2r} \\ 1 & 0 \end{bmatrix}.$$

其特征方程为

$$\lambda^2 - \frac{4r\cos\theta}{1+2r}\lambda - \frac{1-2r}{1+2r} = 0, \quad \theta = \alpha h = \frac{2\pi p h}{l} \in [0, 2\pi], \tag{3.78}$$

它的系数显然满足条件 (3.75), 故其特征值按模 $\leqslant 1$, 从而条件 $(\alpha)'$ 成立.

其次, (3.78) 的二根为

$$\lambda_{1,2} = \frac{2r\cos\theta \pm \sqrt{1 - 4r^2\sin^2\theta}}{1+2r}. \tag{3.79}$$

令 $\Lambda(\theta) = |1 - |\lambda_1|| + |\lambda_1 - \lambda_2|$, 其中

$$|\lambda_1 - \lambda_2| = \frac{2\left|\sqrt{1 - 4r^2\sin^2\theta}\right|}{1+2r}.$$

当 λ_1, λ_2 是实根时, $|\lambda_1| = \dfrac{2r|\cos\theta|}{1+2r} + \dfrac{\left|\sqrt{1-4r^2\sin^2\theta}\right|}{1+2r}$, 所以

$$\Lambda(\theta) = 1 - \frac{2r|\cos\theta|}{1+2r} + \frac{\left|\sqrt{1-4r^2\sin^2\theta}\right|}{1+2r} \geqslant 1 - \frac{2r}{1+2r}$$

$$= \frac{1}{1+2r} > 0.$$

当 λ_1, λ_2 是复根时, $\lambda_2 = \bar{\lambda}_1, |\lambda_1| = \sqrt{|\lambda_1\lambda_2|} = \sqrt{\left|\dfrac{1-2r}{1+2r}\right|}$, 从而

$$\Lambda(\theta) \geqslant 1 - |\lambda_1| = 1 - \sqrt{\left|\frac{1-2r}{1+2r}\right|} > 0.$$

可见函数 $\Lambda(\theta)$ 对任意 $r > 0$ 于 $[0, 2\pi]$ 上有正的下界 $m > 0$.

另一方面,

$$\boldsymbol{G}(\theta) - \frac{1}{2}\,(g_{11} + g_{22})\,\boldsymbol{I} = \begin{bmatrix} \dfrac{2r}{1+2r}\cos\theta & \dfrac{1-2r}{1+2r} \\ 1 & -\dfrac{2r}{1+2r}\cos\theta \end{bmatrix}$$

其 F 范数显然有上界 $K > 0$, 故条件 $(\beta)'$ 成立. 由定理 3.4 的推论, 可知 (3.77) $\forall r > 0$ 都稳定.

判断差分格式稳定性最完整的代数准则已由 Kreiss 得到 [28], 但这些准则难以检验, 所以有不少工作研究便于应用的充分条件 (参见 [14, 28]).

3.4.1 习题

1. 证明实系数二次方程 $\lambda^2 - b\lambda - c = 0$ 的根按模小于或等于 1 的充要条件是

$$|b| \leqslant 1 - c \leqslant 2.$$

2. 证明差分格式 (3.21) 恒稳定.

3. 证明差分格式

$$\begin{cases} u_j^{n+1} - u_j^n = ar \left(u_{j+1}^n - u_j^n - u_j^{n+1} + u_{j-1}^{n+1} \right), \\ u_j^{n+2} - u_j^{n+1} = ar \left(u_{j+1}^{n+2} - u_j^{n+2} - u_j^{n+1} + u_{j-1}^{n+1} \right) \end{cases} \quad (a > 0)$$

(Saul'yev, 1957) 恒稳定.

4. 考查如下隐 – 显格式:

$$\begin{cases} \dfrac{u_j^{2m-1} - u_j^{2m-2}}{\tau} = a \dfrac{u_{j+1}^{2m-2} - 2u_j^{2m-2} + u_{j-1}^{2m-2}}{h^2}, \\ \dfrac{u_j^{2m} - u_j^{2m-1}}{\tau} = a \dfrac{u_{j+1}^{2m} - 2u_j^{2m} + u_{j-1}^{2m}}{h^2}, \\ u_j^0 = \phi_j, \quad j = 1, 2, \cdots, J-1, \quad m = 1, 2, \cdots, M, \\ u_0 = u_J = 0 \end{cases} \quad (a > 0)$$

其计算量大约是向后差分格式的一半. 试证明它是恒稳定的.

第 4 章

双曲型方程的有限差分法

4.1 波动方程的差分逼近

4.1.1 波动方程及其特征

二阶线性双曲型偏微分方程的最简单模型是波动方程:

$$\frac{\partial^2 u}{\partial t^2} = a^2 \frac{\partial^2 u}{\partial x^2},$$

(4.1)

其中 $a > 0$ 是常数. 根据二阶偏微分方程理论, 与 (4.1) 相应的特征方程为

$$\mathrm{d}x^2 - a^2 \mathrm{d}t^2 = 0$$

或

$$1 - a^2 \left(\frac{\mathrm{d}t}{\mathrm{d}x}\right)^2 = 0.$$

(4.2)

由此定出两个方向:

$$\frac{\mathrm{d}t}{\mathrm{d}x} = \pm \frac{1}{a},$$

(4.3)

称为**特征方向**. 解常微分方程 (4.3), 得到两族直线:

$$x - at = c_1, \quad x + at = c_2,$$

(4.4)

称为**特征**.

在研究波动方程的各种定解问题时, 特征起着重要作用. 例如, 我们用 u 沿特征的偏导数表示它沿 x, t 的偏导数, 则

$$\frac{\partial^2 u}{\partial t^2} = a^2 \left(\frac{\partial^2 u}{\partial c_1^2} - 2\frac{\partial^2 u}{\partial c_1 \partial c_2} + \frac{\partial^2 u}{\partial c_2^2}\right),$$

$$\frac{\partial^2 u}{\partial x^2} = \frac{\partial^2 u}{\partial c_1^2} + 2\frac{\partial^2 u}{\partial c_1 \partial c_2} + \frac{\partial^2 u}{\partial c_2^2},$$

于是方程 (4.1) 化为

$$\frac{\partial^2 u}{\partial c_1 \partial c_2} = 0,$$

从而其通解为

$$u = f_1(c_1) + f_2(c_2) = f_1(x - at) + f_2(x + at).$$

如果 u 在 x 轴的初值为

$$u(x,0) = \varphi_0(x), u_t(x,0) = \varphi_1(x), \quad -\infty < x < \infty,$$

(4.5)

则可以定出 f_1, f_2, 从而得

$$u(x,t) = \frac{1}{2}\left[\varphi_0(x+at) + \varphi_0(x-at)\right] + \frac{1}{2a}\int_{x-at}^{x+at}\varphi_1(\xi)\mathrm{d}\xi. \tag{4.6}$$

这是熟知的 d'Alembert 公式.

公式 (4.6) 告诉我们, u 在点 $(x_0, t_0)\,(t_0 > 0)$ 的值仅依赖于初值函数 $\varphi_0(x), \varphi_1(x)$ 在区间 $[x_0 - at_0, x_0 + at_0]$ 上的值, 与区间外的初值无关, 故称 $[x_0 - at_0, x + at_0]$ 为点 (x_0, t_0) 的**依存域**. 其实, 区间 $[x_0 - at_0, x_0 + at_0]$ 上的初值不只确定了 $u(x_0, t_0)$, 而且确定了 u 在以 $(x_0 - at_0, 0), (x_0 + at_0, 0), (x_0, t_0)$ 为顶点的三角形域内的值, 故称此三角形域为区间 $[x_0 - at_0, x_0 + at_0]$ 的**决定域**.

显然, 为了得到点 (x_0, t_0) 的依存域, 只需通过 (x_0, t_0) 作两条特征, 它们与 x 轴截出的闭区间即是. 为了得到区间 $[x_0 - at_0, x_0 + at_0]$ 的决定域, 过 $(x_0 - at_0, 0)$ 作第一特征 (斜率为正), 过 $(x_0 + at_0, 0)$ 作第二特征 (斜率为负), 它们交出的三角形域即为决定域 (参看图 4.1(a)). 从公式 (4.6) 还看出, 对 x 轴上任一点 $(x_0, 0)$, 依存域包含 $(x_0, 0)$ 的一切 (x, t) 的集合恰好是以 $(x_0, 0)$ 为顶点, 过 $(x_0, 0)$ 的特征 $x - at = x_0$ 和 $x + at = x_0(t > 0)$ 为边的角形域, 称之为 $(x_0, 0)$ 的**影响域** (参看图 4.1(b)).

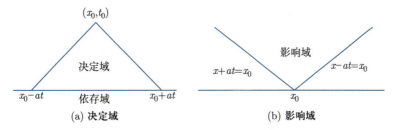

图 4.1 决定域和影响域

4.1.2 显格式

现在构造 (4.1) 的差分逼近. 取空间步长 h 和时间步长 τ, 用两族平行直线

$$x = x_j = jh, \quad j = 0, \pm 1, \pm 2, \cdots,$$
$$t = t_n = n\tau, \quad n = 0, 1, 2\cdots$$

作矩形网格. 于网点 (x_j, t_n) 用 Taylor 展开式, 得

$$\frac{u(x_{j+1}, t_n) - 2u(x_j, t_n) + u(x_{j-1}, t_n)}{h^2} = u''_{xx}(x_j, t_n) + \frac{h^2}{12}\frac{\partial^4}{\partial x^4}u(x_j, t_n) + O\left(h^4\right),$$

$$\frac{u(x_j, t_{n+1}) - 2u(x_j, t_n) + (x_j, t_{n-1})}{\tau^2} = u''_{tt}(x_j, t_n) + \frac{\tau^2}{12}\frac{\partial^4}{\partial t^4}u(x_j, t_n) + O\left(\tau^4\right),$$

将 $u''_{xx}(x_j, t_n), u''_{tt}(x_j, t_n)$ 代入波动方程, 得

$$\frac{u\left(x_j, t_{n+1}\right) - 2u\left(x_j, t_n\right) + \left(x_j, t_{n-1}\right)}{\tau^2}$$

$$= a^2 \frac{u\left(x_{j+1}, t_n\right) - 2u\left(x_j, t_n\right) + u\left(x_{j-1}, t_n\right)}{h^2} + R_j^n(u),$$

其中

$$R_j^n(u) = \frac{h^2}{12a^2} \left(r^2 \frac{\partial^4}{\partial t^4} u\left(x_j, t_n\right) - a^4 \frac{\partial^4}{\partial x^4} u\left(x_j, t_n\right) \right) + O\left(\tau^4 + h^4\right) \qquad (4.7)$$

是截断误差, $r = \dfrac{ah}{\tau}$ 是网比. 舍去 $R_j^n(u)$, 则得差分方程:

$$\frac{u_j^{n+1} - 2u_j^n + u_j^{n-1}}{\tau^2} = a^2 \frac{u_{j+1}^n - 2u_j^n + u_{j-1}^n}{h^2}, \quad j = 0, \pm 1, \pm 2, \cdots, \quad n = 1, 2, \cdots,$$
$$(4.8)$$

这里 u_j^n 表示 u 于 (x_j, t_n) 的近似值. 初值条件用下列差分方程代替:

$$u_j^0 = \varphi_0\left(x_j\right), \qquad (4.9)$$

$$\frac{u_j^1 - u_j^0}{\tau} = \varphi_1\left(x_j\right). \qquad (4.10)$$

显然, (4.8) 的截断误差的阶是 $O\left(\tau^2 + h^2\right)$, 而 (4.10) 的截断误差的阶仅为 $O(\tau)$. 为了提高精度, 也可以用中心差商代替 u_t', 得

$$\frac{u_j^1 - u_j^{-1}}{2\tau} = \varphi_1\left(x_j\right). \qquad (4.11)$$

于 (4.8) 令 $n = 0$, 又得

$$\frac{u_j^1 - 2u_j^0 + u_j^{-1}}{\tau^2} = a^2 \frac{u_{j+1}^0 - 2u_j^0 + u_{j-1}^0}{h^2}.$$

消去 u_j^{-1}, 则

$$u_j^1 = \frac{r^2}{2} \left[\varphi_0\left(x_{j-1}\right) + \varphi_0\left(x_{j+1}\right)\right] + \left(1 - r^2\right) \varphi_0\left(x_j\right) + \tau \varphi_1\left(x_j\right). \qquad (4.12)$$

利用 (4.9) (4.10) (或 (4.12)) 可算出初始层 $(n = 0)$ 及第一层 $(n = 1)$ 各网格节点上的值. 然后利用 (4.8) 或

$$u_j^{n+1} = r^2 \left(u_{j-1}^n + u_{j+1}^n\right) + 2\left(1 - r^2\right) u_j^n - u_j^{n-1}, \qquad (4.13)$$

就可逐层算出任意网点的值.

公式 (4.8) 是显式的三层差分格式, 节点分布如图 4.2. 上述格式也可用以解混合问题

$$\begin{cases} \dfrac{\partial^2 u}{\partial t^2} = a^2 \dfrac{\partial^2 u}{\partial x^2}, & 0 < x < l, \quad 0 < t \leqslant T, \\ u(x, 0) = \varphi_0(x), \quad u_t'(x, 0) = \varphi_1(x), \\ u(0, t) = \alpha(t), \qquad u(l, t) = \beta(t). \end{cases} \qquad (4.14)$$

这时取 $h = \dfrac{l}{J}, \tau = \dfrac{T}{N}$. 除 (4.8)—(4.10) 外, 再补充边值条件

$$u_0^n = \alpha(n\tau), \quad u_J^n = \beta(n\tau). \tag{4.15}$$

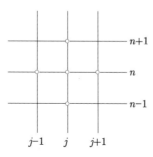

图 4.2 节点分布

4.1.3 稳定性分析

像抛物型方程一样, 造出差分格式后, 要检验它是否稳定, 在什么条件下稳定, 这是差分方程理论的基本问题.

为了引用第 3 章判别稳定性的方法, 我们把波动方程 (4.1) 化成一阶微分方程组, 相应地把三层差分格式 (4.8) 化成两层差分格式. 一种简单的做法是引进变量 $v = \dfrac{\partial u}{\partial t}$, 于是 (4.1) 化为

$$\frac{\partial u}{\partial t} = v, \quad \frac{\partial v}{\partial t} = a^2 \frac{\partial^2 u}{\partial x^2}.$$

但对于构造差分逼近, 更常用的方法是再引进变量 $w = a\dfrac{\partial u}{\partial x}$, 将 (4.1) 化为

$$\frac{\partial v}{\partial t} = a\frac{\partial w}{\partial x}, \quad \frac{\partial w}{\partial t} = a\frac{\partial v}{\partial x}. \tag{4.16}$$

若令 $\boldsymbol{U} = (v, w)^{\mathrm{T}}$,

$$\boldsymbol{A} = \begin{bmatrix} 0 & a \\ a & 0 \end{bmatrix},$$

则 (4.16) 可写成为

$$\frac{\partial \boldsymbol{U}}{\partial t} - \boldsymbol{A}\frac{\partial \boldsymbol{U}}{\partial x} = \boldsymbol{0}. \tag{4.17}$$

相应地, 将 (4.8) 写成等价的双层差分格式:

$$\begin{cases} \dfrac{v_j^{n+1} - v_j^n}{\tau} = a\dfrac{w_{j+\frac{1}{2}}^n - w_{j-\frac{1}{2}}^n}{h}, \\[3mm] \dfrac{w_{j-\frac{1}{2}}^{n+1} - w_{j-\frac{1}{2}}^n}{\tau} = a\dfrac{v_j^{n+1} - v_{j-1}^{n+1}}{h}, \end{cases} \tag{4.18}$$

其中

$$v_j^n = \frac{u_j^n - u_j^{n-1}}{\tau}, \quad w_{j-\frac{1}{2}}^{n+1} = a\frac{u_j^{n+1} - u_{j-1}^{n+1}}{h}.$$

现在用 Fourier 方法分析 (4.18) 的稳定性. 为此, 考虑具周期边值条件的混合问题. 按照第 3 章第 3 节, 以

$$v_j^n = V_1^n \exp\left(\mathrm{i}\alpha x_j\right),$$

$$w_j^n = V_2^n \exp\left(\mathrm{i}\alpha x_j\right)$$

$\left(\alpha = \dfrac{2p\pi}{l}, \mathrm{i} = \sqrt{-1}\right)$ 代到 (4.17), 消去共同因子 $\exp\left(\mathrm{i}\alpha x_j\right)$ 和 $\exp\left(\mathrm{i}\alpha x_{j-\frac{1}{2}}\right)$, 得

$$V_1^{n+1} - 2\mathrm{i}r\left(\sin\frac{\pi p h}{l}\right)V_2^n = V_1^n,$$

$$-2\mathrm{i}r\left(\sin\frac{\pi p h}{l}\right)V_1^{n+1} + V_2^{n+1} = V_2^n,$$

或

$$\begin{pmatrix} V_1^{n+1} \\ V_2^{n+1} \end{pmatrix} = \boldsymbol{G}\left(\frac{\pi p h}{l}\right)\begin{pmatrix} V_1^n \\ V_2^n \end{pmatrix},$$

其中

$$\boldsymbol{G}\left(\frac{\pi p h}{l}\right) = \begin{bmatrix} 1 & \mathrm{i}c \\ \mathrm{i}c & 1 - c^2 \end{bmatrix}\left(c = 2r\sin\frac{\pi p h}{l}\right) \tag{4.19}$$

为增长矩阵, $r = \dfrac{a\tau}{h}$ 为网比. 由命题 3.6, 差分格式 (4.18) 稳定的充要条件是矩阵族

$$\{\boldsymbol{G}^n(\theta)\}\,(0 \leqslant \theta \leqslant \pi, n = 1, 2 \cdots)$$

一致有界.

注意 $\boldsymbol{G}(\theta)$ 的特征方程为

$$\lambda^2 - \left(2 - c^2\right)\lambda + 1 = 0, \tag{4.20}$$

它的根按模 $\leqslant 1$ 的充要条件是 (见 3.4.1 小节习题 1)

$$\left|2 - c^2\right| \leqslant 2,$$

即 $r \leqslant 1$. 这是差分格式稳定的必要条件——von Neumann 条件.

方程 (4.20) 的二根为

$$\lambda_{1,2} = \frac{1}{2}\left[\left(2 - c^2\right) \pm \mathrm{i}|c|\sqrt{4 - c^2}\right],$$

故

$$|\lambda_1 - \lambda_2| = |c|\sqrt{4 - c^2}.$$

又因 $c^2 = 4r^2 \sin^2 \theta \leqslant 4$, 故 $\lambda_2 = \bar{\lambda}_1, |\lambda_1| = |\lambda_2| = 1$, 从而

$$1 - |\lambda_1| = 0.$$

另一方面,

$$\boldsymbol{G} - \frac{1}{2}(\lambda_1 + \lambda_2)\boldsymbol{I} = \begin{bmatrix} \dfrac{1}{2}c^2 & \mathrm{i}c \\ \mathrm{i}c & -\dfrac{1}{2}c^2 \end{bmatrix},$$

其 F-模为

$$\left\| \boldsymbol{G} - \frac{1}{2}(\lambda_1 + \lambda_2)\boldsymbol{I} \right\|_{\mathrm{F}} = |c|\left(2 + \frac{1}{2}c^2\right)^{\frac{1}{2}}.$$

为使定理 3.4 推论中的条件 (β) 成立, 只需存在 $M > 0$ 使

$$|c|\left(2 + \frac{1}{2}c^2\right)^{\frac{1}{2}} \leqslant M|\lambda_1 - \lambda_2| = M|c|\sqrt{4 - c^2}. \tag{4.21}$$

上式当 $r < 1$ 时显然成立. 若 $r = 1$, 则当 $\theta = \dfrac{\pi}{2}$ 时, $c^2 = 4$, 上式右端为 0, 不等式 (4.21) 不成立, 故应要求 $r < 1$.

总之, 差分格式 (4.18) 稳定的充要条件是网比

$$r = \frac{a\tau}{h} < 1. \tag{4.22}$$

注 4.1 其实 $r = 1$ 时, $\boldsymbol{G}(\theta)$ 于 $\theta = \dfrac{\pi}{2}$ 有重根 $\lambda_1 = \lambda_2 = -1$, 且初等因子的次数等于 2, 因此有相似变换 $\boldsymbol{S}$, 使

$$\boldsymbol{G}\left(\frac{\pi}{2}\right) = \boldsymbol{S}\begin{bmatrix} -1 & 1 \\ 0 & -1 \end{bmatrix}\boldsymbol{S}^{-1},$$

从而

$$\boldsymbol{G}^n\left(\frac{\pi}{2}\right) = \boldsymbol{S}\begin{bmatrix} (-1)^n & (-1)^{n-1}n \\ 0 & (-1)^n \end{bmatrix}\boldsymbol{S}^{-1}, \quad n = 1, 2, \cdots,$$

这表明 $G^n\left(\dfrac{\pi}{2}\right)$ 无界, 所以当 $r = 1$ 时格式 (4.18) 不稳定, 但它关于 n 是线性增长, 所以也称线性不稳定. 如果方程的解充分光滑, 则差分格式截断误差的阶达到 2. 按定理 3.1 的证法仍可证明差分解收敛 (参看 [31]).

稳定性条件 (4.22) 有一直观几何解释. 从方程 (4.13) 看出, u_j^n 依赖前两层值 u_{j-1}^{n-1}, u_j^{n-1}, u_{j+1}^{n-1}, u_j^{n-2}, 这四个值又依赖 u_{j-2}^{n-2}, u_{j-1}^{n-2}, u_j^{n-2}, u_{j+1}^{n-2}, u_{j+2}^{n-2} 和 u_{j-1}^{n-3}, u_j^{n-3}, u_{j+1}^{n-3}. 以此类推, 可知 u_j^n 最终依赖初始层 $n = 0$ 上的下列值:

$$u_{j-n}^0, u_{j-n+1}^0, \cdots, u_j^0, \cdots, u_{j+n-1}^0, u_{j+n}^0.$$

因此称 x 轴上含于区间 $[x_{j-n}, x_{j+n}]$ 的网点为差分解 u_j^n 的依存域, 它是 x 轴上被过 (x_j, t_n) 的两条直线

$$x - x_j = \pm \frac{h}{\tau}(t - t_n)$$

截下的区间所覆盖的网域. 注意过 (x_j, t_n) 的两条特征线为 $x - x_j = \pm a(t - t_n)$, 差分方程稳定性的必要条件为 $r \leqslant 1$ 或

$$\frac{\tau}{h} \leqslant a^{-1}.$$

可见差分方程稳定的必要条件是差分解的依存域必须包含微分方程解的依存域, 否则差分方程不稳定.

现在利用依存域的概念证明: 当 $r > 1$ 时差分解不收敛. 如图 4.3, $r > 1$, 微分方程解的依存域 $[P', Q']$ 大于差分解的依存域 $[P, Q]$. 固定 (x_j, t_n), 让网格步长变小, 但网比 r 保持不变, 则依存域 $[P', Q'], [P, Q]$ 不变. 显然, 若改变区间 (P', P) 和 (Q, Q') 上的初值, 但 $[P, Q]$ 上的初值不变, 则 $u(x_j, t_n)$ 可取不同值, 而 u_j^n 当 $h \to 0, \tau \to 0$ 时 (r 固定不变) 是一串确定的数列, 它不可能收敛到不同的 $u(x_j, t_n)$. 总之我们知道, 当 $r < 1$ 时, 差分方程稳定, 因而差分解收敛 (参看 3.2 节). Courant 等曾证明 $r = 1$ 时差分解仍收敛, 但要求有更光滑的初值 (参看注 1.1 及 [31]). 习惯上也称 $r \leqslant 1$ 为 Courant 条件或 CFL 条件 (Courant-Friedrichs-Lewy condition).

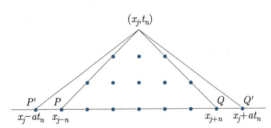

图 4.3   微分方程和差分解的依存域

4.1.4   隐格式

为了得到恒稳定的差分格式, 用第 $n-1$ 层、n 层、$n+1$ 层的中心差商的权平均去逼近 u_{xx}'' 得到下列差分格式:

$$\frac{u_j^{n+1} - 2u_j^n + u_j^{n-1}}{\tau^2} = a^2 \left[\theta \frac{u_{j+1}^{n+1} - 2u_j^{n+1} + u_{j-1}^{n+1}}{h^2} + \right.$$

$$\left. (1 - 2\theta) \frac{u_{j+1}^n - 2u_j^n + u_{j-1}^n}{h^2} + \theta \frac{u_{j+1}^{n-1} - 2u_j^{n-1} + u_{j-1}^{n-1}}{h^2} \right], \quad (4.23)$$

其中 $0 \leqslant \theta \leqslant 1$ 是参数. 当 $\theta = 0$ 时就是显格式 (4.8). 实际有兴趣的参数是 $\theta = \dfrac{1}{4}$, 此时差分格式可化为

$$\begin{cases} \dfrac{v_j^{n+1} - v_j^n}{\tau} = a \dfrac{w_{j+\frac{1}{2}}^n - w_{j-\frac{1}{2}}^n + w_{j+\frac{1}{2}}^{n+1} - w_{j-\frac{1}{2}}^{n+1}}{2h}, \\[3mm] \dfrac{w_{j-\frac{1}{2}}^{n+1} - w_{j-\frac{1}{2}}^n}{\tau} = a \dfrac{v_j^{n+1} - v_{j-1}^{n+1} + v_j^n - v_{j-1}^n}{2h}. \end{cases} \tag{4.24}$$

其增长矩阵为

$$\boldsymbol{G}(\theta) = \begin{bmatrix} \dfrac{1 - c^2/4}{1 + c^2/4} & \dfrac{\mathrm{i}c}{1 + c^2/4} \\[3mm] \dfrac{\mathrm{i}c}{1 + c^2/4} & \dfrac{1 - c^2/4}{1 + c^2/4} \end{bmatrix}, \quad c = 2r\sin\theta.$$

可以证明, $\boldsymbol{G}(\theta)$ 的特征值按绝对值等于 1, 且 $\boldsymbol{G}$ 是酉矩阵. 因此 $\boldsymbol{G}$ 的欧氏模 $\|\boldsymbol{G}\| = 1$, 从而矩阵族 $\{\boldsymbol{G}^n(\theta)\}$ 一致有界, 故 (4.22) 恒稳定.

4.1.5　数值例子

求解

$$u_{tt}'' = u_{xx}'', \quad 0 < x < 1, \quad t > 0,$$
$$u(0, t) = u(1, t) = 0, \quad t > 0,$$
$$u(x, 0) = \sin 4\pi x, \ u_t'(x, 0) = \sin 8\pi x, \quad 0 < x < 1.$$

(精确解 $u = \cos 4\pi t \sin 4\pi x + (\sin 8\pi t \sin 8\pi x)/8\pi$)

取空间步长 $h = \dfrac{1}{J}$, 时间步长 $\tau > 0$, 网比 $r = \dfrac{\tau}{h}$.

显格式为

$$\frac{u_j^{n+1} - 2u_j^n + u_j^{n-1}}{\tau^2} = \frac{u_{j+1}^n - 2u_j^n + u_{j-1}^n}{h^2},$$
$$u_0^n = u_J^n = 0,$$
$$u_j^0 = \sin 4\pi x_j, \ u_j^1 = \sin 4\pi x_j + \tau \sin 8\pi x_j.$$

方案 I　$h = \dfrac{1}{400} = 0.0025, \tau = \dfrac{1}{500} = 0.002$, 此时 $r = \dfrac{4}{5}$. 计算 $t = 1, 2, 3, 4, 5$ 的差分解.

方案 II　$h = \tau = \dfrac{1}{400} = 0.0025$, 此时 $r = 1$. 计算 $t = 1, 2, 3, 4, 5$ 的差分解.

表 4.1 列出方案 I, II 的差分解的误差阶. 从表中看出, 方案 II 的精度比方案 I 高很多, 这是因为格式当 $r = 1$ 时截断误差有最高阶 $O(h^4)$, $r \neq 1$ 时截断误差的阶为 $O(h^2)$ (参看 4.1.2 节的 (4.7)), 且时间层数受条件 $n\tau \leqslant 5$ 限制.

表 4.1　方案 I 和方案 II 的差分解的误差阶

方案	x	1	2	3	4	5
I	误差阶	10^{-4}	10^{-3}	10^{-3}	10^{-3}	10^{-3}
II		10^{-13}	10^{-13}	10^{-13}	10^{-13}	10^{-13}

4.1.6 习题

1. 就二维波动方程导出显格式, 并给出稳定性条件.

2. 证明格式 (4.24) 恒稳定.

3. 取初值 $v_j^0 = (-1)^j, w_{j+\frac{1}{2}} = 0$, 网比 $r = \dfrac{a\tau}{h} = 1$. 求差分方程 (4.18) 的解, 并用计算机验证. (答案: $v_j^n = (-1)^{n+1}(1-2n), w_{j+\frac{1}{2}}^n = (-1)^{n+1}2n$.)

4. (实习题) 利用差分格式 (4.8)—(4.10) 求下列波动方程混合边值问题的解:

$$\begin{cases} \dfrac{\partial^2 u}{\partial t^2} - \dfrac{\partial^2 u}{\partial x^2} = 0, & 0 < x < 1, t > 0, \\[2mm] u|_{t=0} = \sin \pi x, \quad \dfrac{\partial u}{\partial t}\Big|_{t=0} = \cos \pi x, & 0 < x < 1, \\[2mm] u(0,t) = u(1,t) = 0, & t \geqslant 0. \end{cases}$$

(精确解 $u = \sin \pi(x - t) + \sin \pi(x + t)$)

(1) 取 $\tau = 0.05, h = 0.1$, 计算 $t = 0.5, 1.0, 1.5, 2.0$ 的解.

(2) 取 $\tau = h = 0.1$, 计算 $t = 0.5, 1.0, 1.5, 2.0$ 的解.

5. (实习题) 利用差分格式 (4.8) (4.9) (4.12) 重复上题的计算, 比较计算结果.

4.2 一阶线性双曲方程组

从本节起, 我们讨论一阶线性双曲方程组的差分解法. 由于构造差分格式与偏微分方程的特征及解的性质有关, 所以在讨论数值解法之前, 先回顾一下双曲方程组的某些基本概念 (参看 [4]).

4.2.1 双曲型方程组及其特征

设有含 n 个未知函数 $\boldsymbol{u} = (u_1(x,t), u_2(x,t), \cdots, u_n(x,t))$ 和 n 个方程的一阶线性偏微分方程组:

$$L_i(\boldsymbol{u}) = \sum_{j=1}^n b_{ij} \frac{\partial u_j}{\partial t} + \sum_{j=1}^n a_{ij} \frac{\partial u_j}{\partial x} = c_i, \quad i = 1, 2, \cdots, n, \tag{4.25}$$

其中 $b_{ij} = b_{ij}(x,t), a_{ij} = a_{ij}(x,t)$ 及 $c_i = c_i(x,t)$ 都是域 G 上的光滑函数. 采用矩阵、向量记号

$$\boldsymbol{B} = (b_{ij})_{n \times n}, \boldsymbol{A} = (a_{ij})_{n \times n},$$

$$\boldsymbol{c} = (c_1, c_2, \cdots, c_n)^{\mathrm{T}},$$

将 (4.25) 写成

$$L(\boldsymbol{u}) = \boldsymbol{B}\frac{\partial \boldsymbol{u}}{\partial t} + \boldsymbol{A}\frac{\partial \boldsymbol{u}}{\partial x} = \boldsymbol{c}. \tag{4.26}$$

假定矩阵 $\boldsymbol{B}$ 有逆, 则不失一般性地可设 $\boldsymbol{B} = \boldsymbol{I}$ (单位矩阵), 只考虑如下形式的方程组:

$$\frac{\partial \boldsymbol{u}}{\partial t} + \boldsymbol{A}\frac{\partial \boldsymbol{u}}{\partial x} = \boldsymbol{c}. \tag{4.27}$$

定义 4.1 我们说 (4.27) 于点 $(x,t) \in G$ 是 **(狭义)** 双曲方程组, 如果矩阵 $\boldsymbol{A} = \boldsymbol{A}(x,t)$ 有 n 个实的互异特征值

$$\lambda_1(x,t) < \lambda_2(x,t) < \cdots < \lambda_n(x,t). \tag{4.28}$$

假若 (4.27) 于每一点 $(x,t) \in G$ 为双曲, 则说它是 G 上的双曲方程组.

本节总设 (4.27) 是双曲方程组, 行向量

$$\boldsymbol{l}^{(1)}(x,t), \boldsymbol{l}^{(2)}(x,t), \cdots, \boldsymbol{l}^{(n)}(x,t) \tag{4.29}$$

是矩阵 $\boldsymbol{A}$ 相应于 $\lambda_1, \lambda_2, \cdots, \lambda_n$ 的左特征向量系, 即

$$\boldsymbol{l}^{(i)}\boldsymbol{A} = \lambda_i \boldsymbol{l}^{(i)}, \quad i = 1, 2, \cdots, n.$$

用 $\boldsymbol{l}^{(i)}$ 左乘 (4.27) 两端, 得

$$\boldsymbol{l}^{(i)}u'_t + \lambda_i \boldsymbol{l}^{(i)}u'_x = \boldsymbol{l}^{(i)}\boldsymbol{c}, \quad i = 1, 2, \cdots, n. \tag{4.30}$$

设 $\boldsymbol{l}^{(i)} = \left(l_1^{(i)}, l_2^{(i)}, \cdots, l_n^{(i)}\right)$, 则 (4.30) 即

$$\sum_{j=1}^{n} l_j^{(i)} \left(\frac{\partial u_j}{\partial t} + \lambda_i \frac{\partial u_j}{\partial x}\right) = \sum_{j=1}^{n} l_j^{(i)} c_j, \quad i = 1, 2, \cdots, n. \tag{4.31}$$

在 x, t 平面域 G 内各点作 n 个方向

$$\mathrm{d}t : \mathrm{d}x = 1 : \lambda_i, \tag{4.32}$$

或

$$\tau_i : \frac{\mathrm{d}x}{\mathrm{d}t} = \lambda_i, \quad i = 1, 2, \cdots, n, \tag{4.33}$$

则沿 τ_i,

$$\left(\frac{\mathrm{d}u_j}{\mathrm{d}t}\right)_{\tau_i} = \frac{\partial u_j}{\partial t} + \lambda_i \frac{\partial u_j}{\partial x}.$$

于是将 (4.31) 化成常微分方程组:

$$\sum_{j=1}^{n} l_j^{(i)} \left(\frac{\mathrm{d}u_j}{\mathrm{d}t}\right)_{\tau_i} = \sum_{j=1}^{n} l_j^{(i)} c_j, \quad i = 1, 2, \cdots, n. \tag{4.34}$$

由 (4.33) 确定的 n 个不同方向称为**特征方向**; 由特征方向确定的 n 族曲线, 称为**特征曲线**, 简称**特征**. 沿每一特征, 方程组 (4.27) 化成常微分方程组 (4.34), 称为原方程的**特征关系**. 在特征上成立的特征关系乃是利用特征概念研究双曲型方程的基础.

特征关系 (4.34) 的每一方程, 只出现未知函数沿同一方向的导数. 实际上还可进一步化简, 使每个方程只出现一个函数的方向导数. 因

$$l_j^{(i)} \left(\frac{\mathrm{d}u_j}{\mathrm{d}t} \right)_{\tau_i} = \left(\frac{\mathrm{d}l_j^{(i)}u_j}{\mathrm{d}t} \right)_{\tau_i} - u_j \left(\frac{\mathrm{d}l_j^{(i)}}{\mathrm{d}t} \right)_{\tau_i},$$

若令

$$r_i = r_i(x, t) = \sum_{j=1}^{n} l_j^{(i)} u_j, \tag{4.35}$$

则可将 (4.34) 化成

$$\left(\frac{\mathrm{d}r_i}{\mathrm{d}t} \right)_{\tau_i} = \frac{\partial r_i}{\partial t} + \lambda_i \frac{\partial r_i}{\partial x} = \sum_{j=1}^{n} \left(l_j^{(i)} c_i + u_j \left(\frac{\mathrm{d}l_j^{(i)}}{\mathrm{d}t} \right)_{\tau_i} \right).$$

由于 (4.35) 右端系数矩阵 $\boldsymbol{L} = \left(l_j^{(i)} \right)_{n \times n}$ 有逆 $\boldsymbol{L}^{-1} = \boldsymbol{M} = (m_{ij})_{n \times n}$, 故 $\boldsymbol{u}$ 可通过 $\boldsymbol{r} = (r_1, r_2, \cdots, r_n)^{\mathrm{T}}$ 表示为

$$u_j = \sum_{k=1}^{n} m_{jk} r_k, \quad j = 1, 2 \cdots, n.$$

于是

$$\left(\frac{\mathrm{d}r_i}{\mathrm{d}t} \right)_{\tau_i} = g_i = \sum_{j=1}^{n} l_j^{(i)} c_j + \sum_{j=1}^{n} \left(\frac{\mathrm{d}l_j^{(i)}}{\mathrm{d}t} \right)_{\tau_i} \sum_{k=1}^{n} m_{jk} r_k, \ i = 1, 2, \cdots, n. \tag{4.36}$$

这样就把 (4.34) 化成了对角方程组 (4.36). 新变量 $r_i (i = 1, 2, \cdots, n)$ 称为 **Riemann 不变量**.

当系数矩阵 $\boldsymbol{A}$ 为常矩阵 (因而 $l_j^{(i)}$ 与 x, t 无关), 且右端 $c_i = 0$ 时, (4.36) 简化为

$$\left(\frac{\mathrm{d}r_i}{\mathrm{d}t} \right)_{\tau_i} = 0.$$

可见 r_i 沿特征

$$\frac{\mathrm{d}x}{\mathrm{d}t} = \lambda_i, \quad i = 1, 2, \cdots, n$$

是常量.

例 4.1 波动方程 (4.1) 可化成一阶方程组:

$$\frac{\partial \boldsymbol{u}}{\partial t} - \boldsymbol{A} \frac{\partial \boldsymbol{u}}{\partial x} = \boldsymbol{0}, \tag{4.37}$$

人物简介

$$A = \begin{bmatrix} 0 & a \\ a & 0 \end{bmatrix},$$

其中 $\boldsymbol{u} = (v, w)^{\mathrm{T}}$. $-A$ 的特征方程为 $\lambda^2 - a^2 = 0$, 有二互异实根 $\pm a$, 故 (4.37) 是双曲型方程. 特征是两族直线 $x - at = c_1, x + at = c_2$. 特征关系为

$$\frac{\mathrm{d}v}{\mathrm{d}t} - \frac{\mathrm{d}w}{\mathrm{d}t} = 0, \quad \text{沿 } x - at = c_1.$$

$$\frac{\mathrm{d}v}{\mathrm{d}t} + \frac{\mathrm{d}w}{\mathrm{d}t} = 0, \quad \text{沿 } x + at = c_2.$$

由 (4.35) 定义的 Riemann 不变量为

$$r_1 = v - w, \quad r_2 = v + w.$$

于是 (4.37) 可写成 Riemann 不变量形式:

$$\frac{\partial r_1}{\partial t} + a\frac{\partial r_1}{\partial x} = 0, \quad \frac{\partial r_2}{\partial t} - a\frac{\partial r_2}{\partial x} = 0.$$

显然 r_1 沿 $x - at = c_1$ 等于常数, r_2 沿 $x + at = c_2$ 等于常数, 因此

$$r_1 = f(x - at), \quad r_2 = g(x + at).$$

从而

$$v = \frac{1}{2}(f(x - at) + g(x + at)),$$

$$w = -\frac{1}{2}(f(x - at) - g(x + at)).$$

例 4.2 考虑在静止气体中小扰动 (声音) 传播所满足的方程组:

$$\begin{cases} \dfrac{\partial u}{\partial t} + \dfrac{c_0^2}{\rho_0}\dfrac{\partial \rho}{\partial x} = 0, \\ \dfrac{\partial \rho}{\partial t} + \rho_0\dfrac{\partial u}{\partial x} = 0, \end{cases} \tag{4.38}$$

其中 u 和 ρ 分别表示扰动后的质点速度及密度, ρ_0 及 c_0 表示静止气体的密度和音速 (ρ_0, c_0 都是正常数).

现在

$$A = \begin{bmatrix} 0 & \dfrac{c_0^2}{\rho_0} \\ \rho_0 & 0 \end{bmatrix},$$

其特征值为 $\pm c_0$, 所以 (4.38) 是双曲型方程. 特征是两族直线 $x - c_0 t = c_1, x + c_0 t = c_2$. 特征关系为

$$\rho_0\frac{\mathrm{d}u}{\mathrm{d}t} + c_0\frac{\mathrm{d}\rho}{\mathrm{d}t} = 0, \quad \text{沿 } x - c_0 t = c_1,$$

$$\rho_0 \frac{\mathrm{d}u}{\mathrm{d}t} - c_0 \frac{\mathrm{d}\rho}{\mathrm{d}t} = 0, \quad 沿\ x + c_0 t = c_2.$$

Riemann 不变量为

$$r_1 = \rho_0 u + c_0 \rho, \quad r_2 = \rho_0 u - c_0 \rho.$$

r_1 沿 $x - c_0 t = c_1$ 等于常数, r_2 沿 $x + c_0 t = c_2$ 等于常数.

4.2.2　Cauchy 问题、依存域、影响域和决定域

考虑双曲方程组 (4.27) 的如下 Cauchy 问题: 在线段

$$\overline{P_1 P_2} : t = 0, \quad a \leqslant x \leqslant b$$

的一邻域内, 求 (4.27) 的解 $\boldsymbol{u}(x,t) = (u_1(x,t), u_2(x,t), \cdots, u_n(x,t))^{\mathrm{T}}$, 在 $\overline{P_1 P_2}$ 上取给定的初值 $\boldsymbol{u}^0(x)$, 即

$$\boldsymbol{u}(x,0) = \boldsymbol{u}^0(x), \quad x \in \overline{P_1 P_2}. \tag{4.39}$$

由于 x 轴的方向 $(\mathrm{d}x, \mathrm{d}t) = (1,0)$ 不是特征方向 (因 $-\infty < \lambda_i < \infty, i = 1, 2, \cdots, n$), 所以 Cauchy 问题适定, 即在 $\overline{P_1 P_2}$ 一邻域内有唯一解, 且解连续依赖初值 (参看 [3]).

现在讨论解与初值的关系. 我们称由

$$\frac{\mathrm{d}x}{\mathrm{d}t} = \lambda_i(x,t), \quad i = 1, 2, \cdots, n$$

确定的曲线族为第 i 族特征. 由常微分方程理论知道, 同族特征不相交, 所以过任一点恰有 n 个不同特征经过. 又 x 轴 $(t = 0)$ 方向不是特征方向, 对任一点 $P = (x,t)(t > 0)$, 取过 P 的两条特征

$$\tau_n : \frac{\mathrm{d}x}{\mathrm{d}t} = \lambda_n(x,t) = \lambda_{\max},$$

$$\tau_1 : \frac{\mathrm{d}x}{\mathrm{d}t} = \lambda_1(x,t) = \lambda_{\min},$$

假定它们与 x 轴依次交于 P_1 和 P_2. 曲线段 $\overline{PP_1}$ 和 $\overline{PP_2}$ 与直线段 $\overline{P_1 P_2}$ 围成一曲边三角形, 如图 4.4(a) 所示. 显然过 P 的 n 条特征随 t 递减, 都和 x 轴交于 $\overline{P_1 P_2}$. 现在从 P 出发沿特征 (按 t 减小方向) 积分常微分方程组 (4.36), 则知 Riemann 不变量 $\boldsymbol{r} = (r_1, r_2, \cdots, r_n)$, 从而 $u = u(x,t)$ 于 P 的值只和 $\overline{P_1 P_2}$ 上的初值有关. 称这样的线段为点 P 的**依存域**. 又曲边三角形 $P_1 P P_2$ 围成的区域 G 内任一点的 $u(x,t)$ 也由 $\overline{P_1 P_2}$ 上的初值唯一决定, 故 G 称为 $\overline{P_1 P_2}$ 的**决定域**. 同时也看出, 线段 $\overline{Q_1 Q_2}$ (图 4.4(b)) 上的初值, 随 t 增加可影响到上半平面过 Q_1 的第一特征与过 Q_2 的第 n 特征之间的区域中任一点, 但不影响其他点, 故称之为 $\overline{Q_1 Q_2}$ 的**影响域**.

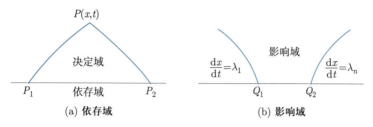

图 4.4 依存域和影响域

4.2.3 初边值问题

为简单计, 我们只讨论含两个未知函数 u, v 的如下对角形方程组:

$$
\begin{cases}
\dfrac{\partial u}{\partial t} + \lambda_1 \dfrac{\partial u}{\partial x} = f_1, \\
\dfrac{\partial v}{\partial t} + \lambda_2 \dfrac{\partial v}{\partial x} = f_2,
\end{cases}
\tag{4.40}
$$

其中 $\lambda_1 < \lambda_2$, $f_i = a_i u + b_i v + c_i$, $i = 1, 2$. 此时平面上有两族特征, 我们规定特征的正向是指向 t 增加的方向. 过 (x, t) 的任一非特征方向 α 说是时向的, 如果 α 或 $-\alpha$ 介于过此点的两正特征方向, 否则就说 α 是空向的 (参看图 4.5). 在 $t > 0$ 和 $0 < x < l$ 求方程 (4.40) 的解 u, v, 满足初值条件

$$
u(x, 0) = u^0(x), \quad v(x, 0) = v^0(x), \quad 0 \leqslant x \leqslant l
\tag{4.41}
$$

和适当的边值条件, 使解存在且唯一. 如何给边值条件才是恰当的? 这里我们只作一粗略但颇有启发性的分析, 严格论证就不给了, 有兴趣的读者可参看偏微分方程的专门著作 (例如 [3]).

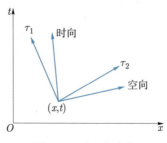

图 4.5 时向和空向

先设方程的系数是常数, 且右端 $f_i = 0 (i = 1, 2)$. 此时两族特征都是直特征, 方程 (4.40) 可积分, 得

$$
u(x, t) = 常数, \quad 当 \ x - \lambda_1 t = c_1 \ 时,
$$

$$
v(x, t) = 常数, \quad 当 \ x - \lambda_2 t = c_2 \ 时.
$$

设 $G: 0 < x < l, t > 0$. 分三种情形 (参看图 4.6):

(i) $\lambda_2 > \lambda_1 > 0$. 此时随时间 t 递增, 两族特征由左边界 $(x = 0)$ 进入 G, 由右边界 $(x = l)$ 离开 G (垂线 $x = 0$ 和 $x = l$ 是空向). u, v 在 G 的性质与左边值有关, 与右边值无关, 故 u, v 的边值条件应给在左端点, 即

$$u(0, t) = u_0(t), \quad v(0, t) = v_0(t).$$

(ii) $\lambda_1 < \lambda_2 < 0$. 与 (i) 类似 (垂线 $x = 0$ 和 $x = l$ 也是空向), u 和 v 的边值条件应给在右端点, 即

$$u(l, t) = u_1(t), \quad v(l, t) = v_1(t).$$

(iii) $\lambda_1 < 0 < \lambda_2$, 此时第一族特征由右边界进入 G, 第二族特征由左边界进入 G (垂线 $x = 0$ 和 $x = l$ 是时向), 故边值条件应给成:

$$u(l, t) = u_1(t), \quad v(0, t) = v_0(t).$$

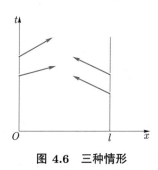

图 4.6　三种情形

虽然上述结论是就常系数和齐右端情形给出的, 但对变系数和非齐右端也成立. 此外, 若双曲型方程不是对角形的, 则可用 4.2.1 小节的方法化为对角形方程组 (4.36), 然后就三种不同情形对 Riemann 不变量 r_i $(i = 1, 2)$ 给出边值条件.

4.2.4　习题

1. 试求下列初边值问题的解:

$$\begin{cases} \dfrac{\partial u}{\partial t} + \dfrac{\partial u}{\partial x} = 0, & 0 < x < \infty, t > 0, \\ u(x, 0) = |x - 1|, & u(0, t) = 1. \end{cases}$$

2. 试求下列初边值问题的解:

$$\begin{cases} \dfrac{\partial u}{\partial t} + (1 + x)\dfrac{\partial u}{\partial x} = 0, & 0 < x < \infty, \quad t > 0, \\ u(x, 0) = \varphi(x), & u(0, t) = 1, \quad t \geqslant 0, \end{cases}$$

其中

$$\varphi(x) = \begin{cases} 1, & 0 \leqslant x < 1, \\ 0, & x \geqslant 1. \end{cases}$$

4.3 初值问题的差分逼近

双曲型方程与椭圆型方程、抛物型方程的一个重要区别, 是双曲型方程具有特征和特征关系, 其解对初值有局部依赖性质. 初值的函数性质 (如间断、弱间断等) 将沿特征传播, 因而解一般没有光滑性. 在构造双曲方程的差分逼近时, 应考虑这些特性. 迄今已发展了许多逼近双曲型方程的差分格式, 这里只介绍常见的几种, 有兴趣的读者可参看文献 [9, 15, 28, 31].

4.3.1 迎风格式

首先考虑线性常系数方程式:

$$\frac{\partial u}{\partial t} + a\frac{\partial u}{\partial x} = 0. \tag{4.42}$$

这个方程虽简单, 但对我们构造差分格式很有启发. 我们的主要目的是构造差分格式, 因此先讨论纯初值问题, 然后在 4.4 节对初边值问题作若干注记.

沿用 4.1 节的记号, 作 (4.42) 的差分逼近. 按照差商代替微商的办法, 自然有如下三种格式:

$$\frac{u_j^{n+1} - u_j^n}{\tau} + a\frac{u_j^n - u_{j-1}^n}{h} = 0, \tag{4.43}$$

$$\frac{u_j^{n+1} - u_j^n}{\tau} + a\frac{u_{j+1}^n - u_j^n}{h} = 0, \tag{4.44}$$

$$\frac{u_j^{n+1} - u_j^n}{\tau} + a\frac{u_{j+1}^n - u_{j-1}^n}{2h} = 0. \tag{4.45}$$

前两个方程截断误差的阶为 $O(\tau + h)$, 第三个方程是 $O\left(\tau + h^2\right)$.

从稳定性分析将会知道, 这三个格式并不都可用. 记

$$r = \frac{a\tau}{h}. \tag{4.46}$$

将 (4.43) — (4.45) 改写成

$$u_j^{n+1} = ru_{j-1}^n + (1-r)u_j^n, \tag{4.47}$$

$$u_j^{n+1} = (1+r)u_j^n - ru_{j+1}^n, \tag{4.48}$$

$$u_j^{n+1} = u_j^n + \frac{r}{2}u_{j-1}^n - \frac{r}{2}u_{j+1}^n. \tag{4.49}$$

按 Fourier 方法, 以 $u_j^n = v^n \exp(\mathrm{i}\alpha x_j)$ ($\mathrm{i} = \sqrt{-1}, x_j = jh, \alpha$ 是任意实参数) 代到上述方程, 消去公因子, 分别得

$$v^{n+1} = \left(r\mathrm{e}^{-\mathrm{i}\alpha h} + (1-r)\right)v^n = \lambda_1 v^n,$$

$$v^{n+1} = \left((1+r) - r\mathrm{e}^{\mathrm{i}\alpha h}\right)v^n = \lambda_2 v^n,$$

$$v^{n+1} = (1 - \mathrm{i}r\sin\alpha h)v^n = \lambda_3 v^n.$$

因为 $|\lambda_3| = \sqrt{1 + r^2\sin^2\alpha h}$ 对任何 $r \neq 0$ 都不满足 von Neumann 条件, 故 (4.45) 恒不稳定. 其次, $|\lambda_1| \leqslant 1$ 等价于 $r^2 \leqslant r$, 即

$$\left(\frac{a\tau}{h}\right)^2 \leqslant \frac{a\tau}{h},$$

故 (4.43) 稳定的充要条件是

$$a \geqslant 0, \left|\frac{a\tau}{h}\right| \leqslant 1. \tag{4.50}$$

同理, (4.44) 稳定的充要条件是

$$a \leqslant 0, \left|\frac{a\tau}{h}\right| \leqslant 1. \tag{4.51}$$

这说明 $a \geqslant 0$ 时只有 (4.43) 可用, $a \leqslant 0$ 时只有 (4.44) 可用.

现在我们用特征性质说明这些格式及其稳定性条件. 注意 (4.42) 的特征为

$$\frac{\mathrm{d}x}{\mathrm{d}t} = a,$$

特征关系是

$$\frac{\mathrm{d}u}{\mathrm{d}t} = 0.$$

设已知 $u_{j+1}^n, u_j^n, u_{j-1}^n$, 要造出 u_j^{n+1} 的计算公式. 如图 4.7, 过 $P_0(j, n+1) = (jh, (n+1)\tau)$ 作特征, 斜率为 $\frac{\mathrm{d}t}{\mathrm{d}x} = \frac{1}{a}$. 当 $a > 0$ 时, 特征偏左, 与直线 $t = t_n = n\tau$ 的交点 Q 位于 $Q_0(j, n)$ 左侧. u 沿线段 $\overline{P_0 Q}$ 等于常数, 故 $u_j^{n+1} = u_{P_0} = u_Q$. 利用 Q_{-1}, Q_0 作线性插值, 得

$$\begin{aligned}
u_j^{n+1} = u_Q &\approx \frac{u_{Q_{-1}} \cdot \overline{QQ_0} + u_{Q_0}\left(h - \overline{QQ_0}\right)}{h} \\
&= \frac{u_{j-1}^n \cdot a\tau + u_j^n(h - a\tau)}{h} \\
&= ru_{j-1}^n + (1-r)u_j^n.
\end{aligned}$$

这就是 (4.47) 或 (4.43). 稳定性条件 (4.50) 的第二个不等式意味着 Q 应落在 Q_{-1}, Q_0

之间, 即差分方程的依存域包含微分方程的依存域. 类似的解释也适用于 $a < 0$, 此时过 P_0 的特征偏右, 与 $t = t_n$ 的交点 Q 落在 Q_0 右侧. 利用 Q_0, Q_1, 作线性插值便得到 u_Q, 从而得出 u_j^{n+1}, 这就是 (4.48) 或 (4.44). 这说明差分格式 (4.43) (4.44) 与特征走向有内在联系. 用同样思想可构造变系数方程式

$$\frac{\partial u}{\partial t} + a(x)\frac{\partial u}{\partial x} = 0$$

的差分格式. 此时 a 可能变号, 因此相应的格式为

$$\begin{cases} \dfrac{u_j^{n+1} - u_j^n}{\tau} + a_j \dfrac{u_j^n - u_{j-1}^n}{h} = 0, & a_j \geqslant 0, \\[3mm] \dfrac{u_j^{n+1} - u_j^n}{\tau} + a_j \dfrac{u_{j+1}^n - u_j^n}{h} = 0, & a_j < 0, \end{cases} \tag{4.52}$$

其中 $a_j = a(x_j)$.

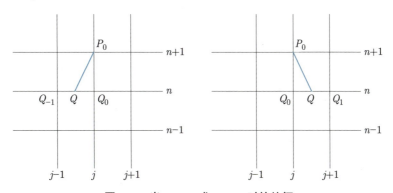

图 4.7 当 $a > 0$ 或 $a < 0$ 时的特征

这是变系数方程, 为了导出稳定性条件, 用局部固定系数法或视变系数为常系数法, 即把 a_j 看成与下标无关, 再用 Fourier 方法, 同样得到条件 (4.50) 及 (4.51), 只不过用 a_j 代替那里的 a 就是了.

将 (4.50) (4.51) 统一写成

$$\frac{\tau}{h} \max_j |a_j| \leqslant 1. \tag{4.53}$$

不难证明, (4.53) 是 (4.52) 稳定的充分条件. 实际上, 将 (4.52) 写成形式 (4.47) (4.48), 其中 $r = \dfrac{\tau}{h} a_j$. 由条件 (4.53), 知 (4.47) (4.48) 右端系数非负. 当 $a_j \geqslant 0$ 时,

$$\left|u_j^{n+1}\right| \leqslant r\left|u_{j-1}^n\right| + (1-r)\left|u_j^n\right| \leqslant \|\boldsymbol{U}^n\|_\infty,$$

当 $a_j \leqslant 0$ 时,

$$\left|u_j^{n+1}\right| \leqslant (1+r)\left|u_j^n\right| + (-r)\left|u_{j+1}^n\right| \leqslant \|\boldsymbol{U}^n\|_\infty,$$

其中 $\boldsymbol{U}^n$ 是以 u_j^n 为分量的向量. 总之, $\|\boldsymbol{U}^{n+1}\|_\infty \leqslant \|\boldsymbol{U}^n\|_\infty$. 这说明 (4.52) 稳定.

按照气体力学的含义 ($a(x)$ 表示气流速度), 称 (4.52) 为**迎风格式** (upwind scheme). 迎风格式也可推广到线性双曲方程组.

设有线性双曲型方程组:

$$\frac{\partial \boldsymbol{u}}{\partial t} + \boldsymbol{A}\frac{\partial \boldsymbol{u}}{\partial x} = \boldsymbol{f}. \tag{4.54}$$

设 $\lambda_1 < \lambda_2 < \cdots < \lambda_m$ 是矩阵 $\boldsymbol{A}$ 的特征值, $\boldsymbol{l}^{(1)}, \boldsymbol{l}^{(2)}, \cdots, \boldsymbol{l}^{(m)}$ 是相应的左特征向量. 像 4.2 节那样, 用 $\boldsymbol{l}^{(i)}$ 左乘 (4.54), 则得特征关系:

$$\sum_{k=1}^{m} l_k^{(i)} \left(\frac{\partial u_k}{\partial t} + \lambda_i \frac{\partial u_k}{\partial x} \right) = \sum_{k=1}^{m} l_k^{(i)} f_k, \quad i = 1, 2, \cdots, m. \tag{4.55}$$

记 $\lambda_{ij} = \lambda_i(x_j)$,

$$\lambda_{ij}\Delta^* u_{kj}^n = \begin{cases} \lambda_{ij}\dfrac{u_{kj}^n - u_{k,j-1}^n}{h}, & \lambda_{ij} \geqslant 0, \\[3mm] \lambda_{ij}\dfrac{u_{k,j+1}^n - u_{kj}^n}{h}, & \lambda_{ij} < 0, \end{cases} \tag{4.56}$$

则逼近 (4.55) 的迎风差分格式是

$$\sum_{k=1}^{m} l_{kj}^{(i)} \left(\frac{u_{kj}^{n+1} - u_{kj}^n}{\tau} + \lambda_{ij}\Delta^* u_{kj}^n \right) = \sum_{k=1}^{m} l_{kj}^{(i)} f_{kj}, \tag{4.57}$$

其中 $i = 1, 2, \cdots, m, l_{kj}^{(i)} = l_k^{(i)}(x_j)$. 稳定性条件仍然是

$$\left| \tau\frac{\lambda_{ij}}{h} \right| \leqslant 1, \quad i = 1, 2, \cdots, m, \quad j = 0, \pm 1, \cdots. \tag{4.58}$$

格式 (4.57) 是 Courant, Isaacson 和 Rees (1952) 提出的, 并证明了在条件 (4.58) 下差分解对光滑解的收敛性.

4.3.2 积分守恒差分格式

前面介绍的迎风格式是根据特征走向构造的向前或向后差分格式. 现在从积分守恒方程出发构造差分格式.

所谓守恒方程是指如下散度型偏微分方程:

$$\frac{\partial u}{\partial t} + \frac{\partial f(x, u)}{\partial x} = 0. \tag{4.59}$$

设 G 是 xt 平面任一有界域, 据 Green 公式,

$$\iint_G \left(\frac{\partial u}{\partial t} + \frac{\partial f}{\partial x} \right) \mathrm{d}x\mathrm{d}t = \int_\Gamma (f\mathrm{d}t - u\mathrm{d}x),$$

其中 $\Gamma = \partial G$ (取逆时针方向). 于是可将 (4.59) 写成积分守恒形式

$$\int_\Gamma (f\mathrm{d}t - u\mathrm{d}x) = 0. \tag{4.60}$$

我们先从 (4.60) 出发构造熟知的 Lax-Friedrichs 格式. 设网格如图 4.8, 取 G 为以 $A(j+1,n)$, $B(j+1,n+1)$, $C(j-1,n+1)$ 和 $D(j-1,n)$ 为顶点的开矩形, $\Gamma = \overline{ABCDA}$ 为其边界 (取逆时针方向), 则

$$\int_\Gamma (f\mathrm{d}t - u\mathrm{d}x) = \int_{DA} (-u)\mathrm{d}x + \int_{BC} (-u)\mathrm{d}x + \int_{AB} f\mathrm{d}t + \int_{CD} f\mathrm{d}t. \tag{4.61}$$

右端第一个积分用梯形公式, 第二个积分用中矩形公式, 第三、四两个积分用下矩形公式, 则由 (4.60) (4.61) 得 Lax-Friedrichs 格式:

$$\frac{u_j^{n+1} - \frac{1}{2}\left(u_{j-1}^n + u_{j+1}^n\right)}{\tau} + \frac{f_{j+1}^n - f_{j-1}^n}{2h} = 0, \tag{4.62}$$

其中 $f_j^n = f\left(x_j, u_j^n\right)$. Lax-Friedrichs 格式截断误差的阶是 $O\left(\tau + h^2\right)$. 特别地, 当 $f = au$ 时, Lax-Friedrichs 格式相当于 (4.45) 中的 u_j^n 代以 $\frac{1}{2}\left(u_{j-1}^n + u_{j+1}^n\right)$ 的结果. 我们知道, (4.45) 恒不稳定, 但由 Fourier 方法可知, Lax-Friedrichs 格式稳定的充要条件是

$$\frac{|a|\tau}{h} \leqslant 1. \tag{4.63}$$

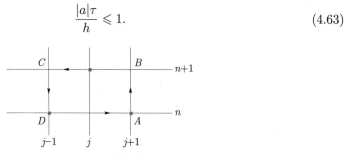

图 4.8　网格构造

若在上述推导过程中将 u 换成向量 $\boldsymbol{U} = (u_1, u_2, \cdots, u_m)^{\mathrm{T}}$, f 换成向量 $\boldsymbol{f} = (f_1, f_2, \cdots, f_m)^{\mathrm{T}}$, 则得到方程组的 Lax-Friedrichs 格式.

现在由积分守恒方程导出另一种所谓**盒式格式** (box scheme). 如图 4.9, 取 G 为以网点 $A(j,n)$, $B(j,n+1)$, $C(j-1,n+1)$ 和 $D(j-1,n)$ 为顶点的矩形, Γ 是 G 的边界. 此时积分型方程仍具有形式 (4.61). 右端各项积分用梯形公式近似, 则得

$$\frac{u_j^{n+1} - u_j^n}{\tau} + \frac{u_{j-1}^{n+1} - u_{j-1}^n}{\tau} + \frac{f_j^n - f_{j-1}^n}{h} + \frac{f_j^{n+1} - f_{j-1}^{n+1}}{h} = 0. \tag{4.64}$$

特别地, 以 $f = au$ 代入, 并令 $r = \dfrac{\tau}{h}$, 得

$$(1 + au)u_j^{n+1} + (1 - ar)u_{j-1}^{n+1} = (1 - ar)u_j^n + (1 + ar)u_{j-1}^n. \tag{4.65}$$

当 $a > 0$ 时, 边值给在左端, 计算由左向右进行; 当 $a < 0$ 时, 边值给在右端, 计算由右向左进行, 这些计算都是显的. 用 Fourier 方法还可证明 (4.65) 恒稳定. 若 a 依赖 x, 则

用 $a_{j-\frac{1}{2}}$ 代替 (4.65) 中的 a. 像迎风格式一样, 盒式格式也可用于双曲方程组. 此外, 若视 (4.64) 是在 $\left(x_{j-\frac{1}{2}}, t_{n+\frac{1}{2}}\right)$ 的差分逼近, 则截断误差的阶为 $O\left(\tau^2 + h^2\right)$.

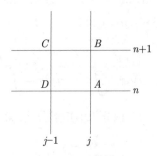

图 4.9　盒式格式

4.3.3　粘性差分格式

粘性差分格式的构造分两步. 先在双曲方程中引进一带二阶空间导数的小参数项, 称为**粘性项**, 使之成为一带小参数的抛物型方程, 例如

$$\frac{\partial u}{\partial t} + a\frac{\partial u}{\partial x} = \varepsilon\frac{\partial^2 u}{\partial x^2} \quad (\varepsilon > 0); \tag{4.66}$$

然后构造逼近相应抛物方程的差分格式. 自然要求 $\varepsilon \to 0$, 当 $\tau \to 0$ 时.

许多逼近双曲方程的差分格式可看作粘性差分格式. 例如迎风格式 (4.52) 可改写为

$$\frac{u_j^{n+1} - u_j^n}{\tau} + a_j\frac{u_{j+1}^n - u_{j-1}^n}{2h} = \frac{h}{2}a_j\frac{u_{j+1}^n - 2u_j^n + u_{j-1}^n}{h^2}, \quad a_j \geqslant 0,$$

$$\frac{u_j^{n+1} - u_j^n}{\tau} + a_j\frac{u_{j+1}^n - u_{j-1}^n}{2h} = -\frac{h}{2}a_j\frac{u_{j+1}^n - 2u_j^n + u_{j-1}^n}{h^2}, \quad a_j < 0.$$

或写成统一形式

$$\frac{u_j^{n+1} - u_j^n}{\tau} + a_j\frac{u_{j+1}^n - u_{j-1}^n}{2h} = \frac{h}{2}\left|a_j\right|\frac{u_{j+1}^n - 2u_j^n + u_{j-1}^n}{h^2}. \tag{4.67}$$

这相当于下列带小参数的抛物方程的中心差分逼近:

$$\frac{\partial u}{\partial t} + a\frac{\partial u}{\partial x} = \frac{h}{2}|a|\frac{\partial^2 u}{\partial x^2}. \tag{4.68}$$

对于线性双曲方程组 (4.54), 设 $\boldsymbol{A} = \boldsymbol{S\Lambda S}^{-1}$, $\boldsymbol{\Lambda} = \mathrm{diag}\left(\lambda_1, \lambda_2, \cdots, \lambda_n\right)$ 是由 $\boldsymbol{A}$ 的特征值组成的对角矩阵, 则可将逼近 (4.54) 的迎风格式写成:

$$\frac{\boldsymbol{u}_j^{n+1} - \boldsymbol{u}_j^n}{\tau} + \boldsymbol{A}\frac{\boldsymbol{u}_{j+1}^n - \boldsymbol{u}_{j-1}^n}{2h} = \frac{h}{2}\boldsymbol{S}|\boldsymbol{\Lambda}|\boldsymbol{S}^{-1}\frac{\boldsymbol{u}_{j+1}^n - 2\boldsymbol{u}_j^n + \boldsymbol{u}_{j-1}^n}{h^2} \tag{4.69}$$

其中 $|\boldsymbol{\Lambda}| = \mathrm{diag}\left(\left|\lambda_1\right|, \left|\lambda_2\right|, \cdots, \left|\lambda_n\right|\right)$.

Lax-Friedrichs 格式 (4.62) 也可改写成:

$$\frac{u_j^{n+1} - u_j^n}{\tau} + \frac{f_{j+1}^n - f_{j-1}^n}{2h} = \frac{h^2}{2\tau} \frac{u_{j+1}^n - 2u_j^n + u_{j-1}^n}{h^2}. \tag{4.70}$$

可看成是带小参数的抛物方程:

$$\frac{\partial u}{\partial t} + \frac{\partial f}{\partial x} = \frac{h}{2r} \frac{\partial^2 u}{\partial x^2} \tag{4.71}$$

中心差分化的结果, 网比 $r = \dfrac{\tau}{h}$ 固定.

比较 (4.68) 和 (4.71) 可知, 小参数的不同取法可导出各种不同的差分格式, 所以选取小参数是构造粘性差分格式的关键. 对于实际问题, 可以直接取自然粘性项, 也可以根据物理上的某些考虑构造人工粘性项. von Neumann 和 Richtmyer 引进的粘性项就属于后一种 (参看 [28] §12.10). 现在以 Lax-Wendroff 格式为例, 介绍另一种引进人工粘性项的方法.

为简便起见, 不妨设 (4.59) 中的 $f = f(u)$ (不显含 x). 将 u 关于时间变量 t 展开, 有

$$u(x_j, t_{n+1}) = u(x_j, t_n) + \tau \left(\frac{\partial u}{\partial t} \right)_j^n + \frac{\tau^2}{2} \left(\frac{\partial^2 u}{\partial t^2} \right)_j^n + \cdots.$$

利用 (4.59) 将关于 t 的偏导数换成关于 x 的偏导数, 并注意

$$\frac{\partial^2 u}{\partial t^2} = -\frac{\partial}{\partial t} \frac{\partial f}{\partial x} = -\frac{\partial}{\partial x} \frac{\partial f}{\partial t} = -\frac{\partial}{\partial x} \left(f'(u) \frac{\partial u}{\partial t} \right) = \frac{\partial}{\partial x} \left(f'(u) \frac{\partial f}{\partial x} \right),$$

则

$$u(x_j, t_{n+1}) = u(x_j, t_n) - \tau \left(\frac{\partial f}{\partial x} \right)_j^n + \frac{\tau^2}{2} \left(\frac{\partial}{\partial x} \right) \left(f'(u) \frac{\partial f}{\partial x} \right)_j^n + \cdots.$$

然后略去余项, 并用中心差商代替对 x 的偏导数, 则得 Lax-Wendroff 格式:

$$u_j^{n+1} = u_j^n - \frac{1}{2} \frac{\tau}{h} \left(f_{j+1}^n - f_{j-1}^n \right) + \frac{1}{2} \left(\frac{\tau}{h} \right)^2 \left[a_{j+\frac{1}{2}}^n \left(f_{j+1}^n - f_j^n \right) - a_{j-\frac{1}{2}}^n \left(f_j^n - f_{j-1}^n \right) \right], \tag{4.72}$$

其中 $a_{j+\frac{1}{2}}^n = f' \left(\frac{1}{2} u_{j+1}^n + \frac{1}{2} u_j^n \right)$. 特别地, 当 a 是常数时, (4.72) 为

$$u_j^{n+1} = u_j^n - \frac{1}{2} a \frac{\tau}{h} \left(u_{j+1}^n - u_{j-1}^n \right) + \frac{1}{2} \left(a \frac{\tau}{h} \right)^2 \left(u_{j+1}^n - 2u_j^n + u_{j-1}^n \right). \tag{4.73}$$

Lax-Wendroff 格式可看成是带粘性项方程

$$\frac{\partial u}{\partial t} + \frac{\partial f}{\partial x} = \frac{\tau}{2} \frac{\partial}{\partial x} \left(f'(u) \frac{\partial f}{\partial x} \right) \tag{4.74}$$

的中心差分格式. 显然, 格式 (4.72) 的截断误差的阶是 $O\left(\tau^2 + h^2\right)$. 由 Fourier 方法可知 (4.73) 的增长因子是

$$G = 1 - ira \sin(\alpha h) - (ra)^2 (1 - \cos(\alpha h)),$$

其中 $r = \dfrac{\tau}{h}$. 为使 $|G| \leqslant 1$, 必须且只需 $r|a| \leqslant 1$. 这就是稳定性条件.

为了避免出现导数 $a = f'(u)$, 在网格中心引进过渡值

$$u_{j+\frac{1}{2}}^{n+\frac{1}{2}} = \frac{1}{2}\left(u_{j+1}^n + u_j^n\right) - \frac{r}{2}\left(f_{j+1}^n - f_j^n\right), \tag{4.75}$$

再由下式得到最终值:

$$u_j^{n+1} = u_j^n - r\left(f_{j+\frac{1}{2}}^{n+\frac{1}{2}} - f_{j-\frac{1}{2}}^{n+\frac{1}{2}}\right). \tag{4.76}$$

称 (4.75) 和 (4.76) 为两步 Lax-Wendroff 法, 它仍然有二阶截断误差, 且当 $a = f'(x) =$ 常数时可转化成 (4.73).

粘性差分格式 (4.70) 和 (4.72) 也可直接推广到双曲方程组, 只需将那里的 u 和 f 换成 m 维向量函数.

4.3.4 其他差分格式

下面列出逼近 (4.42) 的其他一些差分格式及相关结果, 这些格式各有其特点. 以下用 $r = \dfrac{a\tau}{h}$ 表示网比, 并令

$$\Delta_+ u_j = u_{j+1} - u_j, \quad \Delta_- u_j = u_j - u_{j-1}, \quad \Delta_0 u_j = u_{j+1} - u_{j-1}.$$

1. Beam-Warming 格式:

$$\begin{cases} u_j^* = u_j^n - r\Delta_- u_j^n, \\ u_j^{n+1} = \frac{1}{2}\left(u_j^n + u_j^* - r\Delta_- u_j^* - r\Delta_-\Delta_+ u_{j-1}^n\right). \end{cases} \tag{4.77}$$

稳定性条件: $0 \leqslant |r| \leqslant 2$, 截断误差阶: $O\left(\tau^2\right) + O(\tau h) + O\left(h^2\right)$.

2. MacCormack 格式:

$$\begin{cases} u_j^* = u_j^n - r\Delta_+ u_j^n, \\ u_j^{n+1} = \frac{1}{2}\left(u_j^n + u_j^* - r\Delta_- u_j^*\right). \end{cases} \tag{4.78}$$

稳定性条件: $|r| \leqslant 1$, 截断误差阶: $O\left(\tau^2\right) + O\left(h^2\right)$.

3. 隐式迎风格式:

$$\begin{cases} \dfrac{u_j^{n+1} - u_j^n}{\tau} + a\dfrac{u_j^{n+1} - u_{j-1}^{n+1}}{h} = 0, & a \geqslant 0, \\ \dfrac{u_j^{n+1} - u_j^n}{\tau} + a\dfrac{u_{j+1}^{n+1} - u_j^{n+1}}{h} = 0, & a < 0 \end{cases} \tag{4.79}$$

恒稳定. 截断误差阶: $O(\tau) + O(h)$.

4. 隐式中心格式:

$$\frac{u_j^{n+1} - u_j^n}{\tau} + a\frac{u_{j+1}^{n+1} - u_{j-1}^{n+1}}{2h} = 0 \tag{4.80}$$

恒稳定. 截断误差阶: $O(\tau) + O\left(h^2\right)$.

5. 跳蛙 (leap-frog) 格式:

$$\frac{u_j^{n+1} - u_j^{n-1}}{2\tau} + a\frac{u_{j+1}^n - u_{j-1}^n}{2h} = 0. \tag{4.81}$$

稳定条件: $\left|\dfrac{a\tau}{h}\right| \leqslant 1$, 截断误差阶: $O\left(\tau^2\right) + O\left(h^2\right)$.

4.3.5　习题

1. 逼近方程

$$\frac{\partial u}{\partial t} + \frac{\partial(au)}{\partial x} = 0 \quad (a = a(x))$$

的另一形式的迎风格式为

$$\frac{u_j^{n+1} - u_j^n}{\tau} + \frac{a_{j+\frac{1}{2}}u_{j+\frac{1}{2}}^n - a_{j-\frac{1}{2}}u_{j-\frac{1}{2}}^n}{h} = 0, \tag{4.82}$$

其中

$$u_{j+\frac{1}{2}}^n = \begin{cases} u_{j+1}^n, & a_{j+\frac{1}{2}} < 0, \\ u_j^n, & a_{j+\frac{1}{2}} > 0, \end{cases} \tag{4.83}$$

$$u_{j-\frac{1}{2}}^n = \begin{cases} u_j^n, & a_{j-\frac{1}{2}} < 0, \\ u_{j-1}^n, & a_{j-\frac{1}{2}} > 0. \end{cases} \tag{4.84}$$

因 a 表示流速, 所以也称 (4.82)—(4.84) 为**偏上游格式** (upstream scheme). 证明当 $\tau \leqslant \dfrac{h}{\sup|a(x)|}$ 时格式稳定.

2. 利用特征构造逼近方程 (4.42) 的两种隐式迎风格式. 第一种, 如图 4.10(a), 过 P_0 作特征, 若特征与对角线 $\overline{Q_0P_{-1}}$ 相交, 则利用 $u_{Q_0}, u_{P_{-1}}$ 作交点的线性插值, 并取 u_{P_0} 等于交点值. 若特征与对角线 $\overline{Q_0P_1}$ 相交, 可类似地作 u_{P_0}. 第二种, 如图 4.10(b), 过 P_0 作特征, 则特征必与线段 $\overline{Q_0Q_1}, \overline{Q_1P_1}, \overline{Q_0Q_{-1}}$ 和 $\overline{Q_{-1}P_{-1}}$ 之一相交, 例如和 $\overline{Q_1P_1}$ 相交, 则利用 u_{Q_1}, u_{P_1} 作交点的线性插值, 并取 u_{P_0} 等于交点值, 余类推. 试导出计算公式并研究稳定性.

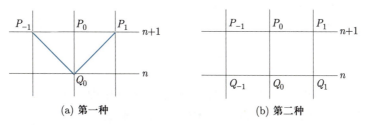

(a) 第一种　　　　　　　(b) 第二种

图 4.10　两种隐式迎风格式

3. (实习题) 利用显和隐的迎风格式计算:

$$\begin{cases} \dfrac{\partial u}{\partial t} - 2\dfrac{\partial u}{\partial x} = 0, & x \in (0,1), \quad t > 0, \\ u(x,0) = 1 + \sin 2\pi x, & x \in [0,1], \\ u(1,t) = 1. \end{cases}$$

取 $h = 0.1, \tau = 0.02$, 算出解在 $t = 0.1, 0.5$ 的值.

4. (实习题) 求解初边值问题:

$$\begin{cases} \dfrac{\partial u}{\partial t} + \dfrac{\partial u}{\partial x} = 0, & 0 < x < \infty, \quad t > 0, \\ u(x,0) = |x-1|, \quad u(0,t) = 1. \end{cases} \tag{4.85}$$

(1) 利用格式 (4.43), 取 $\tau = h = 0.5$, 计算 $t = 1,2,3,4,5$ 的解.

(2) 利用格式 (4.79), 取 $\tau = 1, h = 0.5$, 计算 $t = 1,2,3,4,5$ 的解.

注　方程 (4.85) 的特征族为 $x - t = c$. 据初边值条件, 精确解为

$$u(x,t) = \begin{cases} 1, & -\infty < x - t < 0, \\ 1 - (x-t), & 0 < x - t < 1, \\ (x-t) - 1, & 1 < x - t < \infty. \end{cases}$$

*4.4　初边值问题和对流占优扩散方程

4.4.1　初边值问题

以模型问题

$$\frac{\partial u}{\partial t} + a\frac{\partial u}{\partial x} = 0, \quad x \in (0,1), \quad t > 0, \tag{4.86}$$

$$u(x,0) = \varphi(x), \quad x \in [0,1] \tag{4.87}$$

为例介绍边值条件几种给法及其逼近方法.

1. 周期边值条件　是指边值条件:

$$u(0,t) = u(1,t).$$

设初值函数也以 1 为周期: $\varphi(0) = \varphi(1)$. 则可将此初边值问题以周期 1 扩展到 x 轴, 使其成为纯初值问题. 设 $a > 0, r = a\dfrac{\tau}{h}$, 则求解它的迎风格式为

$$u_j^{n+1} = u_j^n - r\left(u_j^n - u_{j-1}^n\right), \quad j = 1, 2, \cdots, J,$$
$$u_0^{n+1} = u_J^{n+1},$$
$$\tag{4.88}$$

$$u_j^0 = \varphi_j = \varphi(x_j), \quad j = 1, 2, \cdots, J,$$
$$n = 0, 1, \cdots.$$
$$\tag{4.89}$$

稳定性条件为 $r \leqslant 1$.

若用 Lax-Friedrichs 格式, 则

$$u_j^{n+1} = \frac{1}{2}(1+r)u_{j+1}^n + \frac{1}{2}(1-r)u_{j-1}^n, \quad j = 1, 2, \cdots, J-1,$$
$$u_0^{n+1} = u_J^{n+1}, \quad n = 0, 1, \cdots,$$
$$u_j^0 = \varphi_j, \quad j = 1, 2, \cdots, J-1.$$
$$\tag{4.90}$$

因 $u_{-1}^n = u_{J-1}^n$, 所以

$$u_0^{n+1} = \frac{1}{2}(1+r)u_1^n + \frac{1}{2}(1-r)u_{J-1}^n.$$

2. Dirichlet 条件 此时要按照 a 的符号配置边值. 根据特征的走向, 边值应如下配置:

$$u(0,t) = u_0(x), \quad a > 0$$
$$u(1,t) = u_1(x), \quad a < 0.$$

迎风格式应为

$$u_j^{n+1} = u_j^n - r\left(u_j^n - u_{j-1}^n\right), \quad a > 0,$$
$$u_j^{n+1} = u_j^n - r\left(u_{j+1}^n - u_j^n\right), \quad a < 0.$$

另一个合理的选择是采用隐式迎风格式 (见 (4.79)):

$$\begin{cases} \dfrac{u_j^{n+1} - u_j^n}{\tau} + a\dfrac{u_j^{n+1} - u_{j-1}^{n+1}}{h} = 0, & a > 0, \\[3mm] \dfrac{u_j^{n+1} - u_j^n}{\tau} + a\dfrac{u_{j+1}^{n+1} - u_j^{n+1}}{h} = 0, & a < 0. \end{cases}$$

此格式恒稳定, 截断误差的阶为 $O(\tau + h)$. 虽是隐格式, 但可显式求解.

3. 数值边界条件 若用空间中心差分格式逼近 (4.86) 的 Dirichlet 边值问题, 例如用 Lax-Friedrichs 格式或 Lax-Wendrof 格式, 就会发现还缺少一个边值条件, 因此需适当补充一个条件, 称为数值边界条件. 例如用 Lax-Wendrof 格式

$$u_j^{n+1} = u_j^n - \frac{1}{2}r\left(u_{j+1}^n - u_{j-1}^n\right) + \frac{1}{2}r^2\left(u_{j+1}^n - 2u_j^n + u_{j-1}^n\right), \tag{4.91}$$

逼近 (4.86), 其中 $a < 0, x \in (0,1)$, 边值条件为 $u(1,t) = 1$. 此时应在 $x = 0$ 补充给一边值条件. 通常可按 (偏右) 迎风格式给为

$$u_0^{n+1} = u_0^n - r\left(u_1^n - u_0^n\right), \tag{4.92}$$

或

$$u_0^{n+1} = u_0^n - r \left(u_1^{n+1} - u_0^{n+1} \right).$$

也可用外推数值边值条件:

$$u_0^{n+1} - u_1^{n+1} = 0, \tag{4.93}$$

或

$$u_0^{n+1} - 2u_1^{n+1} + u_2^{n+1} = 0 \tag{4.94}$$

等, 但不能任意指定 u_0^n 值 (参看 [31] 的第 8 章).

4.4.2 对流占优扩散方程

所谓对流占优扩散方程, 是指带对流项的抛物方程:

$$\frac{\partial u}{\partial t} + b\frac{\partial u}{\partial x} = a\frac{\partial^2 u}{\partial x^2}, \tag{4.95}$$

其中 a, b 是常数, $a > 0$, 而 $a \ll |b|$ (即 $|b|$ 相对 a 充分大). 此时 (4.95) 虽是抛物方程, 但其解却具双曲性质, 构造差分格式时需考虑解的这一性质. 先处理方程 (4.95) 的左端. 令

$$\alpha = \left(1 + b^2 \right)^{\frac{1}{2}}.$$

与 $u_t + bu_x$ 相伴的特征方向为

$$\boldsymbol{\nu} = \left(\frac{1}{\alpha}, \frac{b}{\alpha} \right),$$

沿 $\boldsymbol{\nu}$ 的方向导数

$$\frac{\partial}{\partial \boldsymbol{\nu}} = \frac{1}{\alpha}\frac{\partial}{\partial t} + \frac{b}{\alpha}\frac{\partial}{\partial x}.$$

所以 (4.95) 可写成形式:

$$\alpha\frac{\partial u}{\partial \boldsymbol{\nu}} = a\frac{\partial^2 u}{\partial x^2}. \tag{4.96}$$

取时间步长 $\tau > 0$, 沿 t 轴取节点 $t = t_n = n\tau, n = 1, 2, \cdots$. 由 (x, t_n) 出发的特征 (方向为 $\boldsymbol{\nu}$) 与直线 $t = t_{n-1}$ 交于

$$\bar{x} = x - b\tau,$$

参看图 4.11. 自然用下式逼近沿特征方向的导数:

$$\alpha\frac{\partial u}{\partial \boldsymbol{\nu}} \approx \alpha\frac{u\left(x, t_n\right) - u\left(\bar{x}, t_{n-1}\right)}{\left[(x - \bar{x})^2 + \tau^2\right]^{\frac{1}{2}}} = \frac{u\left(x, t_n\right) - u\left(\bar{x}, t_{n-1}\right)}{\tau}.$$

于是可用如下方程近似替代 (4.96):

$$\frac{u\left(x, t_n\right) - u\left(\bar{x}, t_{n-1}\right)}{\tau} = a\frac{\partial^2 u}{\partial x^2}. \tag{4.97}$$

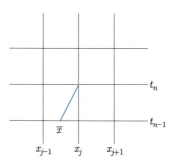

图 4.11　特征线

取 $x = x_j, \tau > 0$ 充分小, 使 $(\bar{x}, t_{n-1})$ 位于 $(x_{j-1}, t_{n-1}), (x_{j+1}, t_{n-1})$ 之间, 则 $b \geqslant 0$ 时位于 (x_j, t_{n-1}) 左侧, $b < 0$ 时位于 (x_j, t_{n-1}) 右侧 (见图 4.11). 今设 $b \geqslant 0$, 与 4.3.1 小节类似, 在 $(x_{j-1}, t_{n-1}), (x_j, t_{n-1})$ 之间以 u_{j-1}^{n-1}, u_j^{n-1} 为型值作线性插值, 得

$$\begin{aligned}
u(\bar{x}, t_{n-1}) &= \frac{x_j - \bar{x}}{h} u_{j-1}^{n-1} + \frac{\bar{x} - x_{j-1}}{h} u_j^{n-1} \\
&= \frac{b\tau}{h} u_{j-1}^{n-1} + \frac{h - b\tau}{h} u_j^{n-1}.
\end{aligned} \tag{4.98}$$

以之代到 (4.97) 左端, 并用二阶中心差商代替右端的二阶偏微商, 就得到逼近 (4.95) 的迎风差分格式

$$\frac{u_j^n - u_j^{n-1}}{\tau} + b\frac{u_j^{n-1} - u_{j-1}^{n-1}}{h} = a\frac{u_{j+1}^{n-1} - 2u_j^{n-1} + u_{j-1}^{n-1}}{h^2}. \tag{4.99}$$

同样, 当 $b < 0$ 时有逼近 (4.95) 的迎风差分格式:

$$\frac{u_j^n - u_j^{n-1}}{\tau} + b\frac{u_{j+1}^{n-1} - u_j^{n-1}}{h} = a\frac{u_{j+1}^{n-1} - 2u_j^{n-1} + u_{j-1}^{n-1}}{h^2}. \tag{4.100}$$

若 $a > |b|$, 则用中心差分格式:

$$\frac{u_j^n - u_j^{n-1}}{\tau} + b\frac{u_{j+1}^{n-1} - u_{j-1}^{n-1}}{h} = a\frac{u_{j+1}^{n-1} - 2u_j^{n-1} + u_{j-1}^{n-1}}{h^2}. \tag{4.101}$$

若 $|b| \gg a$ 时仍用 (4.101), 则可能出现不应有的振荡. 利用 Fourier 方法等技巧可以证明, (4.101) 稳定的充要条件是 (见 [1])

$$\frac{1}{2}\left(\frac{b\tau}{h}\right)^2 \leqslant \frac{a\tau}{h^2} \leqslant \frac{1}{2}, \tag{4.102}$$

或

$$\frac{1}{2}r_1^2 \leqslant r \leqslant \frac{1}{2},$$

其中

$$r_1 = \frac{b\tau}{h}, r = \frac{a\tau}{h^2}.$$

由 (4.102) 得 $\tau \leqslant \dfrac{2a}{|b|}$, 若 $|b| \gg a$, 这条件很难满足.

差分格式 (4.99) (4.100) 的截断误差的阶为 $O(\tau+h)$. 如果用 (x_{j-1}, t_{n-1}), (x_j, t_{n-1}), (x_{j+1}, t_{n-1}) 和型值 $u_{j-1}^{n-1}, u_j^{n-1}, u_{j+1}^{n-1}$ 的二次插值代替线性插值 (4.98), 就可得到截断误差为 $O\left(\tau+h^2\right)$ 的格式.

4.4.3 数值例子

求解对流占优扩散方程 (利用 Fourier 方法等技巧)

$$u_t' + bu_x' = au_{xx}'', \quad t > 0, \quad 0 < x < \infty, \tag{4.103}$$

其中 $a, b > 0$ 是常数. 定解条件为

$$u(x, 0) = 0, \quad x > 0, \tag{4.104}$$

$$u(0, t) = u_0, \quad t \geqslant 0, \quad u_0 \text{ 为正常数}, \tag{4.105}$$

$$u(\infty, t) = 0, \quad t \geqslant 0. \tag{4.106}$$

精确解为

$$u(x, t) = \frac{u_0}{2} \left\{ \operatorname{erfc}\left(\frac{x - bt}{2\sqrt{at}}\right) + \exp\left(\frac{bx}{a}\right) \operatorname{erfc}\left(\frac{x + bt}{2\sqrt{at}}\right) \right\}, \operatorname{erfc}(x) = \frac{2}{\sqrt{\pi}} \int_x^\infty \mathrm{e}^{-t^2}\,\mathrm{d}t.$$

现在采用隐式迎风格式 (参看 (4.99)):

$$\frac{u_j^{n+1} - u_j^n}{\tau} + b\frac{u_j^{n+1} - u_{j-1}^{n+1}}{h} = a\frac{u_{j+1}^{n+1} - 2u_j^{n+1} + u_{j-1}^{n+1}}{h^2}.$$

(i) 设 $a = 1, b = 1$. 取 $h = 0.5, \tau = 0.25$. 此时 $r = \dfrac{\tau}{h^2} = 1$. 记 $t_n = n\tau$, 计算 $t = t_1, t_2, \cdots, t_{50}$ 的差分解, 没有发生振荡, $t = t_{50}$ 的曲线如图 4.12, 实线为精确解, 虚线为近似解.

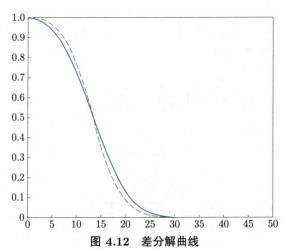

图 4.12 差分解曲线

(ii) 设 $a = 1, b = 10$. 取 $h = 0.5, \tau = 0.25$. 此时 $r = 1$. 记 $t_n = n\tau$. 计算 $t = t_1, t_2, \cdots, t_{50}$ 的差分解, 没有发生振荡, $t = t_{50}$ 的曲线如图 4.13, 实线为精确解, 虚线为近似解. 可见迎风格式计算含大对流项方程仍稳定. 我们曾用稳定的显中心差分格式求解问题 (4.103) — (4.106), 当对流项 $b = 10$ 时解出现不应有的振荡.

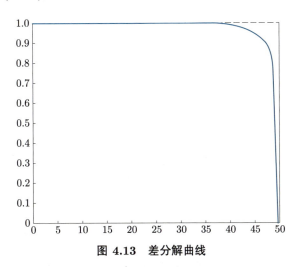

图 4.13   差分解曲线

4.4.4   习题

1. (实习题) 用迎风格式计算求解初边值问题

$$u'_t - u'_x = 0, \qquad x \in (0, 1),$$
$$u(x, 0) = \sin^{40} \pi x, \quad x \in [0, 1],$$
$$u(0, t) = u(1, t), \qquad t \geqslant 0.$$

此问题的精确解为 $u(x, t) = \sin^{40} \pi(x + t)$.

(a) 取 $h = 0.05, \tau = 0.04$, 算出 $t = 0.00, 0.12, 0.20, 0.80$ 的值.

(b) 画出 (a) 的图形, 观察峰值位置的变化, 与精确解峰值位置比较.

2. (实习题) 用 Lax-Wendroff 格式求解方程

$$u'_t - 2u'_x = 0, \qquad x \in (0, 1), \quad t > 0,$$
$$u(x, 0) = 1 + \sin 2\pi x, \quad x \in [0, 1],$$
$$u(1, t) = 1 + \sin 4\pi t.$$

此问题的精确解为 $u = 1 + \sin 2\pi(x + 2t)$.

数值边值条件分别为

(a) $u_0^{n+1} = u_0^n + \dfrac{2\tau}{h}(u_1^n - u_0^n)$;

(b) $u_0^n = u_1^n$;

(c) $u_0^{n+1} - 2u_1^{n+1} + u_2^{n+1} = 0$, 并与精确解比较.

3. (实习题) 用差分格式

$$\frac{u_j^n - u_j^{n-1}}{\tau} + a\frac{u_{j+1}^{n-1} - u_{j-1}^{n-1}}{h} = \frac{u_{j+1}^{n-1} - 2u_j^{n-1} + u_{j-1}^{n-1}}{h^2}$$

和

$$\frac{u_j^n - u_j^{n-1}}{\tau} + a\frac{u_j^{n-1} - u_{j-1}^{n-1}}{h} = \frac{u_{j+1}^{n-1} - 2u_j^{n-1} + u_{j-1}^{n-1}}{h^2}$$

求解

$$\frac{\partial u}{\partial t} + b\frac{\partial u}{\partial x} = \frac{\partial^2 u}{\partial x^2}.$$

初值条件:

$$u(x,0) = \begin{cases} x, & 0 \leqslant x \leqslant \dfrac{1}{2}, \\[2mm] (1-x), & \dfrac{1}{2} \leqslant x \leqslant 1. \end{cases}$$

边值条件:

$$u(0,t) = u(1,t) = 0.$$

取网比 $r = \dfrac{1}{2}$, 试就 $b = 1, 5, 10, 20$ 和步长 $h = 0.1, 0.01$, 计算 $t = 0.1, 0.5$ 的差分解.

第 5 章

边值问题的变分形式与 Ritz-Galerkin 法

5.1 二次函数的极值

数学物理中的变分原理, 有重要的理论和实际意义, 也是构造微分方程数值解法的基础. 为了便于读者理解, 本节以二次函数的极值问题为例, 介绍变分原理的基本概念和方法. 主要结论和证明思想均可平行推广到线性对称微分方程边值问题.

在 n 维欧氏空间 $\mathbb{R}^n$ 中引进向量、矩阵记号:

$$\boldsymbol{x} = (\xi_1, \xi_2, \cdots, \xi_n)^{\mathrm{T}},$$

$$\boldsymbol{b} = (b_1, b_2, \cdots, b_n)^{\mathrm{T}},$$

$$\boldsymbol{A} = \begin{bmatrix} a_{11} & a_{12} & \cdots & a_{1n} \\ a_{21} & a_{22} & \cdots & a_{2n} \\ \vdots & \vdots & & \vdots \\ a_{n1} & a_{n2} & \cdots & a_{nn} \end{bmatrix}.$$

这里以及往后仍用 $(\quad)^{\mathrm{T}}$ 表示括号内向量或矩阵的转置. 令 $\boldsymbol{y} = (\eta_1, \eta_2, \cdots, \eta_n)^{\mathrm{T}}$, 定义 $\boldsymbol{x}, \boldsymbol{y}$ 的内积为

$$(\boldsymbol{x}, \boldsymbol{y}) = \sum_{i=1}^{n} \xi_i \eta_i.$$

考虑 n 个变量的二次函数:

$$F(\boldsymbol{x}) = F(\xi_1, \xi_2, \cdots, \xi_n) = \sum_{i,j=1}^{n} \alpha_{ij} \xi_i \xi_j - \sum_{i=1}^{n} b_i \xi_i = (\boldsymbol{A}\boldsymbol{x}, \boldsymbol{x}) - (\boldsymbol{b}, \boldsymbol{x}).$$

它在 $\boldsymbol{x}_0 = \left(\xi_1^{(0)}, \xi_2^{(0)}, \cdots, \xi_n^{(0)}\right)^{\mathrm{T}}$ 取极值的必要条件是

$$\frac{\partial F\left(\xi_1^{(0)}, \xi_2^{(0)}, \cdots, \xi_n^{(0)}\right)}{\partial \xi_k} = \sum_{i=1}^{n} (\alpha_{ik} + \alpha_{ki}) \xi_i^{(0)} - b_k = 0, \quad k = 1, 2, \cdots, n.$$

假定 $\alpha_{ik} = \alpha_{ki}$, 即 $\boldsymbol{A}$ 为对称矩阵, 则

$$2\sum_{i=1}^{n} \alpha_{ki} \xi_i^{(0)} = b_k, \quad k = 1, 2, \cdots, n.$$

不难看出, 若令

$$J(\boldsymbol{x}) = \frac{1}{2}(\boldsymbol{A}\boldsymbol{x}, \boldsymbol{x}) - (\boldsymbol{b}, \boldsymbol{x}), \tag{5.1}$$

则二次函数 $J(\boldsymbol{x})$ 于 $\boldsymbol{x}_0$ 取极值的必要条件是: $\boldsymbol{x}_0$ 是线性代数方程组

$$\boldsymbol{A}\boldsymbol{x} = \boldsymbol{b} \tag{5.2}$$

的解.

为了进一步研究 $J(\boldsymbol{x})$ 于 $\boldsymbol{x}_0$ 的极值性质, 考虑实变量 λ 的二次函数

$$\varphi(\lambda) = J\left(\boldsymbol{x}_0 + \lambda\boldsymbol{x}\right),$$

其中 $\boldsymbol{x}$ 是任一 n 维非零向量. 若 $J(x)$ 于 $\boldsymbol{x}_0$ 取极小值, 则对任何 $\lambda \neq 0, \varphi(\lambda) = J\left(\boldsymbol{x}_0 + \lambda\boldsymbol{x}\right) > J\left(\boldsymbol{x}_0\right) = \varphi(0)$, 即 $\varphi(\lambda)$ 于 $\lambda = 0$ 取极小值. 反之, 若 $\varphi(\lambda)$ 于 $\lambda = 0$ 取极小值, 则对任何非零向量 $\boldsymbol{x}, J\left(\boldsymbol{x}_0 + \boldsymbol{x}\right) = \varphi(1) > \varphi(0) = J\left(\boldsymbol{x}_0\right)$, 即 $J(\boldsymbol{x})$ 于 $\boldsymbol{x}_0$ 取极小值. 这样, 我们就把多变量函数 $J(\boldsymbol{x})$ 的极值问题化成单变量函数 $\varphi(\lambda)$ 的极值问题.

现在研究 $J(\boldsymbol{x})$ 存在极小值的充要条件. 显然

$$\varphi(\lambda) = J\left(\boldsymbol{x}_0\right) + \frac{\lambda}{2}\left[(\boldsymbol{A}\boldsymbol{x}_0, \boldsymbol{x}) + (\boldsymbol{A}\boldsymbol{x}, \boldsymbol{x}_0) - 2(\boldsymbol{b}, \boldsymbol{x})\right] + \frac{\lambda^2}{2}(\boldsymbol{A}\boldsymbol{x}, \boldsymbol{x}).$$

因为 $\boldsymbol{A}$ 是对称矩阵, 故

$$\varphi(\lambda) = J\left(\boldsymbol{x}_0 + \lambda\boldsymbol{x}\right) = J\left(\boldsymbol{x}_0\right) + \lambda(\boldsymbol{A}\boldsymbol{x}_0 - \boldsymbol{b}, \boldsymbol{x}) + \frac{\lambda^2}{2}(\boldsymbol{A}\boldsymbol{x}, \boldsymbol{x}). \tag{5.3}$$

若 $J(\boldsymbol{x})$ 于 $\boldsymbol{x}_0$ 取极小值, 则

$$\varphi'(0) = (\boldsymbol{A}\boldsymbol{x}_0 - \boldsymbol{b}, \boldsymbol{x}) = 0, \quad \forall \boldsymbol{x} \in \mathbb{R}^n,$$

从而 $\boldsymbol{A}\boldsymbol{x}_0 - \boldsymbol{b} = \boldsymbol{0}$, 这说明 $\boldsymbol{x}_0$ 是 (5.2) 的解. 又

$$\varphi''(0) = (\boldsymbol{A}\boldsymbol{x}, \boldsymbol{x}) > 0, \quad \forall \boldsymbol{x} \in \mathbb{R}^n \backslash \{\boldsymbol{0}\},$$

故 $\boldsymbol{A}$ 必为正定矩阵.

反之, 设 $\boldsymbol{A}$ 是对称正定矩阵, $\boldsymbol{x}_0$ 是方程组 (5.2) 的解, 即

$$\boldsymbol{A}\boldsymbol{x}_0 - \boldsymbol{b} = \boldsymbol{0},$$

则由 (5.3) 得

$$\varphi(\lambda) = J\left(\boldsymbol{x}_0\right) + \frac{\lambda^2}{2}(\boldsymbol{A}\boldsymbol{x}, \boldsymbol{x}) = \varphi(0) + \frac{\lambda^2}{2}(\boldsymbol{A}\boldsymbol{x}, \boldsymbol{x}) > \varphi(0), \quad \lambda \neq 0, \quad \boldsymbol{x} \neq \boldsymbol{0}.$$

这说明 $J(\boldsymbol{x})$ 于 $\boldsymbol{x}_0$ 取极小值. 于是我们得

定理 5.1 设矩阵 $\boldsymbol{A}$ 对称正定, 则下列两问题等价:

(1) 求 $\boldsymbol{x}_0 \in \mathbb{R}^n$ 使

$$J\left(\boldsymbol{x}_0\right) = \min_{\boldsymbol{x} \in \mathbb{R}^n} J(\boldsymbol{x}), \tag{5.4}$$

其中 $J(\boldsymbol{x})$ 是由 (5.1) 定义的二次函数.

(2) 求下列方程组的解:

$$\boldsymbol{A}\boldsymbol{x} = \boldsymbol{b}. \tag{5.5}$$

$J(\boldsymbol{x})$ 是定义在全空间 $\mathbb{R}^n$ 上的二次函数, 称为 $\mathbb{R}^n$ 上的**二次泛函**或简称**泛函数**. 泛函数 $J(\boldsymbol{x})$ 由两部分组成: 第一部分是二次项 $\frac{1}{2}(\boldsymbol{A}\boldsymbol{x}, \boldsymbol{x})$, 它由矩阵 $\boldsymbol{A}$ 决定; 第二部分是一次项 $(\boldsymbol{b}, \boldsymbol{x})$, 它由右端向量 $\boldsymbol{b}$ 决定.

定理 5.1 表明, 在矩阵 $\boldsymbol{A}$ 为对称正定的条件下, 若 $\boldsymbol{x}_0$ 是极值问题 (5.4) 的解, 则它也是线性方程组 (5.5) 的解; 反之亦然. 因此为了确定并计算 $\boldsymbol{x}_0$, 可采取两种不同途径: 一种是求方程组 (5.5) 的解, 另一种是求泛函数 $J(\boldsymbol{x})$ 的极小值. 我们更强调这后一途径. 因为许多数学物理问题, 其直接的数学形式就是求意义更广的 "二次泛函" 的极小值, 只是对解作了某些 "光滑性" 假设之后, 才归结到微分方程. 其次, 即便是熟知的微分方程边值问题, 我们也宁愿把它化为某一 "二次泛函" 的极小值问题, 因为从极值问题出发建立数值解法往往更方便.

5.1.1 习题

如果 $\varphi'(0) = 0$, 则称 $\boldsymbol{x}_0$ 是 $J(\boldsymbol{x})$ 的**驻点** (或**稳定点**). 设矩阵 $\boldsymbol{A}$ 对称 (不必正定), 求证 $\boldsymbol{x}_0$ 是 $J(\boldsymbol{x})$ 的驻点的充要条件是: $\boldsymbol{x}_0$ 是方程组 $\boldsymbol{A}\boldsymbol{x} = \boldsymbol{b}$ 的解.

5.2 Sobolev 空间初步

作为后面将要介绍的偏微分方程变分形式及多种数值方法的理论基础, 本节我们引入 Sobolev 空间的概念并介绍一些基本性质 (参见 [18, 24, 35]).

5.2.1 Sobolev 空间的定义

由于偏微分方程涉及函数的导数, 但经典导数的定义不能满足后面的理论需求, 本小节我们先引入弱导数的概念, 再结合我们学过的 L^2 函数空间来引入 Sobolev 空间的定义.

弱导数

设 $\Omega \subset \mathbb{R}^d (d = 1, 2, 3)$ 是开集. 记 $C_0^\infty(\Omega)$ 是 Ω 中的紧支集无穷次可微函数的集合. 定义 $L_{\mathrm{loc}}^1(\Omega)$ 为局部可积函数的集合:

$$L_{\mathrm{loc}}^1(\Omega) = \left\{ f : f|_K \in L^1(K), \forall\, \text{紧集}\ K \subset \Omega \right\}.$$

定义 5.1 (弱导数)   假设 $f \in L_{\mathrm{loc}}^1(\Omega), 1 \leqslant i \leqslant d$. 如果有 $g_i \in L_{\mathrm{loc}}^1(\Omega)$ 满足

$$\int_\Omega g_i \varphi \mathrm{d}\boldsymbol{x} = - \int_\Omega f \frac{\partial \varphi}{\partial x_i} \mathrm{d}\boldsymbol{x}, \quad \forall \varphi \in C_0^\infty(\Omega),$$

那么称 g_i 为 f 关于 x_i 在 Ω 上的弱 (偏) 导数, 并记为

$$\partial_{x_i} f = \frac{\partial f}{\partial x_i} = g_i, \quad i = 1, 2, \cdots, d.$$

类似地, 对多重指标 $\boldsymbol{\alpha} = (\alpha_1, \alpha_2, \cdots, \alpha_d) \in \mathbb{N}^d$, 记 $|\boldsymbol{\alpha}| = \alpha_1 + \alpha_2 + \cdots + \alpha_d$, 可如下定义 $\partial^{\boldsymbol{\alpha}} f \in L^1_{\text{loc}}(\Omega)$:

$$\int_{\Omega} \partial^{\boldsymbol{\alpha}} f \varphi \mathrm{d}\boldsymbol{x} = (-1)^{|\boldsymbol{\alpha}|} \int_{\Omega} f \partial^{\boldsymbol{\alpha}} \varphi \mathrm{d}\boldsymbol{x}, \quad \forall \varphi \in C_0^{\infty}(\Omega),$$

其中 $\partial^{\boldsymbol{\alpha}} = \partial_{x_1}^{\alpha_1} \partial_{x_2}^{\alpha_2} \cdots \partial_{x_d}^{\alpha_d}$.

显然弱导数概念是经典导数定义的推广, 它保留了经典导数的分部积分的性质. 但混合弱偏导数与求导次序无关. 下面引理可以保证弱导数的唯一性.

引理 5.1 (变分学基本引理)   假设 $f \in L^1_{\text{loc}}(\Omega)$ 满足 $\displaystyle\int_{\Omega} f \varphi \, \mathrm{d}\boldsymbol{x} = 0, \forall \varphi \in C_0^{\infty}(\Omega)$, 则 $f \stackrel{\text{a.e.}}{=} 0$.

例 5.1   令 $d = 1, \Omega = (-1, 1), f(x) = 1 - |x|$. f 的弱导数为

$$g = \begin{cases} 1, & x \leqslant 0, \\ -1, & x > 0. \end{cases}$$

利用引理 5.1 可以证明 g 的弱导数不存在, 这里略去推导.

Sobolev 空间

定义 5.2 (Sobolev 空间)   对非负整数 k, 定义

$$H^k(\Omega) = \left\{ u \in L^2(\Omega) : \partial^{\boldsymbol{\alpha}} u \in L^2(\Omega), \quad \forall |\boldsymbol{\alpha}| \leqslant k \right\}.$$

可以证明 $H^k(\Omega)$ 在下面范数下是 Banach 空间:

$$\|u\|_{H^k(\Omega)} = \left(\sum_{|\boldsymbol{\alpha}| \leqslant k} \frac{|\boldsymbol{\alpha}|!}{\alpha_1! \alpha_2! \cdots \alpha_n!} \|\partial^{\boldsymbol{\alpha}} u\|_{L^2(\Omega)}^2 \right)^{\frac{1}{2}}.$$

后面还会用到如下半范数的定义:

$$|u|_{H^k(\Omega)} = \left(\sum_{|\boldsymbol{\alpha}| = k} \frac{|\boldsymbol{\alpha}|!}{\alpha_1! \alpha_2! \cdots \alpha_n!} \|\partial^{\boldsymbol{\alpha}} u\|_{L^2(\Omega)}^p \right)^{\frac{1}{2}}.$$

后面往往简记 $\|\cdot\|_k = \|\cdot\|_{H^k(\Omega)}, |\cdot|_k = |\cdot|_{H^k(\Omega)}$. $H^k(\Omega)$ 在下面内积下是 Hilbert 空间:

$$(u, v)_{k, \Omega} = \sum_{|\boldsymbol{\alpha}| \leqslant k} \frac{|\boldsymbol{\alpha}|!}{\alpha_1! \alpha_2! \cdots \alpha_n!} \int_{\Omega} \partial^{\boldsymbol{\alpha}} u \partial^{\boldsymbol{\alpha}} v \mathrm{d}\boldsymbol{x}.$$

记 $H_0^k(\Omega)$ 为 $C_0^{\infty}(\Omega)$ 在 $H^k(\Omega)$ 中的闭包.

例 5.2 (1) 令 $\Omega = (0,1)$, 考虑函数 $u = x^\alpha$. 易知: 当 $\alpha > -\dfrac{1}{2}$ 时, $u \in L^2(\Omega)$; 当 $\alpha > \dfrac{1}{2}$ 或 $\alpha = 0$ 时, $u \in H^1(\Omega)$; 当 $\alpha > k - \dfrac{1}{2}$ 或 $\alpha = 0, 1, \cdots, k-1$ 时, $u \in H^k(\Omega)$.

(2) 令 $\Omega = \left\{ \boldsymbol{x} \in \mathbb{R}^2 : |\boldsymbol{x}| < \dfrac{1}{2} \right\}$. 考虑函数 $f(\boldsymbol{x}) = \ln|\ln|\boldsymbol{x}||$. 则 $f \in H^1(\Omega)$, 但 $f \notin L^\infty(\Omega)$. 此例说明, 在二维情形下, $H^1(\Omega)$ 中的函数可能不连续甚至无界.

5.2.2 Sobolev 空间的性质

磨光

先介绍 Sobolev 空间中函数的磨光. 设 $\rho \in C_0^\infty(\mathbb{R}^d)$ 满足

$$\rho(\boldsymbol{x}) \geqslant 0, \quad \int_{\mathbb{R}^d} \rho(\boldsymbol{x}) \, \mathrm{d}\boldsymbol{x} = 1, \quad \mathrm{supp}(\rho) \subset \{\boldsymbol{x} : |\boldsymbol{x}| \leqslant 1\}.$$

例如

$$\rho(\boldsymbol{x}) = \begin{cases} C\mathrm{e}^{\frac{1}{|\boldsymbol{x}|^2 - 1}}, & |\boldsymbol{x}| < 1, \\ 0, & |\boldsymbol{x}| \geqslant 1, \end{cases}$$

其中常数 C 使得 $\displaystyle\int_{\mathbb{R}^d} \rho(\boldsymbol{x})\mathrm{d}\boldsymbol{x} = 1$. 对 $\varepsilon > 0$, 函数 $\rho_\varepsilon(\boldsymbol{x}) = \varepsilon^{-d}\rho\left(\dfrac{\boldsymbol{x}}{\varepsilon}\right) \in C_0^\infty(\mathbb{R}^d)$ 且 $\mathrm{supp}(\rho_\varepsilon) \subset \{\boldsymbol{x} : |\boldsymbol{x}| \leqslant \varepsilon\}$. 称 ρ_ε 为磨光核 (mollifier) 并称卷积

$$u_\varepsilon(\boldsymbol{x}) = (\rho_\varepsilon * u)(\boldsymbol{x}) = \int_{\mathbb{R}^d} \rho_\varepsilon(\boldsymbol{x} - \boldsymbol{y}) u(\boldsymbol{y})\mathrm{d}\boldsymbol{y}$$

为 u 的磨光函数 (正则化, regularization).

引理 5.2 (i) 如果 $u \in L^1_{\mathrm{loc}}(\mathbb{R}^d)$, 则 $\forall \varepsilon > 0, u_\varepsilon \in C^\infty(\mathbb{R}^d)$ 且对任意多重指标 $\boldsymbol{\alpha}$, 有 $\partial^{\boldsymbol{\alpha}}(\rho_\varepsilon * u) = (\partial^{\boldsymbol{\alpha}}\rho_\varepsilon) * u$;

(ii) 如果 $u \in L^2(\mathbb{R}^d)$, 则 $u_\varepsilon \in L^2(\mathbb{R}^d)$, $\|u_\varepsilon\|_{L^2(\mathbb{R}^d)} \leqslant \|u\|_{L^2(\mathbb{R}^d)}$, 且 $\displaystyle\lim_{\varepsilon \to 0} \|u_\varepsilon - u\|_{L^2(\mathbb{R}^d)} = 0$.

引理 5.3 设 Ω 是一个区域 (即连通的开集), $u \in H^1(\Omega)$, 且 $\nabla u \overset{\mathrm{a.e.}}{=} 0$ 于 Ω, 则 u 在 Ω 上是常数.

证明 设 $K := B(\boldsymbol{x}_0, r) \subset \Omega$ 是任一球, 取 $\varepsilon > 0$ 足够小使得 $B(\boldsymbol{x}_0, r + \varepsilon) \subset \Omega$. 将 u 于 Ω 外作零延拓, 仍记为 u, 令 $u_\varepsilon := \rho_\varepsilon * u$. 显然, $\rho_\varepsilon(\boldsymbol{x}, \cdot)|_\Omega \in C_0^\infty(\Omega)^d, \forall \boldsymbol{x} \in K$, 故由弱偏导数的定义知, 在 K 中 $\nabla u_\varepsilon = (\nabla \rho_\varepsilon) * u = 0$. 既然 u_ε 是光滑的, u_ε 在 K 上是常数. 另外由引理 5.2, $u_\varepsilon \to u$ 于 $L^2(K)$. 故 u 在 K 上是常数. 由 Ω 的连通性及有限覆盖定理, 得证. $\qquad \square$

稠密性定理

定理 5.2 (稠密性定理) 设 $k \geqslant 0$, $\Omega \subset \mathbb{R}^d$ 是有界多面体区域, 则 $C^\infty(\bar{\Omega}) := \left\{ \varphi|_\Omega : \varphi \in C_0^\infty(\mathbb{R}^d) \right\}$ 在 $H^k(\Omega)$ 中稠密.

这里, $\mathbb{R}^d$ 中多面体在 $d = 1$ 时指线段, $d = 2$ 时指多边形, $d = 3$ 时就是通常的多面体.

嵌入定理

设 $X \subset Y$ 是两个 Banach 空间, 其范数分别记为 $\|\cdot\|_X, \|\cdot\|_Y$. 我们称 X 连续嵌入到 Y, 记为 $X \hookrightarrow Y$, 如果 $\|v\|_Y \leqslant C\|v\|_X, \forall v \in X$. 我们称 X 紧嵌入到 Y, 记为 $X \hookrightarrow\hookrightarrow Y$, 如果 X 中的任意有界序列有在 Y 中收敛的子序列. 显然当 $X \hookrightarrow Y$ 时, 恒等算子 $id_{X \hookrightarrow Y}$ 是连续的; 当 $X \hookrightarrow\hookrightarrow Y$ 时, 恒等算子 $id_{X \hookrightarrow Y}$ 是紧算子; 并且 $X \hookrightarrow\hookrightarrow Y$ 蕴含 $X \hookrightarrow Y$.

> **定理 5.3 (Sobolev 嵌入定理)**　假设 $\Omega \subset \mathbb{R}^d$ 是有界多面体区域, $k \geqslant 0$.
>
> (i) 如果 $k - \dfrac{d}{2} < 0$, 则
> $$H^k(\Omega) \hookrightarrow L^q(\Omega), \quad \text{其中} \quad q = \frac{d}{d/2 - k},$$
> $$H^k(\Omega) \hookrightarrow\hookrightarrow L^{q'}(\Omega), \quad \forall 1 \leqslant q' < q.$$
>
> (ii) 如果 $k - \dfrac{d}{2} = 0$, 则
> $$H^k(\Omega) \hookrightarrow\hookrightarrow L^q(\Omega), \quad \forall 1 \leqslant q < \infty.$$
>
> (iii) 如果 $0 < \alpha := k - \dfrac{d}{2} < 1$, 则
> $$H^k(\Omega) \hookrightarrow C^{0,\alpha}(\bar{\Omega}), \quad H^k(\Omega) \hookrightarrow\hookrightarrow C^{0,\alpha'}(\bar{\Omega}), \quad \forall 0 \leqslant \alpha' < \alpha.$$

注 5.1　若 $k - \dfrac{d}{2} \geqslant 1$, 则可以对函数本身及导数应用上面的 Sobolev 嵌入定理, 得到相应结果.

例 5.3　设 $\Omega \subset \mathbb{R}^d$ 是有界多面体区域.

(i) $H^1(\Omega) \hookrightarrow \begin{cases} C^{0,1/2}(\bar{\Omega}), & d = 1, \\ L^q(\Omega), \quad 1 \leqslant q < \infty, & d = 2, \\ L^6(\Omega), & d = 3. \end{cases}$

(ii) $H^1(\Omega) \hookrightarrow\hookrightarrow L^2(\Omega)$; 由归纳法得 $H^k(\Omega) \hookrightarrow\hookrightarrow H^{k-1}(\Omega), \forall k \geqslant 1$.

> **定理 5.4 (Poincaré-Friedrichs 不等式)**　假设 $\Omega \subset \mathbb{R}^d$ 是有界多面体区域, 则
> $$\|u\|_{L^2(\Omega)} \leqslant C\|\nabla u\|_{L^2(\Omega)}, \quad \forall u \in H_0^1(\Omega) \quad \text{(Friedrichs)},$$
> $$\|u - u_\Omega\|_{L^2(\Omega)} \leqslant C\|\nabla u\|_{L^2(\Omega)}, \quad \forall u \in H^1(\Omega) \quad \text{(Poincaré)},$$

其中 $u_\Omega = \dfrac{1}{|\Omega|} \displaystyle\int_\Omega u(x)\mathrm{d}x.$

证明　仅证第二个不等式. 记空间 $V = \{v \in H^1(\Omega) : v_\Omega = 0\}$, 则 Poincaré 不等式等价于

$$\|v\|_{L^2(\Omega)} \leqslant C\|\nabla v\|_{L^2(\Omega)}, \quad \forall v \in V.$$

用反证法. 假设上面不等式不成立, 则存在序列 $\{v_n\} \subset V$ 使得

$$\|v_n\|_{L^2(\Omega)} = 1, \quad \|\nabla v_n\|_{L^2(\Omega)} \leqslant \frac{1}{n}.$$

由 $H^1(\Omega) \hookrightarrow\hookrightarrow L^2(\Omega)$, 知存在子序列 (仍记为) v_n 及某函数 $v \in L^2(\Omega)$ 使得 $v_n \to v$ 于 $L^2(\Omega)$. 由弱导数的定义及在 $L^2(\Omega)^d$ 中 $\nabla v_n \to 0$, 可得 $\nabla v = 0$, 从而, 由引理 5.3 知 v 为常数, 再由 $v_\Omega = 0$ 可得 $v = 0$. 这与 $\|v\|_{L^2(\Omega)} = 1$ 矛盾. □

迹定理

我们知道区域 Ω 上一个连续函数的边界值就是其在边界上的限制. 下面以 H^1 空间为例, 讨论 Sobolev 空间中函数的 "边界值" 的定义. 由于 Sobolev 空间中两个仅在零测集上不同的函数被认为是同一个 (类) 函数, 所以对一个 Sobolev 空间中的函数, 允许任意改变其在某零测集上的值, 而被认为还是一个函数. 注意到相对于区域 Ω, 其边界 $\partial\Omega$ 正好是零测集, 那么该如何定义一个 Sobolev 空间中函数的边界值呢?

先考虑一个简单情形: $\Omega \subset \mathbb{R}^2$ 是单位圆盘, 即

$$\Omega = \{\boldsymbol{x} : |\boldsymbol{x}| < 1\} = \{(r, \theta) : 0 \leqslant r < 1, 0 \leqslant \theta < 2\pi\}.$$

设 $u \in C^1(\bar{\Omega})$, 考虑其在 $\partial\Omega$ 上的限制:

$$u(1, \theta)^2 = \int_0^1 \frac{\partial}{\partial r} \left(r^2 u(r, \theta)^2\right) \mathrm{d}r = \int_0^1 \left(2ru^2 + 2r^2 uu_r\right) \mathrm{d}r$$
$$\leqslant \int_0^1 \left(2ru^2 + 2r^2 |u||\nabla u|\right) \mathrm{d}r.$$

从而

$$\|u\|_{L^2(\partial\Omega)}^2 = \int_0^{2\pi} u(1, \theta)^2 \mathrm{d}\theta \leqslant \int_0^{2\pi} \int_0^1 2r \left(u^2 + |u||\nabla u|\right) \mathrm{d}r\mathrm{d}\theta$$
$$= 2\int_\Omega \left(u^2 + |u||\nabla u|\right) \mathrm{d}\boldsymbol{x} \leqslant 2\|u\|_{L^2(\Omega)}^2 + 2\|u\|_{L^2(\Omega)}\|\nabla u\|_{L^2(\Omega)}$$
$$= 2\|u\|_{L^2(\Omega)} \left(\|u\|_{L^2(\Omega)} + \|\nabla u\|_{L^2(\Omega)}\right)$$
$$\leqslant 2\|u\|_{L^2(\Omega)} \sqrt{2} \left(\|u\|_{L^2(\Omega)}^2 + \|\nabla u\|_{L^2(\Omega)}^2\right)^{\frac{1}{2}}$$
$$= 2\sqrt{2}\|u\|_{L^2(\Omega)}\|u\|_{H^1(\Omega)}.$$

也就是, 当 $u \in C^1(\bar{\Omega})$ 时,

$$\|u\|_{L^2(\partial\Omega)} \leqslant \sqrt[4]{8}\|u\|_{L^2(\Omega)}^{\frac{1}{2}}\|u\|_{H^1(\Omega)}^{\frac{1}{2}}. \tag{5.6}$$

下面证明 $H^1(\Omega)$ 中的函数可以定义边界值并满足上面不等式.

引理 5.4   假设 $\Omega \subset \mathbb{R}^2$ 是单位圆盘, 则存在线性算子 $\gamma_0 : H^1(\Omega) \mapsto L^2(\partial\Omega)$ 满足:

$$\|\gamma_0 u\|_{L^2(\partial\Omega)} \leqslant \sqrt[4]{8}\|u\|_{L^2(\Omega)}^{\frac{1}{2}}\|u\|_{H^1(\Omega)}^{\frac{1}{2}}, \quad \forall u \in H^1(\Omega).$$

并且, 若 $u \in C^1(\bar{\Omega})$, 则 $\gamma_0 u = u|_{\partial\Omega}$.

证明   由稠密性定理 5.2, 存在 $u_j \in C^1(\bar{\Omega})$ 使得 $\|u - u_j\|_{H^1(\Omega)} \to 0, j \to \infty$. 由 (5.6) 有

$$\|u_j - u_k\|_{L^2(\partial\Omega)} \leqslant \sqrt[4]{8}\|u_j - u_k\|_{H^1(\Omega)}.$$

所以, $u_j|_{\partial\Omega}$ 是 $L^2(\partial\Omega)$ 中的 Cauchy 序列, 从而收敛, 定义其极限为 $\gamma_0 u$, 即

$$\gamma_0 u = \lim_{j\to\infty} u_j.$$

先证明此定义不依赖于序列 $\{u_j\}$ 的选取. 假设有另一个序列 $\{v_j\} \subset C^1(\bar{\Omega})$ 满足 $\lim_{j\to\infty} \|u - v_j\|_{H^1(\Omega)} = 0$, 则由 (5.6) 有

$$\|u_j - v_j\|_{L^2(\partial\Omega)} \leqslant \sqrt[4]{8}\|u_j - v_j\|_{H^1(\Omega)} \to 0 \quad (j \to \infty).$$

即 $\gamma_0 u$ 是唯一的. 于是有

$$\|\gamma_0 u\|_{L^2(\partial\Omega)} = \lim_{j\to\infty} \|u_j\|_{L^2(\partial\Omega)} \leqslant \lim_{j\to\infty} \sqrt[4]{8}\|u_j\|_{L^2(\Omega)}^{\frac{1}{2}}\|u_j\|_{H^1(\Omega)}^{\frac{1}{2}}$$
$$= \sqrt[4]{8}\|u\|_{L^2(\Omega)}^{\frac{1}{2}}\|u\|_{H^1(\Omega)}^{\frac{1}{2}}. \qquad \square$$

上面引理定义的 $\gamma_0 u$ 称为 u 在 $\partial\Omega$ 上的 "迹", 是光滑函数边界值的推广, 也可称为 u 的边界值. 可以看出, 一个 H^1 空间中函数的边界值的定义采用了 "稠密性论证" 的流程, 先取一列收敛于该函数的充分光滑函数序列, 证明该序列的边界值序列收敛, 定义其极限为该函数的边界值. 更一般地, 我们有下面的结论.

定理 5.5   设 $\Omega \subset \mathbb{R}^d$ 是有界多面体区域, 则存在有界线性算子 $\gamma_0 : H^1(\Omega) \mapsto L^2(\partial\Omega)$ 及常数 $C > 0$ 使得

$$\|\gamma_0 u\|_{L^2(\partial\Omega)} \leqslant C\|u\|_{L^2(\Omega)}^{\frac{1}{2}}\|u\|_{H^1(\Omega)}^{\frac{1}{2}}, \quad \forall u \in H^1(\Omega).$$

并且, 若 $u \in C^1(\bar{\Omega})$, 则 $\gamma_0 u = u|_{\partial\Omega}$.

注 5.2   (i) 在定理 5.5 的条件下, 我们有:

$$H_0^1(\Omega) = \{v \in H^1(\Omega) : \gamma_0 v = 0\}.$$

(ii) $\gamma_0 u$ 可以理解为 u 在 $\partial\Omega$ 上的值. 以后常常省略 γ_0, 将 $\gamma_0 u$ 简记为 $u|_{\partial\Omega}$.

定理 5.6 (Green 第一公式) 设 $\Omega \subset \mathbb{R}^d$ 是有界多面体区域, $\boldsymbol{\kappa} \in (L^\infty(\Omega))^{d\times d}, \nabla \cdot$ $\boldsymbol{\kappa} \in (L^\infty(\Omega))^{1\times d}, u \in H^2(\Omega), v \in H^1(\Omega)$, 则

$$-\int_\Omega \nabla \cdot (\boldsymbol{\kappa}\nabla u)v\mathrm{d}\boldsymbol{x} = \int_\Omega \boldsymbol{\kappa}\nabla u \cdot \nabla v\mathrm{d}\boldsymbol{x} - \int_{\partial\Omega} \boldsymbol{\kappa}\nabla u \cdot \boldsymbol{n}v, \tag{5.7}$$

其中 $\nabla \cdot \boldsymbol{\kappa}$ 表示对 $\boldsymbol{\kappa}$ 的列求散度所得行向量值函数, $\boldsymbol{n}$ 是 $\partial\Omega$ 的单位外法向量, $\partial\Omega$ 上的积分在 $d = 2$ 和 $d = 3$ 时分别是第一型曲线和曲面积分.

证明 由稠密性论证, 只需对 $C^\infty(\bar{\Omega})$ 中的函数证明 Green 公式成立. 这可由恒等式

$$\nabla \cdot (\boldsymbol{\kappa}\nabla u)v + \boldsymbol{\kappa}\nabla u \cdot \nabla v = \nabla \cdot ((\boldsymbol{\kappa}\nabla u)v)$$

及 Gauss 公式得到. □

5.2.3 习题

1. 证明定理 5.4 中的 Friedrichs 不等式.

5.3 两点边值问题

5.3.1 极小位能原理

考虑两点边值问题:

$$Lu = -\frac{\mathrm{d}}{\mathrm{d}x}\left(p\frac{\mathrm{d}u}{\mathrm{d}x}\right) + qu = f, \quad x \in (a, b), \tag{5.8}$$

$$u(a) = 0, \quad u'(b) = 0, \tag{5.9}$$

其中 $p \in C^1(\bar{I})$ (一次连续可微函数空间), $p(x) \geqslant \min\limits_{x\in I} p(x) = p_{\min} > 0, q \in C(\bar{I})$, $q \geqslant 0, f \in H^0(I), \bar{I} = [a, b]$, 构造泛函

$$J(u) = \frac{1}{2}(Lu, u) - (f, u)$$

$$= -\frac{1}{2}\int_a^b \frac{\mathrm{d}}{\mathrm{d}x}\left(p\frac{\mathrm{d}u}{\mathrm{d}x}\right)u\mathrm{d}x + \frac{1}{2}\int_a^b qu^2\mathrm{d}x - \int_a^b fu\mathrm{d}x.$$

对右端第一项施行分部积分, 并用边值条件 (5.9) 代入, 得

$$-\int_a^b \frac{\mathrm{d}}{\mathrm{d}x}\left(p\frac{\mathrm{d}u}{\mathrm{d}x}\right)u\mathrm{d}x = -p\frac{\mathrm{d}u}{\mathrm{d}x}u\bigg|_a^b + \int_a^b p\left(\frac{\mathrm{d}u}{\mathrm{d}x}\right)^2\mathrm{d}x = \int_a^b p\left(\frac{\mathrm{d}u}{\mathrm{d}x}\right)^2\mathrm{d}x.$$

令

$$a(u,v) = \int_a^b \left(p\frac{\mathrm{d}u}{\mathrm{d}x}\frac{\mathrm{d}v}{\mathrm{d}x} + quv \right)\mathrm{d}x, \tag{5.10}$$

便得

$$J(u) = \frac{1}{2}a(u,u) - (f,u). \tag{5.11}$$

设 H_E^1 为 H^1 中满足左边值条件 $u(a) = 0$ 的函数组成的子空间. 考虑和 (5.8) (5.9) 相应的变分问题: 求 $u_* \in H_E^1$, 使

$$J(u_*) = \min_{u \in H_E^1} J(u). \tag{5.12}$$

由 (5.10) 定义的 $a(u,v)$ 十分重要, 它在今后的讨论中将起关键作用. 显然 $a(u,v)$ 分别对 u, v 都是线性泛函, 即

$$a(c_1 u_1 + c_2 u_2, v) = c_1 a(u_1, v) + c_2 a(u_2, v),$$

$$a(u, c_1 v_1 + c_2 v_2) = c_1 a(u, v_1) + c_2 a(u, v_2).$$

因为 c_1, c_2 是常数, 所以称为双线性泛函或双线性形式. 在讨论极值问题 (5.12) 之前, 我们先导出双线性形式 $a(u,v)$ 的几个基本性质.

首先 $a(u,v)$ 是**对称形式**, 即

$$a(u,v) = a(v,u), \quad \text{对任意 } u, v \in H^1(I).$$

$a(u,v)$ 的对称性是由微分算子 L 的对称性决定的. 实际上, 设 $u, v \in C^2(I)$, 且满足边值条件 (5.9), 则

$$(Lu, v) = \int_a^b \left[-\frac{\mathrm{d}}{\mathrm{d}x}\left(p\frac{\mathrm{d}u}{\mathrm{d}x} \right) v + quv \right]\mathrm{d}x$$

$$= \int_a^b \left(p\frac{\mathrm{d}u}{\mathrm{d}x}\frac{\mathrm{d}v}{\mathrm{d}x} + quv \right)\mathrm{d}x. \tag{5.13}$$

对调 u, v 后, 等式右端不变, 所以

$$(Lu, v) = (Lv, u) = (u, Lv). \tag{5.14}$$

如此的 L 称为**对称算子**. 其次

$$a(u,u) = \int_a^b \left[p\left(\frac{\mathrm{d}u}{\mathrm{d}x} \right)^2 + qu^2 \right]\mathrm{d}x \geqslant p_{\min} \int_a^b \left(\frac{\mathrm{d}u}{\mathrm{d}x} \right)^2 \mathrm{d}x. \tag{5.15}$$

如果注意到任一 $u \in H_E^1$ 可表示为

$$u(x) = \int_a^x u'(t)\mathrm{d}t,$$

则由 Schwarz 不等式,

$$\int_a^b |u|^2 \mathrm{d}x \leqslant \frac{1}{2}(b-a)^2 \int_a^b |u'(t)|^2 \mathrm{d}t,$$

上面这种形式的不等式称为 **Poincaré-Friedrichs 不等式** (参见定理 5.4). 因而

$$\int_a^b |u'|^2 \mathrm{d}x = \frac{1}{2}\left(\int_a^b |u'|^2 \mathrm{d}x + \int_a^b |u'|^2 \mathrm{d}x\right)$$

$$\geqslant \frac{1}{(b-a)^2}\int_a^b |u|^2 \mathrm{d}x + \frac{1}{2}\int_a^b |u'|^2 \mathrm{d}x$$

$$\geqslant \bar{\gamma}\|u\|_1^2, \tag{5.16}$$

其中 $\bar{\gamma} = \min\left\{\dfrac{1}{2}, \dfrac{1}{(b-a)^2}\right\} > 0$. 联立 (5.15), (5.16) 并令 $\gamma = \bar{\gamma}p_{\min}$, 得

$$a(u,u) \geqslant \gamma\|u\|_1^2, \quad \forall u \in H_E^1. \tag{5.17}$$

我们称满足不等式 (5.17) 的双线性形式为**正定的**或**强制的**. 特别地, 当 $u \in C^2(\bar{I})$ 且满足边值条件 (5.9) 时, 由 (5.14) (5.17) 得

$$(Lu, u) \geqslant \gamma\|u\|_1^2.$$

因此也说 L 是**正定算子**.

最后, 由 Schwarz 不等式知 $a(u,v)$ 满足不等式

$$|a(u,v)| \leqslant M\|u\|_1\|v\|_1, \quad u, v \in H^1(I), \tag{5.18}$$

M 是与 u, v 无关的常数. 称 (5.18) 为**连续性条件**.

现在回到变分问题 (5.12). 任取 $u \in H_E^1$, 考虑实变量 λ 的函数

$$\varphi(\lambda) = J(u_* + \lambda v)$$

$$= \frac{1}{2}a(u_* + \lambda v, u_* + \lambda v) - (f, u_* + \lambda v)$$

$$= \frac{1}{2}a(u_*, u_*) + \frac{\lambda}{2}[a(u_*, v) + a(v, u_*)] + \frac{\lambda^2}{2}a(v,v) - (f, u_*) - \lambda(f, v).$$

由 $a(u_*, v)$ 的对称性, 得

$$\varphi(\lambda) = J(u_*) + \lambda[a(u_*, v) - (f, v)] + \frac{\lambda^2}{2}a(v,v). \tag{5.19}$$

今证下列变分原理.

定理 5.7 设 $f \in C(I), u_* \in C^2$ 是边值问题 (5.8) (5.9) 的解, 则 u_* 使 $J(u)$ 达到极小值. 反之, 若 $u_* \in C^2 \cap H_E^1$ 使 $J(u)$ 达到极小值, 则 u_* 是边值问题 (5.8) (5.9) 的解.

证明 注意当 $u_* \in C^2 \cap H_E^1, v \in H_E^1$ 时,

$$a(u_*,v) - (f,v) = \int_a^b \left(p\frac{\mathrm{d}u_*}{\mathrm{d}x}\frac{\mathrm{d}v}{\mathrm{d}x} + qu_*v - fv \right) \mathrm{d}x$$

$$= p\frac{\mathrm{d}u_*}{\mathrm{d}x}v\Big|_a^b + \int_a^b \left[-\frac{\mathrm{d}}{\mathrm{d}x}\left(p\frac{\mathrm{d}u_*}{\mathrm{d}x} \right) + qu_* - f \right] v\mathrm{d}x$$

$$= \int_a^b (Lu_* - f)v\mathrm{d}x + p(b)u_*'(b)v(b). \tag{5.20}$$

如果 u_* 是边值问题 (5.8) (5.9) 的解, 则 $Lu_* - f = 0, u_*'(b) = 0$, 从而

$$\varphi'(0) = a(u_*,v) - (f,v) = 0, \quad \forall v \in H_E^1,$$

注意 (5.20). 由 (5.19) 及 $a(u,v)$ 的正定性, 当 $\lambda \neq 0, v \neq 0$ 时,

$$J(u_* + \lambda v) = J(u_*) + \frac{\lambda^2}{2}a(v,v) > J(u_*).$$

这说明 u_* 使 $J(u)$ 达到极小值.

反之, 若 u_* 使 $J(u)$ 达到极小值, 则由 (5.19) (5.20) 得

$$\varphi'(0) = a(u_*,v) - (f,v)$$

$$= \int_a^b (Lu_* - f)v\mathrm{d}x + p(b)u_*'(b)v(b) = 0, \quad \forall v \in H_E^1. \tag{5.21}$$

特别地, 取 $v \in C_0^\infty(I)$, 则

$$\int_a^b (Lu_* - f)v\mathrm{d}x = 0, \quad \forall v \in C_0^\infty(I).$$

根据变分法基本引理, u_* 满足方程

$$Lu_* - f = 0.$$

于是 (5.21) 化为

$$p(b)u'_*(b)v(b) = 0, \quad \forall v \in H_E^1.$$

注意 $p(b) > 0$, 取 $v(x) = x - a$, 则 $v \in H_E^1$, 且 $v(b) > 0$, 可见 u_* 必须满足右边值条件

$$u_*'(b) = 0. \qquad \square$$

因为在力学、物理中, 二次泛函 $J(u)$ 表示能量, 所以也称定理 5.7 为**极小位能原理**. 应当注意的是, 我们仅就二次连续可微解 u_* (称为古典解) 建立了边值问题和变分问题的等价性. 对于非光滑函数 u_*, 说它是边值问题的解就没有意义了. 但是许多物理、力学现象, 必须用非光滑函数才能描述它. 比如前面所举弦平衡的例子, 若作用于弦的外力是集中荷载, 则弦的平衡曲线 $u = u(x)$ 不再有连续的二阶导数, 某些点甚至是没有导数的

"尖点", 这时 $u(x)$ 在古典意义下不可能是 (5.8) (5.9) 的解. 而能量 $J(u)$ 的表达式是积分式 (5.15), 被积函数只含 u 的一阶导数, 只要 u 连续且按段连续可微, 则 $J(u)$ 有意义. 因此变分问题 (5.12) 允许非光滑解 $u_* = u_*(x)$, 称之为两点边值问题 (5.8) (5.9) 的**广义解**或**弱解**.

　　边值问题可能有广义解但没有古典解. 定理 5.7 告诉我们, 当边值问题存在古典解时, 它一定是广义解. 反之, 若广义解存在且二次连续可微, 则广义解就是古典解.

　　按照变分法, 我们称 (5.8) 是和泛函 $J(u)$ 相关的 **Euler 方程**.

　　从定理 5.7 知道, 左边值条件 $u(a) = 0$ 和右边值条件 $u'(b) = 0$ 有重要区别. 前者必须强加在变分问题所在的函数类上, 称为**强制边值条件**或**本质边值条件**. 后者不必对函数类作为条件提出, 只要函数 $u_*(x)$ 使 $J(u)$ 取极小值, 则它必然满足该条件, 因此称为**自然边值条件**. 在数值求解边值问题时, 区别这两类条件很重要, 这是从变分问题出发构造数值方法的一个优点.

5.3.2　虚功原理

人物简介

以 v 乘 (5.8) 两端, 沿区间 $[a,b]$ 积分, 得

$$\int_a^b (Lu - f)v\mathrm{d}x = \int_a^b \left[-\frac{\mathrm{d}}{\mathrm{d}x}\left(p\frac{\mathrm{d}u}{\mathrm{d}x}\right)v + quv - fv \right]\mathrm{d}x = 0. \tag{5.22}$$

利用分部积分和关于 u, v 的边值条件 (5.9), 则

$$-\int_a^b \frac{\mathrm{d}}{\mathrm{d}x}\left(p\frac{\mathrm{d}u}{\mathrm{d}x}\right)v\mathrm{d}x = -p\frac{\mathrm{d}u}{\mathrm{d}x}v\Big|_a^b + \int_a^b p\frac{\mathrm{d}u}{\mathrm{d}x}\frac{\mathrm{d}v}{\mathrm{d}x}\mathrm{d}x$$

$$= \int_a^b p\frac{\mathrm{d}u}{\mathrm{d}x}\frac{\mathrm{d}v}{\mathrm{d}x}\mathrm{d}x.$$

以此代入到 (5.22) 式, 得

$$\int_a^b \left(p\frac{\mathrm{d}u}{\mathrm{d}x}\frac{\mathrm{d}v}{\mathrm{d}x} + quv - fv \right)\mathrm{d}x = 0.$$

若注意到双线性形式 $a(u,v)$ 的表达式 (5.10), 则上式可写成

$$a(u,v) - (f,v) = 0. \tag{5.23}$$

这也是边值问题 (5.8) (5.9) 的变分形式, 其确切提法将在定理 5.8 中给出.

　　对 $u \in C^2 \cap H_E^1, v \in H_E^1$, 根据 (5.20), 方程 (5.23) 左端

$$a(u,v) - (f,v) = \int_a^b (Lu - f)v\mathrm{d}x + p(b)u'(b)v(b).$$

假若 u 是边值问题 (5.8) (5.9) 的解, 则对任意 $v \in H_E^1$, u 满足 (5.23). 反之, 若对任意

$v \in H_E^1, u \in H_E^1$ 满足 (5.23), 则可按定理 5.7 的证法, 推出 u 是边值问题 (5.8) (5.9) 的解, 于是有

定理 5.8 设 $u \in C^2$, 则 u 是边值问题 (5.8) (5.9) 的解的充要条件是: $u \in H_E^1$ 且满足变分方程

$$a(u,v) - (f,v) = 0, \quad \forall v \in H_E^1. \tag{5.24}$$

在力学中, (5.24) 左端表示虚功, 所以也称定理 5.8 为**虚功原理**. 当 u 是边值问题的古典解时, 它也是变分方程 (5.24) 的解. 像位能原理一样, 变分方程 (5.24) 还允许非古典解, 我们称这样的解为边值问题的**广义解**或**弱解**.

虚功原理比位能原理更具有一般性, 它不仅适用于**对称正定算子方程** (相当于力学中的**保守场方程**), 而且也适用于**非对称正定算子方程** (非保守场方程). 实际上, 定理 5.8 可直接推广为

定理 5.9 设 $u \in C^2$, 则 u 满足

$$\begin{cases} Lu = -\dfrac{\mathrm{d}}{\mathrm{d}x}\left(p\dfrac{\mathrm{d}u}{\mathrm{d}x}\right) + r\dfrac{\mathrm{d}u}{\mathrm{d}x} + qu = f, \\ u(a) = 0, \quad u'(b) = 0 \end{cases}$$

的充要条件是 $u \in C^2 \cap H_E^1$ 且满足变分方程:

$$\begin{cases} a(u,v) - (f,v) = 0, \quad \forall v \in H_E^1, \\ a(u,v) = \displaystyle\int_a^b \left(p\dfrac{\mathrm{d}u}{\mathrm{d}x}\dfrac{\mathrm{d}v}{\mathrm{d}x} + r\dfrac{\mathrm{d}u}{\mathrm{d}x}v + quv\right)\mathrm{d}x, \end{cases}$$

其中 $p \in C^1, p_{\min} > 0, r, q \in C, f \in L^2$.

此时双线性形式 $a(u,v)$ 非对称正定, 除非 $r \equiv 0, q \geqslant 0$.

5.3.3 习题

1. 证明非齐次两点边值问题

$$\begin{cases} Lu = -\dfrac{\mathrm{d}}{\mathrm{d}x}\left(p\dfrac{\mathrm{d}u}{\mathrm{d}x}\right) + qu = f, \quad a < x < b, \\ u(a) = \alpha, \quad u'(b) = \beta \end{cases} \tag{5.25}$$

与下列变分问题等价: 求 $u_* \in H^1, u_*(a) = \alpha$, 使

$$J(u_*) = \min_{\substack{u \in H^1 \\ u(a)=\alpha}} J(u),$$

其中

$$J(u) = \frac{1}{2}a(u,u) - (f,u) - p(b)\beta u(b),$$

而 $a(u, v)$ 如 (5.10) (提示: 先把边值条件齐次化).

2. 就边值问题 (5.25) 建立虚功原理.

3. 试建立与边值问题

$$
\begin{cases}
Lu = \dfrac{\mathrm{d}^4 u}{\mathrm{d} x^4} + u = f, & a < x < b, \\
u(a) = u'(a) = 0, & u(b) = u'(b) = 0
\end{cases}
$$

等价的变分问题.

5.4　二阶椭圆边值问题

为了记号简单, 我们用黑体的坐标向量 $\boldsymbol{x} \in \mathbb{R}^2$ 表示 $\boldsymbol{x} = (x, y)$.

5.4.1　极小位能原理

作为模型, 考虑 Poisson 方程的第一边值问题:

$$
-\Delta u = f(\boldsymbol{x}), \quad \boldsymbol{x} \in \Omega, \tag{5.26}
$$

$$
u|_\Gamma = 0, \tag{5.27}
$$

其中边界 Γ 为分段光滑曲线. 作泛函数

$$
\begin{aligned}
J(u) &= \frac{1}{2}(-\Delta u, u) - (f, u) \\
&= \frac{1}{2} \int_\Omega (-\Delta u) u \mathrm{d}\boldsymbol{x} - \int_\Omega f u \mathrm{d}\boldsymbol{x}.
\end{aligned} \tag{5.28}
$$

利用 Green 第一公式 (5.7), 我们得

$$
\int_\Omega (-\Delta u) v \mathrm{d}\boldsymbol{x} = \int_\Omega \nabla u \cdot \nabla v \mathrm{d}\boldsymbol{x} - \int_\Gamma \frac{\partial u}{\partial \boldsymbol{n}} v \mathrm{d}s, \tag{5.29}
$$

其中 $\boldsymbol{n}$ 表示曲线边界 Γ 的单位外法向量, $\dfrac{\partial u}{\partial \boldsymbol{n}}$ 是 u 沿 $\boldsymbol{n}$ 的方向导数. 若 u, v 满足边值条件 (5.27), 则

$$
\int_\Omega (-\Delta u) v \mathrm{d}\boldsymbol{x} = \int_\Omega \nabla u \cdot \nabla v \mathrm{d}\boldsymbol{x}. \tag{5.30}
$$

定义双线性形式

$$
a(u, v) = \int_\Omega \nabla u \cdot \nabla v \mathrm{d}\boldsymbol{x}. \tag{5.31}
$$

由 (5.28) (5.30) 和 (5.31), 可将泛函数 $J(u)$ 写成

$$J(u) = \frac{1}{2}a(u,u) - (f,u). \tag{5.32}$$

在力学上, $J(u)$ 表示位能.

从 (5.31), (5.32) 知道, 只要 $u \in H^1(\Omega), f \in L^2(\Omega)$, 则 $J(u)$ 有意义. 此外还要求 u 满足第一边值条件 (5.27). 以下用 $H_0^1(\Omega)$ 表示 $H^1(\Omega)$ 中一切满足 (5.27) 的函数组成的子空间.

现在提如下变分问题: 求 $u_* \in H_0^1(\Omega)$, 使

$$J(u_*) = \min_{u \in H_0^1(\Omega)} J(u). \tag{5.33}$$

为了建立边值问题 (5.26) (5.27) 和变分问题 (5.33) 的等价性, 先讨论双线性形式 $a(u,v)$ 的两个基本性质.

(1) **对称性**. 显然

$$a(u,v) = a(v,u), \quad \forall u, v \in H^1(\Omega).$$

(2) **正定性**. 对于 $u \in H_0^1(\Omega)$,

$$a(u,u) = \int_\Omega |\nabla u|^2 \mathrm{d}x\mathrm{d}y = \|\nabla u\|^2.$$

由 Poincaré-Friedrichs 不等式 (见定理 5.4) 得:

$$\|\nabla u\|^2 \geqslant \gamma \|u\|_1^2, \quad u \in H_0^1(\Omega), \tag{5.34}$$

其中 $\gamma > 0$ 是和 u 无关的常数. 于是

$$a(u,u) \geqslant \gamma \|u\|_1^2, \quad u \in H_0^1(\Omega). \tag{5.35}$$

这说明 $a(u,v)$ 正定.

其次, 对于 $u, v \in H^1(\Omega), a(u,v)$ 满足不等式 (连续性条件)

$$|a(u,v)| \leqslant \|u\|_1 \|v\|_1. \tag{5.36}$$

由于 $a(u,v)$ 对称正定, 也称 $-\Delta$ 为**对称正定算子** (参看 (5.30) (5.31)).

对于 $u_*, u \in H_0^1(\Omega)$, 考虑实参数 λ 的函数

$$\varphi(\lambda) = J(u_* + \lambda u).$$

利用 $a(u,v)$ 的对称性, 可知

$$\varphi(\lambda) = J(u_*) + \lambda \left[a(u_*, u) - (f, u)\right] + \frac{\lambda^2}{2} a(u,u). \tag{5.37}$$

它和 (5.19) 有完全相同的形式.

若进一步假定 $u_* \in C^2(\bar{\Omega}) \cap H_0^1(\Omega)$, 则由 (5.30) (5.31) 得出

$$a\left(u_{*}, u\right) - (f, u) = \left(-\Delta u_{*} - f, u\right). \tag{5.38}$$

设 u_{*} 是边值问题 (5.26) (5.27) 的解, 则

$$\varphi'(0) = a\left(u_{*}, u\right) - (f, u) = \left(-\Delta u_{*} - f, u\right) = 0, \quad \forall u \in H_0^1(\Omega),$$

从而

$$J\left(u_{*} + \lambda u\right) = J\left(u_{*}\right) + \frac{\lambda^2}{2} a(u, u) > J\left(u_{*}\right),$$

对任意 $u \neq 0, u \in H_0^1(\Omega), \lambda \neq 0$. 这说明 u_{*} 使 $J(u)$ 达到极小.

与定理 5.7 类似, 可证明使 $J(u)$ 达到极小的 u_{*}, 当其属于 $C^2(\bar{\Omega}) \cap H_0^1(\Omega)$ 时, 必为 (5.26) (5.27) 的解. 于是得

定理 5.10　设 $u_{*} \in C^2(\bar{\Omega})$ 是边值问题 (5.26) (5.27) 的解, 则 u_{*} 使 $J(u)$ 达到极小. 反之, 若 $u_{*} \in C^2(\bar{\Omega}) \cap H_0^1(\Omega)$ 使 $J(u)$ 达到极小, 则 u_{*} 是边值问题 (5.26) (5.27) 的解 (古典解).

由于 $J(u)$ 在力学、物理学中表示能量, 所以也称定理 5.10 为**极小位能原理**. 注意定理 5.10 要求 $u_{*} \in C^2(\bar{\Omega})$, 而变分问题 (5.33) 还允许不属于 $C^2(\bar{\Omega})$ 的解, 称之为**边值问题的广义解**.

注 5.3　若代替 (5.27) 的是非齐边值条件

$$u|_{\Gamma} = \varphi(\boldsymbol{x}), \quad \varphi \in C^1(\Gamma), \tag{5.39}$$

则取一特定函数 $u_0 \in C^2(\bar{\Omega})$ 满足 $u_0|_{\Gamma} = \varphi$. 令 $v = u - u_0$, 则 v 满足方程:

$$-\Delta v = f + \Delta u_0$$

和齐次边值条件 (5.27). 构造 v 的二次泛函

$$\begin{aligned}
\widehat{J}(v) &= \frac{1}{2} \int_{\Omega} |\nabla v|^2 \mathrm{d}\boldsymbol{x} - \int_{\Omega} (f + \Delta u_0) v \mathrm{d}\boldsymbol{x} \\
&= \frac{1}{2} \int_{\Omega} |\nabla(u - u_0)|^2 \mathrm{d}\boldsymbol{x} - \int_{\Omega} (f + \Delta u_0)(u - u_0) \mathrm{d}\boldsymbol{x} \\
&= \frac{1}{2} \int_{\Omega} \left(|\nabla u|^2 - 2fu\right) \mathrm{d}\boldsymbol{x} - \int_{\Omega} \nabla u \cdot \nabla u_0 \mathrm{d}\boldsymbol{x} - \int_{\Omega} \Delta u_0 u \mathrm{d}\boldsymbol{x} + \text{常数}.
\end{aligned}$$

由 (5.29)

$$-\int_{\Omega} \Delta u_0 u \mathrm{d}\boldsymbol{x} - \int_{\Omega} \nabla u \cdot \nabla u_0 \mathrm{d}\boldsymbol{x} = -\int_{\Gamma} u \frac{\partial u_0}{\partial \boldsymbol{n}} \mathrm{d}s = -\int_{\Gamma} \varphi \frac{\partial u_0}{\partial \boldsymbol{n}} \mathrm{d}s = \text{常数},$$

足见

$$\widehat{J}(v) = J(u) + \text{常数}.$$

由此可见, 变分问题

$$\widehat{J}(v_*) = \min_{v \in H_0^1} \widehat{J}(v)$$

和

$$J(u_*) = \min_{\substack{u \in H^1(\Omega) \\ u|_\Gamma = \varphi}} J(u) \tag{5.40}$$

等价, 且 $v_* = u_* - u_0$.

据定理 5.10, 非齐次边值问题 (5.26) (5.39) 与变分问题 (5.40) 等价.

5.4.2 自然边值条件

考虑第二、第三边值条件

$$\frac{\partial u}{\partial \boldsymbol{n}} + \alpha u|_\Gamma = 0, \quad \alpha \geqslant 0. \tag{5.41}$$

利用公式 (5.29),

$$\begin{aligned}
J(u) &= \frac{1}{2}(-\Delta u, u) - (f, u) \\
&= \frac{1}{2}\int_\Omega |\nabla u|^2 \mathrm{d}\boldsymbol{x} - \frac{1}{2}\int_\Gamma \frac{\partial u}{\partial \boldsymbol{n}} u \mathrm{d}s - \int_\Omega f u \mathrm{d}\boldsymbol{x} \\
&= \frac{1}{2}\int_\Omega |\nabla u|^2 \mathrm{d}\boldsymbol{x} + \frac{1}{2}\int_\Gamma \alpha u^2 \mathrm{d}s - \int_\Omega f u \mathrm{d}\boldsymbol{x}.
\end{aligned}$$

令

$$a(u, v) = \int_\Omega \nabla u \cdot \nabla v \mathrm{d}\boldsymbol{x} + \int_\Gamma \alpha u v \mathrm{d}s, \tag{5.42}$$

则

$$J(u) = \frac{1}{2}a(u, u) - (f, u). \tag{5.43}$$

设 $u_* \in C^2(\bar{\Omega}), u \in H^1(\Omega)$. 由公式 (5.29), 我们有

$$a(u_*, u) - (f, u) = (-\Delta u_* - f, u) + \int_\Gamma \left(\alpha u_* + \frac{\partial u_*}{\partial \boldsymbol{n}} \right) u \mathrm{d}s. \tag{5.44}$$

今考虑实变量 λ 的函数

$$\varphi(\lambda) = J(u_* + \lambda u), \quad u_*, u \in H^1.$$

直接计算, 可得形如 (5.37) 的展开式:

$$\varphi(\lambda) = J(u_*) + \lambda[a(u_*, u) - (f, u)] + \frac{\lambda^2}{2}a(u, u), \tag{5.45}$$

其中 $a(u_*, u)$ 由 (5.42) 定义. 与定理 5.7 的证法类似, 可以证明

定理 5.11　边值问题 (5.26) (5.41) 的解 $u_* \in C^2(\bar{\Omega})$ 是下列变分问题的解: 求 $u_* \in H_0^1(\Omega)$, 使

$$J(u_*) = \min_{u \in H^1} J(u). \tag{5.46}$$

反之, 变分问题 (5.46) 的解 u_* 若属于 $C^2(\bar{\Omega})$, 则也是边值问题 (5.26) (5.41) 的解.

　　若 $u_* \in H^1(\bar{\Omega})$ 是 (5.46) 的解, 则称之为**边值问题的广义解**.

　　值得指出的是, 变分问题 (5.46) 并不要求 u 满足任何边值条件, 而它的解 u_* 却自动满足 (5.41), 这是第二、三边值条件与第一边值条件的一个重大差别. 像两点边值问题一样, 我们称第一边值条件为**本质边值条件**, 第二、三边值条件为**自然边值条件**.

5.4.3　虚功原理

　　像本章第 3 节那样, 同样可以建立第一、第二、第三边值问题的虚功原理. 为叙述统一, 我们考虑 Poisson 方程 (5.26) 的混合边值问题. 如图 5.1, 设边界 Γ 分成互不相交的两部分: Γ_1 和 Γ_2. 在 Γ_1 上满足第一边值条件:

$$u|_{\Gamma_1} = 0, \tag{5.47}$$

在 Γ_2 上满足第二或第三边值条件:

$$\frac{\partial u}{\partial \boldsymbol{n}} + \alpha u|_{\Gamma_2} = 0, \quad \alpha \geqslant 0. \tag{5.48}$$

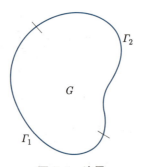

图 5.1　边界

　　以 $H_E^1(\Omega)$ 表示 $H^1(\Omega)$ 中满足第一边值条件 (5.47) 的函数组成的子空间. 以 $v \in H_E^1(\Omega)$ 乘 (5.26) 两端并在 Ω 上积分, 得

$$\int_{\Omega} [(-\Delta u)v - fv] \mathrm{d}\boldsymbol{x} = 0. \tag{5.49}$$

利用公式 (5.29) 及关于 u, v 的边值条件 (5.47) (5.48) 得

$$\int_{\Omega} (-\Delta u)v\mathrm{d}x\mathrm{d}y = \int_{\Omega} \nabla u \cdot \nabla v\mathrm{d}\boldsymbol{x} - \int_{\Gamma} \frac{\partial u}{\partial \boldsymbol{n}} v\mathrm{d}s$$
$$= \int_{\Omega} \nabla u \cdot \nabla v\mathrm{d}\boldsymbol{x} + \int_{\Gamma_2} \alpha uv\mathrm{d}s. \qquad (5.50)$$

定义双线性形式

$$a(u,v) = \int_{\Omega} \nabla u \cdot \nabla v\mathrm{d}\boldsymbol{x} + \int_{\Gamma_2} auv\mathrm{d}s, \qquad (5.51)$$

则可将 (5.49) 写成

$$a(u,v) - (f,v) = 0. \qquad (5.52)$$

今提如下变分问题: 求 $u \in H_E^1(\Omega)$, 使 u 对一切 $v \in H_E^1(\Omega)$ 满足 (5.52).

设 $u \in C^2(\bar{\Omega}), v \in H_E^1(\Omega)$, 则由 (5.29) 得

$$a(u,v) - (f,v) = \int_{\Omega} (-\Delta u - f)v\mathrm{d}\boldsymbol{x} + \int_{\Gamma_2} \left(\frac{\partial u}{\partial \boldsymbol{n}} + \alpha u \right) v\mathrm{d}s. \qquad (5.53)$$

与定理 5.7 的证法类似, 可推出

定理 5.12 设 $u \in C^2(\bar{\Omega})$, 则 u 满足 (5.26) (5.47) (5.48) 的充要条件是: $u \in H_E^1$ 且对任意 $v \in H_E^1$ 满足变分方程 (5.52).

因为 (5.52) 左端在力学中表示虚功, 故亦称定理 5.12 为**虚功原理**. 和边值问题不同, 变分方程 (5.52) 允许有不属于 $C^2(\Omega)$ 的解, 称为**边值问题的广义解**或**弱解**. 从定理 5.12 看出, 边值条件 (5.47) 和 (5.48) 有重要差别, 前者为本质边值条件, 后者为自然边值条件. 正如本章第 3 节指出过的, 虚功原理较极小位能原理应用更广, 它不必要求边值问题对称正定.

5.4.4 习题

1. 设 $u \in C(\bar{\Omega})$ 满足

$$\int_{\Omega} u\varphi\mathrm{d}\boldsymbol{x} = 0, \quad \forall \varphi \in C_0^{\infty}(\Omega),$$

试证 $u \equiv 0$.

2. 证明定理 5.10 的第二部分.

3. 试就 Poisson 方程 (5.26) 的非齐次边值条件

$$\frac{\partial u}{\partial \boldsymbol{n}} + \alpha u|_{\Gamma} = \beta, \quad \alpha \geqslant 0, \qquad (5.54)$$

导出等价的变分问题.

4. 试就椭圆型方程第一边值问题:

$$-\nabla \cdot (\kappa \nabla u) + \sigma u = f, \quad (x,y) \in \Omega, \quad u|_{\Gamma} = g \qquad (5.55)$$

建立等价的极小位能原理和虚功原理, 其中 $\kappa = \kappa(x, y) \in C^1(\bar{\Omega}), \min\limits_{\bar{\Omega}} \kappa > 0, \sigma \in$ $C(\bar{\Omega}), \sigma \geqslant 0, f \in L^2(\Omega), g \in C^1(\Gamma),$ 而

$$\nabla \cdot (\kappa \nabla u) = \frac{\partial}{\partial x}\left(\kappa \frac{\partial u}{\partial x}\right) + \frac{\partial}{\partial y}\left(\kappa \frac{\partial u}{\partial y}\right).$$

5.5 Ritz-Galerkin 方法

前面各节讨论了如何化边值问题为等价的变分问题, 本节讨论如何解相应的变分问题. 必须指出, 除少数特殊情形外, 一般不可能求得问题的准确解, 因此需要各种近似或数值解法. Ritz-Galerkin 方法是最重要的一种解法, 它是以后要讨论的有限元法的基础.

用 U 表示 H_0^1, H_E^1, H^1 等 Sobolev 空间, $H = H^0$ 是 L^2 空间. L 代表本章第 3 节和第 4 节中的微分算子 (二阶常微分或偏微分算子). $a(u, v)$ 是由 L 及边值条件决定的双线性形式, 它由 (Lu, v) 经过分部积分并代入边值条件后得到. 得出 $a(u, v)$ 的表达式后, u, v 就无需满足自然边值条件了, 但本质边值条件仍需满足, 就是说, u, v 应属于空间 U. 前已证明, $a(u, v)$ 是对称正定双线性形式, 即满足

$$a(u, v) = a(v, u), \quad \forall u, v \in U, \tag{5.56}$$

$$a(u, u) \geqslant \gamma \|u\|_1^2, \quad \forall u \in U, \tag{5.57}$$

其中 $\gamma > 0$ 是与 u 无关的常数. 正定性 (5.57) 也通常被称为**强制性**.

此外, $a(u, v)$ 还满足连续性条件

$$|a(u, v)| \leqslant M \|u\|_1 \|v\|_1, \quad u, v \in U, \tag{5.58}$$

参看 (5.18) (5.36).

设 $f \in H$, 则本章第 1、3 和 4 节的二次泛函可统一写成形式:

$$J(u) = \frac{1}{2} a(u, u) - (f, u).$$

于是边值问题 $Lu = f$ 等价于求 $u \in U$, 使

$$J(u) = \min_{v \in U} J(v). \tag{5.59}$$

这就是极小位能原理.

边值问题的另一变分形式是: 求 $u \in U$, 使

$$a(u, v) = (f, v), \quad \forall v \in U. \tag{5.60}$$

这就是虚功原理. 虚功原理并不要求 $a(u,v)$ 对称正定.

变分问题 (5.59) 或 (5.60) 的主要困难是在无穷维空间 U 上求解. Ritz-Galerkin 方法的基本思想在于用有穷维空间近似代替无穷维空间, 从而化成在有限维空间上近似求解 (参看本章第 1 节). 关键是如何选取有穷维空间.

设 U_n 是 U 的 n 维子空间. 将极小位能原理 (5.59) 中的无穷维空间 U 换为 U_n 就得到求解边值问题的 Ritz 方法: 求 $u_n \in U_n$ 使得

$$J(u_n) = \min_{v_n \in U_n} J(v_n). \tag{5.61}$$

既然是在 U_n 中找近似解, U_n 也称为**试探函数空间**.

类似地, 如果将虚功原理即变分问题 (5.60) 中 U 替换为 U_n, 那么就得到求解边值问题的 Galerkin 方法: 求 $u_n \in U_n$ 使得

$$a(u_n, v_n) = (f, v_n), \quad \forall v_n \in U_n. \tag{5.62}$$

为了程序实现, 我们给出两种方法的矩阵形式. 设 $\varphi_1, \varphi_2, \cdots, \varphi_n$ 是 U_n 的一组基底, 称为**基函数**, 则 U_n 中任一函数 u_n 可表示为

$$u_n = \sum_{j=1}^{n} c_j \varphi_j. \tag{5.63}$$

注意

$$J(u_n) = \frac{1}{2} a(u_n, u_n) - (f, u_n) = \frac{1}{2} \sum_{i,j=1}^{n} a(\varphi_i, \varphi_j) c_i c_j - \sum_{j=1}^{n} c_j (f, \varphi_j)$$

是 $c_1, c_2, \cdots, c_n$ 的二次函数, $a(\varphi_i, \varphi_j) = a(\varphi_j, \varphi_i)$. 记

$$\boldsymbol{A} = \left(a(\varphi_j, \varphi_i) \right)_{n \times n}, \quad \boldsymbol{c} = (c_i)_{n \times 1}, \quad \boldsymbol{b} = \left((f, \varphi_i) \right)_{n \times 1}, \quad I(\boldsymbol{c}) = \frac{1}{2} (\boldsymbol{A}\boldsymbol{c}, \boldsymbol{c}) - (\boldsymbol{b}, \boldsymbol{c}).$$

则显然 $J(u_n) = I(\boldsymbol{c})$. Ritz 法可改写为: 求 $\boldsymbol{c} \in \mathbb{R}^n$ 使得

$$I(\boldsymbol{c}) = \min_{\boldsymbol{x} \in \mathbb{R}^n} I(\boldsymbol{x}). \tag{5.64}$$

类似地, 在 (5.62) 中取 $v = \varphi_i, 1 \leqslant i \leqslant n$, 知 Galerkin 法可改写为: 求 $\boldsymbol{c} \in \mathbb{R}^n$ 使得

$$\boldsymbol{A}\boldsymbol{c} = \boldsymbol{b}. \tag{5.65}$$

显然解此方程组得到 $\boldsymbol{c}$ 代入 (5.63) 就可以得到 Galerkin 法的解 u_n. 注意到 $(\boldsymbol{A}\boldsymbol{c}, \boldsymbol{c}) = a(u_n, u_n)$, 易知, 如果双线性形式 $a(u, v)$ 对称正定, 即满足 (5.56) (5.57), 那么 $\boldsymbol{A}$ 是对称正定矩阵. 由此即知 (5.65) 唯一可解. 进一步由定理 5.1 知 (5.64) 与 (5.65) 等价, 故 Ritz 方法 (5.61) 和 Galerkin 法 (5.62) 也等价. 总结一下, 我们有如下定理:

定理 5.13　假设双线性形式 $a(u, v)$ 对称正定, 即满足 (5.56) (5.57), 那么 Ritz 方法 (5.61) 和 Galerkin 法 (5.62) 等价且唯一可解.

由此等价性, 习惯上称 (5.65) 为 **Ritz-Galerkin 方程**. 尽管 Ritz 法和 Galerkin 法导出的近似解 u_n 及计算方法完全一样, 但二者的基础不同. Ritz 法基于极小位能原理, 而 Galerkin 法基于虚功原理, 所以 Galerkin 法较 Ritz 法应用更广, 方法推导也更直接. 仅当 $a(u,v)$ 对称正定时两者才一致; 否则, 只能用 Galerkin 法, 而不能用 Ritz 法. Ritz 法的优点是: 力学意义更明显 (尤其是特征值问题), 理论基础比较容易建立.

注 5.4 当 Ritz-Galerkin 法用于非齐边值问题时, 要根据边值条件的两种不同类型 (本质的和自然的) 作相应处理. 对非齐次自然边值条件, 只要适当修改右端即可, 不必对基函数加任何限制. 对于非齐次本质边值条件, 应对它齐次化后再用 Ritz-Galerkin 方法. 例如非齐次边值问题 (5.25), 其右端点为自然边值条件, 因此右端应改为 $(f,\varphi_j)+p(b)\beta\varphi_j(b)$ (参看 5.3.3 小节习题 2, 3). 而左端点为本质边值条件, 经齐次化后, u_n 形如

$$u_n(x) = u_0(x) + \sum_{i=1}^{n} c_i\varphi_i(x),$$

其中 $\varphi_i(a) = 0$ $(i = 1, 2, \cdots, n)$, $u_0(x)$ 是满足 $u_0(a) = \alpha$ 的任一已知函数. 相应的 Ritz-Galerkin 方程变成

$$\sum_{i=1}^{n} a(\varphi_i, \varphi_j) c_i = (f, \varphi_j) + p(b)\beta\varphi_j(b) - a(u_0, \varphi_j), \quad j = 1, 2, \cdots, n. \quad (5.66)$$

实际计算时取 $u_0(x) = \alpha\varphi_0(x)$, $\varphi_0(x)$ 是满足 $\varphi_0(a) = 1$ 的任一函数 (为使右端点条件保持不变, 要求 $\varphi_0(x)$ 在 b 附近等于 0). 对于二维边值问题, 精确给出 $u_0(x)$ 是困难的, 一般只能用插值法得到 $u_0(x)$ 的近似式.

注 5.5 我们曾经指出, Ritz 法只能用于解对称正定微分算子方程, 而 Galerkin 法则可解更一般的微分方程. 例如两点边值问题 (参看定理 5.9):

$$\begin{cases} Lu = -\dfrac{\mathrm{d}}{\mathrm{d}x}\left(p\dfrac{\mathrm{d}u}{\mathrm{d}x}\right) + r\dfrac{\mathrm{d}u}{\mathrm{d}x} + qu = f, & a < x < b, \\ u(a) = 0, u'(b) = 0, \end{cases} \quad (5.67)$$

其中 $p \in C^1(\bar{I})$, $p(x) \geqslant p_{\min} > 0$, $r, q \in C(\bar{I})$, $f \in L^2(I)$, $I = (a, b)$. 与之相应的双线性形式为

$$a(u, v) = \int_a^b \left(p\frac{\mathrm{d}u}{\mathrm{d}x}\frac{\mathrm{d}v}{\mathrm{d}x} + r\frac{\mathrm{d}u}{\mathrm{d}x}v + quv\right) \mathrm{d}x.$$

显然 $a(u,v)$ 非对称正定, 除非 $r \equiv 0, q \geqslant 0$. 因此不能用 Ritz 法解 (5.40). 但 Galerkin 法仍然可用, 且导出的线性方程和 (5.65) 相同.

下面我们考虑 Galerkin 法的误差估计. 我们有如下证明的 Céa 引理:

引理 5.5 (Céa) 设 u 是变分问题 (5.60) 的解, u_n 是其 Galerkin 离散 (5.62) 的

解. 假设双线性形式 $a(\cdot,\cdot)$ 满足强制性 (5.57) 和连续性 (5.58), 则成立如下估计:

$$\|u - u_n\|_1 \leqslant \frac{M}{\gamma} \inf_{v \in U_n} \|u - v\|_1. \tag{5.68}$$

证明 既然 $U_n \subset U$, 由 u 和 u_n 的定义得,

$$a(u, v_n) = (f, v_n), \quad \forall v_n \in U_n,$$

$$a(u_n, v_n) = (f, v_n), \quad \forall v_n \in U_n.$$

相减得

$$a(u - u_n, v_n) = 0, \quad \forall v_n \in U_n, \tag{5.69}$$

即 Galerkin 解的误差按 $a(\cdot,\cdot)$ 内积与离散空间 U_n 垂直, 称为 "Galerkin 正交性". 从而

$$\begin{aligned}
\gamma\|u - u_n\|_1^2 &\leqslant a(u - u_n, u - u_n) && \text{(强制性)} \\
&= a(u - u_n, u - v_n) + a(u - u_n, v_n - u_n) \\
&= a(u - u_n, u - v_n) && \text{(正交性)} \\
&\leqslant M\|u - u_n\|_1\|u - v_n\|_1. && \text{(连续性)}
\end{aligned}$$

两边消去共同因子 $\|u - u_n\|_1$, 并关于 $v_n \in U_n$ 取下确界即得证明. $\square$

注 5.6 (1) Galekin 法的 Céa 引理并没有要求双线性形式满足对称性, 可以应用到非对称问题.

(2) Céa 引理指出 Galerkin 方法的解的误差与近似空间 U_n 中的最佳逼近的误差同阶. 所以应用 Galerkin 方法的关键是如何构造近似空间 V_h 使得其中的函数能够很好的逼近精确解.

(3) Galerkin 法和相应的 Céa 引理显然可以推广到更一般的边值问题. 事实上, $a(\cdot,\cdot)$ 可以是一般的双线性形式, 不局限于前面那些例子. 另外, 把 H^1 空间改为 H^m 空间, H^1 范数改为 H^m 范数, 那么相应修改的 Céa 引理也成立. 比如取 $m = 2$, 就可以应用到四阶椭圆边值问题, 这里就不展开了.

例 5.4 用 Ritz-Galerkin 法解边值问题

$$\begin{cases} u'' + u = -x, & 0 < x < 1, \\ u(0) = u(1) = 0. \end{cases} \tag{5.70}$$

此时, $U = H_0^1(I)$ $(I = (0, 1))$, $H = L^2(I)$. 于 $H_0^1(I)$ 取一族基函数 $\varphi_i(x)$ $(i = 1, 2 \cdots)$, 使每一 $\varphi_i(x)$ 满足齐次边值条件, 彼此线性独立, 且构成 H_0^1 的完全系统. 以 φ_1, $\varphi_2, \cdots, \varphi_n$ 为基底张开的子空间就是 n 维空间 U_n.

通常有两种选取 φ_i 的方法. 一种是选 φ_i 为三角多项式

$$\varphi_i(x) = \sin(i\pi x), \quad i = 1, 2, \cdots,$$

另一种是取 φ_i 为代数多项式

$$\varphi_i(x) = \omega(x)x^{i-1}, \quad i = 1, 2, \cdots.$$

为使 φ_i 满足边值条件, 取

$$\omega(x) = x(1 - x),$$

将 $u_n(x)$ 表示成

$$u_n(x) = \sum_{i=1}^{n} c_i\varphi_i(x) = x(1 - x)\left(c_1 + c_2 x + \cdots + c_n x^{n-1}\right).$$

先令 $n = 1$, 则 $u_1 = c_1 x(1 - x)$. 由 (5.65) ($n = 1$), c_1 满足方程

$$c_1 \int_0^1 \left(\varphi_1'' + \varphi_1\right)\varphi_1 \mathrm{d}x = -\int_0^1 x^2(1 - x)\mathrm{d}x.$$

经计算, 得

$$-\frac{3}{10}c_1 = -\frac{1}{12}, \quad c_1 = \frac{5}{18}, \quad u_1 = \frac{5}{18}x(1 - x).$$

再令 $n = 2$. 以 $u_2 = c_1\varphi_1 + c_2\varphi_2$, $f = -x$ 代到 (5.65), 经简单计算, 得 Ritz-Galerkin 方程:

$$\begin{cases} -\dfrac{3}{10}c_1 - \dfrac{3}{20}c_2 = -\dfrac{1}{12}, \\ -\dfrac{3}{20}c_1 - \dfrac{13}{105}c_2 = -\dfrac{1}{20}. \end{cases}$$

解之, 得 $c_1 = \dfrac{71}{369}, c_2 = \dfrac{7}{41}$, 于是

$$u_2 = x(1 - x)\left(\frac{71}{369} + \frac{7}{41}x\right).$$

边值问题 (5.70) 的精确解为

$$u_* = \frac{\sin x}{\sin 1} - x.$$

表 5.1 列出 $u_1(x), u_2(x), u_*(x)$ 于 $x = \dfrac{1}{4}, \dfrac{1}{2}, \dfrac{3}{4}$ 的函数值.

表 5.1 $u_*(x), u_1(x), u_2(x)$ 于 $x = \dfrac{1}{4}, \dfrac{1}{2}, \dfrac{3}{4}$ 的函数值

x	$u_*(x)$	$u_1(x)$	$u_2(x)$
$\dfrac{1}{4}$	0.044	0.052	0.044
$\dfrac{1}{2}$	0.070	0.069	0.069
$\dfrac{3}{4}$	0.060	0.052	0.060

上述例子是简单的. 实际应用中的问题要复杂得多. 例如基函数的选取, 它必须满足本质边值条件. 在有限元方法出现以前, 通常选代数或三角多项式为基函数, 除特别规则的区域外, 要它们满足边值条件是困难的.

下一节我们将对规则区域和周期边值条件介绍一类有效的谱方法和拟谱法. 本书介绍的有限元法, 提供了系统构造基函数或子空间的方法, 可用于求解复杂的边值问题.

5.5.1　习题

1. 用 Ritz-Galerkin 方法求边值问题

$$\begin{cases} u'' + u = x^2, & 0 < x < 1, \\ u(0) = 0, \quad u(1) = 1 \end{cases}$$

的第 n 次近似 $u_n(x)$, 基函数为 $\varphi_i(x) = \sin(i\pi x)$, $i = 1, 2, \cdots, n$.

*5.6　谱方法

本节针对规则区域, 例如一维区间, 二维矩形以及三维长方体等乘积型区域和周期边值条件, 介绍 Fourier 谱方法, 这是经典 Ritz-Galerkin 法常用的一种方法. 由于该方法的计算量大, 且要求基函数满足边值条件, 所以在应用中受到很大限制. 1965 年, 出现了计算离散 Fourier 变换的快速算法——FFT 算法 (参见 [6]), 这不仅给 Fourier 谱方法提供了快速发展的机遇, 而且还将它推广到关于一般正交多项式展开的谱方法 (参见 [13]). 作为模型, 我们考虑两点边值问题, 推广到高维乘积型区域边值问题并不困难.

5.6.1　三角函数逼近

现在假设 $H^m(0, 2\pi)$ 是定义在 $(0, 2\pi)$ 取复值的 Sobolev 空间, $H_p^m(0, 2\pi)$ 是 $H^m(0, 2\pi)$ 中以 2π 为周期的函数组成的 Sobolev 子空间:

$$H_p^m(0, 2\pi) = \{f : f \in H^m(0, 2\pi), f(x + 2\pi) = f(x)\},$$

其内积和范数分别为

$$(f, g)_m = \int_0^{2\pi} \sum_{s=0}^m f^{(s)} \bar{g}^{(s)} \mathrm{d}x$$

和

$$\|f\|_m = \sqrt{(f, f)_m}.$$

往后以 (f,g) 和 $\|f\|$ 分别表示 $(f,g)_0$ 和 $\|f\|_0$.

设 $f \in H^m(0,2\pi)$, 将 $f(x)$ 展成 Fourier 级数:

$$f(x) = \sum_{k=-\infty}^{\infty} \hat{f}(k)\mathrm{e}^{\mathrm{i}kx}, \tag{5.71}$$

其中

$$\hat{f}(k) = \frac{1}{2\pi} \int_0^{2\pi} f(x)\mathrm{e}^{-\mathrm{i}kx}\mathrm{d}x = \frac{1}{2\pi}\left(f, \mathrm{e}^{\mathrm{i}kx}\right)$$

为 f 的 Fourier 系数. 对 (5.71) 逐项微商 (求广义导数), 得

$$\frac{\mathrm{d}^s f(x)}{\mathrm{d}x^s} = \sum_{k=-\infty}^{\infty} \hat{f}(k)(\mathrm{i}k)^s \mathrm{e}^{\mathrm{i}kx}, \quad 0 \leqslant s \leqslant m. \tag{5.72}$$

由三角函数系 $\left\{\mathrm{e}^{\mathrm{i}kx}\right\}_{k=-\infty}^{\infty}$ 的正交性

$$(\mathrm{e}^{\mathrm{i}jx}, \mathrm{e}^{\mathrm{i}kx}) = \int_0^{2\pi} \mathrm{e}^{\mathrm{i}(j-k)x}\mathrm{d}x = \begin{cases} 0, & k \neq j, \\ 2\pi, & k = j, \end{cases} \tag{5.73}$$

可得

$$\left\|\frac{\mathrm{d}^s f}{\mathrm{d}x^s}\right\|^2 = \int_0^{2\pi} \left(\sum_{j=-\infty}^{\infty} \hat{f}(j)(\mathrm{i}j)^s \mathrm{e}^{\mathrm{i}jx}\right)\left(\sum_{k=-\infty}^{\infty} \overline{\hat{f}}(k)(-\mathrm{i}k)^s \mathrm{e}^{-\mathrm{i}kx}\right)\mathrm{d}x$$

$$= 2\pi \sum_{k=-\infty}^{\infty} k^{2s}|\hat{f}(k)|^2. \tag{5.74}$$

取无穷级数 (5.71) 的 $2N+1$ 项和:

$$f_N(x) = \sum_{k=-N}^{N} \hat{f}(x)\mathrm{e}^{\mathrm{i}kx}, \tag{5.75}$$

我们自然关心 $f_N(x)$ 对 $f(x)$ 的逼近性.

引理 5.6 设 $f(x) \in H^m(0,2\pi)$, 则对 $s(0 \leqslant s \leqslant m)$ 有估计

$$\|f(x) - f_N(x)\|_s \leqslant CN^{s-m}\|f\|_m,$$

其中 C 是与 f, N 无关的常数.

证明 由 (5.71) 和 (5.75),

$$\frac{\mathrm{d}^j (f(x) - f_N(x))}{\mathrm{d}x^j} = \frac{\mathrm{d}^j}{\mathrm{d}x^j}\sum_{|n|>N} \hat{f}(n)\mathrm{e}^{\mathrm{i}nx} = \sum_{|n|>N} \hat{f}(n)(\mathrm{i}n)^j \mathrm{e}^{\mathrm{i}nx}.$$

对 $0 \leqslant j \leqslant s \leqslant m$, 由 (5.74) 有

$$\left\|\frac{\mathrm{d}^j\left(f(x)-f_N(x)\right)}{\mathrm{d}x^j}\right\|^2 = 2\pi\sum_{n>N}|\hat{f}(n)|^2 n^{2j} = 2\pi\sum_{n>N}|\hat{f}(n)|^2 n^{2(j-m)}n^{2m}$$

$$\leqslant 2\pi N^{2(j-m)}\sum_{|n|>N}|\hat{f}(n)|^2 n^{2m} \leqslant N^{2(j-m)}\left\|\frac{\mathrm{d}^m f}{\mathrm{d}x^m}\right\|^2.$$

关于 $j(0\leqslant j\leqslant s)$ 取和, 两边开方, 即知结论成立.　　　　　　　□

记 $U_N = \mathrm{span}\left\{\mathrm{e}^{\mathrm{i}kx}\right\}_{k=-N}^N$, P_N 是由 $H = H^0$ 到 U_N 的 L^2 投影算子, 即 $\forall f \in H$, 有唯一 $P_N f \in U_N$, 使

$$(P_N f, v) = (f, v), \quad \forall v \in U_N.$$

则由正交性 (5.73) 知, $f_N(x)$ 就是 $f(x)$ 从 $H(0, 2\pi)$ 到 U_N 的 L^2 投影, 记为 $f_N = P_N f$.

为应用 FFT 算法, 最好取 $N = 2^m$: $U_N = \mathrm{span}\left\{\mathrm{e}^{\mathrm{i}kx}\right\}_{k=-N}^{N-1}$. 下面考虑 $f(x)$ 在 U_N 的插值逼近. 在 $[0, 2\pi]$ 中引入 $2N$ 个等距节点 $x_m = \dfrac{m\pi}{N}$, $m = 0, 1, \cdots, 2N$. 利用三角函数的性质可以证明

$$\frac{1}{2N}\sum_{k=-N}^{N-1}\mathrm{e}^{\mathrm{i}kx_m} = \begin{cases} 1, & m = 0, \\ 0, & m \neq 0. \end{cases} \tag{5.76}$$

令

$$l_m(x) = \frac{1}{2N}\sum_{k=-N}^{N-1}\mathrm{e}^{\mathrm{i}k(x-x_m)}. \tag{5.77}$$

由 (5.76) 有

$$l_m(x_n) = \delta_{mn} = \begin{cases} 1, & m = n, \\ 0, & m \neq n. \end{cases}$$

可见 $l_m(x)$ 可作为 Lagrange 插值基函数. 这样, $f(x)$ 在 U_N 中以 $\{x_j\}$ 为插值节点的插值多项式为

$$I_N f(x) = \sum_{m=1}^{2N} f(x_m) l_m(x) = \sum_{m=1}^{2N} f(x_m) \frac{1}{2N}\sum_{k=-N}^{N-1}\mathrm{e}^{\mathrm{i}k(x-x_m)}$$

$$= \sum_{k=-N}^{N-1}\mathrm{e}^{\mathrm{i}kx}\frac{1}{2N}\sum_{m=1}^{2N} f(x_m)\mathrm{e}^{-\mathrm{i}kx_m}. \tag{5.78}$$

定义离散内积和范数:

$$(u, v)_N = \frac{\pi}{N}\sum_{m=1}^{2N} u(x_m)\bar{v}(x_m), \|u\|_N^2 = (u, u)_N. \tag{5.79}$$

则

$$I_N f(x) = \sum_{k=-N}^{N-1}\tilde{f}(k)\mathrm{e}^{\mathrm{i}kx}, \tag{5.80}$$

其中

$$\tilde{f}(k) = \frac{1}{2\pi} \left(f, e^{ikx} \right)_N \tag{5.81}$$

是离散 Fourier 系数.

5.6.2 Fourier 谱方法

现在举例说明谱方法的应用.

考虑求解周期边值问题:

$$Lu \equiv -u'' + \lambda u = f(x), \quad x \in (0, 2\pi), \tag{5.82a}$$

$$u(0) = u(2\pi) = 0, \tag{5.82b}$$

其中 $\lambda > 0$ 是常数, $f(x)$ 为 2π 周期函数. 引进空间

$$U = \left\{ u \in H^1(0, 2\pi) : u(0) = u(2\pi) = 0 \right\}, \tag{5.83}$$

用 v 的复共轭函数 $\bar{v}(x) \in U$ 乘方程 (5.82a) 两端, 在 $[0, 2\pi]$ 上积分, 并施行分部积分. 利用周期性边值条件 (5.82b), 可得

$$
\begin{aligned}
\int_0^{2\pi} Lu \cdot \bar{v} dx &= \int_0^{2\pi} u'\bar{v}' dx - u'\bar{v}\big|_0^{2\pi} + \int_0^{2\pi} \lambda u \bar{v} dx \\
&= \int_0^{2\pi} u'\bar{v}' dx + \int_0^{2\pi} \lambda u \bar{v} dx = \int_0^{2\pi} f \bar{v} dx.
\end{aligned}
$$

令

$$a(u, v) = \int_0^{2\pi} \left(u'\bar{v}' + \lambda u \bar{v} \right) dx, \quad (f, v) = \int_0^{2\pi} f \bar{v} dx.$$

于是问题 (5.82a) (5.82b) 的变分形式为: 求 $u \in U$, 使得

$$a(u, v) = (f, v), \quad \forall v \in U. \tag{5.84}$$

在 Galerkin 法中, 取子空间 $U_n = \mathrm{span}\left\{ e^{ikx} \right\}_{k=-N}^N \subset U$, 就导出所谓的 Fourier 谱方法.

现在介绍解边值问题 (5.82a) (5.82b) 的谱方法. 取基函数 $\varphi_k = e^{ikx} - 1$, $k = \pm 1, \pm 2, \cdots, \pm N$, $U_N = \mathrm{span}\{\varphi_k : k = \pm 1, \pm 2, \cdots, \pm N\}$, 则谱方法为: 求

$$u_N = \sum_{\substack{k=-N \\ k \neq 0}}^N c_k \varphi_k = \sum_{\substack{k=-N \\ k \neq 0}}^N c_k \left(e^{ikx} - 1 \right) = \sum_{k=-N}^N c_k e^{ikx},$$

$$c_0 = - \sum_{k=-N, k \neq 0}^N c_k, \tag{5.85}$$

满足

$$a\left(u_N, \varphi_j\right) = \sum_{k=-N}^{N} c_k a\left(\mathrm{e}^{\mathrm{i}kx}, \varphi_j\right)$$

$$= \sum_{k=-N}^{N} c_k a\left(\mathrm{e}^{\mathrm{i}kx}, \mathrm{e}^{\mathrm{i}jx}\right) - \sum_{k=-N}^{N} c_k a\left(\mathrm{e}^{\mathrm{i}kx}, 1\right), \quad j = \pm 1, \pm 2, \cdots, \pm N,$$

$$= (f, \varphi_j) \tag{5.86}$$

和

$$\sum_{k=-N}^{N} c_k = 0. \tag{5.87}$$

由正交性 (5.73) 得

$$a\left(\mathrm{e}^{\mathrm{i}kx}, \mathrm{e}^{\mathrm{i}jx}\right) = \int_0^{2\pi} \left[-(\mathrm{i}k)(\mathrm{i}j)\mathrm{e}^{\mathrm{i}kx}\mathrm{e}^{-\mathrm{i}jx} + \lambda\mathrm{e}^{\mathrm{i}kx}\mathrm{e}^{-\mathrm{i}jx}\right]\mathrm{d}x = \begin{cases} 0, & k \neq j, \\ 2\pi\left(\lambda + j^2\right), & k = j, \end{cases} \tag{5.88}$$

特别地, 取 $k = j = 0$, 得

$$a(1, 1) = 2\pi\lambda.$$

又

$$(f, \varphi_j) = \int_0^{2\pi} f(x)\mathrm{e}^{-\mathrm{i}jx}\mathrm{d}x - \int_0^{2\pi} f(x)\mathrm{d}x. \tag{5.89}$$

于是方程组 (5.86) 化为

$$2\pi\left(\lambda + j^2\right)c_j - 2\pi\lambda c_0 = (f, \varphi_j), \quad j = \pm 1, \pm 2, \cdots, \pm N.$$

与 (5.87) 联立得方程组

$$\begin{bmatrix} 1 & & & & & a_{-1} \\ & 1 & & & & a_1 \\ & & \ddots & & & \vdots \\ & & & 1 & & a_{-N} \\ & & & & 1 & a_N \\ -1 & -1 & -1 & -1 & -1 & -1 \end{bmatrix} \begin{bmatrix} c_{-1} \\ c_1 \\ \vdots \\ c_{-N} \\ c_N \\ c_0 \end{bmatrix} = \begin{bmatrix} b_{-1} \\ b_1 \\ \vdots \\ b_{-N} \\ b_N \\ 0 \end{bmatrix}, \tag{5.90}$$

其中

$$a_j = -\frac{\lambda}{\lambda + j^2}, \quad b_j = \frac{(f, \varphi_j)}{2\pi\left(\lambda + j^2\right)}, \quad j = \pm 1, \pm 2, \cdots, \pm N. \tag{5.91}$$

用消元法解出系数 c_j 即得近似解.

由引理 5.5 和引理 5.6 得

$$\|u - u_N\|_1 \leqslant C \inf_{v_n \in U_n} \|u - v_n\|_1 \leqslant C N^{-(s-1)} \|u\|_s.$$

由上式可看出, $u(x)$ 的光滑性越好, $u_N(x)$ 收敛得越快. 特别地, 若 $u(x)$ 是无穷次可微的周期函数, 则 $u_N(x)$ 收敛于 $u(x)$ 的速度快于 $\dfrac{1}{N}$ 的任何有限次幂. 所以也说谱方法具有"指数收敛性".

人物简介

注 5.7 Fourier 谱方法要求解具有周期性. 对非周期情形, 可作周期性扩张, 但在边界点会出现间断, 将产生不应有的振荡. 为此, 人们研究用 Chebyshev, Legendre 等多项式作为逼近工具, 并简称相应的 Galerkin 方法为谱方法.

例 5.5 用谱方法求解

$$-u'' + u = 2x \sin x - 2\cos x, \quad x \in (0, 2\pi)$$

$$u(0) = u(2\pi) = 0$$

$$(精确解 \ u = x \sin x).$$

令 $f(x) = 2x \sin x - 2\cos x$, 谱方法右端

$$(f, \varphi_j) = \int_0^{2\pi} f \bar{\varphi}_j \mathrm{d}x = \int_0^{2\pi} f(x) \mathrm{e}^{-\mathrm{i}jx} \mathrm{d}x - \int_0^{2\pi} f(x) \mathrm{d}x$$

$$= \int_0^{2\pi} f(x) \cos jx \mathrm{d}x - \int_0^{2\pi} f(x) \mathrm{d}x - \mathrm{i} \int_0^{2\pi} f(x) \sin jx \mathrm{d}x. \tag{5.92}$$

经计算得

$$(f, \varphi_j) = \begin{cases} 4\pi \dfrac{j^2}{j^2 - 1}, & j \neq \pm 1, \\[2mm] \pi - 2\mathrm{i}\pi^2, & j = 1, \\[2mm] \pi + 2\mathrm{i}\pi^2, & j = -1. \end{cases} \tag{5.93}$$

另一方面, 由 (5.91) 有 (取 $\lambda = 1$)

$$b_j = \frac{(f, \varphi_j)}{2\pi (1 + j^2)} = \begin{cases} -\dfrac{2j^2}{(1 - j^4)}, & j \neq \pm 1, \\[2mm] \dfrac{1}{4} - \mathrm{i}\dfrac{\pi}{2}, & j = 1, \\[2mm] \dfrac{1}{4} + \mathrm{i}\dfrac{\pi}{2}, & j = -1. \end{cases} \tag{5.94}$$

$$a_j = \frac{-1}{1 + j^2}, \quad j = \pm 1, \pm 2, \cdots, \pm N. \tag{5.95}$$

最后解方程组 (5.90). 用消元法得

$$\begin{bmatrix} 1 & & & & a_{-1} \\ & 1 & & & a_1 \\ & & \ddots & & \vdots \\ & & & 1 & a_{-N} \\ & & & 1 & a_N \\ & & & & d_0 \end{bmatrix} \begin{bmatrix} c_{-1} \\ c_1 \\ \vdots \\ c_{-N} \\ c_N \\ c_0 \end{bmatrix} = \begin{bmatrix} b_{-1} \\ b_1 \\ \vdots \\ b_{-N} \\ b_N \\ b_0 \end{bmatrix}, \tag{5.96}$$

其中

$$b_0 = \sum_{k=-N,k\neq0}^{N} b_k = -4\sum_{j=2}^{N} \frac{j^2}{(1-j^4)} + \frac{1}{2}, \tag{5.97a}$$

$$d_0 = -1 + \sum_{k=-N,k\neq0}^{N} a_k = -\left(1 + 2\sum_{k=1}^{N} \frac{1}{1+k^2}\right). \tag{5.97b}$$

由 (5.96) 回代得

$$c_0 = \frac{b_0}{d_0}, \quad c_j = b_j - a_j c_0. \tag{5.98}$$

从而

$$u_N = c_0 + \sum_{j=-N,j\neq0}^{N} c_j e^{ijx} = c_0 + \sum_{j=-N,j\neq0}^{N} b_j e^{ijx} - c_0 \sum_{j=-N,j\neq0}^{N} a_j e^{ijx}$$

$$= c_0\left(1 - \sum_{j=-N,j\neq0}^{N} a_j e^{ijx}\right) + \sum_{j=-N,j\neq0}^{N} b_j e^{ijx}, \tag{5.99}$$

其中 (利用 (5.94) 和 (5.95))

$$\sum_{j=-N,j\neq0}^{N} a_j e^{ijx} = \sum_{j=1}^{N} \frac{-2}{1+j^2} \cos jx, \tag{5.100a}$$

$$\sum_{j=-N,j\neq0}^{N} b_j e^{ijx} = -4\sum_{j=2}^{N} \frac{j^2}{(1-j^4)} \cos jx + \frac{1}{2}\cos x + \pi\sin x. \tag{5.100b}$$

将 (5.97a)—(5.98) 和 (5.100a) (5.100b) 代入 (5.99), 则得近似解:

$$u_N = c_0\left(1 - \sum_{j=-N,j\neq0}^{N} a_j e^{ijx}\right) + \sum_{j=-N,j\neq0}^{N} b_j e^{ijx}$$

$$= \left\{-\left(1 + 2\sum_{k=1}^{N} \frac{1}{1+k^2}\right)^{-1}\left[-4\sum_{j=2}^{N} \frac{j^2}{(1-j^4)} + \frac{1}{2}\right]\right\}\cdot$$

$$\left\{1 + 2\sum_{j=1}^{N} \frac{1}{1+j^2}\cos jx\right\} - 4\sum_{j=2}^{N} \frac{j^2}{(1-j^4)}\cos jx + \frac{1}{2}\cos x + \pi\sin x. \tag{5.101}$$

计算结果如图 5.2、图 5.3 所示, 可见谱方法的精度是很高的.

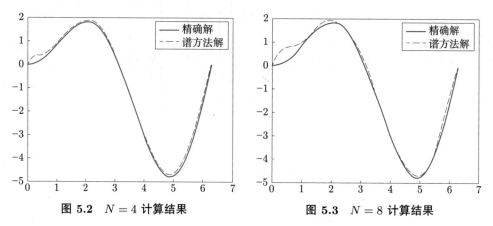

图 5.2 $N=4$ 计算结果   图 5.3 $N=8$ 计算结果

5.6.3 拟谱方法 (配置法)

谱方法要计算许多诸如 $a\left(\mathrm{e}^{\mathrm{i}kx}, \mathrm{e}^{\mathrm{i}jx}\right)$ 的内积, 对变系数方程, 计算量较大, 有时要用数值积分公式. 现在采用配置法, 称为拟谱方法, 可明显减少计算量.

设边值问题为求 2π 周期函数 u, 满足

$$Lu = f. \tag{5.102}$$

拟谱方法是选定节点组 $\{x_j\}$, 求 $u_N \in U_N$, 使得 u_N 在 $\{x_j\}$ 上满足方程 (5.102).

仍以边值问题 (5.82a) (5.82b) 为例介绍拟谱方法的应用.

取基函数 $\varphi_k = \mathrm{e}^{\mathrm{i}kx} - 1 \ (k = \pm 1, \pm 2, \cdots, \pm N)$, $U_N = \mathrm{span}\{\varphi_k, k = \pm 1, \pm 2, \cdots, \pm N\}$,

$$u_N = \sum_{\substack{k=-N \\ k \neq 0}}^{N} c_k \varphi_k = \sum_{\substack{k=-N \\ k \neq 0}}^{N} c_k \left(\mathrm{e}^{\mathrm{i}kx} - 1\right) = \sum_{k=-N}^{N} c_k \mathrm{e}^{\mathrm{i}kx},$$

$$c_0 = -\sum_{k=-N, k \neq 0}^{N} c_k. \tag{5.103}$$

则

$$\frac{\mathrm{d}u_N}{\mathrm{d}x} = \sum_{k=-N}^{N} c_k(\mathrm{i}k)\mathrm{e}^{\mathrm{i}kx}, \quad \frac{\mathrm{d}^2 u_N}{\mathrm{d}x^2} = \sum_{k=-N}^{N} c_k \left(-k^2\right) \mathrm{e}^{\mathrm{i}kx}.$$

由于 $\mathrm{e}^{\mathrm{i}kx_0} = \mathrm{e}^{\mathrm{i}kx_{2N}}$, 故可设配置点为 $x_m = \dfrac{m\pi}{N}$, $m = 1, 2, \cdots, 2N$, 令 u_N 在 $2N$ 个配置点 x_m 上满足方程 (5.82a) (5.82b), 得到

$$\sum_{k=-N}^{N} c_k k^2 \mathrm{e}^{\mathrm{i}kx_m} + \lambda \sum_{k=-N}^{N} c_k \mathrm{e}^{\mathrm{i}kx_m} = f\left(x_m\right), \quad m = 1, 2, \cdots, 2N. \tag{5.104}$$

两端乘 $\mathrm{e}^{-\mathrm{i}jx_m}$, 并关于 $m=1,2,\cdots,2N$ 求和, 则左端为

$$
\sum_{m=1}^{2N}\sum_{k=-N}^{N}c_k k^2 \mathrm{e}^{\mathrm{i}kx_m}\mathrm{e}^{-\mathrm{i}jx_m} + \lambda\sum_{m=1}^{2N}\sum_{k=-N}^{N}c_k\mathrm{e}^{\mathrm{i}kx_m}\mathrm{e}^{-\mathrm{i}jx_m}
$$

$$
=\sum_{k=-N}^{N}c_k k^2\sum_{m=1}^{2N}\mathrm{e}^{\mathrm{i}kx_m}\mathrm{e}^{-\mathrm{i}jx_m} + \lambda\sum_{k=-N}^{N}c_k\sum_{m=1}^{2N}\mathrm{e}^{\mathrm{i}kx_m}\mathrm{e}^{-\mathrm{i}jx_m}
$$

$$
=\sum_{k=-N}^{N}c_k k^2\frac{N}{\pi}\left(\mathrm{e}^{\mathrm{i}kx},\mathrm{e}^{\mathrm{i}jx}\right)_N + \lambda\sum_{k=-N}^{N}c_k\frac{N}{\pi}\left(\mathrm{e}^{\mathrm{i}kx},\mathrm{e}^{\mathrm{i}jx}\right)_N,
$$

右端为

$$
\sum_{m=1}^{2N}f\left(x_m\right)\mathrm{e}^{-\mathrm{i}jx_m}=\frac{N}{\pi}\left(f,\mathrm{e}^{\mathrm{i}jx}\right)_N,
$$

其中

$$
(u,v)_N=\frac{\pi}{N}\sum_{m=1}^{2N}u\left(x_m\right)\bar{v}\left(x_m\right).
$$

于是方程组 (5.104) 化为

$$
\sum_{\substack{k=-N\\k\neq0}}^{N}c_k\left(k^2+\lambda\right)\left(\mathrm{e}^{\mathrm{i}kx},\mathrm{e}^{\mathrm{i}jx}\right)_N=\left(f,\mathrm{e}^{\mathrm{i}jx}\right)_N,\quad j=-N,-N+1,\cdots,N \qquad(5.105)
$$

与

$$
c_0=-\sum_{k=-N,k\neq0}^{N}c_k.
$$

联立求出 $c_k(k=0,\pm1,\cdots,\pm N)$, 代到 (5.103) 即得 u_N.

(5.105) 是 Fourier 谱方法中方程 (5.86) 的离散形式. 计算形如 $\left(\mathrm{e}^{\mathrm{i}kx},\mathrm{e}^{\mathrm{i}jx}\right)_N$, $\left(f,\mathrm{e}^{\mathrm{i}jx}\right)_N$ 的离散内积时, 可采用 FFT 算法, 参见 [6]. FFT 算法可将要计算的复数运算由 $O\left(N^2\right)$ 个减少到 $O\left(N\cdot\log_2 N\right)$ 个. 可以证明, 拟谱方法和谱方法有同样的收敛阶. 对于具复杂系数的方程, 特别是非线性问题, 拟谱方法更为实用 [13].

第 6 章

有限元法

有限元法, 实质上就是一种特殊的 Ritz-Galerkin 法, 它和传统的 Ritz-Galerkin 法的主要区别在于, 它用样条函数方法提供了一种选取 "局部基函数" 或 "分片多项式空间" 的技术, 从而在很大程度上克服了 Ritz-Galerkin 法选取基函数的困难. 有限元法首先成功地用于结构力学和固体力学, 后又用于流体力学、物理学和其他工程科学 [10, 18, 24, 29, 31, 35]. 现在, 有限元法和差分法一样, 已成为求解偏微分方程, 特别是椭圆型偏微分方程的一种有效数值方法.

有限元法的基本问题可归纳为

(1) 把问题转化成变分形式.

(2) 选定单元的形状, 对求解域作剖分.

一维情形的单元是小区间. 二维情形的重要单元有两种: 四边形 (矩形、任意凸四边形) 和三角形. 三维单元就更复杂多样了, 比如四面体元, 六面体元等. 本书只讨论一维、二维和三维单元.

人物简介

(3) 构造基函数或单元形状函数.

(4) 形成有限元方程 (Ritz-Galerkin 方程).

(5) 提供有限元方程的有效解法.

(6) 收敛性及误差估计.

第一个问题已在第 5 章讲过了, 问题 (5) 见数值线性代数的相关内容, 可以采用学过的直接法或迭代法求解. 也可以考虑第 10 章将要介绍的多重网格计算技术. 为了便于读者理解, 我们先讲一维域上两点边值问题的有限元法, 然后推广到二维和三维区域上的二阶椭圆型边值问题. 最后, 简单介绍如何将有限元法推广到初边值问题, 包括抛物型方程和二阶双曲型方程.

另外, 为了记号简单和二、三维叙述的统一, 本章黑体的坐标向量 $\boldsymbol{x} \in \mathbb{R}^d$, 在二维时表示 $\boldsymbol{x} = (x, y)$, 三维时表示 $\boldsymbol{x} = (x, y, z)$. 简记 $\|\cdot\|_1 = \|\cdot\|_{H^1(\Omega)}, \|\cdot\| = \|\cdot\|_{L^2(\Omega)}$.

6.1 一维例子

6.1.1 两点边值问题及其变分公式

考虑两点边值问题: 给定函数 $f(x)$, 求 $u(x)$ 使得

$$\begin{cases} -u'' + u = f(x), & 0 < x < 1, \\ u(0) = 0, & u'(1) = 0. \end{cases} \tag{6.1}$$

如果 u 是 (6.1) 的解, $v(x)$ 充分光滑且满足 $v(0) = 0$, 那么由分部积分得

$$\int_0^1 (-u''v + uv)\, \mathrm{d}x = -u'(1)v(1) + u'(0)v(0) + \int_0^1 (u'v' + uv)\, \mathrm{d}x$$

$$= \int_0^1 fv\mathrm{d}x.$$

定义双线性形式

$$a(u,v) = \int_0^1 (u'v' + uv)\, \mathrm{d}x,$$

及空间

$$V = H_E^1 = \left\{ v \in H^1(\Omega) : v(0) = 0 \right\},$$

其中 $\Omega = (0,1)$, 则得 (6.1) 的变分公式: 求 $u \in V$ 使得

$$a(u,v) = (f,v), \quad \forall v \in V, \tag{6.2}$$

其中

$$(f,v) = \int_0^1 f(x)v(x)\mathrm{d}x.$$

由定理 5.8 知: 若 $f \in C([0,1])$ 且 $u \in C^2([0,1])$, 则原问题 (6.1) 与变分问题 (6.2) 等价.

6.1.2 有限元方法

首先将区间 $[0,1]$ 分成 n 份:

$$0 = x_0 < x_1 < x_2 < \cdots < x_{n-1} < x_n = 1.$$

记 $K_i = [x_{i-1}, x_i]$ 为第 i 个小区间, $h_i = x_i - x_{i-1}$ 为其长度. 定义 $h = \max\limits_{1 \leqslant i \leqslant n} h_i$. 称 $\mathcal{M}_h = \{K_i, i = 1, 2, \cdots, n\}$ 为 Ω 的一个剖分.

我们用 $\mathcal{M}_h$ 上的连续的分段线性函数逼近 $u(x)$. 引入有限元空间

$$U_h = \{v_h \in C(\Omega) : v_h|_{K_i} \text{ 是线性多项式}, i = 1, 2, \cdots, n, v_h(0) = 0\}. \tag{6.3}$$

显然 $U_h \subset V$.

相应于 (6.2) 的有限元方法为: 求 $u_h \in U_h$, 使得

$$a(u_h, v_h) = (f, v_h), \quad \forall v_h \in U_h. \tag{6.4}$$

可以看出, 有限元方法就是 Galerkin 方法的一种 (见第 5.5 节), 只不过试探函数空间取成了分段线性函数空间.

6.1.3 有限元方程组

先引入空间 U_h 的一组基函数, 称为**节点基**: 对 $i = 1, 2, \cdots, n$, 定义 $\phi_i \in U_h$ 满足

$$\phi_i\left(x_j\right)=\delta_{ij}=\begin{cases}1, & i=j,\\ 0, & i\neq j,\end{cases}$$

如图 6.1, 有如下表达式:

$$\phi_i=\begin{cases}\dfrac{x-x_{i-1}}{h_i}, & x_{i-1}\leqslant x\leqslant x_i,\\[2mm] \dfrac{x_{i+1}-x}{h_{i+1}}, & x_i< x\leqslant x_{i+1},\\[2mm] 0, & x<x_{i-1}\ \text{或}\ x>x_{i+1},\end{cases}\qquad 1\leqslant i\leqslant n-1.$$

$$\phi_n=\begin{cases}\dfrac{x-x_{n-1}}{h_n}, & x_{n-1}\leqslant x\leqslant 1,\\[2mm] 0, & x<x_{n-1}.\end{cases}$$

对任一 $v_h\in U_h$, 记 v_i 为 v_h 在节点 x_i 的值, 即 $v_i=v_h\left(x_i\right)$, $i=1,2,\cdots,n$, 则显然

$$v_h=v_1\phi_1(x)+v_2\phi_2(x)+\cdots+v_n\phi_n(x).$$

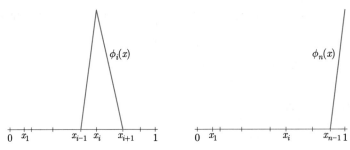

图 6.1　节点基函数 ϕ_i

我们有

$$u_h=u_1\phi_1+u_2\phi_2+\cdots+u_n\phi_n,\quad \text{其中}\quad u_i=u_h\left(x_i\right).$$

在 (6.4) 中取 $v_h=\phi_i(i=1,2,\cdots,n)$, 得关于未知数 $u_1,u_2,\cdots,u_n$ 的方程组:

$$a(\phi_1,\phi_i)u_1+a(\phi_2,\phi_i)u_2+\cdots+a(\phi_n,\phi_i)u_n=(f,\phi_i),\quad i=1,2,\cdots,n. \tag{6.5}$$

记

$$a_{ij}=a\left(\phi_j,\phi_i\right)=\int_0^1\left(\phi_j'\phi_i'+\phi_j\phi_i\right)\mathrm{d}x,\quad f_i=(f,\phi_i),$$

及

$$\boldsymbol{A}=(a_{ij})_{n\times n},\quad \boldsymbol{F}=(f_i)_{n\times 1},\quad \boldsymbol{U}=(u_i)_{n\times 1},$$

则 (6.5) 改写为

$$\boldsymbol{AU}=\boldsymbol{F}.$$

这里 $\boldsymbol{A}$ 称为刚度矩阵. 显然, 当 x_i 和 x_j 不相邻时, $a\left(\phi_j,\phi_i\right)=0$. 所以 $\boldsymbol{A}$ 是稀疏矩阵.

下面考虑 $a\left(\phi_j,\phi_i\right)$ 的计算, 事实上

$$a\left(\phi_j,\phi_i\right)=\sum_{k=1}^{n}\int_{x_{k-1}}^{x_k}\left(\phi_j'\phi_i'+\phi_j\phi_i\right)\mathrm{d}x.$$

先计算 $\left[x_{i-1},x_i\right]$ 上的单元刚度矩阵 $\boldsymbol{A}^i=\left(a_{lm}^i\right)_{2\times2}$:

$$a_{11}^i:=\int_{x_{i-1}}^{x_i}\left(\phi_{i-1}'\phi_{i-1}'+\phi_{i-1}\phi_{i-1}\right)\mathrm{d}x=\frac{1}{h_i}+\frac{h_i}{3},$$

$$a_{22}^i:=\int_{x_{i-1}}^{x_i}\left(\phi_i'\phi_i'+\phi_i\phi_i\right)\mathrm{d}x=\frac{1}{h_i}+\frac{h_i}{3},$$

$$a_{12}^i=a_{21}^i:=\int_{x_{i-1}}^{x_i}\left(\phi_i'\phi_{i-1}'+\phi_i\phi_{i-1}\right)\mathrm{d}x=-\frac{1}{h_i}+\frac{h_i}{6}.$$

因此

$$a\left(\phi_i,\phi_i\right)=\begin{cases}a_{22}^i+a_{11}^{i+1}=\frac{1}{h_i}+\frac{1}{h_{i+1}}+\frac{h_i+h_{i+1}}{3},&i=1,2,\cdots,n-1,\\a_{22}^n=\frac{1}{h_n}+\frac{h_n}{3},&i=n,\end{cases}$$

$$a\left(\phi_i,\phi_{i-1}\right)=a_{12}^i=-\frac{1}{h_i}+\frac{h_i}{6},\quad i=2,3,\cdots,n.$$

再由 (6.5) 得有限元方程组

$$\begin{cases}\left(\frac{h_1+h_2}{3}+\frac{1}{h_1}+\frac{1}{h_2}\right)u_1+\left(\frac{h_2}{6}-\frac{1}{h_2}\right)u_2=f_1,\\\left(\frac{h_i}{6}-\frac{1}{h_i}\right)u_{i-1}+\left(\frac{h_i+h_{i+1}}{3}+\frac{1}{h_i}+\frac{1}{h_{i+1}}\right)u_i+\left(\frac{h_{i+1}}{6}-\frac{1}{h_{i+1}}\right)u_{i+1}=f_i,\\\quad i=2,3,\cdots,n-1,\\\left(\frac{h_n}{6}-\frac{1}{h_n}\right)u_{n-1}+\left(\frac{h_n}{3}+\frac{1}{h_n}\right)u_n=f_n.\end{cases}$$

这是一个三对角方程组, 可以用追赶法快速求解.

6.1.4 先验误差估计

先考虑插值误差估计. 给定 $u\in C([0,1])$, 其有限元插值 $u_I\in U_h$ 定义为

$$u_I=\sum_{i=1}^{n}u\left(x_i\right)\phi_i.$$

显然 $u_I\left(x_i\right)=u\left(x_i\right),i=0,1,\cdots,n$, 且

$$u_I(x)=\frac{x_i-x}{h_i}u\left(x_{i-1}\right)+\frac{x-x_{i-1}}{h_i}u\left(x_i\right),\quad x\in[x_{i-1},x_i].$$

定理 6.1 *存在常数 C 与 h_i 和 u 无关使得下列估计成立:*

$$\|u' - u_I'\|_{L^2(K_i)} \leqslant C h_i \|u''\|_{L^2(K_i)}, \tag{6.6}$$

$$\|u - u_I\|_{L^2(K_i)} \leqslant C h_i^2 \|u''\|_{L^2(K_i)}. \tag{6.7}$$

证明 仅证 (6.6). 首先将 (6.6) 化为参考单元 $\hat{K} = [0, 1]$ 上的不等式. 从 $\hat{K}$ 到 K_i 的变换为 $x = x_{i-1} + h_i \hat{x}$, 记 $e(x) = u(x) - u_I(x), \hat{e}(\hat{x}) = e(x)$. 不等式 (6.6) 等价于

$$\left\| \frac{\mathrm{d}\hat{e}}{\mathrm{d}\hat{x}} \right\|_{L^2(\hat{K})}^2 = h_i \left\| \frac{\mathrm{d}e}{\mathrm{d}x} \right\|_{L^2(K_i)}^2 \leqslant C h_i^3 \|u''\|_{L^2(K_i)}^2 = C h_i^3 \|e''\|_{L^2(K_i)}^2 = C \left\| \frac{\mathrm{d}^2 \hat{e}}{\mathrm{d}\hat{x}^2} \right\|_{L^2(\hat{K})}^2.$$

注意到 $\displaystyle\int_0^1 \frac{\mathrm{d}\hat{e}}{\mathrm{d}\hat{x}} \mathrm{d}x = 0$, 由 Poincaré 不等式知上式成立, 证毕. □

简记 $\|\cdot\|_1 = \|\cdot\|_{H^1(\Omega)}, \|\cdot\| = \|\cdot\|_{L^2(\Omega)}$. 我们有如下整体插值误差估计, 其证明略去.

推论 6.1 *存在常数 C 与 h_i 和 u 无关使得下列估计成立:*

$$\|u - u_I\|_1 \leqslant C h \|u''\|,$$

$$\|u - u_I\| \leqslant C h^2 \|u''\|.$$

显然

$$a(u, v) \leqslant \|u\|_1 \|v\|_1, \quad a(v, v) = \|v\|_1^2.$$

故由引理 5.5 得

$$\|u - u_h\|_1 \leqslant \inf_{v_h \in U_h} \|u - v_h\|_1 \leqslant \|u - u_I\|_1.$$

再由推论 6.1 得如下 H^1 误差估计:

定理 6.2

$$\|u - u_h\|_1 \leqslant C h \|u''\|.$$

因为上面的估计依赖于精确解 u, 所以称其为先验误差估计. 下面考虑 L^2 范数下的误差估计. 引入对偶问题

$$-w'' + w = u - u_h, \quad 0 < x < 1, \quad w(0) = 0, \quad w'(1) = 0.$$

两边乘 $-w''$ 并在 Ω 上积分得:

$$\|w''\|^2 + \|w'\|^2 = -(u - u_h, w'') \leqslant \|u - u_h\| \|w''\|.$$

从而

$$\|w''\| \leqslant \|u - u_h\|.$$

我们有

$$\|u - u_h\|^2 = \int_0^1 (u - u_h)(-w'' + w) \, \mathrm{d}x$$

$$= a\left(u - u_h, w\right) = a\left(u - u_h, w - w_I\right)$$

$$\leqslant \|u - u_h\|_1 \|w - w_I\|_1$$

$$\leqslant \|u - u_h\|_1 Ch \|w''\|$$

$$\leqslant Ch \|u - u_h\|_1 \|u - u_h\|,$$

因此

$$\|u - u_h\| \leqslant Ch \|u - u_h\|_1.$$

由定理 6.2 即得如下 L^2 误差估计.

定理 6.3

$$\|u - u_h\| \leqslant Ch^2 \|u''\|.$$

可以看出有限元解的 H^1 和 L^2 误差与相应的插值误差同阶. 当精确解未知时, 其插值也未知, 而有限元解是可计算的. 当然, 两点边值问题 (6.1) 的精确解是可以写出来的. 然而有限元方法及其理论可以推广应用到更一般的问题, 其精确解往往是不知道的. 接下来的几节, 我们将把本节介绍的一维问题的线性有限元方法推广到更一般的情形.

6.2　有限元空间的构造

有限元空间按如下步骤构造:

- 将区域 Ω 剖分成有限个小区域 (单元);
- 在 (每个) 单元上定义有限元函数 (一般取多项式) 和自由度;
- 把每个单元上定义的有限元函数拼起来形成有限元空间.

下面先介绍如何定义单元上的有限元函数和自由度.

6.2.1　有限元及有限元空间

我们先以上一节分段线性有限元函数为例, 看看为了构造整体的有限元空间, 如何选取和确定一个单元上的逼近函数, 再抽象出来一般 "有限元" 的定义.

简单来说, 上一节的每个单元上的有限元函数构造, 就是给定小线段 $K = A_1 A_2$ (比如 A_1, A_2 分别为第 i 个小区间 $[x_{i-1}, x_i]$ 的两个端点), 取其上的逼近函数空间为线性多项式空间 $\mathcal{P} = P_1(K)$. 当然, 任给 $v \in \mathcal{P}$, 我们还要考虑如何确定它, 由两点确定一条直线, 我们需要两个自由度, 在上一节, 我们取成了 v 在端点处的值, 即 $v(A_1)$ 和 $v(A_2)$. 让我们稍微深入地理解一下这两个自由度: 任给 $v \in \mathcal{P}$, 得到 $v(A_i) \in \mathbb{R}$, 实际上建立了一

个从 $\mathcal{P}$ 到 $\mathbb{R}$ 的映射, 记为 $N_i(v) = v(A_i), i = 1, 2$. 显然, N_i 是线性的, 即 $N_i \in \mathcal{P}'$ ($\mathcal{P}$ 的对偶空间), 且任意一个 $\mathcal{P}$ 到 $\mathbb{R}$ 的线性映射都可以表示为 N_1 和 N_2 的线性组合. 也就是说, 为了描述一个单元上的有限元逼近函数, 我们需要三个要素: 单元 K; 其上的逼近函数空间 $\mathcal{P}$; 为了确定 $\mathcal{P}$ 中函数所需的自由度集合.

定义 6.1 (有限元)　有限元是一个三元组 $(K, \mathcal{P}, \mathcal{N})$ 满足下列条件:

(i) $K \subset \mathbb{R}^d$ 为具有分片光滑边界的闭区域 (称为单元);

(ii) $\mathcal{P}$ 是 K 上的有限维函数空间, 记 $n = \dim \mathcal{P}$ ($\mathcal{P}$ 中的元素称为形状函数);

(iii) $\mathcal{N} = \{N_1, N_2, \cdots, N_n\}$ 是对偶空间 $\mathcal{P}'$ 的一组基底 (称为节点变量或自由度).

有限元的定义中 (i) 和 (ii) 都是容易理解和验证的, 下面给出 (iii) 的等价条件.

引理 6.1　设 $\mathcal{P}$ 是 K 上的 n 维函数空间, 则 (iii) 与 (iii)$'$ 等价:

(iii)$'$ 若 $v \in \mathcal{P}$ 满足 $N_i(v) = 0, i = 1, 2, \cdots, n$, 则 $v \equiv 0$.

证明　设 $\{\varphi_1, \varphi_2, \cdots, \varphi_n\}$ 是 $\mathcal{P}$ 的一组基, 则任一 $v \in \mathcal{P}$ 可以表示为基函数的线性组合:

$$v = y_1 \varphi_1 + y_2 \varphi_2 + \cdots + y_n \varphi_n.$$

显然 (iii)$'$ 等价于下面方程组只有零解:

$$y_1 N_i(\varphi_1) + y_2 N_i(\varphi_2) + \cdots + y_n N_i(\varphi_n) = 0, \quad i = 1, 2, \cdots, n.$$

等价于系数矩阵 $M = (N_i(\varphi_j))_{n \times n}$ 可逆.

(iii) 等价于: 对任一 $L \in \mathcal{P}'$, 存在数 $z_1, z_2, \cdots, z_n$, 使得 $L = z_1 N_1 + z_2 N_2 + \cdots + z_n N_n$, 等价于下面方程组

$$z_1 N_1(\varphi_i) + z_2 N_2(\varphi_i) + \cdots + z_n N_n(\varphi_i) = L(\varphi_i), \quad i = 1, 2, \cdots, n$$

有解, 亦等价于其系数矩阵 M^{T} 可逆. 证毕.　　　　□

有限元三元组中的 $\mathcal{N}$ 是对偶空间 $\mathcal{P}'$ 的一组基. 为了表示有限元函数, 我们还需要 $\mathcal{P}$ 的一组基. 回忆前一节中引入的节点基函数, 限制在线段 $A_1 A_2$ 上只有两个非零, 记为 $\phi_1(x), \phi_2(x) \in \mathcal{P}$, 满足: $\phi_1(A_1) = 1, \phi_1(A_2) = 0; \phi_2(A_1) = 0, \phi_2(A_2) = 1$, 用自由度表示就是 $N_i(\phi_j) = \delta_{ij}, i, j = 1, 2$. 推广到一般有限元, 我们有如下节点基的定义:

定义 6.2 (节点基)　设 $(K, \mathcal{P}, \mathcal{N})$ 是一个有限元. 设 $\{\phi_1, \phi_2, \cdots, \phi_n\}$ 为 $\mathcal{P}$ 的一组基, 且与 $\mathcal{N}$ 对偶, 即 $N_i(\phi_j) = \delta_{ij}$, 则称其为 $\mathcal{P}$ 的节点基.

显然对任意 $v \in \mathcal{P}$, 有

$$v(x) = \sum_{i=1}^{n} N_i(v) \phi_i(x).$$

下面考虑有限元插值的定义. 回忆前一节的分段线性有限元空间的插值, 任给 $K = A_1 A_2$ 上的连续函数 $v(x)$, 其插值就是把两个端点 $(A_1, v(A_1)), (A_2, v(A_2))$ 连起来的线段所对应的线性多项式, 记为 $I_K v$. 显然有

$$I_K v = v(A_1)\phi_1 + v(A_2)\phi_2 = N_1(v)\phi_1 + N_2(v)\phi_2.$$

一般地, 我们有如下定义:

定义 6.3 (局部有限元插值)　给定有限元 $(K, \mathcal{P}, \mathcal{N})$, 设 $\{\phi_i, 1 \leqslant i \leqslant n\} \subset \mathcal{P}$ 为 $\mathcal{P}$ 的节点基. 如果函数 v 使得 $N_i(v)$ 有定义, 这里 $N_i \in \mathcal{N}$, $i = 1, 2, \cdots, n$, 那么定义其局部有限元插值为

$$I_K v := \sum_{i=1}^{n} N_i(v)\phi_i.$$

显然 I_K 是线性算子. v 与 $I_K v$ 的各个自由度相等, 即 $N_i(v) = N_i(I_K v), i = 1, 2, \cdots, n$, 且当 $v \in \mathcal{P}$ 时, 有 $I_K v = v$.

像前一节一维的例子那样, 我们将每个单元上的有限元函数拼起来形成有限元空间. 为此, 先把一维区间网格剖分的概念推广到一般情形:

定义 6.4 (网格剖分)　设 Ω 是 $\mathbb{R}^d$ 中的有界区域, 称 $\mathcal{M}_h = \{K_j\}_{j=1}^{J}$ 是 Ω 的一个剖分, 如果每个 K_i 都满足有限元定义中的条件 (i); $\bigcup_{j=1}^{J} K_j = \bar{\Omega}$; 且 $K_i^\circ \cap K_j^\circ = \phi, \forall i \neq j$, 这里 K_i° 表示单元 K_i 的内部.

对二维情形, 如果每个单元 K_i 都是三角形, 那么称 $\mathcal{M}_h$ 为 Ω 的一个三角剖分. 如果每个单元 K_i 都是四边形, 那么称 $\mathcal{M}_h$ 为 Ω 的一个四边形剖分. 对三维情形, 如果每个单元 K_i 都是四面体, 那么称 $\mathcal{M}_h$ 为 Ω 的一个四面体剖分, 或与二维情形统称为三角剖分.

给定 Ω 的一个剖分, 在每个单元上定义有限元, 然后再拼起来, 就可以构造出 Ω 上的有限元试探函数空间 U_h. 下面定理给出了 $U_h \subset H^m(\Omega)$ 的一个充要条件.

定理 6.4　设 Ω 是 $\mathbb{R}^d$ 中的有界区域, $\mathcal{M}_h = \{K_j\}_{j=1}^{J}$ 是 Ω 的一个剖分. 设 $m \geqslant 1$, 函数 v 满足 $v|_{K_j} \in C^m(K_j)$, $1 \leqslant j \leqslant J$, 则 $v \in H^m(\Omega)$ 的充要条件是 $v \in C^{m-1}(\Omega)$.

证明　仅证 $m = 1$ 的情形. 对 $m > 1$, 可以对 $m - 1$ 阶导数应用 $m = 1$ 的结论.

先证充分性. 设 $v \in C(\Omega)$. 定义函数 $\boldsymbol{w}$ 满足

$$\boldsymbol{w}|_K = \nabla(v|_K), \quad \forall K \in \mathcal{M}_h,$$

其中在单元边界上的值可以定义为任何有限值. 设 $\boldsymbol{\varphi} \in C_0^\infty(\Omega)^d$, 则

$$\int_\Omega \boldsymbol{w} \cdot \boldsymbol{\varphi} \mathrm{d}\boldsymbol{x} = \sum_{K \in \mathcal{M}_h} \int_K \nabla v \cdot \boldsymbol{\varphi} \mathrm{d}\boldsymbol{x}$$

$$= \sum_{K \in \mathcal{M}_h} \left(-\int_K v \nabla \cdot \boldsymbol{\varphi} \mathrm{d}\boldsymbol{x} + \int_{\partial K} v \boldsymbol{\varphi} \cdot \boldsymbol{n}_K \right) = -\int_\Omega v \nabla \cdot \boldsymbol{\varphi} \mathrm{d}\boldsymbol{x},$$

其中 n_K 是 ∂K 的单位外法向量. 这里我们用到了 v 的连续性及在任意公共面 $e = K \cap K'$ 上 $n_K, n_{K'}$ 反向. 这说明 $\boldsymbol{w}$ 是 v 的弱梯度, 因此 $v \in H^1(\Omega)$.

再证必要性. 设 $v \in H^1(\Omega)$. 设 e 是两个单元 K_1 和 K_2 的公共面, $\boldsymbol{x}$ 是 e 的一个内点. 则存在以 $\boldsymbol{x}$ 为心的足够小的球 B 使得 $B \subset K_1 \cup K_2$, 如图 6.2 所示. 记 $v_i = v|_{K_i}$, $i = 1, 2$. 由 Green 公式, 对任意 $\boldsymbol{\varphi} \in C_0^\infty(B)^d$, 将 $\boldsymbol{\varphi}$ 零延拓至 Ω 上有定义,

$$\int_{K_i} \nabla v \cdot \boldsymbol{\varphi} \mathrm{d}\boldsymbol{x} = -\int_{K_i} v \nabla \cdot \boldsymbol{\varphi} \mathrm{d}\boldsymbol{x} + \int_{\partial K_i} v_i(\boldsymbol{\varphi} \cdot \boldsymbol{n}_{K_i}), \quad i = 1, 2.$$

既然 $v \in H^1(\Omega)$, 我们有

$$\int_\Omega \nabla v \cdot \boldsymbol{\varphi} \mathrm{d}\boldsymbol{x} = -\int_\Omega v \nabla \cdot \boldsymbol{\varphi} \mathrm{d}\boldsymbol{x}.$$

因此

$$\int_e (v_1 - v_2) \phi \mathrm{d}s = 0, \quad \forall \phi \in C_0^\infty(B).$$

可推出 $v_1(\boldsymbol{x}) = v_2(\boldsymbol{x})$. 因此, v 在任何内部面上连续, 从而 $v \in C(\Omega)$. 证毕. □

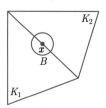

图 6.2 单元 K_1 和 K_2 公共边上一点 $\boldsymbol{x}$ 及其邻域 B

所以, 分片充分光滑的试探函数空间 $U_h \subset H^1(\Omega)$, 需要其中的函数整体连续. 而 $U_h \subset H^2(\Omega)$ 需要其中的函数整体连续可微. 有限元函数的整体光滑性, 往往通过自由度的选取可以得到保证. 比如, 上一节的分段线性函数空间 U_h, 自由度选在了区间端点的函数值, 自然就保证了有限元函数的整体连续性, 从而 (6.3) 中的 $U_h \subset H^1(\Omega)$.

下面, 我们介绍几种具体的有限元和相应的有限元空间. 对自然数 $p \geqslant 0$, 记 $P_p(\Omega)$ 为 Ω 上次数小于等于 p 的多项式集合, 记 $Q_p(\Omega)$ 为 Ω 上按每个坐标分量的次数都小于等于 p 的多项式集合. 例如, 当 $d = 2$ 时, Q_1 为双线性函数空间. 显然, 对一维情形有 $Q_p = P_p$.

6.2.2 一维高次元

为了提高有限元法的精度, 需要增加试探函数空间 U_h 的维数. 这有两个途径, 一是加密网格剖分使单元最大直径 h 变小, 节点参数 $\{u_i\}$ 增加. 二是增加分段多项式的次数, 这就是本节要介绍的高次元. 引进高次元是有限元法的重要技巧.

一次元是分段一次多项式, 在每一单元 $K_i = [x_{i-1}, x_i]$ 上含有两个待定系数, 自由度是 2, 恰好由两个端点值决定. 分段二次、三次及更高次多项式在每一单元上的自由度

增加了, 应当按哪种插值去确定它们呢? 一种是 Lagrange 型, 在单元内部增加插值节点; 另一种是 Hermite 型, 在节点引进高阶导数. 无论用哪一种插值, 都要求它们在整个区域上有一定的光滑度 (参见定理 6.4), 以保证双线性形式有意义.

人物简介

p 次 Lagrange 元

设 $p \geqslant 1$. 先定义三元组 $(K, \mathcal{P}, \mathcal{N})$. 取 K 为小单元 $K_i = [x_{i-1}, x_i]$, $\mathcal{P} = P_p(K)$. 注意到一个次数小于等于 p 一元多项式有 $p+1$ 个自由度, 需要 $p+1$ 个不同的点就可以确定它. 在 K 上取 $p+1$ 个不同的节点 (包括 K 的两个端点)

$$x_{i-1} = s_0 < s_1 < \cdots < s_p = x_i.$$

取 $p+1$ 个自由度为 $N_j(v) = v(s_j)$, $j = 0, 1, \cdots, p$.

显然, K 和 $\mathcal{P}$ 分别满足有限元定义的 (i) 和 (ii). 由于 (iii) 与 (iii)′ 等价, 下面我们验证 (iii)′. 设 $v \in \mathcal{P}$ 满足 $N_j(v) = v(s_j) = 0$, $j = 0, 1, \cdots, p$, 即一个次数小于等于 p 的多项式 v 有 $p+1$ 个不同的根, 所以只能 $v = 0$, 从而 $\mathcal{N} = \{N_0, N_1, \cdots, N_p\}$ 满足 (iii)′. 这样我们就证明了 $(K, \mathcal{P}, \mathcal{N})$ 是有限元.

下面推导节点基函数的公式. 注意到 K 的位置和长度任意, 为了公式的简洁和便于程序实现, 像 6.1 节那样, 引入参考单元 $\hat{K} = [0, 1]$, 并通过仿射变换

$$\xi = \frac{x - x_{i-1}}{h_i} \tag{6.8}$$

将单元 K 变到 $\hat{K}$. 我们先推导参考单元上的有限元节点基函数. 记 $\hat{K}$ 上的节点为

$$0 = \xi_0 < \xi_1 < \cdots < \xi_p = 1,$$

则可取 $s_j = x_{i-1} + h_i \xi_j$, $j = 0, 1, \cdots, p$. 由节点基的定义 6.2, 即

$$\text{求 } \Phi_j \in P_p(\hat{K}) \text{ 使得 } \Phi_j(\xi_l) = \delta_{jl}, 0 \leqslant j, l \leqslant p. \tag{6.9}$$

这是 $p+1$ 个 Lagrange 插值问题. 所以 ξ_j, s_j 也称为插值节点. 由 Lagrange 插值公式得参考单元上的节点基函数:

$$\Phi_j(\xi) = \prod_{\substack{l=0 \\ l \neq j}}^{p} \frac{\xi - \xi_l}{\xi_j - \xi_l}, \quad j = 0, 1, \cdots, p. \tag{6.10}$$

插值节点最常用也是最简单的取法是取等距节点, 即取 $\xi_j = \dfrac{j}{p}$, 此时

$$\Phi_j(\xi) = \prod_{\substack{l=0 \\ l \neq j}}^{p} \frac{p\xi - l}{j - l}, \quad j = 0, 1, \cdots, p. \tag{6.11}$$

简单计算即可给出线性、二次和三次等距节点 Lagrange 元在参考单元上的节点基函数, 如表 6.1.

表 6.1   参考单元上等距节点 p 次 Lagrange 元的节点基函数

p	节点基函数
1	$\Phi_0 = 1 - \xi,\ \Phi_1 = \xi$
2	$\Phi_0 = (1-\xi)(1-2\xi),\ \Phi_1 = 4\xi(1-\xi),\ \Phi_2 = \xi(2\xi-1)$
3	$\Phi_0 = \dfrac{1}{2}(1-\xi)(1-3\xi)(2-3\xi),\ \Phi_1 = \dfrac{9}{2}\xi(1-\xi)(2-3\xi),$ $\Phi_2 = \dfrac{9}{2}\xi(1-\xi)(3\xi-1),\ \Phi_3 = \dfrac{1}{2}\xi(1-3\xi)(2-3\xi)$

通过仿射变换 (6.8) 就可以将参考单元上的节点基函数变为单元 K_i 上的节点基函数

$$\phi_{i,j}(x) = \Phi_j\left(\frac{x - x_{i-1}}{h_i}\right), \quad j = 0, 1, \cdots, p. \tag{6.12}$$

显然, 任一有限元函数 $v \in P_p(K_i)$ 都可以表示为

$$v(x) = \sum_{j=0}^{p} v(s_j)\phi_{i,j}(x), \quad x \in K_i. \tag{6.13}$$

给定 Ω 的网格剖分 $\mathcal{M}_h$, 将每个单元上的有限元拼起来就可以构造试探函数空间. 比如为求解 6.1 节的两点边值问题 (6.2), 类似于 (6.3), 我们可以如下定义 p 次 Lagrange 有限元空间

$$U_h = \left\{v_h \in C(\Omega) : v_h|_{K_i} \in P_p(K_i), i = 1, 2, \cdots, n,\ v_h(0) = 0\right\}. \tag{6.14}$$

由于每个单元的端点都是插值节点, 所以 v_h 的连续性是很容易得到保证的, 只需对每个端点 $x_i = K_i \cap K_{i+1}$, 两个单元的公共自由度 $(v_h|_{K_i})(x_i)$ 和 $(v_h|_{K_{i+1}})(x_i)$ 取成一样即可. 由定理 6.4, 这样定义的试探函数空间 $U_h \subset H_E^1$.

当然, 将每个单元 (小区间) 上的节点和节点基适当 "拼" 起来就可以得到有限元空间 U_h 的节点和节点基:

$$x_{(i-1)p+j}^p = x_{i-1} + h_i\xi_j, \quad i = 1, 2, \cdots, n,\ j = 1, 2, \cdots, p.$$

$$\phi_{(i-1)p+j}^p(x) = \begin{cases} \phi_{i,j}(x), & x \in [x_{i-1}, x_i], \\ 0, & \text{其他}, \end{cases} \quad i = 1, 2, \cdots, n,\ j = 1, 2, \cdots, p-1,$$

$$\phi_{ip}^p(x) = \begin{cases} \phi_{i,p}(x), & x \in [x_{i-1}, x_i], \\ \phi_{i+1,0}(x), & x \in [x_i, x_{i+1}], \\ 0, & \text{其他}, \end{cases} \quad i = 1, 2, \cdots, n-1,$$

$$\phi_{np}^p(x) = \begin{cases} \phi_{n,p}(x), & x \in [x_{n-1}, x_n], \\ 0, & \text{其他}, \end{cases}$$

图 6.3 给出了 Lagrange 二次元空间节点基函数的示意图.

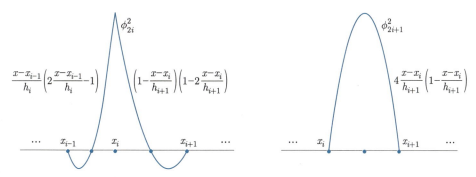

图 6.3　Lagrange 二次元空间节点基函数曲线图

显然,

$$\phi_l^p(x_m^p) = \delta_{lm}, \quad l, m = 1, 2, \cdots, np,$$

且任一 $v_h \in U_h$ 可以按节点基 $\{\phi_l^p, l = 1, 2, \cdots, np\}$ 表示为

$$v_h(x) = \sum_{l=1}^{np} v_h(x_l^p) \phi_l^p(x).$$

三次 Hermite 元

要想得到 $C^1(\Omega)$ 类试探函数空间, 可采用分段三次多项式函数. 先在每个单元上定义有限元. 同样地, 取 $K = K_i = [x_{i-1}, x_i]$. 再令 $\mathcal{P} = P_3(K)$. 三次多项式有四个待定系数, 需要 4 个自由度, 我们分别取两个端点的函数值和一阶导数值. 若记 $s_0 = x_{i-1}$, $s_1 = x_i$, 即取 $N_{00}(v) = v(s_0)$, $N_{01}(v) = v'(s_0)$, $N_{10}(v) = v(s_1)$, $N_{11}(v) = v'(s_1)$ 作为自由度, 令 $\mathcal{N} = \{N_{00}, N_{01}, N_{10}, N_{11}\}$, 则容易证明这样定义的 $(K, \mathcal{P}, \mathcal{N})$ 是有限元. 由于相应的有限元插值是 Hermite 型插值, 所以称这个有限元是三次 Hermite 元.

下面考虑节点基函数. 同样地, 我们先在参考单元 $\hat{K} = [0, 1]$ 上推导节点基函数公式. 即求 $\Phi_j^{(l)} \in P_3(\hat{K})$ 满足

$$\Phi_j^{(0)}(m) = \delta_{jm}, \ \Phi_j^{(0)'}(m) = 0; \quad \Phi_j^{(1)}(m) = 0, \ \Phi_j^{(1)'}(m) = \delta_{jm}, \quad j, m = 0, 1. \quad (6.15)$$

先求 $\Phi_0^{(0)}$, 即求三次多项式使得

$$\Phi_0^{(0)}(0) = 1, \quad \Phi_0^{(0)'}(0) = 0, \quad \Phi_0^{(0)}(1) = \Phi_0^{(0)'}(1) = 0.$$

显然, 1 是二重根, $\Phi_0^{(0)}(\xi)$ 形如

$$\Phi_0^{(0)}(\xi) = (1 - \xi)^2(\alpha\xi + \beta).$$

为使前两个条件满足, 应取 $\alpha = 2$, $\beta = 1$. 于是 $\Phi_0^{(0)}(\xi) = (1 - \xi)^2(2\xi + 1)$. 再求三次式 $\Phi_0^{(1)}$ 满足条件

$$\Phi_0^{(1)}(0) = 0, \quad \Phi_0^{(1)\prime}(0) = 1, \quad \Phi_0^{(1)}(1) = \Phi_0^{(1)\prime}(1) = 0.$$

显然, $\Phi_0^{(1)}(\xi)$ 形如

$$\Phi_0^{(1)}(\xi) = c\xi(1-\xi)^2.$$

选取常数 $c = 1$ 使得第二个条件成立即可. $\Phi_1^{(0)}$ 和 $\Phi_1^{(1)}$ 可类似求得. 总之, 我们可得到参考单元上的节点基函数:

$$\begin{aligned} \Phi_0^{(0)}(\xi) = (1-\xi)^2(2\xi+1), \quad & \Phi_0^{(1)}(\xi) = \xi(1-\xi)^2, \\ \Phi_1^{(0)}(\xi) = \xi^2(3-2\xi), \quad & \Phi_1^{(1)}(\xi) = \xi^2(\xi-1). \end{aligned} \tag{6.16}$$

利用上面的形函数及复合函数求导法则可得小单元 K_i 上的节点基函数:

$$\phi_{i,j}^{(0)}(x) = \Phi_j^{(0)}\left(\frac{x - x_{i-1}}{h_i}\right), \quad \phi_{i,j}^{(1)}(x) = h_i\Phi_j^{(1)}\left(\frac{x - x_{i-1}}{h_i}\right), \quad j = 0, 1. \tag{6.17}$$

显然, 任一有限元函数 $v \in P_3(K_i)$ 都可以表示为

$$v(x) = \sum_{j=0}^{1}\left(v(x_{i-1+j})\phi_{i,j}^{(0)}(x) + v'(x_{i-1+j})\phi_{i,j}^{(1)}(x)\right), \quad \forall x \in K_i. \tag{6.18}$$

以上方法同样可用来构造四次元、五次元以及更高次元.

同样, 给定 Ω 的网格剖分 $\mathcal{M}_h$, 我们可以引入如下三次 Hermite 有限元空间:

$$U_h = \left\{v_h \in C^1(\Omega) : v_h|_{K_i} \in P_3(K_i), i = 1, 2, \cdots, n, \ v_h(0) = 0\right\}. \tag{6.19}$$

由于自由度取成了每个单元的端点处的函数值和导数值, 所以 v_h 的连续可微性是很容易得到保证的. 由定理 6.4, 这样定义的试探函数空间 $U_h \subset H^2$.

类似于线性有限元方法 (6.4), 将其中的分段线性有限元空间换为 (6.19) 中的 U_h, 即得求解两点边值问题 (6.1) 的三次 Hermite 有限元方法: 求 $u_h \in U_h$ 使得

$$a(u_h, v_h) = (f, v_h), \quad \forall v_h \in U_h. \tag{6.20}$$

为了推导相应的有限元方程组, 我们需要将 U_h 中的有限元函数按节点基展开. 将 $\phi_{j,l}^{(i)}$ 在单元 K_i 外作零延拓, 仍记为 $\phi_{j,l}^{(i)}$. 给定 v_h 在节点 x_i 处的函数值 $v_i = v_h(x_i)$ 和导数值 $v_i' = v_h'(x_i)$, 由 (6.17), 知 v_h 可表示为

$$\begin{aligned} v_h(x) &= \sum_{i=1}^{n}\sum_{j=0}^{1}\left(v_{i-1+j}\phi_{i,j}^{(0)}(x) + v_{i-1+j}'\phi_{i,j}^{(1)}(x)\right) \\ &= \sum_{i=0}^{n}\left(v_i\big(\phi_{i,1}^{(0)}(x) + \phi_{i+1,0}^{(0)}(x)\big) + v_i'\big(\phi_{i,1}^{(1)}(x) + \phi_{i+1,0}^{(1)}(x)\big)\right), \end{aligned} \tag{6.21}$$

这里规定 $\phi_{0,1}^{(l)} = \phi_{n+1,0}^{(l)} \equiv 0, l = 1, 2$. 记

$$\varphi_i^{(0)} = \phi_{i,1}^{(0)}(x) + \phi_{i+1,0}^{(0)}(x), \quad \varphi_i^{(1)} = \phi_{i,1}^{(1)}(x) + \phi_{i+1,0}^{(1)}(x). \tag{6.22}$$

易知 $\varphi_i^{(l)}(l = 0, 1)$ 连续可微, 且满足

$$\varphi_i^{(0)}(x_j) = \delta_{ij}, \ \varphi_i^{(0)}{}'(x_j) = 0; \quad \varphi_i^{(1)}(x_j) = 0, \ \varphi_i^{(1)}{}'(x_j) = \delta_{ij},$$

所以 $\varphi_i^{(l)}(l = 0, 1)$ 是有限元空间 U_h 的节点基函数.

图 6.4 给出了 Hermite 三次元空间节点基函数的示意图.

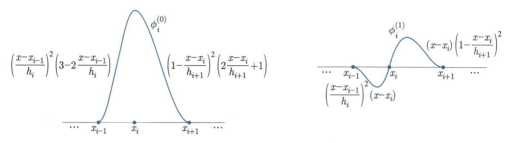

图 6.4　Hermite 三次元空间节点基函数

有限元解可表示为

$$u_h = \sum_i \left[u_i \varphi_i^{(0)}(x) + u_i' \varphi_i^{(1)}(x) \right], \tag{6.23}$$

其中 $u_i = u_h(x_i), u_i' = u_h'(x_i)$. 在 (6.20) 中取检验函数 $v_h = \varphi_i^{(l)}$, 即得有限元方程组

$$\sum_{i=0}^{n} \left[u_i a \left(\varphi_i^{(0)}, \varphi_j^{(l)} \right) + u_i' a \left(\varphi_i^{(1)}, \varphi_j^{(l)} \right) \right] = \left(f, \varphi_j^{(l)} \right), \quad l = 0, 1, \quad j = 1, 2, \cdots, n. \tag{6.24}$$

左端点方程为

$$\begin{cases} u_0 = 0, \\ \sum_{i=0}^{n} \left[u_i a \left(\varphi_i^{(0)}, \varphi_0^{(1)} \right) + u_i' a \left(\varphi_i^{(1)}, \varphi_0^{(1)} \right) \right] = \left(f, \varphi_0^{(1)} \right). \end{cases} \tag{6.25}$$

同线性有限元方法一样, 可以先计算单元刚度矩阵, 再组装总刚度矩阵. 当然, 工作量要大一些.

　　方程 (6.24) (6.25) 有两组未知量: $\{u_i\}$ 和 $\{u_i'\}$ (称为广义坐标), 相当于固体力学中的位移和应力, 都是实际要计算的量. 假若用一次元, 求出 u_i 后, 还要作一次微商运算 (左、右微商) 和加权平均, 才得到 u_i'. 这样, 往往会影响应力的精度. 用高次元则可改善应力的计算.

　　高次元的另一个优点是收敛阶高. 例如三次元, 若精确解足够光滑, 则收敛阶可达到 $O(h^3)$ (按 H^1 度量), 这就可以适当放大步长.

　　另一方面也要看到, 采用高次元要付出一些代价. 除了增加计算积分的复杂性外, 刚度矩阵的带宽也比一次元更大了.

　　此外, 若边值问题的解本身不够光滑, 用高次元就不能达到高精度的目的. 所以, 用

哪种类型的试探函数作有限元逼近, 要根据问题的性质和机器条件决定.

6.2.3 解二维问题的矩形元与四边形元

从本节起, 我们讨论二、三维椭圆边值问题的有限元解法. 首先讨论一些常用单元的形状函数及构造方法, 包括矩形元、四边形元、三角形元、四面体元和长方体元. 本节讨论矩形元和四边形元.

Lagrange 型矩形元公式

为简单起见, 假定区域 G 可以分割成有限个矩形的和, 且每个小矩形的边和坐标轴平行. 任意两个矩形, 或者不相交, 或者有公共的边或公共的顶点. 我们把每一小矩形叫做**单元**, 称如此的分割为**矩形剖分**.

取定剖分后, 我们着手构造 Lagrange 有限元. 取 K 为任一矩形单元, $K = K_{ij} = [x_{i-1}, x_i] \times [y_{j-1}, y_j]$. 给定 $p \geqslant 1$, 取 $\mathcal{P} = Q_p(K)$ 为 K 上的双 p 次多项式空间. 共需要 $(p+1)^2$ 个自由度. 将矩形沿 x, y 方向都作 p 等分, 记 $h_{xi} = x_i - x_{i-1}$, $h_{yj} = y_j - y_{j-1}$ 为网格步长. 两个方向的等分点记为 $s_l = x_{i-1} + l h_{xi}$, $t_m = y_{j-1} + m h_{yj}$ $(l, m = 0, 1, \cdots, p)$. 取插值节点为 (s_l, t_m) (如图 6.5), 则 $(p+1)^2$ 个自由度定义为 $N_{lm}(v) = v(s_l, t_m)$, $l, m = 0, 1, \cdots, p$.

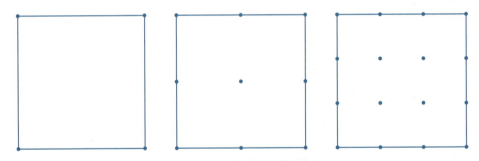

图 6.5 Lagrange 双 p 次元插值节点分布, $p = 1, 2, 3$

下面验证有限元的定义. 只需验证 (iii)′. 假设 $v \in Q_p(K)$ 且 $N_{lm}(v) = v(s_l, t_m) = 0$, $l, m = 0, 1, \cdots, p$. 由 $v(s_l, y)$ 是 y 的 p 次式, 得 $v(s_l, y) \equiv 0$, 故 $v(x, y)$ 能被 $x - s_l$ 整除. 同理 v 也能被 $y - t_m$ 整除. 即 $v = c \prod\limits_{l=0}^{p} \prod\limits_{m=0}^{p} (x - s_l)(y - t_m)$, 得 $v \equiv 0$. 所以上面定义的三元组是一个有限元, 称为 Lagrange 双 p 次元.

为了给出单元 K_{ij} 上的节点基函数, 同一维情形一样, 我们首先推导参考单元 $\hat{K} = [0, 1] \times [0, 1]$ 上的节点基函数. 插值节点为 (ξ_l, ξ_m), $\xi_l = \dfrac{l}{p}$, $l, m = 0, 1, \cdots, p$. 利用一维参考单元上的 Lagrange 形函数 $\Phi_j(\xi)$ (见 (6.11) 及表 6.1) 作乘积, 就可以得到 Lagrange 双 p 次元在参考单元上的节点基函数:

$$\Phi_{lm}(\xi,\eta) = \Phi_l(\xi)\Phi_m(\eta), \quad l,m = 0,1,\cdots,p. \tag{6.26}$$

由 (6.9), 上面定义的 Φ_{lm} 确实满足:

$$\Phi_{lm}(\xi_{l'},\xi_{m'}) = \delta_{ll'}\delta_{mm'}, \quad 0 \leqslant l,l',m,m' \leqslant p.$$

一旦得到了参考单元上的节点基函数, 通过仿射变换

$$\xi = \frac{x - x_{i-1}}{h_{xi}}, \quad \eta = \frac{y - y_{j-1}}{h_{yj}}, \tag{6.27}$$

就可以得到小单元 K_{ij} 上的节点基函数:

$$\phi_{ij,lm}(x,y) = \Phi_l\left(\frac{x - x_{i-1}}{h_{xi}}\right)\Phi_m\left(\frac{y - y_{j-1}}{h_{yj}}\right). \tag{6.28}$$

显然, 任一有限元函数 $v \in Q_p(K_{ij})$ 都可以表示为

$$v(x,y) = \sum_{l,m=0}^{p} v(s_l,t_m)\phi_{ij,lm}(x,y), \quad (x,y) \in K_{ij}. \tag{6.29}$$

把每个单元上的有限元拼起来, 就可以得到矩形网上相应的双 p 次 Lagrange 有限元空间 $U_h \subset H^1$.

Hermite 型矩形元公式

矩形单元上一种有代表性的 Hermite 型有限元为 Bonger-Fox-Schmit 元, 简称 BFS 元. 设 $K = K_{ij} = [x_{i-1},x_i] \times [y_{j-1},y_j]$ 为矩形剖分中的任一矩形单元, 其四个顶点分别记为 P_1, P_2, P_3, P_4, 如图 6.6 所示. 取 $\mathcal{P} = Q_3(K)$ 为 K 上的双三次多项式空间. 16 个自由度取为矩形单元四个顶点的函数值、8 个一阶偏导数值和 4 个混合二阶偏导数值, 即

$$N_{P_k}^{(1)}(v) = v(P_k),$$

$$N_{P_k}^{(2)}(v) = \frac{\partial v}{\partial x}(P_k),$$

$$N_{P_k}^{(3)}(v) = \frac{\partial v}{\partial y}(P_k),$$

$$N_{P_k}^{(4)}(v) = \frac{\partial^2 v}{\partial x \partial y}(P_k),$$

其中 $k = 1,2,3,4$. 令 $\mathcal{N} = \{N_{P_k}^{(l)}\}_{k,l=1}^{4}$. 容易验证这样定义的 $(K,\mathcal{P},\mathcal{N})$ 是有限元.

下面给出 BFS 元的节点基函数. 事实上, BFS 元可以看作是一维 Hermite 元的张量积形式, 记

$$i_1 = 0, i_2 = 1, i_3 = 0, i_4 = 1,$$

$$j_1 = 0, j_2 = 0, j_3 = 1, j_4 = 1,$$

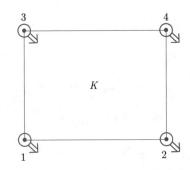

图 6.6   BFS 元在单元 K 上的自由度

则根据 (6.16) 式就可得到单元 $\hat{K}$ 上的节点基函数:

$$\Phi_k^{(l)}(\xi, \eta) = \Phi_{i_k}^{(i_l)}(\xi)\Phi_{j_k}^{(i_l)}(\eta), \quad k, l = 1, 2, 3, 4.$$

利用这些基函数及复合函数求导法则可得单元 K 上的节点基函数

$$\phi_{P_k}^{(l)} = h_{xi}^{i_l}h_{yj}^{j_l}\Phi_k^{(l)}\left(\frac{x - x_{i-1}}{h_{xi}}, \frac{y - y_{j-1}}{h_{yj}}\right), \quad k, l = 1, 2, 3, 4.$$

设 $u \in Q_3(K)$, 且 $u_{P_k}^{(1)}, u_{P_k}^{(2)}, u_{P_k}^{(3)}, u_{P_k}^{(4)}$ 分别表示函数 u, $\dfrac{\partial u}{\partial x}$, $\dfrac{\partial u}{\partial y}$ 和 $\dfrac{\partial^2 u}{\partial x \partial y}$ 在节点 P_k 处的函数值, 则 u 可唯一表示为

$$u(x, y) = \sum_{k,l=1}^{4} u_{P_k}^{(l)}\phi_{P_k}^{(l)}, \quad (x, y) \in K. \tag{6.30}$$

Bogner-Fox-Schmit 元相应的有限元空间为

$$U_h = \{u_h \in C^1(\Omega) : u_h|_K \in Q_3(K), \forall K \in \mathcal{T}_h\}. \tag{6.31}$$

显然试探函数空间 $U_h \subset H^2(\Omega)$.

四边形元

如果区域 Ω 的边界 Γ 过于复杂, 以致用折线逼近的几何误差太大, 就需采取分段高次曲线逼近, 这时将出现曲边单元. 前面讨论了平行坐标轴的矩形剖分及矩形单元的形状函数, 这类剖分对规则区域才是方便的; 否则可采取任意四边形剖分, 它和三角剖分一样有很大的灵活性. 对于上述曲边单元、四边形单元, 如何构造单元形状函数? 本节我们以一般四边形元为例给出构造方法.

前面构造单元形状函数时, 是用一个仿射变换 (6.27), 把任意矩形单元 K 变到 $\xi\eta$ 平面上的 "参考元" $\hat{K}$, $\hat{K}$ 是单位正方形 $0 \leqslant \xi \leqslant 1, 0 \leqslant \eta \leqslant 1$ (参看图 6.7(a)), 其几何形状非常简单, 易于构造单元形状函数. 其实 K 也是参考元 $\hat{K}$ 在仿射变换下的映像. 不同的仿射变换, 便得到不同的单元及其形状函数. 所以, Ω 的任一网格剖分及试探函数, 可以看作是参考元 $\hat{K}$ 及其形状函数在一族仿射变换下得到的.

例 6.1 再看一下 $p = 1$ 时的 Lagrange 矩形元. 设参考有限元取为 $(\hat{K}, Q_1(\hat{K}), \hat{\mathcal{N}})$, 即参考单元上的 Lagrange 双线性元, 其中

$$Q_1(\hat{K}) = \left\{ (a_0 + a_1\xi)(b_0 + b_1\eta) : a_0, a_1, b_0, b_1 \in \mathbb{R} \right\},$$

自由度为参考单元四个顶点的函数值

$$\hat{N}_1(\hat{v}) = \hat{v}(0,0), \ \hat{N}_2(\hat{v}) = \hat{v}(1,0), \ \hat{N}_3(\hat{v}) = \hat{v}(0,1), \ \hat{N}_4(\hat{v}) = \hat{v}(1,1).$$

考虑矩形单元 $K = \Box P_1 P_2 P_3 P_4$, 其中顶点 P_i 为 $(x_i, y_i), i = 1, 2, 3, 4$, 满足 $x_3 = x_1, x_4 = x_2, y_2 = y_1, y_4 = y_3$. 通过仿射变换 (参见 (6.27))

$$\begin{cases} x = x_1 + (x_2 - x_1)\xi, \\ y = y_1 + (y_3 - y_1)\eta, \end{cases} \quad \text{记为 } (x,y) = F_K(\xi, \eta), \tag{6.32}$$

可以将 $\hat{K}$ 变为 K, 即 $K = F_K(\hat{K})$, 将 $Q_1(\hat{K})$ 变为 $Q_1(K)$, 即 $Q_1(K) = \{v : v \circ F_K \in Q_1(\hat{K})\}$, 四个自由度变为 $N_i(v) = v(P_i), i = 1, 2, 3, 4$ (参看图 6.7(b)).

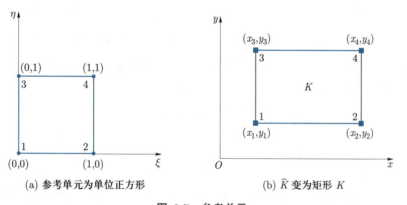

(a) 参考单元为单位正方形　　　　(b) $\hat{K}$ 变为矩形 K

图 6.7　参考单元

现在我们面临的是一般单元 K (四边形单元、曲边单元), 只限于仿射变换是不够的. 因此需要考虑更一般的可逆连续变换:

$$(x, y) = F_K(\xi, \eta) = \big(x(\xi, \eta), y(\xi, \eta)\big), \tag{6.33}$$

其中 $(\xi, \eta) \in \hat{K}, (x, y) \in K$. 变换 (6.33) 和单元 K 有关, 不同的 K 对应不同的变换. 也可反过来说, 不同的变换对应不同的单元 K. 变换 (6.33) 应满足下列要求: 第一, 具有必要的光滑性. 通常取它为 ξ, η 的多项式, 所以光滑性条件恒满足. 第二, F_K 应是 $\hat{K}$ 到 K 的一对一的变换, 就是说, F_K 的 Jacobi 行列式

$$J(\xi, \eta) = \frac{\partial(x, y)}{\partial(\xi, \eta)} \neq 0, \quad (\xi, \eta) \in \hat{K}. \tag{6.34}$$

应指出的是, $\hat{K}$ 上的形状函数 $p_{\hat{K}}(\xi, \eta)$ 虽然是多项式, 但是通过变换 F_K 的逆变换

消去 ξ, η 后就不一定是多项式了, 它可能是有理函数, 也可能是无理函数. 好在我们并不需要消去 ξ, η 得到以 x, y 表示的形状函数, 因为形成有限元方程时遇到的积分可通过变换 (6.33) 化为 $\hat{K}$ 上对 ξ, η 的积分.

构造变换 (6.33) 的方法很多, 应用中最重要的一种是取它和形状函数具同样形式, 这就是所谓 "**等参变换**". 当然, 前面的仿射变换也是等参变换. 使用等参变换也是有限元法的一个技巧.

例 6.2 (任意四边形单元)   如例 6.1, 参考有限元取为 $\left(\hat{K}, Q_1(\hat{K}), \hat{\mathcal{N}}\right)$. 如图 6.8, K 是 xy 平面上任一四边形, 顶点是 $P_i(x_i, y_i), i = 1, 2, 3, 4$. 我们按照例 6.1 的流程定义 K 上的有限元. 首先, 易知, 把 $\hat{K}$ 变到 K 的变换 (6.33) 可定义为

$$\begin{bmatrix} x \\ y \end{bmatrix} = \Phi_0(\xi)\Phi_0(\eta)\begin{bmatrix} x_1 \\ y_1 \end{bmatrix} + \Phi_1(\xi)\Phi_0(\eta)\begin{bmatrix} x_2 \\ y_2 \end{bmatrix} + \Phi_0(\xi)\Phi_1(\eta)\begin{bmatrix} x_3 \\ y_3 \end{bmatrix} + \Phi_1(\xi)\Phi_1(\eta)\begin{bmatrix} x_4 \\ y_4 \end{bmatrix},$$

其中 $\Phi_0(s) = 1 - s, \Phi_1(s) = s$. 或改写为

$$\begin{cases} x(\xi, \eta) = x_1 + (x_2 - x_1)\xi + (x_3 - x_1)\eta + (x_4 - x_3 - x_2 + x_1)\xi\eta, \\ y(\xi, \eta) = y_1 + (y_2 - y_1)\xi + (y_3 - y_1)\eta + (y_4 - y_3 - y_2 + y_1)\xi\eta. \end{cases} \tag{6.35}$$

与 $\hat{K}$ 上的形状函数一样都是双线性函数, 所以这个变换是一种等参变换, 且当四边形 K 的对角线中点不重合时, 不是仿射变换. 显然, 变换 (6.35) 把 $\hat{K}$ 的每条边仿射变换到 K 的对应边, 把 $\hat{K}$ 的内部变到 K 的内部.

为了检验变换 (6.35) 是一对一的, 计算 Jacobi 行列式

$$J = \begin{vmatrix} x_2 - x_1 + A\eta & x_3 - x_1 + A\xi \\ y_2 - y_1 + B\eta & y_3 - y_1 + B\xi \end{vmatrix},$$

其中 $A = x_4 - x_3 - x_2 + x_1, B = y_4 - y_3 - y_2 + y_1$. 展开后, J 是 ξ, η 的双线性函数. 故只需检验 J 在四个顶点的值有相同符号即可. 于 $\xi = 0, \eta = 0$,

$$J(0, 0) = (x_2 - x_1)(y_3 - y_1) - (y_2 - y_1)(x_3 - x_1) = ll' \sin\theta,$$

长度 l, l' 和角 θ 如图 6.8 所示. 当 $0 < \theta < \pi$ 时, $J(0, 0) > 0$. 同样, 其他三个内角小于 π 时, J 在 $(1, 0), (0, 1), (1, 1)$ 也大于 0. 总之, J 于 $\hat{K}$ 恒大于 0 的充要条件是 K 为凸四边形.

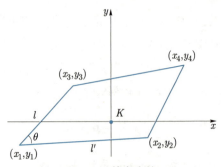

图 6.8   等参变换

有了等参变换之后, 即可如下定义一般四边形 K 上的有限元 $(K, \mathcal{P}, \mathcal{N})$:

$$\mathcal{P} = \{v : v \circ F_K \in Q_1(\hat{K})\}, \quad N_i(v) = v(P_i), i = 1, 2, 3, 4.$$

称为映射的双线性函数空间. 注意 (6.35) 的逆变换一般是无理函数, 所以 $\hat{K}$ 上的形状函数尽管是简单的 (双线性函数), 但对应到 K 上则是 x, y 的无理函数. 好在我们不必通过 x, y 把 K 上的形状函数以显式表示出来 (参看 6.3 节).

6.2.4 三角形元

对曲边区域 Ω, 一般采用三角网近似. 不妨设 Ω 是多边形域 (否则可用多边形域逼近它). 将 Ω 分割成有限个三角形之和, 使不同三角形无重叠的内部, 且任一三角形的顶点不属于其他三角形边的内部. 这样就把 Ω 分割成三角形网, 称为 Ω 的三角剖分. 每个三角形称为**单元**, 它的顶点称为**节点**. 属同一单元的二顶点称为**相邻节点**, 有公共边的两个三角形称为**相邻单元**.

由于三角剖分可构造非均匀网格, 并且能较好地逼近具复杂边界的区域, 所以在二维问题中, 三角形元是应用最广的单元.

面积坐标及有关公式

设 $\triangle(i, j, k)$ 是以 i, j, k 为顶点的任意三角形单元, 面积为 S. 我们约定 i, j, k 的次序按逆时针方向排列. 在 $\triangle(i, j, k)$ 内任取一点 P, 坐标为 (x, y). 连接 P 点与三个顶点, 将 $\triangle(i, j, k)$ 分成三个三角形 (参见图 6.9): $\triangle(i, j, P)$, $\triangle(j, k, P)$, $\triangle(k, i, P)$, 其面积分别为 S_k, S_i, S_j. 显然 $S_i + S_j + S_k = S$. 令

$$L_i = \frac{S_i}{S}, \quad L_j = \frac{S_j}{S}, \quad L_k = \frac{S_k}{S}, \tag{6.36}$$

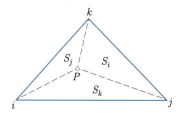

图 6.9 面积坐标

则 $L_i, L_j, L_k \geqslant 0$, $L_i + L_j + L_k = 1$. 给定一点 P, 唯一确定如此的一组数 (L_i, L_j, L_k). 反之, 任给一组 (L_i, L_j, L_k), $L_i, L_j, L_k \geqslant 0$, $L_i + L_j + L_k = 1$, 按关系式 (6.36) 也唯一确定一点 P. 所以同一点 P, 既可用直角坐标 (x, y) 表示, 也可用 (L_i, L_j, L_k) 表示. 我们称 (L_i, L_j, L_k) 为点 P 的**面积坐标**. 因为三角形的面积与参考坐标系无关, 所以面积坐标也

与坐标系无关, 这是采用面积坐标的优点. 我们知道

$$2S = \begin{vmatrix} 1 & x_i & y_i \\ 1 & x_j & y_j \\ 1 & x_k & y_k \end{vmatrix}, \quad 2S_i = \begin{vmatrix} 1 & x & y \\ 1 & x_j & y_j \\ 1 & x_k & y_k \end{vmatrix}, \quad 2S_j = \begin{vmatrix} 1 & x_i & y_i \\ 1 & x & y \\ 1 & x_k & y_k \end{vmatrix}, \quad 2S_k = \begin{vmatrix} 1 & x_i & y_i \\ 1 & x_j & y_j \\ 1 & x & y \end{vmatrix}.$$

由此可建立面积坐标与直角坐标之间的下列转换关系:

$$\begin{cases} L_i = \dfrac{1}{2S} \left[(x_j y_k - x_k y_j) + (y_j - y_k) x + (x_k - x_j) y \right], \\[2mm] L_j = \dfrac{1}{2S} \left[(x_k y_i - x_i y_k) + (y_k - y_i) x + (x_i - x_k) y \right], \\[2mm] L_k = \dfrac{1}{2S} \left[(x_i y_j - x_j y_i) + (y_i - y_j) x + (x_j - x_i) y \right]. \end{cases} \tag{6.37}$$

$$\begin{cases} x = x_i L_i + x_j L_j + x_k L_k, \\ y = y_i L_i + y_j L_j + y_k L_k. \end{cases} \tag{6.38}$$

在推导后一关系式时, 利用了等式 $L_i + L_j + L_k = 1$.

由连锁规则不难看出

$$\begin{cases} \dfrac{\partial}{\partial x} = \dfrac{1}{2S} \left[(y_j - y_k) \dfrac{\partial}{\partial L_i} + (y_k - y_i) \dfrac{\partial}{\partial L_j} + (y_i - y_j) \dfrac{\partial}{\partial L_k} \right], \\[4mm] \dfrac{\partial}{\partial y} = \dfrac{1}{2S} \left[(x_k - x_j) \dfrac{\partial}{\partial L_i} + (x_i - x_k) \dfrac{\partial}{\partial L_j} + (x_j - x_i) \dfrac{\partial}{\partial L_k} \right]. \end{cases} \tag{6.39}$$

利用 $L_i = 1 - L_j - L_k$, 消去 (6.38) 右端的 L_i, 则得到由 $L_j L_k$ 平面到 xy 平面的仿射变换, 其逆变换把 $\triangle(i, j, k)$ 变到 $L_j L_k$ 平面以 $(0, 0)$, $(0, 1)$, $(1, 0)$ 为顶点的直角三角形, 如图 6.10,

$$(x_i, y_i) \leftrightarrow (0, 0),$$
$$(x_j, y_j) \leftrightarrow (1, 0),$$
$$(x_k, y_k) \leftrightarrow (0, 1).$$

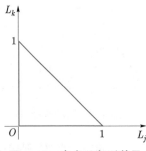

图 6.10　参考三角形单元

利用重积分变量替换公式, 不难得出下列积分公式

$$\iint_{\triangle(i,j,k)} L_i^p L_j^q L_k^r \mathrm{d}x \mathrm{d}y = 2S \frac{p! q! r!}{p + q + r + 2}, \tag{6.40}$$

其中 p, q, r 是任意非负整数.

Lagrange 型公式

取 K 为任一三角形单元, 比如为了记号简单, $K = \triangle(1, 2, 3)$. 给定 $p \geqslant 1$, 令 $\mathcal{P} = P_p(K)$. 易知 $\dim \mathcal{P} = n = \dfrac{1}{2} p(p+1)$. 需要 n 个自由度. 将三角形 K 的每条边 p 等分, 连接任二相邻边的对应等分点作平行于另一条边的线段, 正好交于 n 个点. 我们就取这 n 个交点为插值节点 (图 6.11 画出了线性元和二次元的节点), 记为 $A_1, A_2, \cdots, A_n$, 则 n 个自由度取为 $\mathcal{N} = \{N_i(v) = v(A_i), \ i = 1, 2, \cdots, n\}$. 这样定义的有限元称为 Lagrange p 次元.

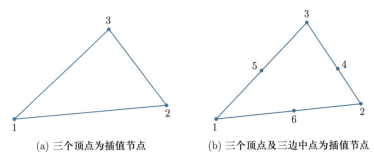

(a) 三个顶点为插值节点   (b) 三个顶点及三边中点为插值节点

图 6.11 线性元和二次元的插值节点

当 $p = 1$ 时, 由不共线三点决定一个平面, 知 Lagrange 线性元满足有限元的定义. 显然, 三个面积坐标函数满足:

$$L_i(A_j) = \delta_{ij}, \quad i, j = 1, 2, 3.$$

它们正好组成了线性元的节点基. 对任意 $v \in P_1(K)$ 有:

$$v = v_1 L_1 + v_2 L_2 + v_3 L_3, \quad v_i = v(A_i), \ i = 1, 2, 3. \tag{6.41}$$

对 $p = 2$, 我们验证条件 (iii)′. 假设 $v \in P_2(K)$, $v(A_i) = 0$, $i = 1, 2, \cdots, 6$. 由 Cartesian 坐标和面积坐标的关系, 知 v 是 L_1, L_2 的二次多项式, 记为 $v(L_1, L_2)$, 由 $v(A_2) = v(A_3) = v(A_4) = 0$ 得 $v(0, 1) = v(0, 0) = v\left(0, \dfrac{1}{2}\right) = 0$. 再注意到 $v(0, L_2)$ 是 L_2 的二次多项式, 可得 $v(0, L_2) \equiv 0$, 故 $L_1 | v$, 即 L_1 整除 v. 同理, $L_2 | v$, $L_3 | v$. 即 $v = L_1 L_2 L_3 w$, w 是多项式. 因为 v 是二次式, 所以 $w = 0$, 从而 $v = 0$. 故 Lagrange 二次元满足有限元的定义. 利用待定系数法及面积坐标, 容易推出 Lagrange 二次元在三个顶点和三边中点的节点基函数可分别表示为

$$L_i(2L_i - 1), \ i = 1, 2, 3; \quad 4 L_i L_j, \ 1 \leqslant i < j \leqslant 3.$$

对任意 $v \in P_2(K)$ 有:

$$v = \sum_{i=1}^{3} \left[L_i \left(2L_i - 1 \right) v_i + 4L_{i+1}L_{i+2}v_{3+i} \right], \quad v_i = v(A_i),\ i = 1, 2, \cdots, 6, \qquad (6.42)$$

其中 $L_4 = L_1,\, L_5 = L_2$.

还可以构造三次及高次的 Lagrange 型公式, 但常用的是一次及二次插值公式.

容易证明, 由 m 次 Lagrange 型插值公式生成的试探函数属于 C, 但不属于 C^1, 因此只能有 $U_h \subset H^1$.

Hermite 型公式

取 $K = \triangle(1, 2, 3)$. 考虑三次 Hermite 元, 令 $\mathcal{P} = P_3(K)$. $\mathcal{N}$ 需要 10 个自由度, 选取方法如图 6.12 所示, 其中 "0" 表示重心.

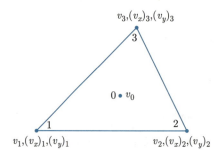

图 6.12 插值节点

下面验证有限元的定义, 只需考虑条件 (iii)'. 记 K 的三个顶点为 A_1, A_2, A_3, 重心为 A_0. 设 $v \in P_3(K)$, $v(A_i) = v_x(A_i) = v_y(A_i) = v(A_0) = 0$, $i = 1, 2, 3$. 与 Lagrange 二次元的推导类似, 可以证明 $L_i | v, i = 1, 2, 3$, 即 $v = L_1 L_2 L_3 w$, w 是常数. 又因为 $v(A_0) = 0$, 所以 $w = 0$, 从而 $v = 0$. 故三次 Hermite 元满足有限元的定义.

利用待定系数法及面积坐标, 可以推导出任意 $v \in P_3(K)$ 可表示为

$$v = \alpha_0^{(3)} v(A_0) + \sum_{i=1}^{3} \left(\alpha_i^{(3)} v(A_i) + \beta_i^{(3)} v_x(A_i) + \gamma_i^{(3)} v_y(A_i) \right), \qquad (6.43)$$

其中节点基函数:

$$\begin{cases} \alpha_0^{(3)}(x, y) = 27 L_1 L_2 L_3, \\ \alpha_i^{(3)}(x, y) = L_i^3 + 3L_i^2 \left(L_j + L_k \right) - 7 L_i L_j L_k, \\ \beta_i^{(3)}(x, y) = (x_j - x_i) \left(L_i^2 L_j - L_i L_j L_k \right) + (x_k - x_i) \left(L_i^2 L_k - L_i L_j L_k \right), \\ \gamma_i^{(3)}(x, y) = (y_j - y_i) \left(L_i^2 L_j - L_i L_j L_k \right) + (y_k - y_i) \left(L_i^2 L_k - L_i L_j L_k \right), \end{cases} \qquad (6.44)$$

其中 $j = i + 1,\, k = i + 2$.

给定了一组广义坐标后 (包括三角单元顶点的函数值, 两个一阶偏导数及单元重心的函数值), 由公式 (6.43) (让 $\triangle(1, 2, 3)$ 取遍一切单元) 确定出整个剖分上的试探函数

$u_h(x, y)$ (下标 h 表示一切单元的最大直径). 一切可能的试探函数构成试探函数空间 U_h. 设 K_1, K_2 是两相邻单元, l 为其公共边, u_h^1 和 u_h^2 分别表示 u_h 从 K_1 和 K_2 延拓到 l 上的一元三次多项式. 因为 u_h^1 和 u_h^2 在 l 的两端取相同函数值及沿 l 方向的导数值 (它们由偏导数 u_x, u_y 唯一确定), 故 u_h^1 和 u_h^2 在 l 上恒等, 这说明 $u_h \in C$, 因而 $U_h \subset H^1$. 其次, 考察它们的一阶导数. 显然 u_h^1 和 u_h^2 沿 l 方向的导数恒等, 但沿 l 的法向导数不一定相等. 因为法向导数是 l 上的一元二次多项式, 二者仅在端点相等, 不能完全确定该二次多项式. 因此 u_h 一般不属于 C^1, 从而也不能要求 U_h 属于 H^2.

应当指出, 重心点的方程只包含重心值及它所属单元三个顶点的广义坐标, 所以求解有限元方程时, 可先消去重心处的广义坐标, 降低方程组的阶, 然后再解这个阶数较低的方程组.

6.2.5　三维有限元

本节中, 我们简要介绍三维空间中最简单的四面体线性元与长方体三线性元.

四面体线性元

设 $K = \triangle(1, 2, 3, 4)$ 是以 A_1, A_2, A_3, A_4 为顶点的任意四面体单元. 取 $\mathcal{P} = P_1(K)$. 令 $\mathcal{N} = \{N_i(v) = v(A_i), i = 1, 2, 3, 4\}$. 称为 K 上的 Lagrange 线性元.

为了描述节点基函数, 类似于二维三角形, 可以对三维四面体引入体积坐标. 在 $\triangle(1, 2, 3, 4)$ 内任取一点 P, 坐标为 (x, y, z). 连接 P 点与四个顶点, 将 $\triangle(1, 2, 3, 4)$ 分成四个四面体: $\triangle(2, 4, 3, P)$, $\triangle(3, 4, 1, P)$, $\triangle(4, 2, 1, P)$, $\triangle(1, 2, 3, P)$, 其体积分别为 V_1, V_2, V_3, V_4. 显然 $V_1 + V_2 + V_3 + V_4 = V$. 令

$$L_1 = \frac{V_1}{V}, \quad L_2 = \frac{V_2}{V}, \quad L_3 = \frac{V_3}{V}, \quad L_4 = \frac{V_4}{V}, \tag{6.45}$$

则 $L_1, L_2, L_3, L_4 \geqslant 0$, $L_1 + L_2 + L_3 + L_4 = 1$. 给定一点 P, 唯一确定如此的一组数 (L_1, L_2, L_3, L_4). 反之, 任给一组 (L_1, L_2, L_3, L_4), $L_1, L_2, L_3, L_4 \geqslant 0$, $L_1 + L_2 + L_3 + L_4 = 1$. 按关系式 (6.45) 也唯一确定一点 P. 所以同一点 P, 既可用直角坐标 (x, y, z) 表示, 也可用 (L_1, L_2, L_3, L_4) 表示. 我们称 (L_1, L_2, L_3, L_4) 为点 P 的**体积坐标**. 注意到在单元重心处体积坐标每个分量都相等, 二维时面积坐标也满足同样性质, 所以面积坐标和体积坐标也统称为**重心坐标**.

不妨设四面体四个顶点的排序满足右手螺旋规则, 则有

$$V = \frac{1}{6} \begin{vmatrix} 1 & x_1 & y_1 & z_1 \\ 1 & x_2 & y_2 & z_2 \\ 1 & x_3 & y_3 & z_3 \\ 1 & x_4 & y_4 & z_4 \end{vmatrix},$$

由此可建立体积坐标与直角坐标之间的转换关系:

$$
\begin{cases}
L_1 = \dfrac{1}{6V} \begin{vmatrix} 1 & x & y & z \\ 1 & x_2 & y_2 & z_2 \\ 1 & x_3 & y_3 & z_3 \\ 1 & x_4 & y_4 & z_4 \end{vmatrix}, & L_2 = \dfrac{1}{6V} \begin{vmatrix} 1 & x_1 & y_1 & z_1 \\ 1 & x & y & z \\ 1 & x_3 & y_3 & z_3 \\ 1 & x_4 & y_4 & z_4 \end{vmatrix}, \\[30pt]
L_3 = \dfrac{1}{6V} \begin{vmatrix} 1 & x_1 & y_1 & z_1 \\ 1 & x_2 & y_2 & z_2 \\ 1 & x & y & z \\ 1 & x_4 & y_4 & z_4 \end{vmatrix}, & L_4 = \dfrac{1}{6V} \begin{vmatrix} 1 & x_1 & y_1 & z_1 \\ 1 & x_2 & y_2 & z_2 \\ 1 & x_3 & y_3 & z_3 \\ 1 & x & y & z \end{vmatrix}.
\end{cases}
$$

$$
\begin{cases}
x = x_1 L_1 + x_2 L_2 + x_3 L_3 + x_4 L_4, \\
y = y_1 L_1 + y_2 L_2 + y_3 L_3 + y_4 L_4, \\
z = z_1 L_1 + z_2 L_2 + z_3 L_3 + z_4 L_4.
\end{cases} \tag{6.46}
$$

显然, 三维 Lagrange 线性元的节点基函数就是 $\{L_1, L_2, L_3, L_4\}$, 且任一函数 $v \in P_1(K)$ 可表示为

$$
v = v(A_1)L_1 + v(A_2)L_2 + v(A_3)L_3 + v(A_4)L_4. \tag{6.47}
$$

易见, 由此插值公式生成的试探函数整体属于 C, 因此相应的线性有限元空间 $U_h \subset H^1$.

长方体三线性元

取 $K = K_{ijk} = [x_{i-1}, x_i] \times [y_{j-1}, y_j] \times [z_{k-1}, z_k]$ 为任一长方体单元, $\mathcal{P} = Q_1(K)$, 记 K 的 8 个顶点为 $A_1, A_2, \cdots, A_8$, 自由度取为 $N_l(v) = v(A_l)$, $l = 1, 2, \cdots, 8$. 显然此三元组满足有限元的定义, 称为 Lagrange 三线性元.

类似于二维 Lagrange 矩形元, 可以利用一维有限元节点基函数的乘积来定义三维长方体上有限元节点基函数. 记 $h_{xi} = x_i - x_{i-1}$, $h_{yj} = y_j - y_{j-1}$, $h_{zk} = z_k - z_{k-1}$ 为网格步长. 通过仿射变换

$$
\xi = \frac{x - x_{i-1}}{h_{xi}}, \quad \eta = \frac{y - y_{j-1}}{h_{yj}}, \quad \zeta = \frac{z - z_{k-1}}{h_{zk}}, \tag{6.48}
$$

总可将 K 变成参考单元 $\hat{K} = [0, 1] \times [0, 1] \times [0, 1]$. 如果在 $\hat{K}$ 上造出了节点基函数, 再通过变换 (6.48) 就得到 K_{ijk} 上的节点基函数. 采用一维参考单元上 Lagrange 线性元节点基函数 (参见表 6.1)

$$
\Phi_0(\xi) = 1 - \xi, \quad \Phi_1(\xi) = \xi,
$$

可得参考单元上的乘积型节点基函数 $\Phi_l(\xi)\Phi_m(\eta)\Phi_n(\zeta)$, $l, m, n = 0, 1$. 从而得到 K_{ijk} 上的节点基函数:

$$\phi_{ijk,lmn}(x,y) = \Phi_l\left(\frac{x-x_{i-1}}{h_{xi}}\right)\Phi_m\left(\frac{y-y_{j-1}}{h_{yj}}\right)\Phi_k\left(\frac{z-z_{k-1}}{h_{zk}}\right). \tag{6.49}$$

显然, 任一有限元函数 $v \in Q_1(K_{ijk})$ 都可以表示为

$$v(x,y,z) = \sum_{l,m,n=0}^{1} v(x_{i-1+l}, y_{j-1+m}, z_{k-1+n})\phi_{ijk,lmn}(x,y,z), \ (x,y,z) \in K_{ijk}. \tag{6.50}$$

易见, 由此插值公式生成的试探函数整体属于 C, 因此相应的三线性有限元空间 $U_h \subset H^1$.

6.2.6 习题

1. 证明下列分段二次多项式基函数属于 $C^1([0,1])$, 并作出其图形.

$$\varphi_i^{(0)}(x) = \begin{cases} 0, & 0 \leqslant x \leqslant x_{i-1}, x_{i+1} \leqslant x \leqslant 1, \\ 2\left(\frac{x-x_{i-1}}{h}\right)^2, & x_{i-1} \leqslant x \leqslant x_i - 0.5h, \\ -2\left(\frac{x-x_i}{h}\right)^2 + 1, & x_i - 0.5h \leqslant x \leqslant x_i + 0.5h, \\ 2\left(\frac{x-x_{i+1}}{h}\right)^2, & x_i + 0.5h \leqslant x \leqslant x_{i+1}, \end{cases}$$

$$\varphi_i^{(1)}(x) = \begin{cases} 0, & 0 \leqslant x \leqslant x_{i-1} \ \text{或} \ x_{i+1} \leqslant x \leqslant 1 \\ -\frac{1}{2h}(x-x_{i-1})^2, & x_{i-1} \leqslant x \leqslant x_i - 0.5h, \\ x-x_i + \frac{3}{2h}(x-x_i)^2, & x_i - 0.5h \leqslant x \leqslant x_i, \\ x-x_i - \frac{3}{2h}(x-x_i)^2, & x_i \leqslant x \leqslant x_i + 0.5h, \\ \frac{1}{2h}(x-x_{i+1})^2, & x_i + 0.5h \leqslant x \leqslant x_{i+1}. \end{cases}$$

2. 试就 $f=1$ 具体写出有限元方程 (6.24) (6.25).
3. 证明矩形网上双二次、双三次 Lagrange 有限元试探函数空间包含于 H^1.
4. 证明积分公式 (6.40).
5. 设 l 是 xy 平面上的直线, 方程为 $ax+by+c=0 \ (a^2+b^2=1)$, $\boldsymbol{n}$ 是 l 的单位法向量. 若多项式 p 具性质

$$\left.\frac{\mathrm{d}^i p}{\mathrm{d}\boldsymbol{n}^i}\right|_l = 0, \quad 0 \leqslant i \leqslant k,$$

则 p 可用 $(ax+by+c)^{k+1}$ 整除, 即有多项式 $q(x,y)$ 使

$$p(x,y) = (ax+by+c)^{k+1}q(x,y).$$

6.3　二阶椭圆型方程的有限元法

确定了网络剖分和单元形状函数后, 试探函数空间 U_h 也就定了. 本节讨论二阶椭圆型方程的有限元法.

设 $\Omega \subset \mathbb{R}^d$ 是有界多面体区域 (二维时指多边形, 一维时指线段), 考虑如下的二阶椭圆型问题:

$$-\nabla \cdot (\boldsymbol{\kappa}(\boldsymbol{x})\nabla u(\boldsymbol{x})) = f(\boldsymbol{x}), \quad \boldsymbol{x} \in \Omega, \tag{6.51}$$

在 $\Gamma = \partial\Omega$ 上给出下列边值条件之一:

$$u|_{\Gamma} = 0 \quad (\text{第一边值条件或 Dirichlet 边值条件}), \tag{6.52}$$

$$\boldsymbol{\kappa}(\boldsymbol{x})\nabla u(\boldsymbol{x}) \cdot \boldsymbol{n}\big|_{\Gamma} = 0 \quad (\text{第二边值条件或 Neumann 边值条件}), \tag{6.53}$$

$$\left(\boldsymbol{\kappa}(\boldsymbol{x})\nabla u(\boldsymbol{x}) \cdot \boldsymbol{n} + qu\right)\big|_{\Gamma} = 0 \quad (\text{第三边值条件或 Robin 边值条件}), \tag{6.54}$$

其中 $\boldsymbol{\kappa}(\boldsymbol{x}) > 0, f(\boldsymbol{x}), q(\boldsymbol{x})$ 都是给定的连续函数. 显然, 当 $q = 0$ 时, 第三边值条件就化为第二边值条件. 边值条件也可以这样给: 在 Γ 的一部分满足一种边值条件, 其余部分满足另一种边值条件. 当然下面的讨论也可以容易地推广到非齐次边界条件的情形.

6.3.1　有限元离散

这一小节, 我们基于椭圆型问题的变分形式给出其 Lagrange 线性有限元离散. 当然可以容易地推广到其他类型的有限元, 比如 Lagrange 高次元或 Hermite 元.

设 $\mathcal{M}_h$ 为 Ω 的一个三角剖分. 引入 Lagrange 线性元空间:

$$U_h = \{v_h \in H^1(\Omega) : v_h|_K \in P_1(K), \forall K \in \mathcal{M}_h\}, \quad U_h^0 = U_h \cap H_0^1(\Omega).$$

先考虑 Dirichlet 边值条件. 由 5.4.3 小节的推导, 利用第一 Green 公式 (5.7), 易得问题 (6.51) 和 (6.52) 的变分形式为: 求 $u \in H_0^1(\Omega)$ 使得

$$a(u, v) = (f, v), \quad \forall v \in H_0^1(\Omega), \tag{6.55}$$

其中双线性形式

$$a(u, v) = \int_{\Omega} \boldsymbol{\kappa}(\boldsymbol{x})\nabla u \cdot \nabla v \mathrm{d}\boldsymbol{x}. \tag{6.56}$$

得问题 (6.51) 和 (6.52) 的线性有限元离散: 求 $u_h \in U_h^0$ 使得

$$a(u_h, v_h) = (f, v_h), \quad \forall v_h \in U_h^0. \tag{6.57}$$

再考虑 Neumann 边界条件. 此时问题 (6.51) 和 (6.53) 的变分形式为: 求 $u \in H^1(\Omega)$

使得

$$a(u, v) = (f, v), \quad \forall v \in H^1(\Omega), \tag{6.58}$$

问题 (6.51) 和 (6.53) 的线性有限元离散为: 求 $u_h \in U_h$ 使得

$$a(u_h, v_h) = (f, v_h), \quad \forall v_h \in U_h. \tag{6.59}$$

需要说明的是, 注意到如果 u_h 是 (6.59) 的解, 那么 u_h 加上任意常数也是 (6.59) 的解, 即纯 Neumann 问题的有限元解不唯一. 我们可以对 u_h 加适当条件保证唯一性, 比如要求 $\int_\Omega u_h \mathrm{d}\boldsymbol{x} = 0$. 另外, 取 $v_h = 1$ 可知为了保证解的存在性, f 应该满足条件 $\int_\Omega f \mathrm{d}\boldsymbol{x} = 0$.

对 Robin 边值条件, 由

$$-\int_\Omega \nabla \cdot (\boldsymbol{\kappa}\nabla u) v \mathrm{d}\boldsymbol{x} = \int_\Omega \boldsymbol{\kappa}\nabla u \cdot \nabla v \mathrm{d}\boldsymbol{x} - \int_\Gamma \boldsymbol{\kappa}\nabla u \cdot \boldsymbol{n} v = \int_\Omega \boldsymbol{\kappa}\nabla u \cdot \nabla v \mathrm{d}\boldsymbol{x} + \int_\Gamma quv \mathrm{d}s$$

得问题 (6.51) 和 (6.54) 的变分形式为: 求 $u \in H^1(\Omega)$ 使得

$$\tilde{a}(u, v) = (f, v), \quad \forall v \in H^1(\Omega), \tag{6.60}$$

其中双线性形式

$$\tilde{a}(u, v) = a(u, v) + \int_\Gamma quv \mathrm{d}s. \tag{6.61}$$

问题 (6.51) 和 (6.54) 的线性有限元离散为: 求 $u_h \in U_h$ 使得

$$\tilde{a}(u_h, v_h) = (f, v_h), \quad \forall v_h \in U_h. \tag{6.62}$$

6.3.2 有限元方程组的形成

这一小节我们考虑如何形成有限元方程组的刚度矩阵和右端向量 (也称为荷载向量). 为了简单起见, 以二维情形 $(d = 2)$ Lagrange 线性有限元方法为例来讨论.

先考虑 Neumann 边值条件的情形. 设 $\{P_j\}_{j=1}^J$ 是网格 $\mathcal{M}_h$ 的节点的集合. 设 $\{\phi_j\}_{j=1}^J$ 线性元空间 U_h 的节点基, 满足 $\phi_i(P_j) = \delta_{ij}, i, j = 1, 2, \cdots, J$. 令

$$u_h = u_1\phi_1 + u_2\phi_2 + \cdots + u_J\phi_J, \quad \text{其中} \quad u_j = u_h(P_j),$$

在 (6.59) 中取 $v_h = \phi_i$, 得有限元方程组:

$$a(\phi_1, \phi_i)u_1 + a(\phi_2, \phi_i)u_2 + \cdots + a(\phi_J, \phi_i)u_J = (f, \phi_i), \quad i = 1, 2, \cdots, J.$$

简记 $a_{ij} = a(\phi_j, \phi_i), f_i = (f, \phi_i)$, 可将有限元方程组写为矩阵形式:

$$\boldsymbol{A}\boldsymbol{U} = \boldsymbol{F}, \quad \text{其中} \quad \boldsymbol{A} = (a_{ij})_{J \times J}, \quad \boldsymbol{U} = (u_i)_{J \times 1}, \quad \boldsymbol{F} = (f_i)_{J \times 1}. \tag{6.63}$$

首先考虑刚度矩阵 $\boldsymbol{A}$ 的形成. 同前面一维模型问题, 我们先形成单元刚度矩阵, 再

装配总刚度矩阵. 我们有

$$a_{ij} = \sum_{K \in \mathcal{M}_h} \int_K \boldsymbol{\kappa}(\boldsymbol{x}) \nabla \phi_j \cdot \nabla \phi_i \mathrm{d}\boldsymbol{x}. \tag{6.64}$$

显然如果节点 P_i 和 P_j 不相邻, 则 $a_{ij} = 0$, 即 $\boldsymbol{A}$ 是稀疏矩阵.

我们在每个单元 K 上先计算形如 $\int_K \boldsymbol{\kappa}(\boldsymbol{x}) \nabla \phi_j \cdot \nabla \phi_i \mathrm{d}\boldsymbol{x}$ 的积分, 再加起来得到 a_{ij}. 既然在每个单元 K, 节点基函数的限制如果非零就是某个重心坐标函数 $L_p, p = 1, 2, 3$. 因此只需计算如下的 3×3 矩阵

$$\boldsymbol{A}^K : \quad a_{pq}^K = \int_K \boldsymbol{\kappa}(\boldsymbol{x}) \nabla L_q \cdot \nabla L_p \mathrm{d}\boldsymbol{x}, \quad p, q = 1, 2, 3. \tag{6.65}$$

这里 $\boldsymbol{A}^K$ 称为单元刚度矩阵.

为了找出单元刚度矩阵和总刚度矩阵之间的关系. 定义 K_p $(p = 1, 2, 3)$ 为单元 K 的第 p 个顶点的总体编号, 则 $\phi_{K_p}|_K = L_p$, 且总刚度矩阵可以由单元刚度矩阵装配起来:

$$\sum_{\substack{K, p, q \\ K_p = i, K_q = j}} a_{pq}^K = a_{ij}. \tag{6.66}$$

然后考虑右端荷载向量 $\boldsymbol{F}$ 的形成. 我们有

$$f_i = \sum_{K \in \mathcal{M}_h} \int_K f \phi_i \mathrm{d}\boldsymbol{x}. \tag{6.67}$$

同样先计算如下单元荷载向量:

$$\boldsymbol{F}^K : \quad f_p^K = \int_K f L_p \mathrm{d}\boldsymbol{x}, \quad p = 1, 2, 3. \tag{6.68}$$

再按以下公式装配总荷载向量 $\boldsymbol{F}$:

$$\sum_{K, p, K_p = i} f_p^K = f_i. \tag{6.69}$$

例如, 考虑如图 6.13 的三角网中的两个相邻节点 P_i 和 P_j. 单元 $K^{\mathrm{I}}, K^{\mathrm{II}}, \cdots, K^{\mathrm{VI}}$ 的顶点的局部标号如图 6.13 所示, 则

$$K_2^{\mathrm{I}} = K_1^{\mathrm{II}} = K_3^{\mathrm{III}} = K_2^{\mathrm{IV}} = K_1^{\mathrm{V}} = K_3^{\mathrm{VI}} = i, \quad K_3^{\mathrm{I}} = K_2^{\mathrm{VI}} = j.$$

由 (6.66) 和 (6.69) 得

$$\begin{aligned} a_{ij} &= a_{23}^{K^{\mathrm{I}}} + a_{32}^{K^{\mathrm{VI}}}, \\ a_{ii} &= a_{22}^{K^{\mathrm{I}}} + a_{11}^{K^{\mathrm{II}}} + a_{33}^{K^{\mathrm{III}}} + a_{22}^{K^{\mathrm{IV}}} + a_{11}^{K^{\mathrm{V}}} + a_{33}^{K^{\mathrm{VI}}}, \\ f_i &= f_2^{K^{\mathrm{I}}} + f_1^{K^{\mathrm{II}}} + f_3^{K^{\mathrm{III}}} + f_2^{K^{\mathrm{IV}}} + f_1^{K^{\mathrm{V}}} + f_3^{K^{\mathrm{VI}}}. \end{aligned}$$

当然, 实际编程装配总刚度矩阵时, 并不是对其中元素的下标循环, 即不是对每组 i, j 找哪些单元刚度矩阵的元素对 a_{ij} 有贡献, 而是对单元和单元刚度矩阵元素的下标循环,

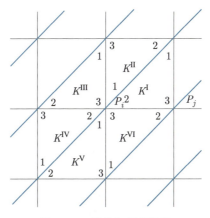

图 6.13 整体与局部编号

利用公式 (6.66) 和 (6.69), 把相应的元素累加到总刚度矩阵对应的位置. 由单刚合成总刚 $\boldsymbol{A}$ 的伪代码见算法 6.1.

算法 6.1 装配总刚矩阵

令 $a_{ij} = 0$, $i, j = 1, 2, \cdots, J$.
for $K \in \mathcal{M}_h$, $p, q = 1, 2, 3$ **do**
$\quad a_{K_p K_q} \leftarrow a_{K_p K_q} + a_{pq}^K$
end for

同样, 可按算法 6.2 装配右端向量 $\boldsymbol{F}$.

算法 6.2 装配右端向量

令 $f_i = 0$, $i = 1, 2, \cdots, J$.
for $K \in \mathcal{M}_h$, $p = 1, 2, 3$ **do**
$\quad f_{K_p} \leftarrow f_{K_p} + f_p^K$
end for

下面考虑 Dirichlet 边值条件情形. 不妨设 $\{P_j\}_{j=1}^{J_0}$ 是所有内部节点的集合, 即 $P_j \in \partial \Omega, j = J_0 + 1, J_0 + 2, \cdots, J$ 是边界节点. 显然 $\{\phi_j\}_{j=1}^{J_0}$ 组成了 U_h^0 的节点基. 记 $u_h = u_1^0 \phi_1 + u_2^0 \phi_2 + \cdots + u_{J_0}^0 \phi_{J_0}$ 可得有限元方法 (6.57) 的方程组:

$$\boldsymbol{A}^0 \boldsymbol{U}^0 = \boldsymbol{F}^0, \quad \text{其中} \quad \boldsymbol{A}^0 = \left(a_{ij}\right)_{J_0 \times J_0}, \quad \boldsymbol{U}^0 = \left(u_i^0\right)_{J_0 \times 1}, \quad \boldsymbol{F}^0 = \left(f_i\right)_{J_0 \times 1}. \quad (6.70)$$

显然按算法 6.1 和 6.2 得到 $\boldsymbol{A}$ 和 $\boldsymbol{F}$ 之后, 消掉 $\boldsymbol{A}$ 的第 $J_0 + 1, J_0 + 2, \cdots, J$ 行和列及 $\boldsymbol{F}$ 的这些行之后, 就可以得到 Dirichlet 边值问题 (6.51) (6.52) 的线性有限元的刚度矩阵 $\boldsymbol{A}^0$ 和右端 $\boldsymbol{F}^0$ 了.

对于 Robin 边值条件情形, 易知有限元方法 (6.57) 的方程组可表示为

$$(\boldsymbol{A} + \boldsymbol{Q}) \boldsymbol{U} = \boldsymbol{F}, \quad \text{其中} \ \boldsymbol{A}, \boldsymbol{F} \ \text{见} \ (6.63), \quad \boldsymbol{Q} = \left(q_{ij}\right)_{J \times J}, q_{ij} = \int_\Gamma q \phi_j \phi_i \mathrm{d}s. \quad (6.71)$$

显然, 只需再装配矩阵 $\boldsymbol{Q}$ 即可. 为此, 记 $\mathcal{E}_h^B$ 为边界 Γ 上单元的边的集合. 对任一 $e \in \mathcal{E}_h^B$, 设其第 p 个顶点对应的重心坐标函数为 L_p, 其总体编号记为 $e_p, p = 1, 2$. 显然 $\phi_{e_p}\big|_e = L_p$. 先计算每个 e 上的矩阵

$$\boldsymbol{Q}^e: \quad q_{pq}^e = \int_e q L_q L_p \mathrm{d}s, \quad p, q = 1, 2, \tag{6.72}$$

就可以类似于前面的算法装配边值条件矩阵 $\boldsymbol{Q}$.

下面考虑积分 (6.65) 和 (6.68) 的计算. 对于复杂系数, 只能采用近似计算. 记 S 为 $\triangle$ 的面积. 为了便于读者查阅, 在表 6.2 中列出了三角形 $\triangle(1, 2, 3)$ 上的 Gauss 求积公式

$$\int_{\triangle} f \mathrm{d}\boldsymbol{x} \sim S \sum_i W_i f(L_1^{(i)}, L_2^{(i)}, L_3^{(i)})$$

的求积节点的面积坐标 $(L_1^{(i)}, L_2^{(i)}, L_3^{(i)})$ 和求积系数 W_i. 公式关于面积坐标 (L_1, L_2, L_3) 是对称分布的. 若表中出现的 L_1, L_2, L_3 互异, 则经过置换应有六个求积节点. 若表中出现的 L_1, L_2, L_3 有两个互异, 则经置换后应有三个求积节点. 点 $\left(\dfrac{1}{3}, \dfrac{1}{3}, \dfrac{1}{3}\right)$ 是重心, 若取作求积节点, 则只出现一次 [29].

表 6.2　求积公式节点及系数表

W_i	L_1	L_2	L_3	重数
	3 点公式	2 阶精度		
0.333 333 333 333 333	0.666 666 666 666 667	0.166 666 666 666 667	0.166 666 666 666 667	3
	3 点公式	2 阶精度		
0.333 333 333 333 333	0.500 000 000 000 000	0.500 000 000 000 000	0.000 000 000 000 000	3
	4 点公式	3 阶精度		
−0.562 500 000 000 000	0.333 333 333 333 333	0.333 333 333 333 333	0.333 333 333 333 333	1
0.520 833 333 333 333	0.600 000 000 000 000	0.200 000 000 000 000	0.200 000 000 000 000	3
	6 点公式	3 阶精度		
0.166 666 666 666 667	0.659 027 622 374 092	0.231 933 368 553 031	0.109 039 009 072 877	6
	6 点公式	4 阶精度		
0.109 951 743 655 322	0.816 847 572 980 459	0.091 576 213 509 771	0.091 576 213 509 771	3
0.223 381 589 678 011	0.108 103 018 168 070	0.445 948 490 915 965	0.445 948 490 915 965	3
	7 点公式	4 阶精度		
0.375 000 000 000 000	0.333 333 333 333 333	0.333 333 333 333 333	0.333 333 333 333 333	1
0.104 166 666 666 667	0.736 712 498 968 435	0.237 932 366 472 434	0.025 355 134 551 932	6
	7 点公式	5 阶精度		
0.225 030 000 330 000	0.333 333 333 333 333	0.333 333 333 333 333	0.333 333 333 333 333	1
0.125 939 180 544 827	0.797 426 985 353 087	0.101 286 507 323 456	0.101 286 507 323 456	3
0.132 394 152 788 506	0.470 142 064 105 115	0.470 142 064 105 115	0.059 715 871 789 770	3

续表

W_i	L_1	L_2	L_3	重数
	9 点公式	5 阶精度		
0.205 950 504 760 887	0.124 649 503 233 232	0.437 525 248 383 384	0.437 525 248 383 384	3
0.063 691 414 286 223	0.797 112 651 860 071	0.165 409 927 389 841	0.037 477 420 750 088	6
	12 点公式	6 阶精度		
0.050 844 906 370 207	0.873 821 971 016 996	0.063 089 011 491 502	0.063 089 011 491 502	3
0.116 786 275 726 379	0.501 426 509 658 179	0.249 286 745 170 910	0.249 286 745 170 910	3
0.082 851 075 618 374	0.636 502 499 121 399	0.310 352 451 033 785	0.053 145 049 844 816	6
	13 点公式	7 阶精度		
−0.149 570 044 467 670	0.333 333 333 333 333	0.333 333 333 333 333	0.333 333 333 333 333	1
0.175 615 257 433 204	0.479 308 067 841 923	0.260 345 966 079 038	0.260 345 966 079 038	3
0.053 347 235 608 839	0.869 739 794 195 568	0.065 130 102 902 216	0.065 130 102 902 216	3
0.077 113 760 890 257	0.638 444 188 569 809	0.312 865 496 004 875	0.048 690 315 425 316	6

6.3.3 习题

1. 给出由 (6.72) 中的 $\boldsymbol{Q}^e$ 装配 (6.71) 中的矩阵 $\boldsymbol{Q}$ 的伪代码.

2. 对三维 Dirichlet 边值条件情形, 给出装配线性有限元法刚度矩阵的算法.

3. (实习题) 用线性有限元法求下列问题的数值解:

$$\begin{cases} \Delta u = -2, & -1 < x, y < 1, \\ u(x,-1) = u(x,1) = 0, & -1 < x < 1, \\ u_x(-1,y) = 1, u_x(1,y) = 0, & -1 < y < 1 \end{cases}$$

(精确到小数点后第 6 位).

*6.4 有限元法的收敛性理论

本节考虑求解二维、三维椭圆型方程的有限元法的收敛性. 类似于 6.1 节的一维情形, 我们将有限元解的误差估计转化为插值误差估计, 并利用所谓尺度变换的技巧 (scaling argument) 来估计插值误差.

6.4.1　插值理论

本小节给出 Lagrange 型有限元的插值误差估计, Hermite 型有限元的插值理论可类似推导, 供感兴趣的同学自行推导.

一些辅助结果

设 $\Omega \subset \mathbb{R}^d$. $P_k(\Omega)$ 是 Ω 上次数 $\leqslant k$ 的多项式集合. 首先我们引入 Bramble-Hilbert 引理, 将被用来在参考单元上估计插值误差.

引理 6.2 (Bramble-Hilbert)　设 $\Omega \subset \mathbb{R}^d$ 是有界多面体区域, $m \geqslant 1$ 是整数, $\Pi : H^m(\Omega) \mapsto H^m(\Omega)$ 是一个有界线性算子, 且满足 $\Pi p = p, \forall p \in P_{m-1}(\Omega)$. 则存在常数 $C = C(m, \Omega)$ 使得

$$\|v - \Pi v\|_{H^m(\Omega)} \leqslant C|v|_{H^m(\Omega)}, \quad \forall v \in H^m(\Omega).$$

证明　与 Poincaré 不等式的证明类似 (见定理 5.4). 记 $\Pi_m : H^m(\Omega) \mapsto P_{m-1}(\Omega)$ 为按 $H^m(\Omega)$ 内积的正交投影算子, 则

$$\|v - \Pi v\|_{H^m(\Omega)} = \|v - \Pi_m v - \Pi(v - \Pi_m v)\|_{H^m(\Omega)} \leqslant C\|v - \Pi_m v\|_{H^m(\Omega)}.$$

引入空间

$$V = \{v \in H^m(\Omega) : \Pi_m(v) = 0\}.$$

则只需证明

$$\|v\|_{H^m(\Omega)} \leqslant C|v|_{H^m(\Omega)}, \quad \forall v \in V.$$

用反证法. 假设上面不等式不成立, 则存在序列 $\{v_n\} \subset V$ 使得

$$\|v_n\|_{H^m(\Omega)} = 1, \quad |v_n|_{H^m(\Omega)} \leqslant \frac{1}{n}.$$

由 $H^m(\Omega) \hookrightarrow\hookrightarrow H^{m-1}(\Omega)$ (见例 5.3 (ii)), 知存在 $H^{m-1}(\Omega)$ 中收敛的子序列, 仍记为 $\{v_n\}$, 则 $\{v_n\}$ 是空间 $H^{m-1}(\Omega)$ 中的 Cauchy 序列. 再由 $|v_n|_{H^m(\Omega)} \to 0$, 知 $\{v_n\}$ 是空间 $H^m(\Omega)$ 中的 Cauchy 序列, 所以 $\{v_n\}$ 在 $H^m(\Omega)$ 中收敛, 其极限记为 v, 则

$$|v|_{H^m(\Omega)} = 0, \quad \Pi_m v = 0.$$

由引理 5.3 知 $v \in P_{m-1}(\Omega)$, 从而 $v = \Pi_m v = 0$, 但 $\|v\|_{H^m(\Omega)} = 1$, 矛盾.　□

事实上, Poincaré-Friedrichs 不等式可以作为 Bramble-Hilbert 引理的直接推论, 其证明留作课后习题.

我们称两个单元 K 和 $\hat{K} \subset \mathbb{R}^d$ 是仿射等价, 如果存在可逆的仿射变换

$$F : \hat{K} \to K, \quad F\hat{x} = B\hat{x} + b.$$

对任意一个 K 上的函数 $v(x)$, 记 $\hat{v} = v \circ F$. 显然 $\hat{v}(\hat{x}) = v(x)$. 下面两个引理将被用于尺度变换技巧.

引理 6.3 设 K 和 $\hat{K} \subset \mathbb{R}^d$ 是仿射等价的, 则 $\forall v \in H^m(K)$, 有 $\hat{v} \in H^m(\hat{K})$, 且存在常数 $C = d^{\frac{m}{2}}$ 使得

$$|\hat{v}|_{H^m(\hat{K})} \leqslant C\|B\|^m |\det B|^{-\frac{1}{2}} |v|_{H^m(K)},$$

$$|v|_{H^m(K)} \leqslant C \left\|B^{-1}\right\|^m |\det B|^{\frac{1}{2}} |\hat{v}|_{H^m(\hat{K})}.$$

这里 $\|\cdot\|$ 为 $\mathbb{R}^d$ 中 Euclid 范数的诱导范数.

证明 只证第一个不等式, 另一个同理可证. 由 H^m 半范数的定义,

$$|\hat{v}|^2_{H^m(\hat{K})} = \int_{\hat{K}} \sum_{1 \leqslant i_1, i_2, \cdots, i_m \leqslant d} \left|\hat{\partial}_{i_1}\hat{\partial}_{i_2}\cdots\hat{\partial}_{i_m}\hat{v}(\hat{x})\right|^2 \mathrm{d}\hat{x},$$

$$|v|^2_{H^m(K)} = \int_{K} \sum_{1 \leqslant j_1, j_2, \cdots, j_m \leqslant d} \left|\partial_{j_1}\partial_{j_2}\cdots\partial_{j_m}v(x)\right|^2 \mathrm{d}x.$$

由链式法则可得 $\hat{\partial}_i\hat{v}(\hat{x}) = \dfrac{\partial}{\partial \hat{x}_i}\hat{v}(\hat{x}) = \sum_{j=1}^{d} \dfrac{\partial}{\partial x_j}v(x)\dfrac{\partial x_j}{\partial \hat{x}_i} = \sum_{j=1}^{d} b_{ji}\partial_j v(x)$, 从而

$$\hat{\partial}_{i_1}\hat{\partial}_{i_2}\cdots\hat{\partial}_{i_m}\hat{v}(\hat{x}) = \sum_{1 \leqslant j_1, j_2, \cdots, j_m \leqslant d} b_{j_1 i_1} b_{j_2 i_2} \cdots b_{j_m i_m} \partial_{j_1}\partial_{j_2}\cdots\partial_{j_m}v(x).$$

记 d 阶单位矩阵的第 i 列为 e_i. 由 Cauchy-Schwarz 不等式得

$$\left|\hat{\partial}_{i_1}\hat{\partial}_{i_2}\cdots\hat{\partial}_{i_m}\hat{v}(\hat{x})\right|^2$$

$$\leqslant \left(\sum_{1 \leqslant j_1, j_2, \cdots, j_m \leqslant d} \left|b_{j_1 i_1} b_{j_2 i_2} \cdots b_{j_m i_m}\right|^2\right) \sum_{1 \leqslant j_1, j_2, \cdots, j_m \leqslant d} \left|\partial_{j_1}\partial_{j_2}\cdots\partial_{j_m}v(x)\right|^2$$

$$= \left(\sum_{j_1=1}^{d} |b_{j_1 i_1}|^2 \sum_{j_2=1}^{d} |b_{j_2 i_2}|^2 \cdots \sum_{j_m=1}^{d} |b_{j_m i_m}|^2\right) \sum_{1 \leqslant j_1, j_2, \cdots, j_m \leqslant d} \left|\partial_{j_1}\partial_{j_2}\cdots\partial_{j_m}v(x)\right|^2$$

$$= |Be_{i_1}|^2 |Be_{i_2}|^2 \cdots |Be_{i_m}|^2 \sum_{1 \leqslant j_1, j_2, \cdots, j_m \leqslant d} \left|\partial_{j_1}\partial_{j_2}\cdots\partial_{j_m}v(x)\right|^2$$

$$\leqslant \|B\|^{2m} \sum_{1 \leqslant j_1, j_2, \cdots, j_m \leqslant d} \left|\partial_{j_1}\partial_{j_2}\cdots\partial_{j_m}v(x)\right|^2.$$

最后两边积分并利用积分变换公式得

$$|\hat{v}|^2_{H^m(\hat{K})} \leqslant d^m \|B\|^{2m} \int_{\hat{K}} \sum_{1 \leqslant j_1, j_2, \cdots, j_m \leqslant d} \left|\partial_{j_1}\partial_{j_2}\cdots\partial_{j_m}v(x)\right|^2 \mathrm{d}\hat{x}$$

$$= d^m \|B\|^{2m} \int_{K} \sum_{1 \leqslant j_1, j_2, \cdots, j_m \leqslant d} \left|\partial_{j_1}\partial_{j_2}\cdots\partial_{j_m}v(x)\right|^2 \left|\det B^{-1}\right| \mathrm{d}x$$

$$= d^m \|B\|^{2m} \left|\det B^{-1}\right| |v|^2_{H^m(K)}.$$

两边开方得证. □

引理 6.4　设 K 和 $\hat{K}$ 是仿射等价的. 记 $h_K = \mathrm{diam}(K), h_{\hat{K}} = \mathrm{diam}(\hat{K}), \rho_K$ 和 $\rho_{\hat{K}}$ 分别是 K 和 $\hat{K}$ 的内接球直径, 则如下估计成立

$$\|B\| \leqslant \frac{h_K}{\rho_{\hat{K}}}, \quad \|B^{-1}\| \leqslant \frac{h_{\hat{K}}}{\rho_K}, \quad |\det B| = \frac{|K|}{|\hat{K}|}. \tag{6.73}$$

证明　显然

$$\|B\| = \frac{1}{\rho_{\hat{K}}} \sup_{|\xi| = \rho_{\hat{K}}} |B\xi|.$$

给定 $\xi \in \mathbb{R}^d$ 满足 $|\xi| = \rho_{\hat{K}}$, 存在 $\hat{y}, \hat{z} \in \hat{K}$ 使得 $\hat{y} - \hat{z} = \xi$ (如图 6.14), 则 $F(\hat{y}), F(\hat{z}) \in K$ 且 $B\xi = F(\hat{y}) - F(\hat{z})$. 从而 $|B\xi| \leqslant h_K$. (4.5) 中第一个不等式得证. 第二个不等式可由第一个得到. 最后一个等式由积分变换公式 (取被积函数为 1) 可得. □

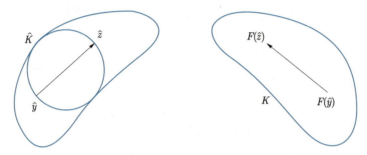

图 6.14　K 和 $\hat{K}$ 之间的仿射变换

局部有限元插值

回忆 6.2 节, 知一个单元上的一般的有限元插值的定义 6.3 具体到 Lagrange 型有限元, 可改写为

定义 6.5 (局部 Lagrange 型有限元插值)　给定 Lagrange 型有限元 $(K, \mathcal{P}, \mathcal{N})$, 设相应的插值节点为 $A_1, A_2, \cdots, A_n$, 其中 $n = \dim \mathcal{P}$, 则一个连续函数 v 在单元 K 上的局部有限元插值定义为

$$I_K v \in \mathcal{P}: \quad (I_K v)(A_i) = v(A_i), \quad i = 1, 2, \cdots, n.$$

显然当 $v \in \mathcal{P}$ 时, $I_K v = v$. 记 $\phi_i \in \mathcal{P}, i = 1, 2, \cdots, n$ 为节点基函数, 则 $I_K v = \sum_{i=1}^{n} v(A_i) \phi_i$.

例 6.3 (Lagrange 线性元插值)　设 $K \subset \mathbb{R}^d$ 为单纯形 $A_1 A_2 \cdots A_{d+1}$, 其上线性有限元空间 $P_1(K)$ 的节点基为 $\{L_i, i = 1, 2, \cdots, d+1\}$, 则 Lagrange 插值为

$$(I_K v)(x) := \sum_{i=1}^{d+1} v(A_i) L_i(x), \quad \forall v \in C(K).$$

进行坐标变换, 将 x 变为 $\hat{x} = \big(L_1(x), L_2(x), \cdots, L_d(x)\big)$. 显然, $\hat{x}$ 由重心坐标的前 d 个分量组成. 单纯形 $A_1 A_2 \cdots A_{d+1}$ 变为参考单元 $\hat{K}$ 即单纯形 $\hat{A}_1 \hat{A}_2 \cdots \hat{A}_{d+1}$, 其中 $\hat{A}_1 = (1, 0, \cdots, 0), \hat{A}_d = (0, 0, \cdots, 1), \hat{A}_{d+1} = (0, 0, \cdots, 0)$. 函数 $v(x)$ 变为 $\hat{v}(\hat{x}) = v(x)$, v 在单元 K 上的插值 $I_K v$ 变为 $\hat{v}(\hat{x})$ 在参考单元 $\hat{K}$ 上的插值 $I_{\hat{K}} \hat{v} \in P_1(\hat{K})$, 满足:

$$(I_{\hat{K}} \hat{v})(\hat{A}_i) = \hat{v}(\hat{A}_i), \quad i = 1, 2, \cdots, d+1.$$

先考虑参考单元上的有限元插值估计.

定理 6.5　给定 Lagrange 型有限元 $(\hat{K}, \hat{\mathcal{P}}, \hat{\mathcal{N}})$, 设

(i) $P_{m-1}(\hat{K}) \subset \hat{\mathcal{P}} \subset H^m(\hat{K})$;

(ii) $m - \dfrac{d}{2} > 0$,

则存在常数 $C = C(d, m, \hat{K})$, 对 $0 \leqslant i \leqslant m$ 有

$$|\hat{v} - \hat{I}\hat{v}|_{H^i(\hat{K})} \leqslant C |\hat{v}|_{H^m(\hat{K})}, \quad \forall \hat{v} \in H^m(\hat{K}),$$

其中 $\hat{I} = I_{\hat{K}}$ 是相应的局部有限元插值算子.

证明　首先, 由 Sobolev 嵌入定理 5.3, $H^m(\hat{K}) \hookrightarrow C(\hat{K})$, 所以 $\forall \hat{v} \in H^m(\hat{K})$, $\hat{I}\hat{v}$ 有定义, 且 $\|\hat{I}\hat{v}\|_{H^m(\hat{K})} \leqslant C \|\hat{u}\|_{C(\hat{K})} \leqslant C \|\hat{u}\|_{H^m(\hat{K})}$, 即 $\hat{I}$ 是由 $H^m(\hat{K})$ 到 $H^m(\hat{K})$ 的有界线性算子. 注意到 $I_K v = v, \forall v \in P_{m-1}(\hat{K})$, 由 Bramble-Hilbert 引理得

$$\|\hat{v} - \hat{I}\hat{v}\|_{H^m(\hat{K})} \leqslant C |\hat{v}|_{H^m(\hat{K})}, \quad \forall \hat{v} \in H^m(\hat{K}).$$

证毕.　　　　　　　　　　　　　　　　　　　　　　　　　　　　　□

定义 6.6(仿射插值等价)　给定有限元 $(K, \mathcal{P}, \mathcal{N})$ 和参考有限元 $(\hat{K}, \hat{\mathcal{P}}, \hat{\mathcal{N}})$. 相应的插值算子分别记为 $I = I_K$ 和 $\hat{I} = I_{\hat{K}}$. 如果存在可逆的仿射变换 $x = F(\hat{x}) = B\hat{x} + b$, 使得

(i) $K = F(\hat{K})$;

(ii) $\mathcal{P} = \{p : \hat{p} \in \hat{\mathcal{P}}\}$;

(iii) $\widehat{Iv} = \hat{I}\hat{v}$,

那么称这两个有限元是仿射插值等价的.

显然例 6.3 中的 Lagrange 线性元满足仿射插值等价性质.

定理 6.6　设参考有限元 $(\hat{K}, \hat{\mathcal{P}}, \hat{\mathcal{N}})$ 满足定理 6.5 的条件, 有限元 $(K, \mathcal{P}, \mathcal{N})$ 仿射插值等价于 $(\hat{K}, \hat{\mathcal{P}}, \hat{\mathcal{N}})$, 则存在 $C = C\left(d, m, \hat{K}, \dfrac{h_K}{\rho_K}\right)$, 对 $0 \leqslant i \leqslant m$ 有

$$|v - I_K v|_{H^i(K)} \leqslant C h_K^{m-i} |v|_{H^m(K)}, \quad \forall v \in H^m(K).$$

证明　简记 $I = I_K$. 由引理 6.3—6.4 及定理 6.5 得

$$|v - Iv|_{H^i(K)} \leqslant C \|B^{-1}\|^i |\det B|^{\frac{1}{2}} |\widehat{v - Iv}|_{H^i(\hat{K})}$$

$$= C \left\| B^{-1} \right\|^{i} |\det B|^{\frac{1}{2}} |\hat{v} - \hat{I}\hat{v}|_{H^{i}(\hat{K})}$$

$$\leqslant C \left\| B^{-1} \right\|^{i} |\det B|^{\frac{1}{2}} |\hat{v}|_{H^{m}(\hat{K})}$$

$$\leqslant C \left\| B^{-1} \right\|^{i} \| B \|^{m} |v|_{H^{m}(K)}$$

$$\leqslant C \left(\frac{h_{\hat{K}}}{\rho_{K}}\right)^{i} \left(\frac{h_{K}}{\rho_{\hat{K}}}\right)^{m} |v|_{H^{m}(K)} \leqslant C \frac{h_{\hat{K}}^{i}}{\rho_{\hat{K}}^{m}} \left(\frac{h_{K}}{\rho_{K}}\right)^{i} h_{K}^{m-i} |v|_{H^{m}(K)}.$$

得证. □

例 6.4 (Lagrange 线性元——局部插值误差)　Lagrange 线性元应用定理 6.6 只需验证定理 6.5 的条件. 当 $d = 1$ 时, m 可以取 1 或 2; 当 $d = 2, 3$ 时, $m = 2$. 故由定理 6.6 可得如下 L^2 和 H^1 插值误差估计

$$\|v - I_K v\|_{L^2(K)} + h_K \|v - I_K v\|_{H^1(K)} \leqslant \begin{cases} Ch_K |v|_{H^1(K)}, & d = 1, \\ Ch_K^2 |v|_{H^2(K)}, & d = 1, 2, 3. \end{cases} \tag{6.74}$$

整体有限元插值

定义 6.7 (有限元插值)　设 $\mathcal{M}_h$ 为区域 Ω 的一个网格剖分. 对任意单元 $K \in \mathcal{M}_h$, 给定有限元 $(K, \mathcal{P}_K, \mathcal{N}_K)$ 和相应的局部插值算子 I_K, 则 (整体) 有限元插值算子 I_h 定义为

$$(I_h v)|_K = I_K (v|_K), \quad \forall K \in \mathcal{M}_h.$$

定义 6.8　如果一族网格 $\{\mathcal{M}_h\}$ 满足, 存在常数 $\mu > 0$ 使得

$$\frac{h_K}{\rho_K} \leqslant \mu, \quad \forall K \in \mathcal{M}_h,$$

则称这族网格是正则 (regular) 的. 如果存在常数 $\nu > 0$ 使得

$$\frac{h}{h_K} \leqslant \nu, \quad \forall K \in \mathcal{M}_h, \quad h := \max_{K \in \mathcal{M}_h} h_K,$$

则称这族网格是拟均匀 (quasi-uniform) 的.

由定理 6.6 可得如下插值误差估计.

定理 6.7　假设 $\{\mathcal{M}_h\}$ 是多面体区域 $\Omega \subset \mathbb{R}^d$ 的一族正则剖分. 设参考有限元 $(\hat{K}, \hat{\mathcal{P}}, \hat{\mathcal{N}})$ 满足定理 6.5 的条件. 对每一个单元 $K \in \mathcal{M}_h$, 假设有限元 $(K, \mathcal{P}_K, \mathcal{N}_K)$ 仿射插值等价于 $(\hat{K}, \hat{\mathcal{P}}, \hat{\mathcal{N}})$. 记 $h = \max_{K \in \mathcal{M}_h} h_K$, 则对 $0 \leqslant i \leqslant m$, 存在常数 $C = C(\hat{K}, d, m, \mu) > 0$ 使得

$$\left(\sum_{K \in \mathcal{M}_h} \|v - I_h v\|_{H^i(K)}^2\right)^{\frac{1}{2}} \leqslant Ch^{m-i} |v|_{H^m(\Omega)}, \quad \forall v \in H^m(\Omega).$$

例 6.5 (Lagrange 线性元的插值误差)　显然, 对正则三角剖分上的 Lagrange 线性

有限元, 有如下 L^2 和 H^1 插值误差估计

$$\|v - I_h v\|_{L^2(\Omega)} + h\|v - I_h v\|_{H^1(\Omega)} \leqslant \begin{cases} Ch|v|_{H^1(\Omega)}, & d = 1, \\ Ch^2|v|_{H^2(\Omega)}, & d = 1, 2, 3. \end{cases} \tag{6.75}$$

有限元逆估计

我们知道, 对一般的函数, 其导数值不一定可以被函数值来控制, 但对有限元函数可以.

定理 6.8 设单元 K 仿射等价于参考单元 $\hat{K}$. 对 $m \geqslant 0$ 有

$$\|\nabla v\|_{L^2(K)} \leqslant Ch_K^{-1}\|v\|_{L^2(K)}, \quad \forall v \in P_m(K), \tag{6.76}$$

其中 C 仅依赖于 $d, m, \hat{K}$ 及 $\dfrac{h_K}{\rho_K}$.

证明 由引理 6.3 及有限维空间任意两个范数等价, 我们有

$$\begin{aligned}
\|\nabla v\|_{L^2(K)} = |v|_{H^1(K)} &\leqslant C\,\|B_K^{-1}\|\,|\det B_K|^{\frac{1}{2}}\,|\hat{v}|_{H^1(\hat{K})} \\
&\leqslant C\,\|B_K^{-1}\|\,|\det B_K|^{\frac{1}{2}}\,\|\hat{v}\|_{H^1(\hat{K})} \\
&\leqslant C\,\|B_K^{-1}\|\,|\det B_K|^{\frac{1}{2}}\,\|\hat{v}\|_{L^2(\hat{K})} \\
&\leqslant C\,\|B_K^{-1}\|\,\|v\|_{L^2(K)} \\
&\leqslant C\frac{h_{\hat{K}}}{\rho_K}\|v\|_{L^2(K)} = Ch_{\hat{K}}\frac{h_K}{\rho_K}h_K^{-1}\|v\|_{L^2(K)}.
\end{aligned}$$

得证. $\qquad\qquad\qquad\qquad\qquad\qquad\qquad\qquad\qquad\qquad\qquad\qquad\qquad\qquad\qquad$ □

局部迹不等式

定理 6.9 设 K 是 $\mathbb{R}^d$ 中直径为 h_K 的多面体单元, 仿射等价于 $\hat{K}$, 则下面迹不等式成立:

$$\begin{aligned}
\|v\|_{L^2(\partial K)} &\leqslant C\left(h_K^{-\frac{1}{2}}\|v\|_{L^2(K)} + \|v\|_{L^2(K)}^{\frac{1}{2}}\|\nabla v\|_{L^2(K)}^{\frac{1}{2}}\right) \\
&\leqslant C\left(h_K^{-\frac{1}{2}}\|v\|_{L^2(K)} + h_K^{\frac{1}{2}}\|\nabla v\|_{L^2(K)}\right), \quad \forall v \in H^1(K), \tag{6.77}
\end{aligned}$$

其中常数 C 依赖于单元 K 的正则性和 $\hat{K}$.

证明 设 $\hat{K}$ 的任一面 $\hat{e}$ 在仿射变换下变为 K 的面 e. 由定理 5.5 及引理 6.3 和 6.4 得

$$\begin{aligned}
\|v\|_{L^2(\partial K)}^2 = \sum_{e \subset \partial K}\int_e v^2 \mathrm{d}s &= \sum_{\hat{e} \subset \partial \hat{K}}\int_{\hat{e}} \hat{v}^2 \frac{|e|}{|\hat{e}|}\mathrm{d}s \leqslant \max_{e \subset \partial K}\frac{|e|}{|\hat{e}|}\|\hat{v}\|_{L^2(\partial \hat{K})}^2 \\
&\leqslant C\max_{e \subset \partial K}\frac{|e|}{|\hat{e}|}\|\hat{v}\|_{L^2(\hat{K})}\|\hat{v}\|_{H^1(\hat{K})}
\end{aligned}$$

$$\leqslant C \max_{e \subset \partial K} \frac{|e|}{|\hat{e}|} \left(\|\hat{v}\|^2_{L^2(\hat{K})} + \|\hat{v}\|_{L^2(\hat{K})} |\hat{v}|_{H^1(\hat{K})} \right)$$

$$\leqslant C \max_{e \subset \partial K} \frac{|e|}{|\hat{e}|} |\det B|^{-1} \left(\|v\|^2_{L^2(K)} + \|B\| \|v\|_{L^2(K)} |v|_{H^1(K)} \right)$$

$$\leqslant C \max_{e \subset \partial K} \frac{|e|}{|\hat{e}|} \frac{|\hat{K}|}{|K|} \left(\|v\|^2_{L^2(K)} + \frac{h_K}{\rho_{\hat{K}}} \|v\|_{L^2(K)} |v|_{H^1(K)} \right)$$

$$\leqslant C \frac{h_K^{d-1}}{h_K^d} \left(\|v\|^2_{L^2(K)} + h_K \|v\|_{L^2(K)} |v|_{H^1(K)} \right).$$

得证. $\qquad\qquad\qquad\qquad\qquad\qquad\qquad\qquad\qquad\qquad\qquad\qquad\qquad\qquad\qquad\quad \square$

6.4.2 误差估计

H^1 误差估计

设 Ω 是 $\mathbb{R}^d$ 中的多边形区域, $\{\mathcal{M}_h\}$ 是 Ω 的一族三角剖分. 设 $U_h \subset H_0^1(\Omega)$ 是 $\mathcal{M}_h$ 上的协调线性有限元空间. 设 $u \in H_0^1(\Omega)$ 是下面变分问题的弱解:

$$a(u, v) = \langle f, v \rangle, \quad \forall v \in H_0^1(\Omega). \tag{6.78}$$

$u_h \in U_h$ 是对应的有限元解:

$$a(u_h, v_h) = \langle f, v_h \rangle, \quad \forall v_h \in U_h. \tag{6.79}$$

假设双线性形式 $a : H_0^1(\Omega) \times H_0^1(\Omega) \to \mathbb{R}$ 有界的和 $H_0^1(\Omega)$-强制的:

$$|a(u, v)| \leqslant \beta \|u\|_{H^1(\Omega)} \|v\|_{H^1(\Omega)}, \quad a(v, v) \geqslant \alpha \|v\|^2_{H^1(\Omega)}, \quad \forall u, v \in H_0^1(\Omega). \tag{6.80}$$

定理 6.10 假设解 $u \in H_0^1(\Omega) \cap H^2(\Omega)$, 则存在与 h 无关的常数 C 使得

$$\|u - u_h\|_{H^1(\Omega)} \leqslant Ch|u|_{H^2(\Omega)}.$$

证明 由引理 5.5 及有限元插值误差估计 (6.75),

$$\|u - u_h\|_{H^1(\Omega)} \leqslant C \inf_{v_h \in U_h} \|u - v_h\|_{H^1(\Omega)} \leqslant C \|u - I_h u\|_{H^1(\Omega)} \leqslant Ch|u|_{H^2(\Omega)}.$$

证毕. $\qquad\qquad\qquad\qquad\qquad\qquad\qquad\qquad\qquad\qquad\qquad\qquad\qquad\qquad\qquad\quad \square$

下面定理说明: 即使 (6.78) 的解不属于 $H^2(\Omega)$, 有限元解仍然收敛.

定理 6.11

$$\lim_{h \to 0} \|u - u_h\|_{H^1(\Omega)} = 0.$$

证明 只需证明

$$\lim_{h \to 0} \inf_{v_h \in U_h} \|u - v_h\|_{H^1(\Omega)} = 0.$$

对任意 $\varepsilon > 0$ 及 $u \in H_0^1(\Omega)$, 存在函数 $u_\varepsilon \in C_0^\infty(\Omega)$ 使得

$$\|u - u_\varepsilon\|_{H^1(\Omega)} < \frac{\varepsilon}{2}.$$

另外, 由插值误差估计 (6.75),

$$\|u_\varepsilon - I_h u_\varepsilon\|_{H^1(\Omega)} \leqslant Ch \, |u_\varepsilon|_{H^2(\Omega)} .$$

故存在 $h_\varepsilon > 0$, 使得当 $0 < h < h_\varepsilon$ 时,

$$\|u_\varepsilon - I_h u_\varepsilon\|_{H^1(\Omega)} < \frac{\varepsilon}{2}.$$

因此

$$\inf_{v_h \in U_h} \|u - v_h\|_{H^1(\Omega)} \leqslant \|u - I_h u_\varepsilon\|_{H^1(\Omega)} < \frac{\varepsilon}{2} + \frac{\varepsilon}{2} = \varepsilon.$$

证毕. $\qquad\qquad\square$

L^2 误差估计

假设 (6.78) 的伴随问题在以下意义下是正则的: 对任意 $g \in L^2(\Omega)$, 伴随问题

$$a(v, \varphi_g) = (v, g), \quad \forall v \in H_0^1(\Omega)$$

存在唯一解 $\varphi_g \in H^2(\Omega) \cap H_0^1(\Omega)$; 并存在常数 C 使得 $\|\varphi_g\|_{H^2(\Omega)} \leqslant C\|g\|_{L^2(\Omega)}$.

定理 6.12 假设问题 (6.78) 的解 $u \in H^2(\Omega)$ 且其伴随问题是正则的, 则存在与 h 无关的常数 C 使得

$$\|u - u_h\|_{L^2(\Omega)} \leqslant Ch^2 |u|_{H^2(\Omega)}.$$

证明 令 $g = u - u_h, \varphi_g$ 为 (4.10) 的解, 则

$$
\begin{aligned}
(u - u_h, g) = a(u - u_h, \varphi_g) &= a(u - u_h, \varphi_g - I_h \varphi_g) \\
&\leqslant \beta \|u - u_h\|_{H^1(\Omega)} \|\varphi_g - I_h \varphi_g\|_{H^1(\Omega)} \\
&\leqslant Ch^2 |u|_{H^2(\Omega)} |\varphi_g|_{H^2(\Omega)} \\
&\leqslant Ch^2 \|g\|_{L^2(\Omega)} |u|_{H^2(\Omega)}.
\end{aligned}
$$

证毕. $\qquad\qquad\square$

定理 6.12 的证明所用的技巧称为**对偶论证**或 **Aubin-Nitsche** 技巧.

6.4.3 习题

1. 利用 Bramble-Hilbert 引理证明 Poincaré-Friedrichs 不等式.

2. 设单元 K 与 $\hat{K} \subset \mathbb{R}^d$ 仿射等价, 证明局部的 Poincaré 不等式:

$$\|v - v_K\|_{L^2(K)} \leqslant Ch_K\|\nabla v\|_{L^2(K)}, \quad \forall v \in H^1(K),$$

其中 $v_K = \dfrac{1}{|K|}\displaystyle\int_K v\mathrm{d}\boldsymbol{x}, C = C(\hat{K})$.

3. 给出矩形网格上双线性元插值的 L^2 和 H^1 误差估计.

4. 证明 Dirichlet 边值问题 (6.51) (6.52) 对应的双线性形式 (6.56) 满足连续性和强制性条件 (6.80).

5. 设 $U_h \subset H_0^1(\Omega)$ 是 $\mathcal{M}_h$ 上的二次有限元空间. 给出变分问题 (6.78) 的有限元离散 (6.79) 的 H^1 和 L^2 误差估计.

6.5 初边值问题的有限元法

Galerkin 法以及由此发展起来的有限元法也可用于解初边值问题 (非驻定问题), 包括抛物型方程和双曲型方程. 此时将时间变量 t 看成参数, 用虚功原理将初边值问题化成变分形式, 然后用 Galerkin 有限元法求解.

6.5.1 热传导方程

考虑热传导方程的初边值问题:

$$\frac{\partial u}{\partial t} = \Delta u + f, \quad \boldsymbol{x} \in \Omega \subset \mathbb{R}^2, t > 0, \tag{6.81}$$

$$u(\boldsymbol{x}; 0) = \psi(\boldsymbol{x}), \quad \boldsymbol{x} \in \Omega, \tag{6.82}$$

$$u|_{\partial\Omega} = 0, \quad t > 0, \tag{6.83}$$

其中 $\Delta u = \dfrac{\partial^2 u}{\partial x^2} + \dfrac{\partial^2 u}{\partial y^2}, f = f(\boldsymbol{x})$, Ω 是具分段光滑边界 $\partial\Omega$ 的平面有界域. 设对固定的 $t > 0$, 解 $u(\boldsymbol{x}; t)$ 关于 $\boldsymbol{x}$ 属于 $C^2(\bar{\Omega})$. 以 $v \in H_0^1(\Omega)$ 乘 (6.81) 两端并积分, 得

$$\int_\Omega \left(\frac{\partial u}{\partial t} - \Delta u - f\right) v\mathrm{d}\boldsymbol{x} = 0. \tag{6.84}$$

利用 Green 公式和边值条件 (6.83), 得

$$\int_\Omega \left(\frac{\partial u}{\partial t} v + \nabla u \cdot \nabla v - fv\right) \mathrm{d}\boldsymbol{x} = 0. \tag{6.85}$$

引进双线性形式和 $L^2(\Omega)$ 内积:

$$a(u, v) = \int_\Omega \nabla u \cdot \nabla v\mathrm{d}\boldsymbol{x}, \quad (f, v) = \int_\Omega fv\mathrm{d}\boldsymbol{x}.$$

则初边值问题 (6.81) — (6.83) 的变分形式为: 求 $u(\cdot;t) \in H_0^1(\Omega)$ (视 t 为参数), 满足

$$\left(\frac{\partial u}{\partial t}, v\right) + a(u, v) = (f, v), \quad \forall v \in H_0^1(\Omega), \tag{6.86}$$

$$u(\boldsymbol{x}; 0) = \psi(\boldsymbol{x}). \tag{6.87}$$

并称如此的 u 为初边值问题 (6.81) 的广义解.

在 H_0^1 中取一 n 维子空间 U_h, 所谓 Galerkin 法就是求含参数 t 的函数 $u_h(\cdot;t) \in U_h(t \geqslant 0)$, 满足

$$\left(\frac{\partial u_h}{\partial t}, v_h\right) + a(u_h, v_h) = (f, v_h), \quad \forall v_h \in U_h, \tag{6.88}$$

$$(u_h(\cdot; 0), v_h) = (\psi, v_h), \quad \forall v_h \in U_h. \tag{6.89}$$

在 U_h 中取定一组基底 $\phi_1, \phi_2, \cdots, \phi_n$, 将 u_h 表示为

$$u_h(\boldsymbol{x}; t) = \sum_{i=1}^n \mu_i(t) \phi_i(\boldsymbol{x}),$$

代到 (6.88), 并取 $v_h = \phi_j$, 就得到关于 $\mu_1(t), \mu_2(t), \cdots, \mu_n(t)$ 的常微分方程组:

$$\sum_{i=1}^n (\phi_i, \phi_j) \frac{\mathrm{d}\mu_i}{\mathrm{d}t} + \sum_{i=1}^n a(\phi_i, \phi_j) \mu_i = (f, \phi_j), \quad j = 1, 2, \cdots, n. \tag{6.90}$$

初值条件可按 (6.89) 或其他方法给出. 若按 (6.89) 取初值 $u_h(\boldsymbol{x}; 0) = \sum_{i=1}^n \mu_i(0) \phi_i(\boldsymbol{x})$, 则 $\mu_i(0)$ 由下列方程组确定:

$$\sum_{i=1}^n (\phi_i, \phi_j) \mu_i(0) = (\psi, \phi_j), \quad j = 1, 2, \cdots, n. \tag{6.91}$$

至此我们得到了**半离散化 Galerkin 方程** (6.88) (6.89) 或 (6.90) (6.91). 若进一步对时间 t 离散化, 就得到**全离散化 Galerkin 法**. 例如用向前差商 (向前 Euler 格式),

$$\frac{1}{\tau}\left(u_h^{n+1} - u_h^n, v_h\right) + a(u_h^n, v_h) = (f, v_h), \quad n = 0, 1, \cdots, \tag{6.92}$$

用向后差商 (向后 Euler 格式),

$$\frac{1}{\tau}\left(u_h^{n+1} - u_h^n, v_h\right) + a(u_h^{n+1}, v_h) = (f, v_h), \quad n = 0, 1, \cdots, \tag{6.93}$$

或用 Crank-Nicolson 格式 (改进的 Euler 折线法)

$$\frac{1}{\tau}\left(u_h^{n+1} - u_h^n, v_h\right) + \frac{1}{2} a\left(u_h^{n+1} + u_h^n, v_h\right) = (f, v_h), \quad n = 0, 1, \cdots, \tag{6.94}$$

其中上标 n 表示在 $t = t_n = n\tau$ 的近似.

特别地, 若对域 Ω 作三角剖分, 并取 $U_h \subset H_0^1$ 为分片多项式函数空间, 则前述

Galerkin 法就是有限元法. 以前各节关于有限元空间的构造和算法都可用到抛物型方程.

注意全离散格式是由常微分方程组 (6.88) 或 (6.90) 离散化得到的, 所以需要讨论它的稳定性 (参看第 1 章). 作为例子, 我们证明格式 (6.94) 关于初值稳定. 在 (6.94) 中取 $v_h = u_h^{n+1} - u_h^n, f = 0$, 得

$$\frac{1}{\tau} \left\| u_h^{n+1} - u_h^n \right\|^2 + \frac{1}{2} a \left(u_h^{n+1} + u_h^n, u_h^{n+1} - u_h^n \right) = 0, \tag{6.95}$$

其中 $\|\cdot\|$ 表示 L^2 范数. 利用 $a(\cdot, \cdot)$ 的对称性得

$$a \left(u_h^{n+1} + u_h^n, u_h^{n+1} - u_h^n \right) = a \left(u_h^{n+1}, u_h^{n+1} \right) - a \left(u_h^n, u_h^n \right) = \left| u_h^{n+1} \right|_1^2 - \left| u_h^n \right|_1^2.$$

其中 $|\cdot|_1$ 是 H^1 半模. 于是由 (6.95) 得

$$\left| u_h^{n+1} \right|_1 \leqslant |u_h^n|_1 \leqslant \cdots \leqslant |u_h^0|_1,$$

由 Poincaré-Friedrichs 不等式知稳定性得证.

6.5.2　波动方程

考虑波动方程的初边值问题:

$$\frac{\partial^2 u}{\partial t^2} = \Delta u, \qquad \boldsymbol{x} \in \Omega \subset \mathbb{R}^2, \quad t > 0, \tag{6.96}$$

$$u(\boldsymbol{x}; 0) = g_0(\boldsymbol{x}), \quad u_t(\boldsymbol{x}; 0) = g_1(\boldsymbol{x}), \tag{6.97}$$

$$u|_{\partial\Omega} = 0, \qquad t > 0, \tag{6.98}$$

其中 $\Delta u = \dfrac{\partial^2 u}{\partial x^2} + \dfrac{\partial^2 u}{\partial y^2}$, Ω 是具分段光滑边界 $\partial\Omega$ 的平面有界域. 与前述方法类似可得到 (6.96)—(6.98) 的变分形式

$$\left(\frac{\partial^2 u}{\partial t^2}, v \right) + a(u, v) = 0, \quad \forall v \in H_0^1(\Omega), \tag{6.99}$$

$$u(\boldsymbol{x}; 0) = g_0(\boldsymbol{x}), \quad u_t(\boldsymbol{x}; 0) = g_1(\boldsymbol{x}), \tag{6.100}$$

并称如此的解 u 为初边值问题 (6.96)—(6.98) 的广义解.

在 H_0^1 中取一 n 维子空间 U_h. 所谓 Galerkin 法就是求含参数 t 的函数 $u_h(\cdot; t) \in U_h(t \geqslant 0)$, 满足

$$\left(\frac{\partial^2 u_h}{\partial t^2}, v_h \right) + a \left(u_h, v_h \right) = 0, \quad \forall v_h \in U_h, \tag{6.101}$$

$$(u_h(\cdot; 0), v_h) = (g_0, v_h), \left(\frac{\partial u_h}{\partial t}(\cdot; 0), v_h \right) = (g_1, v_h), \quad \forall v_h \in U_h. \tag{6.102}$$

在 U_h 中取定一组基底 $\varphi_1, \varphi_2, \cdots, \varphi_n$ 将 u_h 表为

$$u_h(\boldsymbol{x}, t) = \sum_{i=1}^{n} \mu_i(t) \varphi_i(\boldsymbol{x}),$$

代到 (6.101) (6.102), 并取 $v_h = \varphi_j$, 就得到关于 $\mu_1, \mu_2, \cdots, \mu_n$ 的常微分方程组:

$$\sum_{i=1}^{n} (\varphi_i, \varphi_j) \frac{\mathrm{d}^2 \mu_i}{\mathrm{d}t^2} + \sum_{i=1}^{n} a(\varphi_i, \varphi_j) \mu_i = 0, \quad j = 1, 2, \cdots, n. \tag{6.103}$$

初值条件为

$$\mu_j(0) = \alpha_j, \quad \frac{\partial \mu_j(0)}{\partial t} = \beta_j. \tag{6.104}$$

其中 $\mu_j(0)$ 和 $\dfrac{\partial \mu_j(0)}{\partial t}$ 按 (6.101) (6.102) 确定:

$$\begin{aligned}
&\sum_{i=1}^{n} (\varphi_i, \varphi_j) \mu_i(0) = (g_0, \varphi_j), \\
&\sum_{i=1}^{n} (\varphi_i, \varphi_j) \frac{\partial \mu_i(0)}{\partial t} = (g_1, \varphi_j), \quad j = 1, 2, \cdots, n.
\end{aligned} \tag{6.105}$$

这样我们就得到**半离散化 Galerkin 方程** (6.103)—(6.105). 这是一个二阶常微分方程组.

为得到全离散化 Galerkin 方程, 需用差分法对时间 t 进一步离散. 设时间步长为

$$\tau > 0, \quad t_n = n\tau (n = 0, 1, \cdots, N; N\tau = T),$$

$u_h^n = u_h(x, y; t_n)$. 引进差商符号

$$\partial_{t\bar{t}} u_h^n = \frac{u_h^{n+1} - 2u_h^n + u_h^{n-1}}{\tau^2},$$

$$u_h^{n, \frac{1}{4}} = \frac{u_h^{n+1} + 2u_h^n + u_h^{n-1}}{4},$$

则得**全离散 Galerkin 方程**, 例如, 显格式

$$(\partial_{t\bar{t}} u_h^n, v_h) + a(u_h^n, v_h) = 0, \quad \forall v_h \in U_h, \tag{6.106}$$

隐格式

$$(\partial_{t\bar{t}} u_h^n, v_h) + a\left(u_h^{n, \frac{1}{4}}, v_h\right) = 0, \quad \forall v_h \in U_h. \tag{6.107}$$

特别地, 若取 U_h 为有限元空间, 则得 Galerkin 有限元法. 可以证明显格式 (6.106) 条件稳定, 隐格式 (6.107) 恒稳定 (参看 [3]).

第 7 章

有限体积元法

有限体积元法也称广义差分法、控制体积法、有限体积法等. 最早由吉林大学李荣华教授提出 [19].

7.1　三角形网格上有限体积元法

考虑二阶椭圆型方程的边值问题:

$$\begin{cases} Lu \equiv -\nabla \cdot (\boldsymbol{\kappa}\nabla u) = f(x,y), & (x,y) \in \Omega, \\ u|_{\partial\Omega} = 0, \end{cases} \tag{7.1}$$

其中 $\Omega \subset \mathbb{R}^2$ 是一个多边形区域, $f \in L^2(\Omega)$, 系数 $\boldsymbol{\kappa} = (\kappa_{ij})_{i,j=1}^2$ 是一对称矩阵, 其元素 $\kappa_{ij}(x,y)$ 满足椭圆性条件, 即存在常数 $\gamma > 0$, 使得

$$\sum_{i,j=1}^2 \kappa_{ij}(x,y)\xi_i\xi_j \geqslant \gamma \sum_{i=1}^2 \xi_i^2$$

对任意实向量 $(\xi_1,\xi_2) \in \mathbb{R}^2$ 和 $(x,y) \in \bar{\Omega}$ 成立.

7.1.1　试探函数空间和检验函数空间

将 $\bar{\Omega}$ 分割成有限个小三角形之和, 使不同三角形无重叠的内部区域, 任一三角形的顶点不属于其他三角形的边的内部, 且边界的角点都是三角形的顶点. 每个三角形称为单元, 三角形的顶点称为节点. 所有单元构成 $\bar{\Omega}$ 的一个三角剖分, 记为 $\mathcal{T}_h$, 称为原始剖分. 令 h 表示所有三角形的最大边长.

现构造与 $\mathcal{T}_h$ 相关的对偶剖分 $\mathcal{T}_h^*$, 常用的方法有两种:

(1) **重心对偶剖分**. 取单元 $\triangle P_0 P_i P_{i+1}$ 的重心 Q_i 以及边中点 M_i 为对偶剖分的节点, 则得重心对偶剖分, 如图 7.1 阴影部分所示.

(2) **外心对偶剖分**. 假设 $\mathcal{T}_h$ 的每个单元的内角均不大于 $90°$, 取三角单元 $\triangle P_0 P_i P_{i+1}$ 的外心 Q_i 为对偶剖分的节点, 则得外心对偶剖分, 如图 7.2 阴影部分所示. 此时 $\overline{Q_i Q_{i+1}}$ 是 $\overline{P_0 P_{i+1}}$ 的中垂线.

用 $\bar{\Omega}_h$ 表示剖分 $\mathcal{T}_h$ 的节点集合, $\mathring{\Omega}_h = \bar{\Omega}_h \backslash \partial\Omega$ 表示内节点集合. Ω_h^* 表示对偶剖分 $\mathcal{T}_h^*$ 的节点 Q 的集合. 对 $Q \in \Omega_h^*$, 用 K_Q 表示含 Q 的三角单元. S_{K_Q} 或 S_Q 和 $S_{P_0}^*$ 分别表示三角单元 K_Q 和对偶单元 $K_{P_0}^*$ 的面积. 设 $\mathcal{T}_h$ 和 $\mathcal{T}_h^*$ 为拟均匀的, 即存在与 h 无关的常数 $c_1, c_2, c_3 > 0$, 使得

$$c_1 h^2 \leqslant S_Q \leqslant h^2, \quad \forall Q \in \Omega_h^*, \tag{7.2}$$

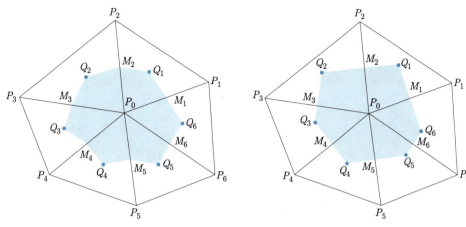

图 7.1 重心对偶剖分　　　　　　**图 7.2 外心对偶剖分**

$$c_2 h^2 \leqslant S_{P_0}^* \leqslant c_3 h^2, \quad \forall P_0 \in \bar{\Omega}_h. \tag{7.3}$$

注意到条件 (7.2) 蕴含条件 (7.3). 以下总设剖分是拟均匀的.

取试探函数空间 U_h 为相应于 $\mathcal{T}_h$ 的一次有限元空间, 即

$$U_h = \{u_h : u_h \in C(\Omega), u_h|_K \in \mathcal{P}_1, \forall K \in \mathcal{T}_h, u_h|_{\partial\Omega} = 0\},$$

其中 $\mathcal{P}_1$ 为次数不超过 1 的多项式.

对 $u \in H_0^1(\Omega)$, 设 $\Pi_h u$ 是 u 往试探函数空间 U_h 的插值投影. 由 Sobolev 空间插值定理, 若 $u \in H^2(\Omega)$, 则

$$|u - \Pi_h u|_m \leqslant C h^{2-m} |u|_2, \quad m = 0, 1. \tag{7.4}$$

检验函数空间 V_h 取为相应于 $\mathcal{T}_h^*$ 的分片常数函数空间, 它相应于点 $P_0 \in \overset{\circ}{\Omega}_h$ 的基函数为

$$\psi_{P_0}(x,y) = \begin{cases} 1, & (x,y) \in K_{P_0}^*, \\ 0, & \text{其他}. \end{cases} \tag{7.5}$$

任一 $v_h \in V_h$, 可唯一表示为

$$v_h = \sum_{P_0 \in \overset{\circ}{\Omega}_h} v_h(P_0)\psi_{P_0}. \tag{7.6}$$

对 $w \in U$, 设 $\Pi_h^* w$ 是 w 往检验函数空间 V_h 的插值投影:

$$\Pi_h^* w = \sum_{P_0 \in \overset{\circ}{\Omega}_h} w(P_0)\psi_{P_0}. \tag{7.7}$$

由插值理论有

$$|w - \Pi_h^* w|_0 \leqslant C h |w|_1. \tag{7.8}$$

7.1.2　线性元有限体积法

线性元有限体积格式为 [19]: 求 $u_h \in U_h$, 使得

$$a(u_h, v_h) = (f, v_h), \quad \forall v_h \in V_h, \tag{7.9}$$

或等价地有

$$a(u_h, \psi_{P_0}) = (f, \psi_{P_0}), \quad \forall P_0 \in \mathring{\Omega}_h, \tag{7.10}$$

其中

$$a(u_h, v_h) = \sum_{P_0 \in \mathring{\Omega}_h} v_h(P_0) a(u_h, \psi_{P_0}), \tag{7.11}$$

$$a(u_h, \psi_{P_0}) = -\int_{\partial K_{P_0^*}} \left(w_h^{(1)} n_x + w_h^{(2)} n_y \right) \mathrm{d}s$$

$$= -\int_{\partial K_{P_0^*}} w_h^{(1)} \mathrm{d}y + \int_{\partial K_{P_0^*}} w_h^{(2)} \mathrm{d}x. \tag{7.12}$$

这里

$$w_h^{(1)} = \kappa_{11} \frac{\partial u_h}{\partial x} + \kappa_{12} \frac{\partial u_h}{\partial y}, \quad w_h^{(2)} = \kappa_{21} \frac{\partial u_h}{\partial x} + \kappa_{22} \frac{\partial u_h}{\partial y}.$$

上式中 $\boldsymbol{n} = (n_x, n_y)^{\mathrm{T}}$ 为 $\partial K_{P_0^*}$ 的单位外法向量, 并且

$$n_x \mathrm{d}s = \mathrm{d}y, \quad n_y \mathrm{d}s = -\mathrm{d}x,$$

另外, 右端积分为

$$(f, \psi_{P_0}) = \int_{K_{P_0^*}} f \mathrm{d}x \mathrm{d}y.$$

7.1.3　稳定性分析

在下面的分析中, 我们假设对偶剖分始终为重心对偶剖分. 首先在 U_h 中引进离散的零模、半模和全模:

$$\|u_h\|_{0,h} = \left(\sum_{K \in \mathcal{T}_h} |u_h|_{0,h,K}^2 \right)^{\frac{1}{2}}, \tag{7.13}$$

$$|u_h|_{1,h} = \left(\sum_{K \in \mathcal{T}_h} |u_h|_{1,h,K}^2 \right)^{\frac{1}{2}}, \tag{7.14}$$

$$\|u_h\|_{1,h} = \left(\|u_h\|_{0,h}^2 + |u_h|_{1,h}^2 \right)^{\frac{1}{2}}. \tag{7.15}$$

其中 $K = K_Q = \triangle P_i P_j P_k,$

$$|u_h|_{0,h,K} = \left[\frac{1}{3}(u_i^2 + u_j^2 + u_k^2)S_Q\right]^{\frac{1}{2}},$$

$$|u_h|_{1,h,K} = \left\{\left[\left(\frac{\partial u_h(Q)}{\partial x}\right)^2 + \left(\frac{\partial u_h(Q)}{\partial y}\right)^2\right]S_Q\right\}^{\frac{1}{2}}.$$

命题 7.1 $|\cdot|_{1,h}$ 与 $|\cdot|_1$ 一致; $\|\cdot\|_{0,h}$ 和 $\|\cdot\|_{1,h}$ 分别与 $\|\cdot\|_0, \|\cdot\|_1$ 等价, 即存在与 U_h 无关的正常数 c_1, c_2, c_3, c_4, 使得

$$c_1\|u_h\|_{0,h} \leqslant \|u_h\|_0 \leqslant c_2\|u_h\|_{0,h}, \quad \forall u_h \in U_h, \tag{7.16a}$$

$$c_3\|u_h\|_{1,h} \leqslant \|u_h\|_1 \leqslant c_4\|u_h\|_{1,h}, \quad \forall u_h \in U_h. \tag{7.16b}$$

证明 由于 $\dfrac{\partial u_h}{\partial x}$ 和 $\dfrac{\partial u_h}{\partial y}$ 在每个单元 K 内为常数, 因此有

$$|u_h|_{1,K}^2 = \iint\limits_K \nabla u_h \cdot \nabla u_h \mathrm{d}x\mathrm{d}y = \iint\limits_K \left[\left(\frac{\partial u_h}{\partial x}\right)^2 + \left(\frac{\partial u_h}{\partial y}\right)^2\right]\mathrm{d}x\mathrm{d}y$$

$$= \left[\left(\frac{\partial u_h(Q)}{\partial x}\right)^2 + \left(\frac{\partial u_h(Q)}{\partial y}\right)^2\right]S_Q = |u_h|_{1,h,K}^2.$$

即 $|\cdot|_{1,h}$ 与 $|\cdot|_1$ 一致. 由于 u_h 在 K 上为一次函数, 因此 u_h^2 为二次函数, 故利用二次精度的数值积分公式即得

$$\|u_h\|_{0,K}^2 = \int_K u_h^2 \mathrm{d}x\mathrm{d}y = \frac{1}{3}\left[u_h^2(M_i) + u_h^2(M_j) + u_h^2(M_k)\right]S_Q$$

$$= \frac{1}{3}\left[\left(\frac{u_k + u_j}{2}\right)^2 + \left(\frac{u_k + u_i}{2}\right)^2 + \left(\frac{u_i + u_j}{2}\right)^2\right]S_Q$$

$$= \frac{1}{12}\left[(u_i^2 + u_j^2 + u_k^2) + (u_i + u_j + u_k)^2\right]S_Q, \tag{7.17}$$

其中 M_i, M_j, M_k 分别为 $\overline{P_jP_k}, \overline{P_kP_i}, \overline{P_iP_j}$ 的中点, 如图 7.3 所示.

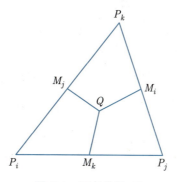

图 7.3 三角单元 K

由 (7.17) 有

$$\frac{1}{12}(u_i^2 + u_j^2 + u_k^2)S_Q \leqslant \|u_h\|_{0,K}^2 \leqslant \frac{1}{3}(u_i^2 + u_j^2 + u_k^2)S_Q.$$

因此

$$\frac{1}{4}|u_h|_{0,h,K}^2 \leqslant \|u_h\|_{0,K}^2 \leqslant |u_h|_{0,h,K}^2.$$

对所有单元求和, 即得

$$\frac{1}{4}\|u_h\|_{0,h}^2 \leqslant \|u_h\|_0^2 \leqslant \|u_h\|_{0,h}^2.$$

从而 $\|\cdot\|_{0,h}$ 和 $\|\cdot\|_0$ 等价, 进一步可得 $\|\cdot\|_{1,h}$ 与 $\|\cdot\|_1$ 等价. 即 (7.16) 成立. □

定理 7.1　当 h 充分小时, $a(u_h, \Pi_h^* u_h)$ 正定, 即有 $h_0 > 0, \alpha > 0$, 使当 $0 < h \leqslant h_0$ 时,

$$a(u_h, \Pi_h^* u_h) \geqslant \alpha \|u_h\|_1^2, \quad \forall u_h \in U_h. \tag{7.18}$$

证明　由 (7.7) 和 (7.12) 有

$$
\begin{aligned}
a(u_h, \Pi_h^* \bar{u}_h) &= \sum_{P_0 \in \mathring{\Omega}_h} \bar{u}_h(P_0) a(u_h, \psi_{P_0}) \\
&= \sum_{P_0 \in \mathring{\Omega}_h} \bar{u}_h(P_0) \int_{\partial K_{P_0}^*} \left(-w_h^{(1)} \mathrm{d}y + w_h^{(2)} \mathrm{d}x \right) \\
&= \sum_{K \in \mathcal{T}_h} I_K(u_h, \Pi_h^* \bar{u}_h),
\end{aligned}
\tag{7.19}
$$

其中

$$I_K(u_h, \Pi_h^* \bar{u}_h) = \sum_{P \in \mathring{K}} \bar{u}_h(P) \int_{\partial K_P^* \cap K} (-w_h^{(1)} \mathrm{d}y + w_h^{(2)} \mathrm{d}x), \tag{7.20}$$

记号 $\mathring{K}$ 表示 $K = \triangle P_i P_j P_k$ 的三个顶点的集合.

先证近似式 $a_h(u_h, \Pi_h^* u_h) = \sum\limits_{K \in \mathcal{T}_h} \tilde{I}_K(u_h, \Pi_h^* u_h)$ 的正定性, 其中

$$
\begin{aligned}
\tilde{I}_K(u_h, \Pi_h^* \bar{u}_h) &= \sum_{P \in \mathring{K}} \bar{u}_h(P) \int_{\partial K_P^* \cap K} (-w_h^{(1)}(Q)\mathrm{d}y + w_h^{(2)}(Q)\mathrm{d}x) \\
&= \left[w_h^{(1)}(Q)(y_{M_k} - y_{M_j}) + w_h^{(2)}(Q)(x_{M_j} - x_{M_k}) \right] \bar{u}_h(P_i) + \\
&\quad \left[w_h^{(1)}(Q)(y_{M_i} - y_{M_k}) + w_h^{(2)}(Q)(x_{M_k} - x_{M_i}) \right] \bar{u}_h(P_j) + \\
&\quad \left[w_h^{(1)}(Q)(y_{M_j} - y_{M_i}) + w_h^{(2)}(Q)(x_{M_i} - x_{M_j}) \right] \bar{u}_h(P_k).
\end{aligned}
$$

由 (6.39) 知

$$\tilde{I}_K(u_h, \Pi_h^* u_h) = \left(w_h^{(1)}(Q)\frac{\partial u_h}{\partial x} + w_h^{(2)}(Q)\frac{\partial u_h}{\partial y} \right) S_Q$$

$$= \left[\kappa_{11}(Q) \left(\frac{\partial u_h}{\partial x} \right)^2 + (\kappa_{12}(Q) + \kappa_{21}(Q)) \frac{\partial u_h}{\partial x} \frac{\partial u_h}{\partial y} + \kappa_{22}(Q) \left(\frac{\partial u_h}{\partial y} \right)^2 \right] S_Q, \tag{7.21}$$

其中

$$w_h^{(1)}(Q) = \kappa_{11}(Q) \frac{\partial u_h}{\partial x} + \kappa_{12}(Q) \frac{\partial u_h}{\partial y},$$

$$w_h^{(2)}(Q) = \kappa_{21}(Q) \frac{\partial u_h}{\partial x} + \kappa_{22}(Q) \frac{\partial u_h}{\partial y}.$$

由椭圆性条件知

$$\tilde{I}_K(u_h, \Pi_h^* u_h) \geqslant \gamma \left[\left(\frac{\partial u_h(Q)}{\partial x} \right)^2 + \left(\frac{\partial u_h(Q)}{\partial y} \right)^2 \right] S_Q.$$

再由命题 7.1 并注意在 H_0^1 中半模与全模的等价性知, 存在 $\gamma' > 0$ 使得

$$a_h(u_h, \Pi_h^* u_h) \geqslant \sum_{K \in \mathcal{T}_h} |u_h|_{1,K}^2 = \gamma |u_h|_{1,h}^2 \geqslant \gamma' \|u_h\|_1^2, \quad \forall u_h \in U_h. \tag{7.22}$$

再证 $a(u_h, \Pi_h^* u_h)$ 的正定性. 易见

$$I_K(u_h, \Pi_h^* u_h) - \tilde{I}_K(u_h, \Pi_h^* u_h)$$

$$= \sum_{P \in \mathring{K}} \left\{ - \int_{\partial K_P^* \cap K} \left[(w_h^{(1)} - w_h^{(1)}(Q)) \mathrm{d}y - (w_h^{(2)} - w_h^{(2)}(Q)) \mathrm{d}x \right] \right\} u_h(P)$$

$$= \sum_{l=i,j,k} \int_{\overline{M_l Q}} \left[(w_h^{(1)} - w_h^{(1)}(Q)) \mathrm{d}y - (w_h^{(2)} - w_h^{(2)}(Q)) \mathrm{d}x \right] (u_{l+2} - u_{l+1}), \tag{7.23}$$

其中 $u_{i+1} = u_j, u_{j+1} = u_k, u_{k+1} = u_i, u_l = u_h(P_l)$. 由于在 K 内 $\dfrac{\partial u_h}{\partial x}$ 和 $\dfrac{\partial u_h}{\partial y}$ 为常数, 故有

$$w_h^{(i)} - w_h^{(i)}(Q) = (\kappa_{i1} - \kappa_{i1}(Q)) \frac{\partial u_h}{\partial x} + (\kappa_{i2} - \kappa_{i2}(Q)) \frac{\partial u_h}{\partial y},$$

$$|w_h^{(i)} - w_h^{(i)}(Q)| \leqslant Ch \left(\left| \frac{\partial u_h}{\partial x} \right| + \left| \frac{\partial u_h}{\partial y} \right| \right), \quad i = 1, 2. \tag{7.24}$$

由 Taylor 展开式及 u_h 在 K 内为线性函数, 从而有

$$u_{l+2} - u_{l+1} = \frac{\partial u_h}{\partial x} (x_{P_{l+2}} - x_{P_{l+1}}) + \frac{\partial u_h}{\partial y} (y_{P_{l+2}} - y_{P_{l+1}}),$$

$$|u_{l+2} - u_{l+1}| \leqslant h \left(\left| \frac{\partial u_h}{\partial x} \right| + \left| \frac{\partial u_h}{\partial y} \right| \right), \quad l = i, j, k. \tag{7.25}$$

由 (7.24) (7.25) 及剖分的正则性知

$$\left| \int_{\overline{M_l Q}} \left[(w_h^{(1)} - w_h^{(1)}(Q)) \mathrm{d}y - (w_h^{(2)} - w_h^{(2)}(Q)) \mathrm{d}x \right] (u_{l+2} - u_{l+1}) \right|$$

$$\leqslant Ch^3 \left(\left| \frac{\partial u_h}{\partial x} \right| + \left| \frac{\partial u_h}{\partial y} \right| \right)^2$$

$$\leqslant \tilde{C}h \left[\left(\frac{\partial u_h}{\partial x} \right)^2 + \left(\frac{\partial u_h}{\partial y} \right)^2 \right] S_Q$$

$$= \tilde{C}h |u_h|_{1,K}^2. \tag{7.26}$$

由 (7.23) (7.26) 和命题 7.1 知

$$|a(u_h, \Pi_h^* u_h) - a_h(u_h, \Pi_h^* u_h)|$$

$$= \left| \sum_{K \in \mathcal{T}_h} \left[I_K(u_h, \Pi_h^* u_h) - \tilde{I}_K(u_h, \Pi_h^* u_h) \right] \right| \leqslant \hat{C}h \|u_h\|_1^2. \tag{7.27}$$

联立 (7.22) 和 (7.27) 即得 (7.18). $\qquad \square$

7.1.4 误差估计

定义在 $\mathcal{T}_h$ 上的分片 H^2 空间

$$H_h^2(\Omega) = \{ u \in C(\Omega) : \ u|_K \in H^2(K), \forall K \in \mathcal{T}_h \}$$

及其上的范数

$$|u|_{2,h} := \left(\sum_{K \in \mathcal{T}_h} |u|_{2,K}^2 \right)^{\frac{1}{2}}, \quad \forall u \in H_h^2(\Omega).$$

引理 7.1 若 $u \in H_h^2(\Omega)$ 且 $u_h \in U_h$, 则存在一个正常数 C 使得

$$|a_h(u, \Pi_h^* u_h)| \leqslant C(|u|_1 + h|u|_{2,h})|u_h|_1. \tag{7.28}$$

证明 对于每个单元 $K \in \mathcal{T}_h$, 记在 K 内所有对偶单元的边界线段集合为 L_K^*, 如图 7.3 所示, $L_K^* = \{ \overline{QM_i}, \overline{QM_j}, \overline{QM_k} \}$. 因此, 可以整理得

$$a_h(u, \Pi_h^* u_h) = - \sum_{K \in \mathcal{T}_h} \sum_{K_P^* \in \mathcal{T}_h^*} \int_{\partial K_P^* \cap K} (\boldsymbol{\kappa} \nabla u) \cdot \boldsymbol{n} \, (\Pi_h^* u_h)(P) \mathrm{d}s$$

$$= - \sum_{K \in \mathcal{T}_h} \sum_{l^* \in L_K^*} \int_{l^*} (\boldsymbol{\kappa} \nabla u) \cdot \boldsymbol{n} \, [\Pi_h^* u_h]_{l^*} \mathrm{d}s,$$

其中 $\boldsymbol{n}$ 是在线段 l^* 处的单位外法向量, 由一个对偶单元 K_1^* 指向另一个对偶单元 K_2^*, 并且

$$[\Pi_h^* u_h]_{l^*} := \Pi_h^* u_h|_{K_1^*} - \Pi_h^* u_h|_{K_2^*}.$$

例如, 若 $l^* = \overline{QM_k}$ 处单位外法向量 $\boldsymbol{n}$ 由 $K_{P_i}^*$ 指向 $K_{P_j}^*$, 则 $[\Pi_h^* u_h]_{l^*} = u_h(P_i) - u_h(P_j)$.

由 Cauchy-Schwarz 不等式, 可得

$$|a_h(u, \Pi_h^* u_h)|^2 \leqslant C \left(\sum_{K \in \mathcal{T}_h} \sum_{l^* \in L_K^*} ([\Pi_h^* u_h]_{l^*})^2 \right) \left(\sum_{K \in \mathcal{T}_h} \sum_{l^* \in L_K^*} |l^*| \int_{l^*} (\boldsymbol{\kappa} \nabla u \cdot \boldsymbol{n})^2 \, ds \right). \quad (7.29)$$

一方面, 由 (7.25) 及剖分的正则性有

$$\sum_{K \in \mathcal{T}_h} \sum_{l^* \in L_K^*} ([\Pi_h^* u_h]_{l^*})^2 = \sum_{K \in \mathcal{T}_h} \left[(u_h(P_i) - u_h(P_j))^2 + (u_h(P_i) - u_h(P_k))^2 + (u_h(P_j) - u_h(P_k))^2 \right]$$

$$\leqslant C \sum_{K \in \mathcal{T}_h} h^2 \left(\left| \frac{\partial u_h}{\partial x} \right|^2 + \left| \frac{\partial u_h}{\partial y} \right|^2 \right)$$

$$\leqslant C |u_h|_1^2. \quad (7.30)$$

另一方面, 由于 $\boldsymbol{\kappa}$ 是对称矩阵且每个元素充分光滑, 可以得到

$$\sum_{K \in \mathcal{T}_h} \sum_{l^* \in L_K^*} |l^*| \int_{l^*} ((\boldsymbol{\kappa} \nabla u) \cdot \boldsymbol{n})^2 \, ds \leqslant Ch \sum_{K \in \mathcal{T}_h} \sum_{l^* \in L_K^*} \int_{l^*} |\nabla u|^2 \, ds. \quad (7.31)$$

记 $\varphi = \nabla u$, 由单元 K 与参考单元 $\hat{K}$ 之间的关系可得

$$\sum_{l^* \in L_K^*} \int_{l^*} |\varphi|^2 \, ds \leqslant Ch \sum_{\hat{l}^* \in L_{\hat{K}}^*} \int_{\hat{l}^*} |\hat{\varphi}|^2 \, d\hat{s}. \quad (7.32)$$

根据迹定理, 有

$$\sum_{\hat{l}^* \in L_{\hat{K}}^*} \int_{\hat{l}^*} |\hat{\varphi}|^2 \, d\hat{s} \leqslant C \|\hat{\varphi}\|_{1, \hat{K}}^2, \quad (7.33)$$

注意到

$$\|\hat{\varphi}\|_{0, \hat{K}}^2 \leqslant Ch^{-2} \|\varphi\|_{0, K}^2, \quad |\hat{\varphi}|_{1, \hat{K}}^2 \leqslant C |\varphi|_{1, K}^2. \quad (7.34)$$

结合 (7.32) (7.33) 和 (7.34) 可得

$$\sum_{l^* \in L_K^*} \int_{l^*} |\varphi|^2 \, ds \leqslant C(h^{-1} \|\varphi\|_{0, K}^2 + h |\varphi|_{1, K}^2),$$

将上式带入 (7.31) 得到估计式

$$\sum_{K \in \mathcal{T}_h} \sum_{l^* \in L_K^*} |l^*| \int_{l^*} (\boldsymbol{\kappa} \nabla u \cdot \boldsymbol{n})^2 \, ds \leqslant C(|u|_1^2 + h^2 |u|_{2, h}^2). \quad (7.35)$$

最后, 由 (7.29) 和 (7.35) 可直接推出连续性结果 (7.28), 引理得证. $\qquad \square$

定理 7.2 设 u 是问题 (7.1) 的广义解, u_h 是有限体积元格式 (7.10) 的解. 若 $u \in H^2(\Omega)$, 则有误差估计:

$$\|u - u_h\|_1 \leqslant Ch |u|_2,$$

$$\|u - u_h\|_0 \leqslant Ch^2 |u|_3. \quad (7.36)$$

证明   显然有

$$a(u - u_h, \psi_{P_0}) = 0, \quad \forall P_0 \in \overset{\circ}{\Omega}_h, \tag{7.37}$$

由定理 7.1 和 (7.37) 有

$$\|u_h - \Pi_h u\|_1^2 \leqslant \frac{1}{\alpha} a(u_h - \Pi_h u, \Pi_h^*(u_h - \Pi_h u))$$

$$= \frac{1}{\alpha} a(u_h - u + u - \Pi_h u, \Pi_h^*(u_h - \Pi_h u))$$

$$= \frac{1}{\alpha} a(u - \Pi_h u, \Pi_h^*(u_h - \Pi_h u)),$$

从而由引理 7.1 可得

$$\|u_h - \Pi_h u\|_1^2 \leqslant \frac{1}{\alpha} |a(u - \Pi_h u, \Pi_h^*(u_h - \Pi_h u))|$$

$$\leqslant C(|u - \Pi_h u|_1 + h|u|_2)|u_h - \Pi_h u|_1. \tag{7.38}$$

利用 (7.4) 得

$$|u - \Pi_h u|_1 \leqslant Ch|u|_2, \tag{7.39}$$

联立 (7.38) 和 (7.39) 可推出

$$\|u_h - \Pi_h u\|_1 \leqslant Ch|u|_2.$$

其中 $H^1(I)$ 空间里半模和全模是等价的. 再由三角不等式知

$$\|u - u_h\|_1 \leqslant \|u - \Pi_h u\|_1 + \|u_h - \Pi_h u\|_1.$$

利用 (7.39) 知 (7.2) 成立, 从而定理得证.   □

注 7.1   若 $\boldsymbol{\kappa}$ 为常数矩阵, 根据 $I_K(u_h, \Pi_h^* \bar{u}_h)$ 和 $\tilde{I}_K(u_h, \Pi_h^* \bar{u}_h)$ 的定义, 我们有 $I_K = \tilde{I}_K$, 于是

$$\sum_{K \in \mathcal{T}_h} I_K(u_h, \Pi_h^* \bar{u}_h) = \sum_{K \in \mathcal{T}_h} \tilde{I}_K(u_h, \Pi_h^* \bar{u}_h)$$

$$= \sum_{K \in \mathcal{T}_h} \left(w_h^{(1)}(Q) \frac{\partial \bar{u}_h}{\partial x}(Q) + w_h^{(2)}(Q) \frac{\partial \bar{u}_h}{\partial y}(Q) \right) S_Q$$

$$= \sum_{K \in \mathcal{T}_h} \iint_K (\boldsymbol{\kappa}(Q) \nabla u_h) \cdot \nabla \bar{u}_h \mathrm{d}x \mathrm{d}y$$

$$= \iint_\Omega (\boldsymbol{\kappa} \nabla u_h) \cdot \nabla \bar{u}_h \mathrm{d}x \mathrm{d}y$$

$$= a(u_h, \bar{u}_h).$$

从而成立

$$a(u_h, \Pi_h^* \bar{u}_h) = a(\bar{u}_h, \Pi_h^* u_h) = a(u_h, \bar{u}_h),$$

其中 $a(u_h, \bar{u}_h)$ 是有限元法的双线性形式. 此时, 有限体积元法双线性形式对称, 且与有限元法的双线性形式相等.

注 7.2　若 $\boldsymbol{A}$ 为变系数矩阵, 有限体积元法的双线性形式不对称, 即 $a(u_h, \Pi_h^* \bar{u}_h) \neq a(\bar{u}_h, \Pi_h^* u_h)$, 但我们可以用如下方法将其对称化.

(i) 在重心对偶剖分情形下, 用变系数 a_{ij} 在重心处的值 $a_{ij}(Q)$ 作数值积分处理;

(ii) 用变系数在三角形单元上的积分平均值, 将变系数常数化, 即取

$$\bar{a}_{ij} := \frac{1}{|K|} \iint_K a_{ij} \mathrm{d}x\mathrm{d}y, \quad i, j = 1, 2.$$

7.2　四边形网格上的有限体积元法

7.2.1　四边形网格剖分及对偶剖分

将 $\bar{\Omega}$ 分割成有限个严格凸的四边形之和, 使不同的四边形无公共的内点, 任一四边形的顶点不属于其他四边形边的内部, 且边界的任一角点都是某一四边形的顶点. 每个四边形称为单元, 记为 K. 所有单元构成 $\bar{\Omega}$ 的四边形剖分, 记为 T_h, h 表示所有四边形的最大直径. 四边形的顶点称为剖分的节点. 另外, 当求解区域形状规则简单时, 也常常对区域作矩形网格剖分, 在矩形网格上构造的有限体积格式更简单.

再作和 T_h 相应的对偶剖分. 如图 7.4, 设 P_0 是剖分 T_h 的任一节点, P_i $(i = 1, 2, 3, 4)$

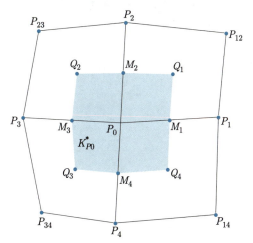

图 7.4　四边形单元 K 的对偶单元

是与 P_0 相邻的节点, M_i 是 $\overline{P_0 P_i}$ 的中点, $P_{i,i+1}$ ($P_{45} = P_{41} = P_{14}$) 是以 $\overline{P_0 P_i}$ 和 $\overline{P_0 P_{i+1}}$ 为边的四边形中与 P_0 相对的顶点. 在四边形 $P_0 P_i P_{i,i+1} P_{i+1}$ 内取平均中心 Q_i ($i = 1, 2, 3, 4$), 即对边中点连线的交点. 依次连接 $M_1, Q_1, M_2, Q_2, \cdots, M_4, Q_4, M_1$, 得到一个围绕 P_0 的多边形域 $K_{P_0}^*$, 称为对偶单元. 所有对偶单元构成 $\bar{\Omega}$ 的一个新剖分 T_h^*, 称为对偶剖分. $\bar{\Omega}_h$ 表示 T_h 的节点集合; $\mathring{\Omega}_h = \bar{\Omega}_h \setminus \partial \Omega$ 表示内节点集合; Ω_h^* 表示对偶剖分 T_h^* 的节点集合. 对于 $Q \in \Omega_h^*$, 以 K_Q 表示以 Q 为平均中心的四边形单元, S_Q (或 S_{K_Q}) 和 S_P^* 分别表示 K_Q 和 K_P^* 的面积. 总设剖分 T_h 和 T_h^* 是拟均匀剖分, 即存在与 h 无关的正常数 c_1, c_2, c_3, 使得

$$c_1 h^2 \leqslant S_Q \leqslant h^2, \quad Q \in \Omega_h^*, \tag{7.40a}$$

$$c_2 h^2 \leqslant S_{P_0}^* \leqslant c_3 h^2, \quad P_0 \in \bar{\Omega}_h. \tag{7.40b}$$

取 (ξ, η) 平面上的单位正方形 $\hat{K} = \hat{E} = [0, 1] \times [0, 1]$ 作为参考单元. 对于任意凸四边形单元 $K_Q = \square P_1 P_2 P_3 P_4$, $P_i = (x_i, y_i)$ ($i = 1, 2, 3, 4$). 存在唯一的可逆双线性变换:

$$F_{K_Q} : \begin{cases} x = x_1 + a_1 \xi + a_2 \eta + a_3 \xi \eta, \\ y = y_1 + b_1 \xi + b_2 \eta + b_3 \xi \eta, \end{cases} \tag{7.41}$$

其中

$$a_1 = x_2 - x_1, \quad a_2 = x_3 - x_1, \quad a_3 = x_4 - x_3 - x_2 + x_1;$$

$$b_1 = y_2 - y_1, \quad b_2 = y_3 - y_1, \quad b_3 = y_4 - y_3 - y_2 + y_1.$$

将 $\hat{K}$ 变成 K_Q (参见图 7.5). 用 $\mathcal{J}_K$ 表示等参双线性变换 F_{K_Q} 的 Jacobi 矩阵, 其行列式用 J_K 表示, 则

$$\mathcal{J}_K = \begin{bmatrix} \dfrac{\partial x}{\partial \xi} & \dfrac{\partial x}{\partial \eta} \\ \dfrac{\partial y}{\partial \xi} & \dfrac{\partial y}{\partial \eta} \end{bmatrix} = \begin{bmatrix} a_1 + a_3 \eta & a_2 + a_3 \xi \\ b_1 + b_3 \eta & b_2 + b_3 \xi \end{bmatrix}.$$

由反函数的微分法则, 得

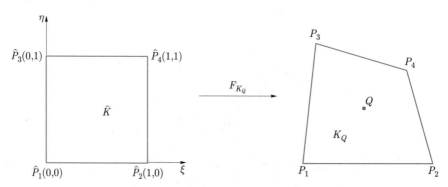

图 7.5   参考单元 $\hat{K}$ 与四边形单元 K_Q

$$\begin{cases} \dfrac{\partial \xi}{\partial x} = \dfrac{b_2 + b_3\xi}{J_K}, & \dfrac{\partial \xi}{\partial y} = -\dfrac{a_2 + a_3\xi}{J_K}, \\ \dfrac{\partial \eta}{\partial x} = -\dfrac{b_1 + b_3\eta}{J_K}, & \dfrac{\partial \eta}{\partial y} = \dfrac{a_1 + a_3\eta}{J_K}. \end{cases}$$

注 7.3 变换 F_{K_Q} 是一一对应的, 亦即它的 Jacobi 行列式处处不为零:

$$J_K(\xi, \eta) = \begin{vmatrix} \dfrac{\partial x}{\partial \xi} & \dfrac{\partial x}{\partial \eta} \\ \dfrac{\partial y}{\partial \xi} & \dfrac{\partial y}{\partial \eta} \end{vmatrix} = \begin{vmatrix} a_1 + a_3\eta & a_2 + a_3\xi \\ b_1 + b_3\eta & b_2 + b_3\xi \end{vmatrix}$$

$$= (a_1 b_2 - a_2 b_1) + (a_1 b_3 - a_3 b_1)\xi + (a_3 b_2 - a_2 b_3)\eta,$$

它是 ξ, η 的一次函数, 要它不为零, 即在四个顶点处 $(0,0)$, $(1,0)$, $(0,1)$, $(1,1)$ 的值必须同号:

$$J(0,0) = a_1 b_2 - a_2 b_1 = |\overline{P_1 P_2}\,||\,\overline{P_1 P_3}\,|\sin \angle P_3 P_1 P_2,$$

即当 $0 < \angle P_3 P_1 P_2 < \pi$ 时, $J(0,0) > 0$. 在其他三点处可得到类似的结果, 亦即当 K 为凸四边形时 $\Leftrightarrow J(\xi, \eta) > 0$. 这也是为什么要求剖分 T_h 的四边形为凸四边形.

注 7.4 当 K_Q 是一个平行四边形 (包括矩形) 时, 我们有 $a_3 = b_3 = 0$, 变换 F_{K_Q} 为线性变换.

7.2.2 试探函数空间和检验函数空间

定义参考单元 $\hat{K}$ 上的双线性函数

$$P_{\hat{K}}(\xi, \eta) = c_0 + c_1 \xi + c_2 \eta + c_3 \xi \eta,$$

其中

$$c_0 = u_{P_1}, \quad c_1 = u_{P_2} - u_{P_1}, \quad c_2 = u_{P_3} - u_{P_1},$$

$$c_3 = u_{P_4} - u_{P_3} - u_{P_2} + u_{P_1}.$$

定义试探函数空间

$$U_h = \{u_h \in C^0(\bar{\Omega}) : u_h|_K = P_{\hat{K}} \circ F_K^{-1}, \quad K \in T_h, \quad P_{\hat{K}} \in P_{1,1}, \quad u_h|_{\partial\Omega} = 0\},$$

其中 $P_{1,1}$ 是 $\hat{K}$ 上双线性函数构成的集合. 对任一 $u_h \in U_h$, 在 K_Q 上, 有

$$\begin{aligned} u_h &= u_1(1-\xi)(1-\eta) + u_2\xi(1-\eta) + u_3(1-\xi)\eta + u_4\xi\eta \\ &= u_1 + (u_2 - u_1)\xi + (u_3 - u_1)\eta + (u_4 - u_3 - u_2 + u_1)\xi\eta. \end{aligned} \tag{7.42}$$

检验函数空间 V_h 取为相应于对偶剖分 T_h^* 的分片常数空间, 其基函数如下: 对 $P_0 \in \mathring{\Omega}_h$,

$$\psi_{P_0}(P) = \begin{cases} 1, & P \in K_{P_0}^*, \\ 0, & P \notin K_{P_0}^*. \end{cases}$$

对任一 $v_h \in V_h$, 有

$$v_h = \sum_{P_0 \in \mathring{\Omega}_h} v_h(P_0)\psi_{P_0}.$$

7.2.3   等参双线性有限体积元法

取前述的试探函数空间和检验函数空间, 相应于问题 (7.1) 的有限体积元法为: 求 $u_h \in U_h$, 使得

$$a(u_h, \psi_{P_0}) = (f, \psi_{P_0}), \quad \forall P_0 \in \mathring{\Omega}_h, \tag{7.43}$$

其中

$$a(u_h, v_h) = \sum_{P_0 \in \mathring{\Omega}_h} v_h(P_0)a(u_h, \psi_{P_0}), \tag{7.44}$$

$$\begin{aligned} a(u_h, \psi_{P_0}) &= -\int_{\partial K_{P_0^*}} \left(w_h^{(1)}n_x + w_h^{(2)}n_y\right)\mathrm{d}s \\ &= -\int_{\partial K_{P_0^*}} w_h^{(1)}\mathrm{d}y + \int_{\partial K_{P_0^*}} w_h^{(2)}\mathrm{d}x. \end{aligned} \tag{7.45}$$

注 7.5   在推导格式时, 单元 K (见图 7.6) 上的线积分计算需要用到如下公式:

$$\frac{\partial u_h}{\partial x} = \frac{\partial u_h}{\partial \xi}\frac{\partial \xi}{\partial x} + \frac{\partial u_h}{\partial \eta}\frac{\partial \eta}{\partial x},$$
$$\frac{\partial u_h}{\partial y} = \frac{\partial u_h}{\partial \xi}\frac{\partial \xi}{\partial y} + \frac{\partial u_h}{\partial \eta}\frac{\partial \eta}{\partial y},$$

在 $\overline{M_1M_3}$ 上,

$$\mathrm{d}x = \mathrm{d}\left(x_1 + \frac{a_1}{2} + a_2\eta + \frac{a_3}{2}\eta\right) = \left(a_2 + \frac{a_3}{2}\right)\mathrm{d}\eta,$$
$$\mathrm{d}y = \mathrm{d}\left(y_1 + \frac{b_1}{2} + b_2\eta + \frac{b_3}{2}\eta\right) = \left(b_2 + \frac{b_3}{2}\right)\mathrm{d}\eta,$$

在 $\overline{M_2M_4}$ 上,

$$\mathrm{d}x = \mathrm{d}\left(x_1 + a_1\xi + \frac{a_2}{2} + \frac{a_3}{2}\xi\right) = \left(a_1 + \frac{a_3}{2}\right)\mathrm{d}\xi,$$
$$\mathrm{d}y = \mathrm{d}\left(y_1 + b_1\xi + \frac{b_2}{2} + \frac{b_3}{2}\xi\right) = \left(b_1 + \frac{b_3}{2}\right)\mathrm{d}\xi.$$

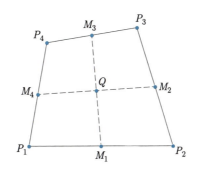

图 7.6 四边形单元 K_Q 上的控制体积

7.2.4 收敛性

在 U_h 上定义离散半模:

$$|u_h|_{1,h} = \left(\sum_{Q \in \Omega_h^*} |u_h|_{1,K_Q,h}^2 \right)^{\frac{1}{2}}, \quad \forall u_h \in U_h,$$

其中

$$|u_h|_{1,K_Q,h}^2 = (u_{P_2} - u_{P_1})^2 + (u_{P_4} - u_{P_2})^2 + (u_{P_4} - u_{P_3})^2 + (u_{P_3} - u_{P_1})^2,$$

$u_{P_i} = u_h(P_i), i = 1, 2, 3, 4.$

命题 7.2 半模 $|u_h|_{1,h}$ 与 $|u_h|_1$ 等价, 即有常数 $\beta_1, \beta_2 > 0$, 使得

$$\beta_1 |u_h|_{1,h} \leqslant |u_h|_1 \leqslant \beta_2 |u_h|_{1,h}.$$

定理 7.3 当 h 充分小时, $a(u_h, \Pi_h^* u_h)$ 正定, 即有 $h_0 > 0, \alpha > 0$, 使当 $0 < h \leqslant h_0$ 时,

$$a(u_h, \Pi_h^* u_h) \geqslant \alpha \|u_h\|_1^2, \quad \forall u_h \in U_h. \tag{7.46}$$

由稳定性 (7.46) 立即可得有限体积法 (7.43) 有唯一解.

定理 7.4 设 $u \in H_0^1(\Omega) \cap H^2(\Omega)$ 为问题 (7.1) 的广义解, $u_h \in U_h$ 为有限体积格式 (7.43) 的解, 且剖分条件成立, 则按 H^1 模有误差估计

$$\|u - u_h\|_1 \leqslant Ch\|u\|_2. \tag{7.47}$$

若还有 $u \in H^3(\Omega)$, 则按 L^2 模有误差估计

$$\|u - u_h\|_0 \leqslant Ch^2(\|u\|_2 + \|f\|_1). \tag{7.48}$$

这些理论结果的证明可以参看 [20, 21], 此处略去.

7.2.5 数值算例

例 7.1 考虑椭圆型方程

$$
\begin{cases}
-\nabla(\boldsymbol{\kappa}(x,y)\nabla u)u = f(x,y), & (x,y) \in \Omega = (0,1) \times (0,1), \\
u = 0, & (x,y) \in \Gamma = \partial\Omega,
\end{cases}
$$

其中

$$
\boldsymbol{\kappa}(x,y) = \begin{bmatrix} 1 + \mathrm{e}^{x+y} & 0 \\ 0 & 1 + \mathrm{e}^{x+y} \end{bmatrix},
$$

选取右端 f 使得其精确解为 $u(x,y) = \sin(2\pi x)\sin(3\pi y)$.

对区域 $\Omega = (0,1) \times (0,1)$ 作正方形网格剖分, $h = \dfrac{1}{4}, \dfrac{1}{8}, \dfrac{1}{16}, \dfrac{1}{32}, \dfrac{1}{64}, \dfrac{1}{128}$ 表示正方形单元的边长, 用双线性元有限体积法求解上述问题. 数值结果如表 7.1, 其中 $x_1 = \dfrac{1}{4}$, $x_2 = \dfrac{1}{2}$, $x_3 = \dfrac{3}{4}$, $y_1 = \dfrac{1}{4}$, $y_1 = \dfrac{1}{4}$, $y_2 = \dfrac{1}{2}$, $y_3 = \dfrac{3}{4}$, 取四位小数计算.

表 7.1　例 7.1 的数值结果

h	(x_j, y_k)	x_1	x_2	x_3
$\dfrac{1}{4}$	y_1	1.072 8	-0.004 0	-1.071 9
$\dfrac{1}{8}$		0.794 1	0.000 3	-0.793 9
$\dfrac{1}{16}$		0.728 3	0.000 1	-0.728 2
$\dfrac{1}{32}$		0.712 4	0.000 0	-0.712 4
$\dfrac{1}{64}$		0.708 4	0.000 0	-0.708 4
$\dfrac{1}{128}$		0.707 4	0.000 0	-0.707 4
精确解		0.707 1	0.000 0	-0.707 1
$\dfrac{1}{4}$	y_2	-1.526 8	0.005 2	1.527 3
$\dfrac{1}{8}$		-1.123 8	-0.000 5	1.123 7
$\dfrac{1}{16}$		-1.030 1	-0.000 2	1.030 1
$\dfrac{1}{32}$		-1.007 5	-0.000 0	1.007 5
$\dfrac{1}{64}$		-1.001 9	-0.000 0	1.001 9
$\dfrac{1}{128}$		-1.000 5	-0.000 0	1.000 5
精确解		-1.000 0	0.000 0	1.000 0

续表

h	(x_j, y_k)	x_1	x_2	x_3
$\dfrac{1}{4}$	y_3	1.088 6	$-0.003\,2$	$-1.089\,8$
$\dfrac{1}{8}$		0.795 4	0.000 5	$-0.795\,4$
$\dfrac{1}{16}$		0.728 5	0.000 2	$-0.728\,5$
$\dfrac{1}{32}$		0.712 4	0.000 0	$-0.712\,4$
$\dfrac{1}{64}$		0.708 4	0.000 0	$-0.708\,4$
$\dfrac{1}{128}$		0.707 4	0.000 0	$-0.707\,4$
精确解		0.707 1	0.000 0	$-0.707\,1$

7.2.6 习题

考虑 Possion 方程边值问题

$$\begin{cases} -\Delta u = f, & (x,y) \in \Omega, \\ u|_{\partial\Omega} = 0, & (x,y) \in \Gamma = \partial\Omega, \end{cases}$$

其中 Ω 为平面矩形区域, $\Gamma = \partial\Omega$ 为其边界, 且 $f \in L^2(\Omega)$. 对求解区域 Ω 作矩形网格剖分, 通过单元分析法, 估计双线性有限元法与双线性有限体积法二者双线性形式的差.

第 8 章

间断 Galerkin 法

同第 6 章介绍的经典有限元方法相比, 本章介绍的间断有限元方法 [36, 37, 38, 39] 更加灵活, 不要求逼近空间中的函数跨过相邻单元时保持连续性, 可以用于更一般类型的网格剖分, 允许同一网格中的不同单元采用不同种类的逼近函数空间; 具有局部守恒性质; 但自由度数往往相对较多. 间断有限元方法同样可以应用于非常多种类的偏微分方程. 本章以如下模型问题为例来介绍几种间断有限元法:

$$
\begin{cases}
-\nabla \cdot (\boldsymbol{\kappa}(\boldsymbol{x}) \nabla u) = f(\boldsymbol{x}), & \boldsymbol{x} \in \Omega, \\
u = 0, & \boldsymbol{x} \in \Gamma_D, \\
\boldsymbol{\kappa} \nabla u \cdot \boldsymbol{n} = 0, & \boldsymbol{x} \in \Gamma_N,
\end{cases}
\tag{8.1}
$$

其中 $\Omega \subset \mathbb{R}^d$ 是多边形 (或多面体) 区域, $\Gamma := \partial\Omega = \Gamma_D \cup \Gamma_N$. 假设 $f \in L^2(\Omega)$, 则存在常数 $a_1 \geqslant a_0 > 0$ 使得矩阵 $\boldsymbol{\kappa}$ 满足

$$
a_0(\boldsymbol{\xi}, \boldsymbol{\xi}) \leqslant (\boldsymbol{\kappa}(\boldsymbol{x})\boldsymbol{\xi}, \boldsymbol{\xi}) \leqslant a_1(\boldsymbol{\xi}, \boldsymbol{\xi}), \quad \forall \boldsymbol{\xi} \in \mathbb{R}^d, \boldsymbol{x} \in \Omega.
$$

8.1 内罚间断 Galerkin 法

内罚间断 Galerkin (IPDG) 法 [36, 39] 是对数值解的梯度在单元公共边 (面) 上的跳量加罚, 在对流扩散问题及声波散射问题等领域中有应用.

8.1.1 离散格式

设 $\mathcal{M}_h$ 是 Ω 的一个三角剖分. 在本章中, 为了叙述简单, "单元的边" 在二维情形就是本来的含义, 在三维情形指四面体单元的面. $\mathcal{E}_h$ 为所有单元边的集合. $\mathcal{E}_h^I$ 是 Ω 内部的单元边的集合, $\mathcal{E}_h^D$ 是 Γ_D 上的单元边的集合, $\mathcal{E}_h^N$ 是 Γ_N 上的单元边的集合. 记 $\mathcal{E}_h^{ID} = \mathcal{E}_h^I \cup \mathcal{E}_h^D$, $\mathcal{E}_h^{IN} = \mathcal{E}_h^I \cup \mathcal{E}_h^N$. 对任意 $K \in \mathcal{M}_h$, 记 h_K 为 K 的直径. $\forall e \in \mathcal{E}_h$, 记 h_e 为边 e 的直径. 记 $(\cdot, \cdot)_K$ 和 $\langle \cdot, \cdot \rangle_e$ 分别为 K 和 e 上的 L^2 内积. 记 $\|\cdot\|_K$ 和 $\|\cdot\|_e$ 分别为 K 和 e 上的 L^2 范数. 简记 $(\cdot, \cdot)$ 和 $\langle \cdot, \cdot \rangle$ 分别为 Ω 和 Γ 上的 L^2 内积, $\|\cdot\| = \|\cdot\|_{L^2(\Omega)}$. 对于 $\mathcal{M}_h$ 的子集 $\mathcal{T}$ 和 $\mathcal{E}_h$ 的子集 $\mathcal{S}$, 分别记

$$
(\cdot, \cdot)_{\mathcal{T}} = \sum_{K \in \mathcal{T}} (\cdot, \cdot)_K, \quad \|\cdot\|_{\mathcal{T}}^2 = \sum_{K \in \mathcal{T}} \|\cdot\|_K^2,
$$

$$
\langle \cdot, \cdot \rangle_{\mathcal{S}} = \sum_{e \in \mathcal{S}} \langle \cdot, \cdot \rangle_e, \quad \|\cdot\|_{\mathcal{S}}^2 = \sum_{e \in \mathcal{S}} \|\cdot\|_e^2.
$$

对任意 $e \in \mathcal{E}_h^I$, 记 $K_1, K_2 \in \mathcal{M}_h$ 为以 e 为公共边的两个单元. 对分片 H^1 函数 v, 记 $v_i = v|_{\partial K_i}$, 定义 v 在边 e 上的跳量及平均:

$$[v] := v_1 - v_2, \quad \{v\} := \frac{v_1}{2} + \frac{v_2}{2}. \tag{8.2}$$

定义 $\boldsymbol{n}|_e$ 为垂直于边 e 的 ∂K_1 的单位外法向量. 对 $e \in \mathcal{E}_h^D$, 记 $[v] = \{v\} := v$, $\boldsymbol{n}|_e$ 为垂直于边 e 的单元 $\partial \Omega$ 的单位外法向量. 易知, 对 $e \in \mathcal{E}_h^I$ 有

$$[vw] = [v]\{w\} + \{v\}[w]. \tag{8.3}$$

定义空间

$$V := \left\{ v : v|_K \in H^2(K), \forall K \in \mathcal{M}_h \right\}. \tag{8.4}$$

任取 $v \in V$ 乘 (8.1) 的两端, 在 Ω 上积分, 并在每个单元上利用分部积分公式得

$$(f, v) = -\int_\Omega \nabla \cdot (\boldsymbol{\kappa}\nabla u)v \mathrm{d}\boldsymbol{x} = -\sum_{K \in \mathcal{M}_h} \int_K \nabla \cdot (\boldsymbol{\kappa}\nabla u)v \mathrm{d}\boldsymbol{x}$$

$$= \sum_{K \in \mathcal{M}_h} \int_K \boldsymbol{\kappa}\nabla u \cdot \nabla v \mathrm{d}\boldsymbol{x} - \sum_{K \in \mathcal{M}_h} \int_{\partial K} \boldsymbol{\kappa}\nabla u \cdot \boldsymbol{n}_K v \mathrm{d}s.$$

由 (8.3) 得

$$\sum_{K \in \mathcal{M}_h} \int_{\partial K} \boldsymbol{\kappa}\nabla u \cdot \boldsymbol{n}_K v \mathrm{d}s = \sum_{e \in \mathcal{E}_h^I} \int_e [\boldsymbol{\kappa}\nabla u \cdot \boldsymbol{n}v] \mathrm{d}s + \sum_{e \in \mathcal{E}_h^D} \int_e \boldsymbol{\kappa}\nabla u \cdot \boldsymbol{n}v \mathrm{d}s$$

$$= \sum_{e \in \mathcal{E}_h^I} \int_e ([\boldsymbol{\kappa}\nabla u \cdot \boldsymbol{n}]\{v\} + \{\boldsymbol{\kappa}\nabla u \cdot \boldsymbol{n}\}[v]) \mathrm{d}s + \sum_{e \in \mathcal{E}_h^D} \int_e \boldsymbol{\kappa}\nabla u \cdot \boldsymbol{n}v \mathrm{d}s$$

$$= \langle \{\boldsymbol{\kappa}\nabla u \cdot \boldsymbol{n}\}, [v] \rangle_{\mathcal{E}_h^{ID}},$$

从而精确解 u 满足

$$(\boldsymbol{\kappa}\nabla u, \nabla v)_{\mathcal{M}_h} - \langle \{\boldsymbol{\kappa}\nabla u \cdot \boldsymbol{n}\}, [v] \rangle_{\mathcal{E}_h^{ID}} = (f, v), \quad \forall v \in V.$$

定义双线性形式

$$a_h(u, v) := (\boldsymbol{\kappa}\nabla u, \nabla v)_{\mathcal{M}_h} - \left(\langle \{\boldsymbol{\kappa}\nabla u \cdot \boldsymbol{n}\}, [v] \rangle_{\mathcal{E}_h^{ID}} + \beta \langle [u], \{\boldsymbol{\kappa}\nabla v \cdot \boldsymbol{n}\} \rangle_{\mathcal{E}_h^{ID}} \right) +$$

$$J_0(u, v) + J_1(u, v), \tag{8.5}$$

$$J_0(u, v) := \sum_{e \in \mathcal{E}_h^{ID}} \frac{\gamma_0}{h_e} \int_e [u][v] \mathrm{d}s, \tag{8.6}$$

$$J_1(u, v) := \sum_{e \in \mathcal{E}_h^I} \gamma_1 h_e \int_e [\boldsymbol{\kappa}\nabla u \cdot \boldsymbol{n}][\boldsymbol{\kappa}\nabla v \cdot \boldsymbol{n}] \mathrm{d}s, \tag{8.7}$$

其中 β 为实数, $\gamma_0 > 0$, $\gamma_1 \geqslant 0$ 为加罚参数.

注 8.1 (a) J_0, J_1 称为加罚项, 加罚参数 γ_0, γ_1 可以取得和 e 有关.

(b) β 一般取为 1, -1, 或 0. 若 $\beta = 1$, 则双线性形式 a_h 对称, 否则不对称.

显然对 (8.1) 的精确解 u, 有

$$\langle [u], \{\boldsymbol{\kappa} \nabla v \cdot \boldsymbol{n}\} \rangle_{\mathcal{E}_h^{ID}} = J_0(u, v) = J_1(u, v) = 0, \quad \forall v \in V.$$

所以 (8.1) 的精确解 u 满足:

$$a_h(u, v) = (f, v), \quad \forall v \in V. \tag{8.8}$$

设 V_h 是 $\mathcal{M}_h$ 上的分片线性有限元空间, 即

$$V_h := \{v_h : v_h|_K \in P_1(K), \forall K \in \mathcal{M}_h\}.$$

则 $V_h \subset V$. 求解 (8.1) 的内罚间断 Galerkin (IPDG) 法为: 求 $u_h \in V_h$ 使得

$$a_h(u_h, v_h) = (f, v_h), \quad \forall v_h \in V_h. \tag{8.9}$$

注 8.2 (a) V_h 可以换为分片 (不连续) 高次元空间, 甚至可以每个单元用不同次数的多项式.

(b) IPDG 法在 $\beta = 1$ 时简记为 SIPG (Symmetric Interior Penalty Galerkin) 法, 在 $\beta = -1$ 时简记为 NIPG (Nonsymmetric Interior Penalty Galerkin) 法, 在 $\beta = 0$ 时简记为 IIPG (Incomplete Interior Penalty Galerkin) 法.

(c) 同有限元法比较: IPDG 法更灵活; 容易处理 Dirichlet 边界条件; 满足质量守恒; 但计算量一般较大.

为了进一步的误差分析, 引入 V 上的半范数

$$\|\|v\|\| := \left(\left\| \boldsymbol{\kappa}^{\frac{1}{2}} \nabla v \right\|_{\mathcal{M}_h}^2 + J_0(v, v) + J_1(v, v) + \sum_{e \in \mathcal{E}_h^{ID}} \frac{h_e}{\gamma_0} \|\{\boldsymbol{\kappa} \nabla v \cdot \boldsymbol{n}\}\|_{L^2(e)}^2 \right)^{\frac{1}{2}}. \tag{8.10}$$

假设 Ω 是凸的并且 $\boldsymbol{\kappa} \in C^1(\bar{\Omega})^{d \times d}$. 易知 $u \in H^2(\Omega)$.

8.1.2 对称内罚间断 Galerkin (SIPG) 法的误差分析

本节讨论 SIPG 法 ($\beta = 1$) 的 H^1 和 L^2 误差估计. 先给出双线性形式 a_h 的连续性和强制性.

引理 8.1

$$|a_h(v, w)| \leqslant 2\|\|v\|\| \|\|w\|\|, \quad \forall v, w \in V. \tag{8.11}$$

存在常数 $\underline{\gamma} > 0$ 与 h 及加罚参数无关, 使得当 $\gamma_0 \geqslant \underline{\gamma}$ 时,

$$a_h(v_h, v_h) \geqslant \frac{1}{2}\|\|v_h\|\|^2, \quad \forall v_h \in V_h. \tag{8.12}$$

证明 由 Cauchy-Schwarz 不等式易知 (8.11) 成立. 下面证 (8.12). 由 (8.5)—(8.7) 和 (8.10),

$$a_h(v_h, v_h) = \|v_h\|^2 - 2\left\langle \{\boldsymbol{\kappa}\nabla v_h \cdot \boldsymbol{n}\}, [v_h]\right\rangle_{\mathcal{E}_h^{ID}} - \sum_{e\in\mathcal{E}_h^{ID}} \frac{h_e}{\gamma_0}\|\{\boldsymbol{\kappa}\nabla v_h\cdot\boldsymbol{n}\}\|_e^2$$

$$\geqslant \|v_h\|^2 - \frac{1}{2}\sum_{e\in\mathcal{E}_h^{ID}} \frac{\gamma_0}{h_e}\int_e [v_h]^2 - 3\sum_{e\in\mathcal{E}_h^{ID}} \frac{h_e}{\gamma_0}\|\{\boldsymbol{\kappa}\nabla v_h\cdot\boldsymbol{n}\}\|_e^2.$$

由局部的迹不等式 (6.77) 得

$$3\sum_{e\in\mathcal{E}_h^{ID}} \frac{h_e}{\gamma_0}\|\{\boldsymbol{\kappa}\nabla v_h\cdot\boldsymbol{n}\}\|_e^2 \leqslant C\sum_{K\in\mathcal{M}_h} \frac{h_K}{\gamma_0}h_K^{-1}\|\nabla v_h\|_K^2$$

$$\leqslant \frac{C}{\gamma_0}\sum_{K\in\mathcal{M}_h}\left\|\boldsymbol{\kappa}^{\frac{1}{2}}\nabla v_h\right\|_K^2.$$

从而

$$a_h(v_h, v_h) \geqslant \|v_h\|^2 - \max\left\{\frac{1}{2}, \frac{C}{\gamma_0}\right\}\|v_h\|^2.$$

所以 γ_0 足够大时 (8.12) 成立. 证毕. □

然后给出 Céa 引理.

引理 8.2 在引理 8.1 的条件下,

$$\|u - u_h\| \lesssim \inf_{v_h\in V_h}\|u - v_h\|,$$

其中, "$A \lesssim B$" 表示存在不依赖步长 h 的正常数 C, 使得 $A \leqslant CB$.

证明 由 (8.8) 和 (8.9) 得:

$$a_h(u - u_h, v_h) = 0, \quad \forall v_h\in V_h. \tag{8.13}$$

故由引理 8.1,

$$\|u_h - v_h\|^2 \leqslant 2a_h(u_h - v_h, u_h - v_h) = 2a_h(u - v_h, u_h - v_h)$$

$$\leqslant 4\|u - u_h\|\|u_h - v_h\|.$$

得

$$\|u_h - v_h\| \leqslant 4\|u - v_h\|.$$

再由三角不等式知

$$\|u - u_h\| \leqslant \|u - v_h\| + \|v_h - u_h\| \leqslant 5\|u - v_h\|.$$

证毕. □

再给出插值估计. 记 $I_h u$ 为 u 的有限元插值.

引理 8.3　设 $u \in H^2(\Omega)$, 则

$$\|u - I_h u\| \lesssim h^2 |u|_{H^2(\Omega)}, \quad \|\!|u - I_h u|\!\| \lesssim h \left(1 + \gamma_0 + \gamma_0^{-1} + \gamma_1\right)^{\frac{1}{2}} |u|_{H^2(\Omega)}.$$

证明　记 $I_K u$ 为 u 在单元 K 上的有限元插值. 我们有

$$\|u - I_K u\|_{L^2(K)} + h_K \|u - I_K u\|_{H^1(K)} \lesssim h_K^2 |u|_{H^2(K)}.$$

则 $I_h u$ 的第一个估计显然成立. 下面证第二个. 记 $\eta_h = u - I_h u$. 由 (8.10) 及局部迹不等式,

$$\|\!|\eta_h|\!\|^2 = \left\|\boldsymbol{\kappa}^{\frac{1}{2}}\nabla\eta_h\right\|^2 + \sum_{e \in \mathcal{E}_h^{ID}} \frac{\gamma_0}{h_e}\|[\eta_h]\|_e^2 +$$

$$\sum_{e \in \mathcal{E}_h^I} \gamma_1 h_e \|[\boldsymbol{\kappa}\nabla\eta_h \cdot \boldsymbol{n}]\|_e^2 + \sum_{e \in \mathcal{E}_h^{ID}} \frac{h_e}{\gamma_0}\|\{\boldsymbol{\kappa}\nabla\eta_h \cdot \boldsymbol{n}\}\|_e^2$$

$$\lesssim \|\nabla\eta_h\|^2 + \sum_{K \in \mathcal{M}_h} \frac{\gamma_0}{h}\left(h^{-1}\|\eta_h\|_K^2 + h\|\nabla\eta_h\|_K^2\right) +$$

$$\sum_{K \in \mathcal{M}_h} \left(\gamma_1 + \gamma_0^{-1}\right) h \left(h^{-1}\|\nabla\eta_h\|_K^2 + h|\nabla\eta_h|_{H^1(K)}^2\right)$$

$$\lesssim \left(1 + \gamma_0 + \gamma_0^{-1} + \gamma_1\right)\left(h^{-2}\|\eta_h\|^2 + \|\nabla\eta_h\|^2 + h^2|\nabla u|_{H^1(\Omega)}^2\right)$$

$$\lesssim h^2 \left(1 + \gamma_0 + \gamma_0^{-1} + \gamma_1\right)|u|_{H^2(\Omega)}^2.$$

证毕.　□

注 8.3　若网格 $\mathcal{M}_h$ 是协调的, 则 $I_h u \in V_h \cap H^1(\Omega)$, 且在 Γ_D 上 $I_h u = 0$. 又 $\|[\eta_h]\|_e^2 = 0$, 从而第二个估计可改进为

$$\|\!|u - I_h u|\!\| \lesssim \left(1 + \gamma_0^{-1} + \gamma_1\right)^{\frac{1}{2}} |u|_{H^2(\Omega)}.$$

结合引理 8.2 和 8.3 可得 H^1 误差估计.

定理 8.1　在引理 8.1 的条件下,

$$\|\!|u - u_h|\!\| \lesssim h \left(1 + \gamma_0 + \gamma_1\right)^{\frac{1}{2}} |u|_{H^2(\Omega)}.$$

注 8.4　若网格 $\mathcal{M}_h$ 是协调的, 则上面估计可改进为

$$\|\!|u - u_h|\!\| \leqslant Ch \left(1 + \gamma_1\right)^{\frac{1}{2}} |u|_{H^2(\Omega)}.$$

下面讨论 L^2 误差估计. 考虑对偶问题:

$$-\nabla \cdot (\boldsymbol{\kappa}\nabla w) = u - u_h, \ \boldsymbol{x} \in \Omega, \quad w|_{\Gamma_D} = 0, \quad a\nabla w \cdot \boldsymbol{n}|_{\Gamma_N} = 0. \tag{8.14}$$

易知 $w \in H^2(\Omega)$ 且

$$\|w\|_{H^2(\Omega)} \lesssim \|u - u_h\|.$$

类似于 (8.8) 可知 w 满足

$$a_h(w, v) = (u - u_h, v), \quad \forall v \in V. \tag{8.15}$$

取 $v = u - u_h$ 并利用 (8.13) 及引理 8.1—8.3 得

$$
\begin{aligned}
\|u - u_h\|_{L^2(\Omega)}^2 &= a_h(w, u - u_h) = a_h(u - u_h, w) \\
&= a_h(u - u_h, w - I_h w) \leqslant C \|\!|u - u_h|\!\| \, \|\!|w - I_h|\!\| \\
&\lesssim \|\!|u - u_h|\!\| h \left(1 + \gamma_0 + \gamma_0^{-1} + \gamma_1\right)^{\frac{1}{2}} |w|_{H^2(\Omega)} \\
&\lesssim h \left(1 + \gamma_0 + \gamma_0^{-1} + \gamma_1\right)^{\frac{1}{2}} \|\!|u - u_h|\!\| \|u - u_h\|.
\end{aligned}
$$

最后由定理 8.1 可得如下 L^2 误差估计:

定理 8.2　在引理 8.1 的条件下,

$$\|u - u_h\| \lesssim h^2 (1 + \gamma_0 + \gamma_1) |u|_{H^2(\Omega)}.$$

注 8.5　若网格 $\mathcal{M}_h$ 是协调的, 则 L^2 估计可改进为

$$\|u - u_h\| \leqslant C h^2 (1 + \gamma_1) |u|_{H^2(\Omega)}.$$

8.1.3　非对称内罚间断 Galerkin (NIPG) 法的误差分析

本节讨论 NIPG 法 $(\beta = -1)$ 的 H^1 和 L^2 误差估计.

先给出双线性形式 a_h 的连续性和强制性.

引理 8.4

$$|a_h(v, w)|, |a_h(w, v)| \leqslant 2 \|\!|v|\!\| \, \|\!|w|\!\|, \quad \forall v, w \in V. \tag{8.16}$$

$$a_h(v_h, v_h) \geqslant \frac{\gamma_0}{\gamma_0 + \alpha} \|\!|v_h|\!\|^2, \quad \forall v_h \in V_h, \tag{8.17}$$

其中常数 $\alpha > 0$ 与 h 及加罚参数无关.

证明　由 Cauchy-Schwarz 不等式易知 (8.16) 成立. 下面证 (8.17). 显然

$$a_h(v_h, v_h) = \|\!|v_h|\!\|^2 - \sum_{e \in \mathcal{E}_h^{ID}} \frac{h_e}{\gamma_0} \|\boldsymbol{\kappa} \nabla v_h \cdot \boldsymbol{n}\|_e^2, \quad \forall v_h \in V_h.$$

另外, 由引理 8.1 的证明知

$$\sum_{e \in \mathcal{E}_h^{ID}} \frac{h_e}{\gamma_0} \|\{\boldsymbol{\kappa} \nabla v_h \cdot \boldsymbol{n}\}\|_e^2 \leqslant \frac{C}{\gamma_0} \sum_{K \in \mathcal{M}_h} \left\|\boldsymbol{\kappa}^{\frac{1}{2}} \nabla v_h\right\|_K^2 \leqslant \frac{C}{\gamma_0} a_h(v_h, v_h).$$

故

$$\||v_h|\|^2 \leqslant \left(1 + \frac{C}{\gamma_0}\right) a_h(v_h, v_h).$$

证毕. □

类似于引理 8.2 可得 NIPG 法的 Céa 引理, 证明略去.

引理 8.5 假设 $\gamma_0 \gtrsim 1$, 则

$$\||u - u_h|\| \lesssim \inf_{v_h \in V_h} \||u - v_h|\|.$$

其中, "$A \gtrsim B$" 表示存在不依赖步长 h 的正常数 C, 使得 $A \geqslant CB$.

结合引理 8.3 及 8.5 可得 NIPG 法的 H^1 误差估计.

定理 8.3 假设 $\gamma_0 \gtrsim 1$, 则

$$\||u - u_h|\| \lesssim h(1 + \gamma_0 + \gamma_1)^{\frac{1}{2}} |u|_{H^2(\Omega)}.$$

注 8.6 (a) 若网格 $\mathcal{M}_h$ 是协调的, 则上面估计可改进为

$$\||u - u_h|\| \lesssim h(1 + \gamma_1)^{\frac{1}{2}} |u|_{H^2(\Omega)}.$$

(b) 同 SIPG 法比, NIPG 法不要求 γ_0 足够大, 但刚度矩阵不对称.

下面讨论 L^2 误差估计. 考虑对偶问题. 我们仍然有

$$\|w\|_{H^2(\Omega)} \lesssim \|u - u_h\|_{L^2(\Omega)}.$$
$$a_h(w, v) = (u - u_h, v), \quad \forall v \in V.$$

取 $v = u - u_h$, 注意到 a_h 不对称, 并利用 (8.13) 及引理 8.1—8.3 得

$$\begin{aligned}
\|u - u_h\|^2_{L^2(\Omega)} &= a_h(w, u - u_h) \\
&= a_h(u - u_h, w) - 2\langle [u - u_h], \boldsymbol{\kappa}\nabla w \cdot n\rangle_{\mathcal{E}_h^{ID}} \\
&= a_h(u - u_h, w - I_h w) - 2\langle [u - u_h], \boldsymbol{\kappa}\nabla w \cdot n\rangle_{\mathcal{E}_h^{ID}} \\
&\lesssim \||u - u_h|\|\||w - I_h w|\| + \\
&\quad J_0(u - u_h, u - u_h)^{\frac{1}{2}} \left(\sum_{e \in \mathcal{E}_h^{ID}} \frac{h_e}{\gamma_0} \|\boldsymbol{\kappa}\nabla w \cdot \boldsymbol{n}\|_e^2\right)^{\frac{1}{2}} \\
&\lesssim \||u - u_h|\|\left(h\left(1 + \gamma_0 + \gamma_0^{-1} + \gamma_1\right)^{\frac{1}{2}} |w|_{H^2(\Omega)} + \right. \\
&\quad \left. \gamma_0^{-\frac{1}{2}}\left(\|\nabla w\| + h|\nabla w|_{H^1(\Omega)}\right)\right) \\
&\lesssim \left(h\left(1 + \gamma_0 + \gamma_0^{-1} + \gamma_1\right)^{\frac{1}{2}} + \gamma_0^{-\frac{1}{2}}\right) \||u - u_h|\|\|u - u_h\|.
\end{aligned}$$

最后由定理 8.3 可得如下 L^2 误差估计:

定理 8.4 假设 $\gamma_0 \gtrsim 1$, 则

$$\|u - u_h\| \lesssim \left(h^2 + \gamma_0^{-\frac{1}{2}} h\right)(1 + \gamma_0 + \gamma_1)\, |u|_{H^2(\Omega)}.$$

注 8.7 (a) 上面 NIPG 方法的 L^2 估计只是一阶收敛.

(b) 若网格 $\mathcal{M}_h$ 是协调的, 则 L^2 估计可改进为

$$\|u - u_h\| \lesssim \left(h^2 + \gamma_0^{-\frac{1}{2}} h\right)(1 + \gamma_1)\, |u|_{H^2(\Omega)}.$$

所以, 若 $\gamma_0 \gtrsim h^{-2}$, 则

$$\|u - u_h\| \lesssim h^2 (1 + \gamma_1)\, |u|_{H^2(\Omega)}.$$

但此时刚度矩阵的条件数较大, 为 $O\left(h^{-4}\right)$.

(c) 对高次元的 NIPG 方法, 通过仔细估计 $\|\nabla w\|$, 可以证明 L^2 误差可以达到满阶收敛.

8.2 局部间断 Galerkin (LDG) 法

LDG 法 [38] 在计算流体等领域有重要应用.

8.2.1 离散格式

首先引入中间变量 $\sigma = \boldsymbol{\kappa}\delta$, $\delta = \nabla u$ 将椭圆问题 (8.1) 改写为如下一阶偏微分方程组:

$$\sigma = \boldsymbol{\kappa}\delta, \ \delta = \nabla u, \ -\nabla \cdot \sigma = f, \quad \boldsymbol{x} \in \Omega, \quad u|_{\Gamma_D} = 0, \quad (\sigma \cdot n)|_{\Gamma_N} = 0. \tag{8.18}$$

用检验函数 θ, τ 和 v 分别乘前三个方程, 并在任一单元 $K \in \mathcal{M}_h$ 上积分得:

$$\int_K \sigma \cdot \theta \mathrm{d}\boldsymbol{x} = \int_K \boldsymbol{\kappa}\delta \cdot \theta \mathrm{d}\boldsymbol{x}.$$

$$\int_K \delta \cdot \tau \mathrm{d}\boldsymbol{x} = -\int_K u \nabla \cdot \tau \mathrm{d}\boldsymbol{x} + \int_{\partial K} u\tau \cdot n_K \mathrm{d}s,$$

$$\int_K \sigma \cdot \nabla v \mathrm{d}\boldsymbol{x} = \int_K fv \mathrm{d}\boldsymbol{x} + \int_{\partial K} \sigma \cdot n_K v \mathrm{d}s.$$

为了离散化上面的变分形式, 定义如下的逼近空间:

$$V_h := \left\{ v_h \in L^2(\Omega) : v_h|_K \in P_1(K), \ \forall K \in \mathcal{M}_h \right\}, \quad \Sigma_h := (V_h)^d. \tag{8.19}$$

则求解椭圆型问题 (8.1) 的 LDG 方法为: 求 $u_h \in V_h$, $\sigma_h, \delta_h \in \Sigma_h$ 使得

$$\int_K \sigma_h \cdot \theta_h \mathrm{d}\boldsymbol{x} = \int_K \boldsymbol{\kappa}\delta_h \cdot \theta_h \mathrm{d}\boldsymbol{x}, \quad \forall \theta_h \in \Sigma_h, \tag{8.20}$$

$$\int_K \delta_h \cdot \tau_h \mathrm{d}\boldsymbol{x} = -\int_K u_h \nabla \cdot \tau_h \mathrm{d}\boldsymbol{x} + \int_{\partial K} \hat{u}_h \tau_h \cdot n_K \mathrm{d}s, \quad \forall \tau_h \in \Sigma_h, \tag{8.21}$$

$$\int_K \sigma_h \cdot \nabla v_h \mathrm{d}\boldsymbol{x} = \int_K f v_h \mathrm{d}\boldsymbol{x} + \int_{\partial K} \hat{\sigma}_h \cdot n_K v_h \mathrm{d}s, \quad \forall v_h \in V_h, K \in \mathcal{M}_h. \tag{8.22}$$

其中 $\hat{\sigma}_h$ 和 $\hat{u}_h$ 称为数值流通量, 分别是 $\boldsymbol{\kappa}\nabla u$ 和 u 的近似. 为了定义数值流通量, 我们引入如下跳量的定义. 对内部边 $e = K_1 \cap K_2 \in \mathcal{E}_h^I$, 定义

$$[\![\varphi]\!] := \varphi_1 \cdot n_{K_1} + \varphi_2 \cdot n_{K_2}.$$

显然, 如果 φ 是标量函数, 则 $[\![v]\!]$ 是向量并与边 e 垂直; 如果 φ 是向量函数, 则 $[\![v]\!]$ 是标量. 另外, 由 (8.2) 知, 两种跳量关系为 $[\![\varphi]\!] = [\varphi \cdot n_{K_1}]$. 对应 Γ 上的边 e, 规定

$$[\![\varphi]\!] := \varphi \cdot n.$$

其中 n 是 $\partial\Omega$ 单位外法向量. 下面给出 (8.20)—(8.22) 中数值流通量在边 e 上的定义:

$$\hat{u}_h|_e := \begin{cases} \{u_h\} - \beta_e \cdot [\![u_h]\!], & e \in \mathcal{E}_h^I, \\ 0, & e \in \mathcal{E}_h^D, \\ u_h, & e \in \mathcal{E}_h^N. \end{cases} \tag{8.23}$$

$$\hat{\sigma}_h|_e := \begin{cases} \{\sigma_h\} + \beta_e[\![\sigma_h]\!] - \dfrac{\gamma_e}{h_e}[\![u_h]\!], & e \in \mathcal{E}_h^I, \\ \sigma_h - \dfrac{\gamma_e}{h_e}[\![u_h]\!], & e \in \mathcal{E}_h^D, \\ 0, & e \in \mathcal{E}_h^N. \end{cases} \tag{8.24}$$

其中 $\beta_e \in \mathbb{R}^d, \gamma_e \in \mathbb{R}^+$. LDG 格式由 (8.20)—(8.24) 组成. 如果系数 $\boldsymbol{\kappa}$ 是分片常数的, 则显然 $\sigma_h = \boldsymbol{\kappa}\delta_h$, 此时可以不引入中间变量 δ_h.

8.2.2 原始变量形式

为了进行误差估计, 我们将 LDG 法 (8.20)—(8.24) 中的 δ_h, σ_h 消掉, 改写为关于原始变量 u_h 的公式. 记 ∇_h 为 $\mathcal{M}_h$ 上的分片梯度算子, 即

$$(\nabla_h v)|_K = \nabla(v|_K), \quad (\nabla_h \cdot \tau)|_K = \nabla \cdot (\tau|_K), \quad \forall K \in \mathcal{M}_h.$$

将 (8.21)—(8.22) 按 $K \in \mathcal{M}_h$ 求和得

$$\int_\Omega \delta_h \cdot \tau_h \mathrm{d}\boldsymbol{x} = -\int_\Omega u_h \nabla_h \cdot \tau_h \mathrm{d}\boldsymbol{x} + \sum_{K \in \mathcal{M}_h} \int_{\partial K} \hat{u}_h \tau_h \cdot n_K \mathrm{d}\boldsymbol{x}$$

$$= \int_\Omega \nabla_h u_h \cdot \tau_h \mathrm{d}\boldsymbol{x} + \sum_{K \in \mathcal{M}_h} \int_{\partial K} (\hat{u}_h - u_h) \tau_h \cdot n_K \mathrm{d}\boldsymbol{x},$$

$$\int_\Omega \sigma_h \cdot \nabla_h v_h = \int_\Omega f v_h \mathrm{d}\boldsymbol{x} + \sum_{K \in \mathcal{M}_h} \int_{\partial K} \hat{\sigma}_h \cdot n_K v_h \mathrm{d}\boldsymbol{x}.$$

对于标量函数 $v \in \Pi_{K \in \mathcal{M}_h} L^2(\partial K)$ 和向量值函数 $\varphi \in \Pi_{K \in \mathcal{M}_h} \left(L^2(\partial K)\right)^d$, 考虑和式 $\sum_{K \in \mathcal{M}_h} \int_{\partial K} v\varphi \cdot n_K \mathrm{d}s$. 易知

$$\sum_{K \in \mathcal{M}_h} \int_{\partial K} v\varphi \cdot n_K \mathrm{d}s = \sum_{e \in \mathcal{E}_h^D \cup \mathcal{E}_h^N} \int_e v\varphi \cdot n \mathrm{d}s + \sum_{e \in \mathcal{E}_h^I} \int_e [\![v\varphi]\!] \mathrm{d}s$$
$$= \langle [\![v]\!], \{\varphi\} \rangle_{\mathcal{E}_h^{ID}} + \langle \{v\}, [\![\varphi]\!] \rangle_{\mathcal{E}_h^{IN}}. \tag{8.25}$$

记

$$\beta|_e = \begin{cases} \beta_e, & e \in \mathcal{E}_h^I, \\ 0, & e \in \mathcal{E}_h^D. \end{cases}$$

由以上三式及 (8.23)—(8.24) 得

$$\int_\Omega \delta_h \cdot \tau_h \mathrm{d}\boldsymbol{x} = \int_\Omega \nabla_h u_h \cdot \tau_h \mathrm{d}\boldsymbol{x} - \langle [\![u_h]\!], \{\tau_h\} \rangle_{\mathcal{E}_h^{ID}} + \langle \hat{u}_h - \{u_h\}, [\![\tau_h]\!] \rangle_{\mathcal{E}_h^I}$$
$$= \int_\Omega \nabla_h u_h \cdot \tau_h \mathrm{d}\boldsymbol{x} - \langle [\![u_h]\!], \{\tau_h\} + \beta[\![\tau_h]\!] \rangle_{\mathcal{E}_h^{ID}}. \tag{8.26}$$

$$\int_\Omega \sigma_h \cdot \nabla_h v_h \mathrm{d}\boldsymbol{x} = \int_\Omega f v_h \mathrm{d}\boldsymbol{x} + \langle [\![v_h]\!], \hat{\sigma}_h \rangle_{\mathcal{E}_h^{ID}}$$
$$= \int_\Omega f v_h \mathrm{d}\boldsymbol{x} + \langle [\![v_h]\!], \{\sigma_h\} + \beta[\![\sigma_h]\!] \rangle_{\mathcal{E}_h^{ID}} - \sum_{e \in \mathcal{E}_h^{ID}} \frac{\gamma_e}{h_e} \int_e [\![u_h]\!] \cdot [\![v_h]\!] \mathrm{d}s. \tag{8.27}$$

引入提升算子 $L_h : V_h + H^1(\Omega) \mapsto \Sigma_h$:

$$\int_\Omega L_h v \cdot \varphi_h \mathrm{d}\boldsymbol{x} = \langle [\![v]\!], \{\varphi_h\} + \beta[\![\varphi_h]\!] \rangle_{\mathcal{E}_h^{ID}}, \quad \forall \varphi_h \in \Sigma_h. \tag{8.28}$$

由 (8.26) 得

$$\delta_h = \nabla_h u_h - L_h u_h. \tag{8.29}$$

另外, 由 (8.20) 对 K 求和得:

$$\int_\Omega \sigma_h \cdot \theta_h \mathrm{d}\boldsymbol{x} = \int_\Omega \boldsymbol{\kappa} \delta_h \cdot \theta_h \mathrm{d}\boldsymbol{x}, \quad \forall \theta_h \in \Sigma_h. \tag{8.30}$$

由 (8.27)—(8.30),

$$\int_\Omega f v_h \mathrm{d}\boldsymbol{x} = \int_\Omega \sigma_h \cdot \nabla_h v_h \mathrm{d}\boldsymbol{x} - \int_\Omega \sigma_h \cdot L_h v_h \mathrm{d}\boldsymbol{x} + \sum_{e \in \mathcal{E}_h^{ID}} \frac{\gamma_e}{h_e} \int_e [\![u_h]\!] \cdot [\![v_h]\!] \mathrm{d}s$$
$$= \int_\Omega \boldsymbol{\kappa} \delta_h \cdot (\nabla_h v_h - L_h v_h) \, \mathrm{d}\boldsymbol{x} + \sum_{e \in \mathcal{E}_h^{ID}} \frac{\gamma_e}{h_e} \int_e [\![u_h]\!] \cdot [\![v_h]\!] \mathrm{d}s$$

$$= \int_{\Omega} \boldsymbol{\kappa} \left(\nabla_h u_h - L_h u_h \right) \cdot \left(\nabla_h v_h - L_h v_h \right) \mathrm{d}\boldsymbol{x} + \sum_{e \in \mathcal{E}_h^{ID}} \frac{\gamma_e}{h_e} \int_e [\![u_h]\!] \cdot [\![v_h]\!] \mathrm{d}s.$$

引入 $V_h + H^1(\Omega)$ 上的双线性形式

$$B_h(u,v) := \int_{\Omega} \boldsymbol{\kappa} \left(\nabla_h u - L_h u \right) \cdot \left(\nabla_h v - L_h v \right) \mathrm{d}\boldsymbol{x} + \sum_{e \in \mathcal{E}_h^{ID}} \frac{\gamma_e}{h_e} \int_e [\![u]\!] \cdot [\![v]\!] \mathrm{d}s. \tag{8.31}$$

得到 LDG 的原始变量公式 (primal formulation): 求 $u_h \in V_h$ 使得

$$B_h(u_h, v_h) = (f, v_h), \quad \forall v_h \in V_h. \tag{8.32}$$

8.2.3　误差估计

不妨设 $\gamma_e \equiv \gamma > 0$. 定义离散的能量范数

$$\|\!|\!| v \|\!|\!|_h^2 = \left\| \boldsymbol{\kappa}^{\frac{1}{2}} \nabla_h v \right\|^2 + \gamma \left\| h^{-\frac{1}{2}} [\![v]\!] \right\|_{\mathcal{E}_h^{ID}}^2, \tag{8.33}$$

其中 $\left\| h^{-\frac{1}{2}} [\![v]\!] \right\|_{\mathcal{E}_h^{ID}}^2 = \sum_{e \in \mathcal{E}_h^{ID}} h_e^{-1} \|[\![v]\!]\|_e^2.$

B_h 的连续性和强制性

先给出 L_h 的稳定性估计.

引理 8.6　设 $|\beta_e| \lesssim 1$, 则存在常数 $C_L > 0$ 使得

$$\left\| \boldsymbol{\kappa}^{\frac{1}{2}} L_h v \right\| \leqslant C_L \left\| h^{-\frac{1}{2}} [\![v]\!] \right\|_{\mathcal{E}_h^{ID}}, \quad \forall v \in V_h + H^1(\Omega).$$

证明　由 (8.28) 及局部迹不等式和逆估计得

$$\int_{\Omega} L_h v \cdot \varphi_h \mathrm{d}\boldsymbol{x} \lesssim \left(\sum_{e \in \mathcal{E}_h^{ID}} h_e^{-1} \|[\![v]\!]\|_e^2 \right)^{\frac{1}{2}} \left(\sum_{e \in \mathcal{E}_h^{ID}} h_e \left(\|\{\varphi_h\}\|_e + \|[\![\varphi_h]\!]\|_e \right)^2 \right)^{\frac{1}{2}}$$

$$\lesssim \left(\sum_{e \in \mathcal{E}_h^{ID}} h_e^{-1} \|[\![v]\!]\|_e^2 \right)^{\frac{1}{2}} \left(\sum_{K \in \mathcal{M}_h} h_K \|\varphi_h\|_{\partial K}^2 \right)^{\frac{1}{2}}$$

$$\lesssim \left\| h^{-\frac{1}{2}} [\![v]\!] \right\|_{\mathcal{E}_h^{ID}} \|\varphi_h\|,$$

取 $\varphi_h = L_h v$ 即得证明.　　　　　　　　　　　　　　　　　　　　　□

下面引理给出双线性形式 B_h 的连续性和强制性.

引理 8.7　设 $|\beta_e| \lesssim 1$, 则

$$B_h(u,v) \lesssim \frac{1+\gamma}{\gamma} \|\!|\!| u \|\!|\!|_h \|\!|\!| v \|\!|\!|_h, \quad \forall u, v \in V_h + H^1(\Omega), \tag{8.34}$$

$$B_h(v,v) \gtrsim \frac{\gamma}{1+\gamma} \|v\|_h^2, \quad \forall v \in V_h + H^1(\Omega). \tag{8.35}$$

证明　由 (8.31) (8.33) 及引理 8.6 得

$$B_h(u,v) \leqslant \left(\left\| \boldsymbol{\kappa}^{\frac{1}{2}} \nabla_h u \right\| + \left\| \boldsymbol{\kappa}^{\frac{1}{2}} L_h u \right\| \right) \left(\left\| \boldsymbol{\kappa}^{\frac{1}{2}} \nabla_h v \right\| + \left\| \boldsymbol{\kappa}^{\frac{1}{2}} L_h v \right\| \right) +$$

$$\gamma \left\| h^{-\frac{1}{2}} [\![u]\!] \right\|_{\mathcal{E}_h^{ID}} \left\| h^{-\frac{1}{2}} [\![v]\!] \right\|_{\mathcal{E}_h^{ID}}$$

$$\leqslant \left[\left(1 + C_L \gamma^{-\frac{1}{2}} \right)^2 + 1 \right] \|u\|_h \|v\|_h,$$

即 (8.34) 成立. 下面证明 (8.35). 对任意 $\varepsilon \in (0,1)$,

$$B_h(v,v) = \left\| \boldsymbol{\kappa}^{\frac{1}{2}} \left(\nabla_h v - L_h v \right) \right\|_{L^2(\Omega)}^2 + \gamma \left\| h^{-\frac{1}{2}} [\![v]\!] \right\|_{\mathcal{E}_h^{ID}}^2$$

$$\geqslant (1-\varepsilon) \left\| \boldsymbol{\kappa}^{\frac{1}{2}} \nabla_h v \right\|^2 + \left(1-\varepsilon^{-1}\right) \left\| \boldsymbol{\kappa}^{\frac{1}{2}} L_h v \right\|^2 + \gamma \left\| h^{-\frac{1}{2}} [\![v]\!] \right\|_{\mathcal{E}_h^{ID}}^2$$

$$\geqslant (1-\varepsilon) \left\| \boldsymbol{\kappa}^{\frac{1}{2}} \nabla_h v \right\|^2 + \left(\gamma - C_L^2 \left(\varepsilon^{-1} - 1\right)\right) \left\| h^{-\frac{1}{2}} [\![v]\!] \right\|_{\mathcal{E}_h^{ID}}^2 .$$

取 $\varepsilon = \dfrac{C_L^2}{C_L^2 + \gamma/2}$ 即知 (8.35) 成立. 证毕. $\qquad\qquad\qquad\qquad \square$

相容性

下面考虑 Galerkin 正交性. 设 u 和 u_h 分别是椭圆型问题 (8.1) 及其 LDG 离散 (8.20)—(8.24) 的解. 记 Q_h 为 $L^2(\Omega)^d$ 到 Σ_h 的正交 L^2 投影. 由 (8.28) 易知 $L_h u = 0$, 因此, 由 (8.31) 得: $\forall v \in V_h + H^1(\Omega)$,

$$B_h(u,v) = \int_\Omega \boldsymbol{\kappa} \nabla u \cdot (\nabla_h v - L_h v) \, \mathrm{d}\boldsymbol{x}$$

$$= \int_\Omega \boldsymbol{\kappa} \nabla u \cdot \nabla_h v \mathrm{d}\boldsymbol{x} - \int_\Omega Q_h(\boldsymbol{\kappa} \nabla u) \cdot L_h v \mathrm{d}\boldsymbol{x}$$

$$= -\int_\Omega \nabla \cdot (\boldsymbol{\kappa} \nabla u) v \mathrm{d}\boldsymbol{x} + \sum_{K \in \mathcal{M}_h} \int_{\partial K} \boldsymbol{\kappa} \nabla u \cdot n_K v \mathrm{d}s -$$

$$\langle [\![v]\!], \{Q_h(\boldsymbol{\kappa} \nabla u)\} + \beta [\![Q_h(\boldsymbol{\kappa} \nabla u)]\!] \rangle_{\mathcal{E}_h^{ID}}$$

$$= (f,v) + \langle [\![v]\!], \{\boldsymbol{\kappa} \nabla u - Q_h(\boldsymbol{\kappa} \nabla u)\} + \beta [\![\boldsymbol{\kappa} \nabla u - Q_h(\boldsymbol{\kappa} \nabla u)]\!] \rangle_{\mathcal{E}_h^{ID}} .$$

可以看出, u_h 不是精确满足 Galerkin 正交性, 即 $B_h(u-u_h, v_h)$ 可能不为零.

定义残量

$$R_h(u,v) := B_h(u,v) - (f,v). \tag{8.36}$$

显然, $B_h(u-u_h, v_h) = R_h(u, v_h)$. 下面引理给出残量 $R_h(u,v)$ 的估计.

引理 8.8　设 $|\beta_e| \lesssim 1$, u 是椭圆型问题 (8.1) 的解, 则

$$|R_h(u,v)| \lesssim h \|\nabla u\|_{H^1(\Omega)} \left\| h^{-\frac{1}{2}} [\![v]\!] \right\|_{\mathcal{E}_h^{ID}}, \quad \forall v \in V_h + H^1(\Omega).$$

证明　我们有

$$|R_h(u,v)| = \left| \langle [\![v]\!], \{\boldsymbol{\kappa}\nabla u - Q_h(\boldsymbol{\kappa}\nabla u)\} + \beta[\![\boldsymbol{\kappa}\nabla u - Q_h(\boldsymbol{\kappa}\nabla u)]\!] \rangle_{\mathcal{E}_h^{ID}} \right|$$

$$\lesssim \left(\sum_{K \in \mathcal{M}_h} h_K \|\boldsymbol{\kappa}\nabla u - Q_h(\boldsymbol{\kappa}\nabla u)\|_{\partial K}^2 \right)^{\frac{1}{2}} \left(\sum_{e \in \mathcal{E}_h^{ID}} h_e^{-1} \|[\![v]\!]\|_{L^2(e)}^2 \right)^{\frac{1}{2}}.$$

令 $\varphi_h|_K = \dfrac{1}{|K|}\displaystyle\int_K \boldsymbol{\kappa}\nabla u \mathrm{d}\boldsymbol{x}$, 由局部迹不等式及有限元逆估计得

$$h_K^{\frac{1}{2}} \|\boldsymbol{\kappa}\nabla u - Q_h(\boldsymbol{\kappa}\nabla u)\|_{\partial K}$$

$$\lesssim \|\boldsymbol{\kappa}\nabla u - Q_h(\boldsymbol{\kappa}\nabla u)\|_K + h_K |\boldsymbol{\kappa}\nabla u - Q_h(\boldsymbol{\kappa}\nabla u)|_{H^1(K)}$$

$$\lesssim \|\boldsymbol{\kappa}\nabla u - Q_h(\boldsymbol{\kappa}\nabla u)\|_K + h_K |\boldsymbol{\kappa}\nabla u - \varphi_h|_{H^1(K)} + h_K |\varphi_h - Q_h(\boldsymbol{\kappa}\nabla u)|_{H^1(K)}$$

$$\lesssim \|\boldsymbol{\kappa}\nabla u - Q_h(\boldsymbol{\kappa}\nabla u)\|_K + h_K |\boldsymbol{\kappa}\nabla u - \varphi_h|_{H^1(K)} + \|\varphi_h - Q_h(\boldsymbol{\kappa}\nabla u)\|_K$$

$$\lesssim \|\boldsymbol{\kappa}\nabla u - Q_h(\boldsymbol{\kappa}\nabla u)\|_K + h_K |\boldsymbol{\kappa}\nabla u - \varphi_h|_{H^1(K)} + \|\boldsymbol{\kappa}\nabla u - \varphi_h\|_K$$

$$\lesssim \|\boldsymbol{\kappa}\nabla u - \varphi_h\|_K + h_K |\boldsymbol{\kappa}\nabla u - \varphi_h|_{H^1(K)}$$

$$\lesssim h_K |\boldsymbol{\kappa}\nabla u|_{H^1(K)}.$$

将上面两个估计合并即得证明. □

注 8.8　如果 $\boldsymbol{\kappa}$ 是分片线性的, 那么在上面证明中取 $\varphi_h = \boldsymbol{\kappa}\nabla I_h u$ 知 $\|\nabla u\|_{H^1(\Omega)}$ 可以换为 $|u|_{H^2(\Omega)}$.

Strang 引理

由于 LDG 法不满足 Galerkin 正交性, 所以 Céa 引理不成立, 但利用引理 8.7 我可以证明如下引理:

引理 8.9　假设 $|\beta_e| \lesssim 1$, $\gamma \gtrsim 1$. u 和 u_h 分别是椭圆型问题 (8.1) 及其 LDG 离散 (8.20) — (8.24) 的解. 则

$$\||u - u_h\||_h \lesssim \inf_{v_h \in V_h} \||u - v_h\||_h + \sup_{0 \neq w_h \in V_h} \frac{|B_h(u, w_h) - (f, w_h)|}{\||w_h\||_h}.$$

证明　由引理 8.7 及 (8.32), 对任意 $v_h \in V_h$ 有

$$\||u_h - v_h\||_h^2 \lesssim B_h(u_h - v_h, u_h - v_h)$$

$$= B_h(u - v_h, u_h - v_h) + (f, u_h - v_h) - B_h(u, u_h - v_h)$$

$$\lesssim \||u - v_h\||_h \||u_h - v_h\||_h +$$

$$\||u_h - v_h\||_h \sup_{0 \neq w_h \in V_h} \frac{|B_h(u, w_h) - (f, w_h)|}{\||w_h\||_h}.$$

两边消去 $\||u_h - v_h\||_h$, 再利用三角不等式即得证明. □

H^1 误差估计

下面定理给出 LDG 法的 H^1 误差估计

定理 8.5 假设 $|\beta_e| \lesssim 1$, $\gamma \gtrsim 1$, u 和 u_h 分别是椭圆型问题 (8.1) 及其 LDG 离散 (8.20)—(8.24) 的解, 则

$$\||u - u_h\||_h \lesssim (1 + \gamma)^{\frac{1}{2}} h \|\nabla u\|_{H^1(\Omega)}.$$

证明 类似于引理 8.3 可得

$$\||u - I_h u\||_h \lesssim (1 + \gamma)^{\frac{1}{2}} h |u|_{H^2(\Omega)}.$$

另外, 由引理 8.8 知

$$|B_h(u - u_h, w_h)| \lesssim h \|\nabla u\|_{H^1(\Omega)} \||w_h\||_h.$$

将上面两个估计代入引理 8.9 即得证明. $\qquad\qquad\square$

注 8.9 对于协调的三角剖分, 误差估计中的因子 $(1 + \gamma)^{\frac{1}{2}}$ 可以去掉.

L^2 误差估计

然后, 我们考虑 L^2 误差估计. 设 w 为对偶问题 (8.14) 的解, 则

$$
\begin{aligned}
\|u - u_h\|_{L^2(\Omega)}^2 &= B_h(w, u - u_h) - R_h(w, u - u_h) \\
&= B_h(w - I_h w, u - u_h) + B_h(u - u_h, I_h w) - R_h(w, u - u_h) \\
&= B_h(w - I_h w, u - u_h) + R_h(u, I_h w) - R_h(w, u - u_h).
\end{aligned}
$$

由引理 8.7—8.8 得

$$
\begin{aligned}
B_h(w - I_h w, u - u_h) &\lesssim \||u - u_h\||_h \||w - I_h w\||_h \\
&\lesssim (1 + \gamma)^{\frac{1}{2}} h \||u - u_h\||_h \|w\|_{H^2(\Omega)} \\
&\lesssim (1 + \gamma)^{\frac{1}{2}} h \||u - u_h\||_h \|u - u_h\|_{L^2(\Omega)}, \\
R_h(u, I_h w) &\lesssim h \|\nabla u\|_{H^1(\Omega)} \left\| h^{-\frac{1}{2}} [\![I_h w - w]\!] \right\|_{\mathcal{E}_h^{ID}} \\
&\lesssim \gamma^{-\frac{1}{2}} h \|\nabla u\|_{H^1(\Omega)} \||w - I_h w\||_h \\
&\lesssim h^2 \|\nabla u\|_{H^1(\Omega)} \|u - u_h\|_{L^2(\Omega)}, \\
-R_h(w, u - u_h) &\lesssim h \|w\|_{H^2(\Omega)} \left\| h^{-\frac{1}{2}} [\![u - u_h]\!] \right\|_{\mathcal{E}_h^{ID}} \\
&\lesssim \gamma^{-\frac{1}{2}} h \||u - u_h\||_h \|u - u_h\|_{L^2(\Omega)}.
\end{aligned}
$$

故

$$
\begin{aligned}
\|u - u_h\|_{L^2(\Omega)}^2 &\lesssim (1 + \gamma)^{\frac{1}{2}} h \||u - u_h\||_h \|u - u_h\|_{L^2(\Omega)} + \\
&\quad h^2 \|\nabla u\|_{H^1(\Omega)} \|u - u_h\|_{L^2(\Omega)},
\end{aligned}
$$

结合定理 8.5 可得如下 L^2 误差估计:

定理 8.6 假设 $|\beta_e| \lesssim 1$, $\gamma \gtrsim 1$, u 和 u_h 分别是椭圆型问题 (8.1) 及其 LDG 离散 (8.20)—(8.24) 的解, 则

$$\|u - u_h\|_{L^2(\Omega)} \lesssim (1+\gamma)h^2\|\nabla u\|_{H^1(\Omega)}.$$

注 8.10 (a) LDG 法与 IPDG 法相比, u_h 的收敛阶相同, 存储量前者较大. LDG 关于 u_h 是对称格式且不要求加罚参数足够大; SIPG 是对称格式, 但要求加罚参数足够大; NIPG 不要求加罚参数足够大, 但格式不对称.

(b) σ_h 与 $\boldsymbol{\kappa}\nabla u_h$ 都是对 $\boldsymbol{\kappa}\nabla u$ 的逼近. 由 (8.29) 及引理 8.6,

$$|\|\delta - \delta_h\|| - \|\nabla u - \nabla_h u_h\|| \leqslant \|L_h u_h\| \leqslant C_L \|h^{-\frac{1}{2}} [\![u_h]\!]\|_{\mathcal{E}_h^{ID}}$$
$$\leqslant C_L \gamma^{-\frac{1}{2}} |\|u - u_h\||_h.$$

可以看出, 当 γ 足够大的时候, σ_h 与 $\boldsymbol{\kappa}\nabla u_h$ 对 $\boldsymbol{\kappa}\nabla u$ 的逼近是同阶的. 由于 σ_h 与 u_h 取同阶的分片多项式, 所以 σ_h 的收敛阶一般不是最优的, 但在某些特殊网格上, σ_h 的逼近精度更高, 甚至当 γ 小的时候, 可能达到最优阶.

8.3 杂交间断 Galerkin (HDG) 法

本节介绍 HDG 法 [37]. LDG 法和 IPDG 法同连续有限元方法相比, 有限元空间的定义更加灵活, 但总自由度数一般要更多. HDG 法的自由度定义在每个单元和单元的边上, 但是每个单元上的自由度可以很容易地用其边上的自由度表示, 所以最后的离散方程组仅仅是关于边上自由度的, 有效地减少了总自由度数. 所以, HDG 法既具有 DG 法的灵活性, 又具有总自由度数少的优点.

8.3.1 离散格式

与前一节类似, 引入中间变量 $\sigma = \boldsymbol{\kappa}\nabla u$ 将椭圆型问题 (8.1) 改写为如下一阶偏微分方程组:

$$\boldsymbol{\kappa}^{-1}\sigma = \nabla u, \quad -\nabla \cdot \sigma = f, \quad \boldsymbol{x} \in \Omega, \quad u|_{\Gamma_D} = 0, \quad (\sigma \cdot n)|_{\Gamma_N} = 0. \tag{8.37}$$

用检验函数 τ 和 v 分别乘前两个方程, 并在任一单元 $K \in \mathcal{M}_h$ 上积分得

$$\int_K \boldsymbol{\kappa}^{-1}\sigma \cdot \tau \mathrm{d}\boldsymbol{x} = -\int_K u\nabla \cdot \tau \mathrm{d}\boldsymbol{x} + \int_{\partial K} u\tau \cdot n_K \mathrm{d}s, \tag{8.38}$$

$$\int_K \sigma \cdot \nabla v \mathrm{d}\boldsymbol{x} = \int_K f v \mathrm{d}\boldsymbol{x} + \int_{\partial K} \sigma \cdot n_K v \mathrm{d}s. \tag{8.39}$$

为了离散化上面的变分形式, 引入如下的逼近空间:

$$V_h := \left\{ v_h \in L^2(\Omega) : v_h|_K \in P_1(K), \forall K \in \mathcal{M}_h \right\},$$

$$\Sigma_h := (V_h)^d,$$

$$S_h := \left\{ v_h : v_h|_e \in P_1(e), \forall e \in \mathcal{E}_h^{IN}, v_h|_e = 0, \forall e \in \mathcal{E}_h^D \right\}.$$

则求解椭圆型问题 (8.1) 的 HDG 法为: 求 $u_h \in V_h$, $\sigma_h \in \Sigma_h$ 或求 $\hat{u}_h \in S_h$ 使得下面 (8.40)—(8.43) 成立

$$\int_K \boldsymbol{\kappa}^{-1}\sigma_h \cdot \tau_h \mathrm{d}\boldsymbol{x} = -\int_K u_h \nabla \cdot \tau_h \mathrm{d}\boldsymbol{x} + \int_{\partial K} \hat{u}_h \tau_h \cdot n_K \mathrm{d}s, \quad \forall \tau_h \in \Sigma_h, \tag{8.40}$$

$$\int_K \sigma_h \cdot \nabla v_h \mathrm{d}\boldsymbol{x} = \int_K f v_h \mathrm{d}\boldsymbol{x} + \int_{\partial K} \hat{\sigma}_h \cdot n_K v_h \mathrm{d}s, \quad \forall v_h \in V_h, K \in \mathcal{M}_h. \tag{8.41}$$

其中 $\hat{\sigma}_h$ 和 $\hat{u}_h$ 称为数值迹, 分别是 $\boldsymbol{\kappa}\nabla u$ 和 u 的近似, 如下定义:

$$\hat{\sigma}_h|_{\partial K} := \sigma_h + \alpha \left(\hat{u}_h - u_h \right) n_K, \quad \forall K \in \mathcal{M}_h. \tag{8.42}$$

并且要求

$$\llbracket \hat{\sigma}_h \rrbracket|_e = 0, \quad \forall e \in \mathcal{E}_h^{IN}, \tag{8.43}$$

其中 $\alpha > 0$ 为稳定化参数或称为加罚参数.

注意到 (8.40) (8.41) 与 LDG 格式中的 (8.20)—(8.22) 基本相同. 而且 (8.42) (8.43) 也可以改成类似 (8.23) (8.24) 的形式. 事实上, 记

$$\alpha_* = \begin{cases} \alpha, & e \in \mathcal{E}_h^I, \\ 2\alpha, & e \in \mathcal{E}_h^D, \\ \dfrac{1}{2}\alpha, & e \in \mathcal{E}_h^N. \end{cases} \tag{8.44}$$

由 (8.42) 得

$$\llbracket \hat{\sigma}_h \rrbracket = \llbracket \sigma_h \rrbracket + 2\alpha_* \left(\hat{u}_h - \{u_h\} \right), \quad e \in \mathcal{E}_h^{IN}.$$

再由 (8.43) 得

$$\hat{u}_h = \{u_h\} - \frac{1}{2\alpha_*} \llbracket \sigma_h \rrbracket, \quad \forall e \in \mathcal{E}_h^{IN}. \tag{8.45}$$

另外, 再由 (8.42) 可得

$$\hat{\sigma}_h = \{\sigma_h\} - \frac{\alpha_*}{2} \llbracket u_h \rrbracket, \quad \forall e \in \mathcal{E}_h^{ID}. \tag{8.46}$$

8.3.2 变分形式 I

为了理论分析的方便, 本小节将 HDG 格式 (8.40)—(8.43) 改写为关于 u_h, σ_h 的变分公式. 首先, 将 (8.40) 关于 $K \in \mathcal{M}_h$ 求和并利用 (8.25) 得

$$\left(\boldsymbol{\kappa}^{-1}\sigma_h, \tau_h\right) = -(u_h, \nabla_h \cdot \tau_h) + \langle \hat{u}_h, [\![\tau_h]\!]\rangle_{\mathcal{E}_h^{IN}}. \tag{8.47}$$

将 (8.45) 代入 (8.47) 整理得

$$\left(\boldsymbol{\kappa}^{-1}\sigma_h, \tau_h\right) + (u_h, \nabla_h \cdot \tau_h) + \left\langle \frac{1}{2\alpha_*}[\![\sigma_h]\!] - \{u_h\}, [\![\tau_h]\!]\right\rangle_{\mathcal{E}_h^{IN}} = 0. \tag{8.48}$$

同理, 对 (8.41) 关于 $K \in \mathcal{M}_h$ 求和并利用 (8.25) 及得

$$(\sigma_h, \nabla_h v_h) = (f, v_h) + \langle\{\hat{\sigma}_h\}, [\![v_h]\!]\rangle_{\mathcal{E}_h^{ID}}.$$

由 (8.46) 得

$$(\sigma_h, \nabla_h v_h) + \left\langle \frac{\alpha_*}{2}[\![u_h]\!] - \{\sigma_h\}, [\![v_h]\!]\right\rangle_{\mathcal{E}_h^{ID}} = (f, v_h). \tag{8.49}$$

对 $u, v \in V_h + H^1(\Omega), \sigma, \tau \in \Sigma_h + \left(H^1(\Omega)\right)^d$, 定义

$$A(u, \sigma; v, \tau) = \left(\boldsymbol{\kappa}^{-1}\sigma, \tau\right) + (u, \nabla_h \cdot \tau) + (\sigma, \nabla_h v) +$$
$$\left\langle \frac{\alpha_*}{2}[\![u]\!] - \{\sigma\}, [\![v]\!]\right\rangle_{\mathcal{E}_h^{ID}} + \left\langle \frac{1}{2\alpha_*}[\![\sigma]\!] - \{u\}, [\![\tau]\!]\right\rangle_{\mathcal{E}_h^{IN}}. \tag{8.50}$$

将 (8.48) 和 (8.49) 相加知, 得到 HDG 法关于解 u_h, σ_h 的变分形式:

$$A(u_h, \sigma_h; v_h, \tau_h) = (f, v_h), \quad \forall v_h \in V_h, \tau_h \in \Sigma_h. \tag{8.51}$$

为了理论分析的方便, 下面给出 $A(u, \sigma; v, \tau)$ 的另外两种表示. 由 (8.25) 易知

$$(u, \nabla_h \cdot \tau) = -(\nabla_h u, \tau) + \langle[\![u]\!], \{\tau\}\rangle_{\mathcal{E}_h^{ID}} + \langle\{u\}, [\![\tau]\!]\rangle_{\mathcal{E}_h^{IN}},$$
$$(\sigma, \nabla_h v) = -(\nabla_h \cdot \sigma, v) + \langle\{\sigma\}, [\![v]\!]\rangle_{\mathcal{E}_h^{ID}} + \langle[\![\sigma]\!], \{v\}\rangle_{\mathcal{E}_h^{IN}}.$$

代入到 (8.50) 得

$$A(u, \sigma; v, \tau) = \left(\boldsymbol{\kappa}^{-1}\sigma, \tau\right) - (\nabla_h u, \tau) + (\sigma, \nabla_h v) -$$
$$\langle\{\sigma\}, [\![v]\!]\rangle_{\mathcal{E}_h^{ID}} + \langle[\![u]\!], \{\tau\}\rangle_{\mathcal{E}_h^{ID}} +$$
$$\left\langle \frac{\alpha_*}{2}[\![u]\!], [\![v]\!]\right\rangle_{\mathcal{E}_h^{ID}} + \left\langle \frac{1}{2\alpha_*}[\![\sigma]\!], [\![\tau]\!]\right\rangle_{\mathcal{E}_h^{IN}} \tag{8.52}$$

及

$$A(u, \sigma; v, \tau) = \left(\boldsymbol{\kappa}^{-1}\sigma, \tau\right) - (\nabla_h u, \tau) - (\nabla_h \cdot \sigma, v) +$$
$$\left\langle [\![u]\!], \frac{\alpha_*}{2}[\![v]\!] + \{\tau\}\right\rangle_{\mathcal{E}_h^{ID}} + \left\langle [\![\sigma]\!], \frac{1}{2\alpha_*}[\![\tau]\!] + \{v\}\right\rangle_{\mathcal{E}_h^{IN}}. \tag{8.53}$$

定理 8.7 设 $\alpha > 0$, 则 HDG 法 (8.40)—(8.43) 存在唯一解.

证明 只需证明 $f = 0$ 时必有 $u_h \equiv 0$, $\sigma_h \equiv 0$, $\hat{u}_h \equiv 0$. 在 (8.51) 中取 $f = 0$, $v_h = u_h$, $\tau_h = \sigma_h$, 并利用 (8.52) 得

$$\left\|\boldsymbol{\kappa}^{-\frac{1}{2}}\sigma_h\right\|_{L^2(\Omega)}^2 + \left\langle \frac{\alpha_*}{2}[\![u_h]\!], [\![u_h]\!]\right\rangle_{\mathcal{E}_h^{ID}} + \left\langle \frac{1}{2\alpha_*}[\![\sigma_h]\!], [\![\sigma_h]\!]\right\rangle_{\mathcal{E}_h^{IN}} = 0.$$

因此

$$\sigma_h \equiv 0; \quad u_h|_{\Gamma_D} = 0; \quad u_h \in C(\bar{\Omega}).$$

代入到 (8.51) 并利用 (8.53) 知, $(\nabla_h u_h, \tau_h) = 0$, $\forall \tau_h \in \Sigma_h$, 从而 $\nabla_h u_h = 0$, 故 u_h 在 $\mathcal{M}_h$ 上是分片常数, 只能有 $u_h \equiv 0$, 进而知 $\hat{u}_h \equiv 0$ (参见 (8.45)). 证毕. $\qquad\square$

8.3.3 误差估计

首先, 由 (8.37) 及 (8.53) 易知, 椭圆型问题的解 u, σ 满足:

$$A(u, \sigma; v_h, \tau_h) = (f, v_h), \quad \forall v_h \in V_h, \tau_h \in \Sigma_h. \tag{8.54}$$

即 HDG 法的变分形式 (8.51) 与椭圆型问题 (8.37) 是相容的, 从而得 Galerkin 正交性:

$$A(u - u_h, \sigma - \sigma_h; v_h, \tau_h) = 0, \quad \forall v_h \in V_h, \tau_h \in \Sigma_h. \tag{8.55}$$

对于给定常数 β, 我们引入到 $V_h \times \Sigma_h$ 的投影算子 Π_h^β. 定义 $\Pi_h^\beta(u, \sigma) = \left(\Pi_1^\beta u, \Pi_2^\beta \sigma\right) \in V_h \times \Sigma_h$ 满足: $\forall K \in \mathcal{M}_h$, $e \subset \partial K$, $e \in \mathcal{E}_h$,

$$\left(\Pi_1^\beta u, v\right)_K = (u, v)_K, \quad \forall v \in P_0(K), \tag{8.56}$$

$$\left(\Pi_2^\beta \sigma, \tau\right)_K = (\sigma, \tau)_K, \quad \forall \tau \in P_0(K)^d, \tag{8.57}$$

$$\left\langle \Pi_2^\beta \sigma \cdot n_K - \beta \Pi_1^\beta u, \mu \right\rangle_e = \left\langle \sigma \cdot n_K - \beta u, \mu \right\rangle_e, \quad \forall \mu \in P_1(e). \tag{8.58}$$

引理 8.10 设 $1 \leqslant s, t \leqslant 2$, 则 $\forall K \in \mathcal{M}_h$,

$$|\beta|\left\|\Pi_1^\beta u - u\right\|_K \lesssim |\beta| h_K^s |u|_{H^s(K)} + h_K^t |\nabla \cdot \sigma|_{H^{t-1}(K)}, \tag{8.59}$$

$$\left\|\Pi_2^\beta \sigma - \sigma\right\|_K \lesssim |\beta| h_K^s |u|_{H^s(K)} + h_K^t |\sigma|_{H^t(K)}. \tag{8.60}$$

证明 分为以下几步证明:

(i) 先证 Π_h^β 的存在唯一性. 设 $u = 0$, $\sigma = 0$. 在 (8.56) 和 (8.57) 中分别取 $v = \nabla \cdot \Pi_2^\beta \sigma$, $\tau = \nabla \Pi_1^\beta u$ 并相加得:

$$\left\langle \Pi_2^\beta \sigma \cdot n_K, \Pi_1^\beta u \right\rangle_{\partial K} = \left(\Pi_1^\beta u, \nabla \cdot \Pi_2^\beta \sigma\right)_K + \left(\Pi_2^\beta \sigma, \nabla \Pi_1^\beta u\right)_K = 0.$$

由 (8.58) 得: 在 ∂K 上 $\Pi_2^\beta \sigma \cdot n_K = \beta \Pi_1^\beta u$. 代入上式得 $\left(\Pi_1^\beta u\right)\big|_{\partial K} = 0$, $\left(\Pi_2^\beta \sigma \cdot n_K\right)\big|_{\partial K} = 0$, 推出 $\Pi_1^\beta u$ 和 $\Pi_2^\beta \sigma$ 在单元 K 的每个顶点处为零, 从而 $\left(\Pi_1^\beta u\right)\big|_K = 0$, $\left(\Pi_2^\beta \sigma\right)_K = 0$. 存在唯一性得证.

(ii) 由 (i) 的证明可知: 如果 $u \in V_h$, $\sigma \in \Sigma_h$, 则 $\Pi_1^\beta u = u$, $\Pi_2^\beta \sigma = \sigma$.

(iii) 稳定性. 首先, 由尺度变换技巧易证

$$\|v_h\|_K \approx h_K^{\frac{1}{2}} \|v_h\|_{\partial K}, \ \forall v_h \in V_h; \quad \|\tau_h\|_K \approx h_K^{\frac{1}{2}} \|\tau_h \cdot n_K\|_{\partial K}, \ \forall \tau_h \in \Sigma_h.$$

其中, "$A \approx B$" 表示存在不依赖步长 h 的正常数 C_1 和 C_2, 使得 $A \leqslant C_1 B$ 且 $B \leqslant C_2 A$. 设 $Q_K : L^2(K) \mapsto P_1(K)$ 为单元 K 上的 L^2 正交投影算子. 在 (8.58) 中取 $\mu = Q_K u - \Pi_1^\beta u \in P_1(K)$ 并注意到 $\int_K \mu = 0$ 得:

$$
\begin{aligned}
\beta \left\|\Pi_1^\beta u\right\|_{\partial K}^2 &= \beta \left\langle \Pi_1^\beta u, Q_K u \right\rangle_{\partial K} - \beta \langle u, \mu \rangle_{\partial K} + \left\langle \left(\sigma - \Pi_2^\beta \sigma\right) \cdot n_K, \mu \right\rangle_{\partial K} \\
&= \beta \left\langle \Pi_1^\beta u, Q_K u \right\rangle_{\partial K} - \beta \langle u, \mu \rangle_{\partial K} + \left(\nabla \cdot \left(\sigma - \Pi_2^\beta \sigma\right), \mu\right)_K \\
&= \beta \left\langle \Pi_1^\beta u, Q_K u \right\rangle_{\partial K} - \beta \langle u, \mu \rangle_{\partial K} + (\nabla \cdot \sigma, \mu)_K \\
&\lesssim \beta h_K^{-1} \|\Pi_1^\beta u\|_K \|Q_K u\|_K + \beta h_K^{-\frac{1}{2}} \|u\|_{\partial K} \|\mu\|_K + \|\nabla \cdot \sigma\|_K \|\mu\|_K.
\end{aligned}
$$

故

$$
\begin{aligned}
|\beta|^2 \|\Pi_1^\beta u\|_K^2 &\lesssim |\beta|^2 h_K \|\Pi_1^\beta u\|_{\partial K}^2 \lesssim |\beta|^2 \|\Pi_1^\beta u\|_K \|Q_K u\|_K + \\
&\quad \left(|\beta|^2 h_K^{\frac{1}{2}} \|u\|_{\partial K} + h_K |\beta| \|\nabla \cdot \sigma\|_K\right) \left(\|Q_K u\|_K + \|\Pi_1^\beta u\|_K\right).
\end{aligned}
$$

易得

$$|\beta|^2 \|\Pi_1^\beta u\|_K^2 \lesssim |\beta|^2 \|Q_K u\|_K^2 + |\beta|^2 h_K \|u\|_{\partial K}^2 + h_K^2 \|\nabla \cdot \sigma\|_K^2,$$

从而, 由局部迹不等式可得 $\Pi_1^\beta u$ 的估计

$$|\beta| \|\Pi_1^\beta u\|_K \lesssim |\beta| (\|u\|_K + h_K \|\nabla u\|_K) + h_K \|\nabla \cdot \sigma\|_K.$$

另外, 在 (8.58) 中取 $\mu = \Pi_2^\beta \sigma \cdot n_K - \beta \Pi_1^\beta u$ 得:

$$\|\Pi_2^\beta \sigma \cdot n_K - \beta \Pi_1^\beta u\|_{\partial K} \leqslant \|\sigma\|_{\partial K} + |\beta| \|u\|_{\partial K}.$$

从而可得 $\Pi_2^\beta \sigma$ 的估计

$$
\begin{aligned}
\|\Pi_2^\beta \sigma\|_K &\lesssim h_K^{\frac{1}{2}} \|\Pi_2^\beta \sigma \cdot n_K\|_{\partial K} \\
&\lesssim |\beta| (\|u\|_K + h_K \|\nabla u\|_K) + \|\sigma\|_K + h_K |\sigma|_{H^1(K)}.
\end{aligned}
$$

(iv) 由 (ii) 得 $(u, \sigma) - \Pi_h^\beta(u, \sigma) = (u, \sigma) - (v_h, \tau_h) + \Pi_h^\beta (v_h - u, \tau_h - \sigma)$, $\forall v_h \in V_h$, $\tau_h \in \Sigma_h$. 再由 (iii) 得

$$|\beta| \big\| u - \Pi_1^\beta u \big\|_K = |\beta| \big\| u - v_h + \Pi_1^\beta (v_h - u) \big\|_K$$
$$\lesssim |\beta| \left(\| u - v_h \|_K + h_K \| \nabla (u - v_h) \|_K \right) + h_K \| \nabla \cdot (\sigma - \tau_h) \|_K .$$

为了证明 (8.59), 可以如下选取 v_h 和 τ_h: 对 $s = 1$, 取 $v_h|_K$ 为 u 的积分平均 u_K, 对 $s = 2$, 取 $v_h = I_h u$; 对 $t = 1$, 取 $\tau_h|_K = 0$, 对 $t = 2$, 取 $\tau_h \in \Sigma_h$, 使得 $(\nabla \cdot \tau_h)_K = (\nabla \cdot \sigma)_K$. 类似可证 (8.60). 证毕. $\qquad \square$

简记 $\Pi_i = \Pi_i^\alpha, i = 1, 2$. 将误差分解为

$$u - u_h = (u - \Pi_1 u) - (u_h - \Pi_1 u) =: q - s_h;$$
$$\sigma - \sigma_h = (\sigma - \Pi_2 \sigma) - (\sigma_h - \Pi_2 \sigma) =: \rho - \theta_h.$$

由 Π_h^β 的定义知:

$$(q, v)_K = 0, \ \forall v \in P_0(K); \quad (\rho, \tau)_K = 0, \ \forall \tau \in P_0(K)^d, \quad K \in \mathcal{M}_h; \tag{8.61}$$

$$\langle \llbracket \rho \rrbracket, \mu \rangle_e = 2\alpha_* \langle \{q\}, \mu \rangle_e, \quad \forall \mu \in P_1(e), \quad e \in \mathcal{E}_h^{IN}; \tag{8.62}$$

$$2 \langle \{\rho\}, \mu n \rangle_e = \alpha_* \langle \llbracket q \rrbracket, \mu n \rangle_e, \quad \forall \mu \in P_1(e), \quad e \in \mathcal{E}_h^{ID}. \tag{8.63}$$

由 (8.55) (8.50) 和 (8.61) — (8.63) 得

$$A(s_h, \theta_h; v_h, \tau_h) = A(q, \rho; v_h, \tau_h) = (\boldsymbol{\kappa}^{-1} \rho, \tau_h) + (q, \nabla_h \cdot \tau_h) + (\rho, \nabla_h v_h)$$
$$= (\boldsymbol{\kappa}^{-1} \rho, \tau_h), \quad \forall v_h \in V_h, \tau_h \in \Sigma_h. \tag{8.64}$$

定义离散范数

$$\| v, \tau \|_h^2 := A(v, \tau; v, \tau) = (\boldsymbol{\kappa}^{-1} \tau, \tau) + \left\langle \frac{\alpha_*}{2} \llbracket v \rrbracket, \llbracket v \rrbracket \right\rangle_{\mathcal{E}_h^{ID}} + \left\langle \frac{1}{2\alpha_*} \llbracket \tau \rrbracket, \llbracket \tau \rrbracket \right\rangle_{\mathcal{E}_h^{IN}}. \tag{8.65}$$

从而

$$\| s_h, \theta_h \|_h^2 = A(s_h, \theta_h; s_h, \theta_h) = (\boldsymbol{\kappa}^{-1} \rho, \theta_h) \leqslant \| \boldsymbol{\kappa}^{-\frac{1}{2}} \rho \| \| \boldsymbol{\kappa}^{-\frac{1}{2}} \theta_h \|.$$

得

$$\| s_h, \theta_h \|_h \leqslant \| \boldsymbol{\kappa}^{-\frac{1}{2}} \rho \|. \tag{8.66}$$

再利用引理 8.10 可得如下定理:

定理 8.8 假设 $0 < \alpha \lesssim 1$, 则

$$\| \sigma - \sigma_h \| \lesssim \| \rho \| \lesssim h^2 \left(|u|_{H^2(\Omega)} + |\sigma|_{H^2(\Omega)} \right).$$

注 8.11 若 $0 < \alpha \lesssim h^{-1}$, 则 $\| \sigma - \sigma_h \| \lesssim h |u|_{H^2(\Omega)}$.

下面用对偶论证技巧推导 u_h 的 L^2 误差估计. 引入对偶问题:

$$\varphi = -\boldsymbol{\kappa} \nabla w, \quad \nabla \cdot \varphi = s_h, \quad \boldsymbol{x} \in \Omega, \quad w|_{\Gamma_D} = 0, \quad (\varphi \cdot n)|_{\Gamma_N} = 0. \tag{8.67}$$

需要注意的是, 上面引入中间变量时的 ∇ 算子前面的符号和原问题一阶组形式 ∇ 前面的符号正好相反. 我们有正则性估计:

$$\|w\|_{H^2(\Omega)} + \|\varphi\|_{H^1(\Omega)} \lesssim \|s_h\|. \tag{8.68}$$

由 (8.50) 得

$$A(v, \tau; w, \varphi) = (v, \nabla \cdot \varphi) = (v, s_h). \tag{8.69}$$

简记 $\Pi_i^* = \Pi_i^{-\alpha}$, $i = 1, 2$, $q^* = w - \Pi_1^* w$, $\rho^* = \varphi - \Pi_2^* \varphi$. 类似 (8.62) (8.63) 有

$$\langle [\![\rho^*]\!], \mu \rangle_e = -2\alpha_* \langle \{q^*\}, \mu \rangle_e, \quad \forall \mu \in P_1(e), e \in \mathcal{E}_h^{IN};$$

$$2\langle \{\rho^*\}, \mu n \rangle_e = -\alpha_* \langle [\![q^*]\!], \mu n \rangle_e, \quad \forall \mu \in P_1(e), e \in \mathcal{E}_h^{ID}.$$

在 (8.69) 中取 $v = s_h$, $\tau = \theta_h$ 并利用 (8.64) (8.53), 上面两式及 (8.56) (8.57) 得:

$$\|s_h\|^2 = A(s_h, \theta_h; w, \varphi) = A(s_h, \theta_h; \Pi_1^* w, \Pi_2^* \varphi) + A(s_h, \theta_h; q^*, \rho^*)$$

$$= (\boldsymbol{\kappa}^{-1}\rho, \Pi_2^* \varphi) + (\boldsymbol{\kappa}^{-1}\theta_h, \rho^*)$$

$$= (\boldsymbol{\kappa}^{-1}(\rho - \theta_h), \Pi_2^* \varphi - \varphi) - (\rho, \nabla_h (w - I_h w)).$$

由 (8.66) (8.68), 引理 8.10, 当 $\alpha h \lesssim 1$ 时,

$$\|s_h\|^2 \lesssim \|\rho\| \left(\|\varphi - \Pi_2^* \varphi\| + h|w|_{H^2(\Omega)} \right)$$

$$\lesssim \|\rho\| \left((|\alpha| h^2 + h) |w|_{H^2(\Omega)} + h|\varphi|_{H^1(\Omega)} \right) \lesssim h \|s_h\| \|\rho\|.$$

得如下定理:

定理 8.9　假设 $0 < \alpha \lesssim 1$, 则

$$\|\Pi_1 u - u_h\| \lesssim h\|\rho\| \lesssim h^3 \left(|u|_{H^2(\Omega)} + |\sigma|_{H^2(\Omega)} \right).$$

进一步, 若 $\alpha \approx 1$, 则

$$\|u - u_h\| \lesssim \|q\| + h\|\rho\| \lesssim h^2 \left(|u|_{H^2(\Omega)} + |\sigma|_{H^1(\Omega)} + |\nabla \cdot \sigma|_{H^1(\Omega)} \right).$$

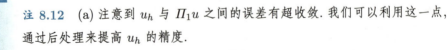

注 8.12　(a) 注意到 u_h 与 $\Pi_1 u$ 之间的误差有超收敛. 我们可以利用这一点, 通过后处理来提高 u_h 的精度.

(b) 若 $\alpha \approx h^{-1}$, 则 $\|u - u_h\| \lesssim h^2 \left(|u|_{H^2(\Omega)} + |\sigma|_{H^1(\Omega)} \right)$.

8.3.4　后处理

本小节利用较少的计算量对 u_h 进行后处理, 得到精确解 u 的分片二次近似, 提高收敛阶.

记 $m_K(v) = \dfrac{1}{|K|} \displaystyle\int_K v$ 为 v 在单元 K 上的积分平均. 显然 $m_K \Pi_1 u = m_K u$, 从而 u_h 在 $\mathcal{M}_h$ 上的分片积分平均函数对精确解 u 的分片积分平均函数具有超逼近性质. 记 $P_2^0(K) := \{p \in P_2(K) : m_K(p) = 0\}$. 定义 u_h^* 如下: $u_h^*|_K \in P_2(K)$,

$$\begin{cases} (\boldsymbol{\kappa}\nabla u_h^*, \nabla v)_K = (f, v)_K + \langle \hat{\sigma}_h \cdot n_K, v \rangle_{\partial K}, & \forall v \in P_2^0(K), \\ m_K(u_h^*) = m_K(u_h), & \forall K \in \mathcal{M}_h. \end{cases} \tag{8.70}$$

记 $V_{h,2} := \displaystyle\prod_{K \in \mathcal{M}_h} P_2(K)$. 下面定理给出 u_h^* 的高阶估计.

定理 8.10　假设 $\alpha \approx 1$, 则

$$\|u - u_h^*\| \lesssim h^3 \left(|u|_{H^2(\Omega)} + |\sigma|_{H^2(\Omega)} \right).$$

证明　$\forall v_h \in V_{h,2}$, 取 $v = (I - m_K)(v_h - u_h^*)$ 得:

$$\begin{aligned} \left\| \boldsymbol{\kappa}^{\frac{1}{2}} \nabla v \right\|_K^2 &= (\boldsymbol{\kappa}\nabla(v_h - u_h^*), \nabla v)_K \\ &= (\boldsymbol{\kappa}\nabla(v_h - u), \nabla v)_K + \langle (\sigma - \sigma_h) \cdot n_K, v \rangle_{\partial K} + \langle (\sigma_h - \hat{\sigma}_h) \cdot n_K, v \rangle_{\partial K} \\ &= (\boldsymbol{\kappa}\nabla(v_h - u), \nabla v)_K + (\nabla \cdot (\sigma - \sigma_h), v)_K + (\sigma - \sigma_h, \nabla v)_K + \\ &\quad \langle (\sigma_h - \hat{\sigma}_h) \cdot n_K, v \rangle_{\partial K} \\ &= (\boldsymbol{\kappa}\nabla(v_h - u), \nabla v)_K + (\nabla \cdot (\sigma - \tau_h), v)_K + (\sigma - \sigma_h, \nabla v)_K + \\ &\quad \langle (\sigma_h - \hat{\sigma}_h) \cdot n_K, v \rangle_{\partial K}, \end{aligned}$$

其中 $\tau_h \in \Sigma_h$. 这里我们用到了 $\displaystyle\int_K v = 0$. 从而由 $\|v\|_K \lesssim h_K \|\nabla v\|_K$ 及 $\|v\|_{\partial K} \lesssim h_K^{\frac{1}{2}} \|\nabla v\|_K$ 得

$$\begin{aligned} h_K^{-1}\|v\|_K \lesssim \|\nabla v\|_K &\lesssim \|\nabla(u - v_h)\|_K + h_K \|\nabla \cdot (\sigma - \tau_h)\|_K + \|\sigma - \sigma_h\|_K + \\ &\quad h_K^{\frac{1}{2}} \|(\sigma_h - \hat{\sigma}_h) \cdot n_K\|_{\partial K}. \end{aligned}$$

从而由三角不等式得

$$\begin{aligned} \|u - u_h^*\|_K &\leqslant \|u - v_h\|_K + \|v\|_K + \|m_K(v_h - u_h^*)\|_K \\ &\lesssim \|u - v_h\|_K + h_K \|\nabla(u - v_h)\|_K + h_K^2 \|\nabla \cdot (\sigma - \tau_h)\|_K + \\ &\quad \|m_K(v_h - u_h^*)\|_K + h_K \|\sigma - \sigma_h\|_K + h_K^{\frac{3}{2}} \|(\sigma_h - \hat{\sigma}_h) \cdot n_K\|_{\partial K}. \end{aligned}$$

最后, 注意到

$$\|m_K(v_h - u_h^*)\|_K = \|m_K(v_h - u) + m_K(\Pi_1 u - u_h)\|_K \leqslant \|u - v_h\|_K + \|\Pi_1 u - u_h\|_K$$

及 (由 (8.46) (8.66) 及局部迹不等式)

$$\left(\sum_{K\in\mathcal{M}_h}\|(\sigma_h-\hat{\sigma}_h)\cdot n_K\|_{\partial K}^2\right)^{\frac{1}{2}}\lesssim\|[\![\sigma_h]\!]\|_{\mathcal{E}_h^{IN}}+\alpha\,\|[\![u_h]\!]\|_{\mathcal{E}_h^{ID}}$$

$$=\|[\![\sigma_h-\tau_h+\tau_h-\sigma]\!]\|_{\mathcal{E}_h^{IN}}+\alpha\,\|[\![u_h-v_h+v_h-u]\!]\|_{\mathcal{E}_h^{ID}}$$

$$\lesssim h^{-\frac{1}{2}}\left(\|\sigma_h-\tau_h\|+\|\sigma-\tau_h\|+\|u_h-v_h\|+\|u-v_h\|\right)+$$
$$h^{\frac{1}{2}}\left(\|\nabla_h\left(\sigma-\tau_h\right)\|+\|\nabla_h\left(u-v_h\right)\|\right)$$

$$\lesssim h^{-\frac{1}{2}}\left(\|\sigma-\sigma_h\|+\|\sigma-\tau_h\|+\|u-u_h\|+\|u-v_h\|\right)+$$
$$h^{\frac{1}{2}}\left(\|\nabla_h\left(\sigma-\tau_h\right)\|+\|\nabla_h\left(u-v_h\right)\|\right),$$

利用定理 8.9 和 8.8 可得

$$\|u-u_h^*\|\lesssim h(\|q\|+\|\rho\|)+h\inf_{\tau_h\in\Sigma_h}\left(\|\sigma-\tau_h\|+h\,\|\nabla_h\left(\sigma-\tau_h\right)\|\right)+$$
$$\inf_{v_h\in V_{h,2}}\left(\|u-v_h\|+h\,\|\nabla_h\left(u-v_h\right)\|\right).$$

从而由引理 8.10 及有限元插值估计知本定理成立. □

8.3.5 变分形式 II

本小节将 HDG 法改写为仅关于数值迹 $\hat{u}_h$ 的变分形式, 从而数值实现时可以得到仅关于 $\hat{u}_h$ 的方程组, 大大减少了自由度数. 为了消掉 u_h 和 σ_h, 我们将 (8.40)—(8.42) 分解为两个单元 K 上的子问题.

第一个子问题为: 任给 $m\in L^2\left(\mathcal{E}_h\right)$, 求 $\mathcal{Q}_1 m\in V_h$, $\mathcal{Q}_2 m\in\Sigma_h$ 满足, 对任意 $K\in\mathcal{M}_h$,

$$\int_K\boldsymbol{\kappa}^{-1}\mathcal{Q}_2 m\cdot\tau+\int_K\mathcal{Q}_1 m\nabla\cdot\tau=\int_{\partial K}m\tau\cdot n_K,\quad\forall\tau\in P_1^d(K),\tag{8.71}$$

$$\int_K\mathcal{Q}_2 m\cdot\nabla v-\int_{\partial K}\hat{\mathcal{Q}}m\cdot n_K v=0,\quad\forall v\in P_1(K),\tag{8.72}$$

$$\hat{\mathcal{Q}}m\Big|_{\partial K}=\mathcal{Q}_2 m+\alpha\left(m-\mathcal{Q}_1 m\right)n_K.\tag{8.73}$$

第二个子问题为: 任给 $f\in L^2(\Omega)$, 求 $\mathcal{Q}_1 f\in V_h$, $\mathcal{Q}_2 f\in\Sigma_h$ 满足 $\forall K\in\mathcal{M}_h$,

$$\int_K\boldsymbol{\kappa}^{-1}\mathcal{Q}_2 f\cdot\tau+\int_K\mathcal{Q}_1 f\nabla\cdot\tau=0,\quad\forall\tau\in P_1^d(K),\tag{8.74}$$

$$\int_K\mathcal{Q}_2 f\cdot\nabla v-\int_{\partial K}\hat{\mathcal{Q}}f\cdot n_K v=\int_K fv,\quad\forall v\in P_1(K),\tag{8.75}$$

$$\hat{\mathcal{Q}}f\Big|_{\partial K}=\mathcal{Q}_2 f-\alpha\mathcal{Q}_1 fn_K.\tag{8.76}$$

显然, 我们有

$$u_h=\mathcal{Q}_1\hat{u}_h+\mathcal{Q}_1 f;\quad\sigma_h=\mathcal{Q}_2\hat{u}_h+\mathcal{Q}_2 f;\quad\hat{\sigma}_h=\hat{\mathcal{Q}}\hat{u}_h+\hat{\mathcal{Q}}f.\tag{8.77}$$

由 (8.43) 知

$$\langle \mu, [\![\hat{\sigma}_h]\!] \rangle_{\mathcal{E}_h^{IN}} = 0, \quad \forall \mu \in S_h.$$

得 $\hat{u}_h$ 满足如下变分公式: 求 $\hat{u}_h \in S_h$ 使得

$$a_h(\hat{u}_h, \mu) := \left\langle \mu, [\![\hat{\mathcal{Q}}\hat{u}_h]\!] \right\rangle_{\mathcal{E}_h^{IN}} = -\langle \mu, [\![\hat{\mathcal{Q}}f]\!] \rangle_{\mathcal{E}_h^{IN}}, \quad \forall \mu \in S_h. \tag{8.78}$$

8.3.6 习题

1. 给出 IIPG 法 ($\beta = 0$) 的 H^1 和 L^2 误差估计.

2. 证明对任意 $v_h \in V_h$, 存在 $v_h^0 \in V_h \cap H^1(\Omega)$, 满足

$$\|v_h - v_h^0\| \lesssim \|h^{\frac{1}{2}}[v_h]\|_{\mathcal{E}_h^I}, \quad \|\nabla(v_h - v_h^0)\|_{\mathcal{M}_h} \lesssim \|h^{-\frac{1}{2}}[v_h]\|_{\mathcal{E}_h^I}.$$

3. 假设网格 $\mathcal{M}_h$ 是协调的, $\gamma_1 = 0$, 证明当 $\gamma_0 \to +\infty$ 时, SIPG 法的解收敛于有限元解 (提示: 利用题 2 结论).

4. 对两点边值问题 $-u'' = 1$, $x \in (0,1)$, $u(0) = u(1) = 0$, 给出等距网格上的 NIPG 法 (取 $\gamma_1 = 0$), 并作数值实验分别研究 $\gamma_0 = 1, 0, h^{-2}$ 时的 H^1 和 L^2 误差阶.

5. 对 LDG 法, 给出 $\|\boldsymbol{\kappa}\nabla u - \sigma_h\|_{L^2(\Omega)}$ 的误差估计.

6. 证明 (8.78) 中的双线性形式满足:

$$a_h(\lambda, \mu) = \left(\boldsymbol{\kappa}^{-1}\mathcal{Q}_2\lambda, \mathcal{Q}_2\mu\right) + \sum_{K \in \mathcal{M}_h} \alpha \langle \mathcal{Q}_1\lambda - \lambda, \mathcal{Q}_1\mu - \mu \rangle_{\partial K}, \quad \forall \lambda, \mu \in S_h.$$

从而 a_h 是对称的.

第 9 章

弱有限元法

弱有限元法 [32, 33] 是一种求解偏微分方程的高效数值方法. 弱有限元法的主要特点是引入弱函数作为近似函数, 并对弱函数定义弱微分算子. 弱函数包括两部分: 内部函数和边界函数. 内部函数通常采用间断的分片多项式, 边界函数是定义在单元边界上的多项式. 另外, 边界函数还用于单元与单元之间的联系. 因此, 我们在做离散的时候可以根据需要选择不同的内部函数空间和边界函数空间的组合. 对于这种完全间断的弱函数, 经典的微分算子不再适用. 因此, 我们根据 Green 公式来定义弱函数的弱微分算子, 进而替代变分形式中的经典微分算子. 另一特点是添加 "稳定子" 来保证内部函数与边界函数之间的弱连续性和稳定性.

弱有限元法的网格剖分是任意多边形或多面体剖分. 在接下来的分析中, 我们以三角形或四面体剖分为例, 并且考虑线性多项式的情形.

9.1 弱微分算子

9.1.1 广义弱微分算子

设 $\mathcal{T}_h$ 为有界区域 $\Omega \subset \mathbb{R}^d\,(d = 2, 3)$ 的三角形或四面体剖分. 记 $\mathcal{E}_h$ 为剖分 $\mathcal{T}_h$ 中所有单元的边或面的集合. 对于任意的三角形或四面体单元 $K \in \mathcal{T}_h$, 其边界记作 ∂K. 令 $|K|$ 表示 K 的面积, h_K 表示单元 K 的直径. $h = \max\limits_{K \in \mathcal{T}_h} h_K$ 表示剖分 $\mathcal{T}_h$ 的网格尺寸. 单元 K 上的弱函数 (见图 9.1) 记作 $v = \{v_0, v_b\}$, $v_0 \in L^2(K)$, 且 $v_b \in L^2(\partial K)$. 第一个分量 v_0 表示 v 在 K 的内部的值, 第二个分量 v_b 表示 v 在 K 的边界上的值. 特别注意的是, v_b 与 v_0 在 ∂K 上的迹没有必然联系. 记 K 上所有弱函数构成的空间为 $W(K)$, 即

$$W(K) = \{v = \{v_0, v_b\} : v_0 \in L^2(K), v_b \in L^2(\partial K)\}. \tag{9.1}$$

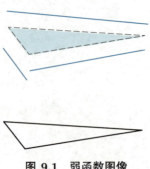

图 9.1 弱函数图像

这里我们强调 v_b 在边 $e \in \mathcal{E}_h$ 上是单值函数. 若 v 在 Ω 上连续, 则 $v = \{v, v\}$. 记 $\boldsymbol{n} = (n_1, n_2, \cdots, n_d)^{\mathrm{T}}$ 为边界 ∂K 上的单位外法向量. 记 $(\cdot, \cdot)_K$ 为空间 $L^2(K)$ 中的内积, $\langle \cdot, \cdot \rangle_{\partial K}$ 为空间 $L^2(\partial K)$ 中的内积.

定义 9.1 (一阶弱偏导数) 对任意的 $v \in W(K)$, v 的一阶弱偏导数 $\partial_{w,i} v$ $(i = 1, 2, \cdots, d)$ 定义为 $H^1(K)$ 上的有界线性泛函, 满足

$$\langle \partial_{w,i} v, \phi \rangle_K = -(v_0, \partial_i \phi)_K + \langle v_b, \phi n_i \rangle_{\partial K}, \quad \forall \phi \in H^1(K). \tag{9.2}$$

定义 9.2 (弱梯度算子) 对任意的 $v \in W(K)$ 中, v 的弱梯度算子定义为向量值 Sobolev 空间 $[H^1(K)]^d$ 上的有界线性泛函, 即

$$\nabla_w v = (\partial_{w,1} v, \partial_{w,2} v, \cdots, \partial_{w,d} v)^{\mathrm{T}}.$$

那么, 弱梯度 $\nabla_w v$ 满足

$$\langle \nabla_w v, \boldsymbol{q} \rangle_K = -(v_0, \nabla \cdot \boldsymbol{q})_K + \langle v_b, \boldsymbol{q} \cdot \boldsymbol{n} \rangle_{\partial K}, \quad \forall \boldsymbol{q} \in [H^1(K)]^d. \tag{9.3}$$

9.1.2 离散弱微分算子

对任意给定的非负整数 $r \geqslant 0$, 记 $P_r(K)$ 为单元 K 上次数不超过 r 的多项式集合.

定义 9.3 (离散弱一阶偏导数) 对任意的 $v \in W(K)$, v 在 x_i 方向的离散弱一阶偏导数 $\partial_{w,i,r} v$, 定义为 $P_r(K)$ 中唯一的多项式, 满足

$$(\partial_{w,i,r} v, \phi)_K = -(v_0, \partial_i \phi)_K + \langle v_b, \phi n_i \rangle_{\partial K}, \quad \forall \phi \in P_r(K). \tag{9.4}$$

离散弱梯度算子定义为

$$\nabla_{w,r} v = (\partial_{w,1,r} v, \partial_{w,2,r} v, \cdots, \partial_{w,d,r} v)^{\mathrm{T}}. \tag{9.5}$$

则满足

$$(\nabla_{w,r} v, \boldsymbol{q})_K = -(v_0, \nabla \cdot \boldsymbol{q})_K + \langle v_b, \boldsymbol{q} \cdot \boldsymbol{n} \rangle_{\partial K}, \quad \forall \boldsymbol{q} \in [P_r(K)]^d. \tag{9.6}$$

9.2 弱有限元数值格式

本节以二阶椭圆型方程为例详细介绍弱有限元数值格式.

考虑 $\mathbb{R}^d (d = 2, 3)$ 中有界区域 Ω 上的二阶椭圆型问题:

$$-\nabla \cdot (\boldsymbol{\kappa} \nabla u) = f, \quad \text{在 } \Omega, \tag{9.7}$$

$$u = 0, \quad \text{在 } \partial \Omega, \tag{9.8}$$

其中右端函数 $f \in L^2(\Omega)$ 给定, $\boldsymbol{\kappa} = \boldsymbol{\kappa}(x,y)$ 是区域 Ω 上给定的对称正定矩阵值函数, 即存在两个正常数 λ_1, λ_2 使得

$$\lambda_1 \boldsymbol{\xi}^{\mathrm{T}} \boldsymbol{\xi} \leqslant \boldsymbol{\xi}^{\mathrm{T}} \boldsymbol{\kappa} \boldsymbol{\xi} \leqslant \lambda_2 \boldsymbol{\xi}^{\mathrm{T}} \boldsymbol{\xi}.$$

此处, $\boldsymbol{\xi}$ 是 $\mathbb{R}^d$ 空间中的列向量. 在接下来的部分, 我们考虑 $\boldsymbol{\kappa}$ 是分片常数的情况.

对任意的 $v \in H_0^1(\Omega)$, 通过对模型问题 (9.7) (9.8) 进行分部积分, 可以获得原始变量变分形式: 求 $u \in H_0^1(\Omega)$, 使得

$$(\boldsymbol{\kappa} \nabla u, \nabla v) = (f, v), \quad \forall v \in H_0^1(\Omega). \tag{9.9}$$

在有限元剖分 $\mathcal{T}_h$ 上定义下列弱有限元空间 V_h 为

$$V_h = \{v_h = \{v_0, v_b\} : v_0|_K \in P_1(K), v_b|_e \in P_0(e), \quad \forall e \subset \partial K, K \in \mathcal{T}_h\}. \tag{9.10}$$

那么, 含有齐次边界条件的弱有限元空间可定义为

$$V_h^0 = \{v_h = \{v_0, v_b\} : v_h \in V_h, v_b|_e = 0, \quad \forall e \subset \partial \Omega\}. \tag{9.11}$$

对于弱函数 v_h, 简记 $\nabla_w v_h = \nabla_{w,0} v_h$ 为它的离散弱梯度 (见 (9.6) 式).

对于 $K \in \mathcal{T}_h$, 记 Q_0 为从 $L^2(K)$ 到 $P_1(K)$ 的 L^2 投影, Q_b 为从 $L^2(e)$ 到 $P_0(e)$ 的 L^2 投影. 记投影算子 $Q_h : H^1(\Omega) \to V_h$, 使得在每个单元 $K \in \mathcal{T}_h$ 有

$$Q_h v = \{Q_0 v, Q_b v\}. \tag{9.12}$$

对于任意的 $w_h, v_h \in V_h$, 定义下列双线性形式:

$$a(w_h, v_h) = \sum_{K \in \mathcal{T}_h} (\boldsymbol{\kappa} \nabla_w w_h, \nabla_w v_h)_K, \tag{9.13}$$

$$s(w_h, v_h) = \sum_{K \in \mathcal{T}_h} h_K^{-1} \langle Q_b w_0 - w_b, Q_b v_0 - v_b \rangle_{\partial K}, \tag{9.14}$$

$$a_s(w_h, v_h) = a(w_h, v_h) + s(w_h, v_h). \tag{9.15}$$

对于二阶椭圆型 Dirichlet 边值问题 (9.7) (9.8), 相应的原始变量弱有限元格式为: 求 $u_h = \{u_0, u_b\} \in V_h^0$, 使得

$$a_s(u_h, v_h) = (f, v_0), \quad \forall v_h = \{v_0, v_b\} \in V_h^0. \tag{9.16}$$

注 9.1 在格式中添加稳定子 $s(u_h, v_h)$ 是为了保证数值解的弱连续性及稳定性.

9.2.1 适定性

为了证明弱有限元格式的适定性, 我们在 V_h 空间中定义如下半范数:

$$\||v\||^2 = a_s(v,v), \quad \forall v \in V_h. \tag{9.17}$$

引理 9.1　$\||\cdot\||$ 是 V_h^0 空间上的范数.

证明　令 $\||v\|| = 0$, 那么根据 $a_s(v,v)$ 的定义可以得到:

$$\nabla_w v = 0, \text{ 在 } K \in \mathcal{T}_h;$$
$$Q_b v_0 = v_b, \text{ 在 } e \subset \partial K.$$

对任意的 $\boldsymbol{q} \in [P_0(K)]^d$, 根据离散弱梯度的定义 (9.6), 分部积分以及投影算子 Q_b 的定义可以得到

$$\begin{aligned}
0 =& (\nabla_w v, \boldsymbol{q})_K \\
=& -(v_0, \nabla \cdot \boldsymbol{q})_K + \langle v_b, \boldsymbol{q} \cdot \boldsymbol{n} \rangle_{\partial K} \\
=& (\nabla v_0, \boldsymbol{q})_K - \langle Q_b v_0 - v_b, \boldsymbol{q} \cdot \boldsymbol{n} \rangle_{\partial K} \\
=& (\nabla v_0, \boldsymbol{q})_K.
\end{aligned}$$

在上式中取 $\boldsymbol{q} = \nabla v_0$ 可以得到, 在每个单元 K 上有 $\nabla v_0 = \boldsymbol{0}$. 因此, v_0 在每个单元 K 上是常数. 又 $v_0 = Q_b v_0 = v_b$, 故 v_0 在整个区域 Ω 上为一个常数. 再根据 $v_b|_{\partial\Omega} = 0$, 故 $v_0 = v_b = 0$. 引理得证.　□

引理 9.2　对任意的 $v, w \in V_h$, 有

$$|a_s(v,w)| \leqslant \||v\|| \, \||w\||,$$
$$a_s(v,v) = \||v\||^2.$$

定理 9.1　弱有限元数值格式 (9.16) 存在唯一解.

证明　由于方程组 (9.16) 中的未知数个数与方程的个数相等, 故解的存在性和唯一性等价. 证明解的唯一性等价于证明齐次问题 $f = 0$ 时只有零解. 当 $f = 0$ 时, 取 $v_h = u_h \in V_h^0$, 弱有限元格式 (9.16) 可写为

$$a_s(u_h, u_h) = \||u_h\||^2 = 0.$$

根据引理 9.1 可知, $\||\cdot\||$ 是 V_h^0 中的范数, 故 $u_h = 0$. 定理得证.　□

9.2.2　L^2 投影的误差估计

对 $K \in \mathcal{T}_h$, 记 $\mathbb{Q}_h$ 是从 $[L^2(K)]^d$ 到局部离散弱梯度空间 $[P_0(K)]^d$ 的 L^2 投影. 下面给出在弱有限元方法的误差估计中用到的一些重要不等式.

引理 9.3 (投影不等式)　假设 $\mathcal{T}_h$ 是区域 Ω 的形状正则剖分. 那么, 对于 $k = 0, 1$ 及任意的 $\phi \in H^{k+1}(\Omega)$ 有

$$\sum_{K \in \mathcal{T}_h} \|\phi - Q_0\phi\|_K^2 + \sum_{K \in \mathcal{T}_h} h_K^2 \|\nabla(\phi - Q_0\phi)\|_K^2 \leqslant Ch^{2(k+1)} \|\phi\|_{k+1}^2, \tag{9.18}$$

$$\sum_{K \in \mathcal{T}_h} \|\nabla \phi - \mathbb{Q}_h(\nabla \phi)\|_K^2 \leqslant Ch^2 \|\phi\|_2^2. \tag{9.19}$$

其中, C 是与网格尺寸 h 和估计中的函数 ϕ 无关的正常数.

9.2.3 H^1 误差估计

令 $u_h = \{u_0, u_b\}$ 是弱有限元数值格式 (9.16) 的数值解, u 是问题 (9.7) (9.8) 的精确解. 那么, 数值解 u_h 与精确解 u 的投影之间的误差记为

$$e_h = \{e_0, e_b\} = Q_h u - u_h = \{Q_0 u - u_0, Q_b u - u_b\}.$$

引理 9.4　在单元 $K \in \mathcal{T}_h$ 上, 有下列性质成立:

$$\nabla_w(Q_h \phi) = \mathbb{Q}_h(\nabla \phi), \quad \forall \phi \in H^1(K). \tag{9.20}$$

证明　对任意的 $\boldsymbol{q} \in [P_0(K)]^d$, 根据离散弱梯度的定义 (9.6), 分部积分以及投影算子 Q_h 和 $\mathbb{Q}_h$ 的定义可得,

$$\begin{aligned}
(\nabla_w(Q_h \phi), \boldsymbol{q})_K &= -(Q_0 \phi, \nabla \cdot \boldsymbol{q})_K + \langle Q_b \phi, \boldsymbol{q} \cdot \boldsymbol{n} \rangle_{\partial K} \\
&= -(\phi, \nabla \cdot \boldsymbol{q})_K + \langle \phi, \boldsymbol{q} \cdot \boldsymbol{n} \rangle_{\partial K} \\
&= (\nabla \phi, \boldsymbol{q})_K = (\mathbb{Q}_h(\nabla \phi), \boldsymbol{q})_K.
\end{aligned}$$

在上式中取 $\boldsymbol{q} = \nabla_w(Q_h \phi) - \mathbb{Q}_h(\nabla \phi)$ 便可得到 (9.20). 引理得证.　　□

引理 9.5　对于 $v = \{v_0, v_b\} \in V_h^0$, 我们有

$$\sum_{K \in \mathcal{T}_h} \|\nabla v_0\|_K^2 \leqslant C \|v\|^2. \tag{9.21}$$

证明　对于 $v = \{v_0, v_b\} \in V_h^0$, 根据离散弱梯度的定义 (9.6) 和投影算子 Q_b 的定义可以得到

$$\begin{aligned}
(\nabla_w v, \boldsymbol{q})_K &= -(v_0, \nabla \cdot \boldsymbol{q})_K + \langle v_b, \boldsymbol{q} \cdot \boldsymbol{n} \rangle_{\partial K} \\
&= (\nabla v_0, \boldsymbol{q})_K + \langle v_b - Q_b v_0, \boldsymbol{q} \cdot \boldsymbol{n} \rangle_{\partial K}, \quad \forall \boldsymbol{q} \in [P_0(K)]^d. \tag{9.22}
\end{aligned}$$

在 (9.22) 中令 $\boldsymbol{q} = \nabla v_0$ 可得

$$(\nabla_w v, \nabla v_0)_K = (\nabla v_0, \nabla v_0)_K + \langle v_b - Q_b v_0, \nabla v_0 \cdot \boldsymbol{n} \rangle_{\partial K}.$$

根据 Cauchy-Schwarz 不等式, 迹不等式 (6.77) 和逆不等式 (6.76) 可以得到

$$\|\nabla v_0\|_K^2 \leqslant \|\nabla_w v\|_K \|\nabla v_0\|_K + Ch_K^{-\frac{1}{2}} \|v_b - Q_b v_0\|_{\partial K} \|\nabla v_0\|_K.$$

因此, 我们有

$$\|\nabla v_0\|_K \leqslant C \left(\|\nabla_w v\|_K^2 + Ch_K^{-1}\|v_b - Q_b v_0\|_{\partial K}^2\right)^{\frac{1}{2}}.$$

对单元 K 进行求平方和可得 (9.21) 成立. 引理得证. □

引理 9.6 对任意的 $v \in V_h^0$, 误差 e_h 满足

$$a_s(e_h, v) = \ell_u(v) + s(Q_h u, v), \tag{9.23}$$

其中

$$\ell_u(v) = \sum_{K \in \mathcal{T}_h} \langle \boldsymbol{\kappa}(\nabla u - \mathbb{Q}_h \nabla u) \cdot \boldsymbol{n}, v_0 - v_b \rangle_{\partial K}. \tag{9.24}$$

证明 在方程 (9.7) 的两端与 $v = \{v_0, v_b\}$ 中的 v_0 作内积, 并利用分部积分可得:

$$\sum_{K \in \mathcal{T}_h} (\boldsymbol{\kappa} \nabla u, \nabla v_0)_K - \sum_{K \in \mathcal{T}_h} \langle \boldsymbol{\kappa} \nabla u \cdot \boldsymbol{n}, v_0 - v_b \rangle_{\partial K} = (f, v_0), \tag{9.25}$$

这里, 我们用到了 $\sum_{K \in \mathcal{T}_h} \langle v_b, \boldsymbol{\kappa} \nabla u \cdot \boldsymbol{n} \rangle_{\partial K} = 0$. 对于 $u \in H^2(\Omega)$ 和 $v \in V_h^0$, 根据 (9.20), 离散弱梯度的定义 (9.6), 分部积分和投影算子 $\mathbb{Q}_h$ 的定义可得:

$$\begin{aligned}
(\boldsymbol{\kappa} \nabla_w Q_h u, \nabla_w v)_K &= (\boldsymbol{\kappa} \mathbb{Q}_h(\nabla u), \nabla_w v)_K \\
&= -(v_0, \nabla \cdot (\boldsymbol{\kappa} \mathbb{Q}_h(\nabla u)))_K + \langle v_b, (\boldsymbol{\kappa} \mathbb{Q}_h(\nabla u)) \cdot \boldsymbol{n} \rangle_{\partial K} \\
&= (\nabla v_0, \boldsymbol{\kappa} \mathbb{Q}_h(\nabla u))_K - \langle v_0 - v_b, (\boldsymbol{\kappa} \mathbb{Q}_h(\nabla u)) \cdot \boldsymbol{n} \rangle_{\partial K} \\
&= (\nabla v_0, \boldsymbol{\kappa} \nabla u)_K - \langle v_0 - v_b, (\boldsymbol{\kappa} \mathbb{Q}_h(\nabla u)) \cdot \boldsymbol{n} \rangle_{\partial K}. \tag{9.26}
\end{aligned}$$

将 (9.25) 代入 (9.26) 中可得

$$\begin{aligned}
\sum_{K \in \mathcal{T}_h} (\boldsymbol{\kappa} \nabla_w Q_h u, \nabla_w v)_K &= (f, v_0) + \sum_{K \in \mathcal{T}_h} \langle \boldsymbol{\kappa}(\nabla u - \mathbb{Q}_h \nabla u) \cdot \boldsymbol{n}, v_0 - v_b \rangle_{\partial K} \\
&= (f, v_0) + \ell_u(v).
\end{aligned}$$

在上式两端添加稳定子 $s(Q_h u, v)$ 可得

$$a_s(Q_h u, v) = (f, v_0) + \ell_u(v) + s(Q_h u, v). \tag{9.27}$$

(9.27) 减去 (9.16) 可得

$$a_s(e_h, v) = \ell_u(v) + s(Q_h u, v).$$

引理得证. □

引理 9.7 对任意的 $w \in H^2(\Omega)$ 和 $v = \{v_0, v_b\} \in V_h$, 我们有

$$|\ell_w(v)| \leqslant Ch\|w\|_2 |||v|||, \tag{9.28}$$

$$|s(Q_h w, v)| \leqslant Ch\|w\|_2 |||v|||. \tag{9.29}$$

证明 根据 Cauchy-Schwarz 不等式, 迹不等式 (6.77) 和投影不等式 (9.19) 可得:

$$
\begin{aligned}
|\ell_w(v)| &= \left| \sum_{K \in \mathcal{T}_h} \langle \boldsymbol{\kappa}(\nabla w - \mathbb{Q}_h \nabla w) \cdot \boldsymbol{n}, v_0 - v_b \rangle_{\partial K} \right| \\
&\leqslant C \sum_{K \in \mathcal{T}_h} \|\boldsymbol{\kappa}(\nabla w - \mathbb{Q}_h \nabla w)\|_{\partial K} \|v_0 - v_b\|_{\partial K} \\
&\leqslant C \left(\sum_{K \in \mathcal{T}_h} h_K \|\boldsymbol{\kappa}(\nabla w - \mathbb{Q}_h \nabla w)\|_{\partial K}^2 \right)^{\frac{1}{2}} \left(\sum_{K \in \mathcal{T}_h} h_K^{-1} \|v_0 - v_b\|_{\partial K}^2 \right)^{\frac{1}{2}} \\
&\leqslant Ch\|w\|_2 \left(\sum_{K \in \mathcal{T}_h} h_K^{-1} \|v_0 - v_b\|_{\partial K}^2 \right)^{\frac{1}{2}}.
\end{aligned}
\tag{9.30}
$$

根据迹不等式 (6.77) 和投影不等式 (9.18) 可以得到

$$
\begin{aligned}
\|v_0 - v_b\|_{\partial K} &\leqslant \|v_0 - Q_b v_0\|_{\partial K} + \|Q_b v_0 - v_b\|_{\partial K} \\
&\leqslant Ch_K^{\frac{1}{2}} \|\nabla v_0\|_K + \|Q_b v_0 - v_b\|_{\partial K}.
\end{aligned}
$$

将上式代入估计 (9.30), 由引理 9.5 可以得到

$$
|\ell_w(v)| \leqslant Ch\|w\|_2 \left(\sum_{K \in \mathcal{T}_h} (\|\nabla v_0\|_K^2 + h_K^{-1} \|Q_b v_0 - v_b\|_{\partial K}^2) \right)^{\frac{1}{2}} \leqslant Ch\|w\|_2 \|\|v\|\|.
$$

关于估计 (9.29), 根据投影算子 Q_b 的定义, Cauchy-Schwarz 不等式, 迹不等式 (6.77) 和投影不等式 (9.18) 可得

$$
\begin{aligned}
|s(Q_h w, v)| &= \left| \sum_{K \in \mathcal{T}_h} h_K^{-1} \langle Q_b(Q_0 w) - Q_b w, Q_b v_0 - v_b \rangle_{\partial K} \right| \\
&= \left| \sum_{K \in \mathcal{T}_h} h_K^{-1} \langle Q_0 w - w, Q_b v_0 - v_b \rangle_{\partial K} \right| \\
&\leqslant C \left(\sum_{K \in \mathcal{T}_h} (h_K^{-2} \|Q_0 w - w\|_K^2 + \|\nabla(Q_0 w - w)\|_K^2) \right)^{\frac{1}{2}} \left(\sum_{K \in \mathcal{T}_h} h_K^{-1} \|Q_b v_0 - v_b\|_{\partial K}^2 \right)^{\frac{1}{2}} \\
&\leqslant Ch\|w\|_2 \|\|v\|\|.
\end{aligned}
$$

引理得证. $\qquad\square$

定理 9.2 假设精确解 $u \in H^2(\Omega)$, 那么存在正常数 C 使得

$$
\|\|u_h - Q_h u\|\| \leqslant Ch\|u\|_2.
\tag{9.31}
$$

证明 在误差方程 (9.23) 中令 $v = e_h$ 可以得到

$$
\|\|e_h\|\|^2 = \ell_u(e_h) + s(Q_h u, e_h).
\tag{9.32}
$$

再根据引理 9.7 可以得到

$$
\|\|e_h\|\| \leqslant Ch\|u\|_2.
$$

定理得证. $\qquad\square$

9.2.4 L^2 误差估计

本节给出弱有限元解 u_h 和精确解 u 之间的 L^2 误差估计. 我们主要通过对偶技巧来估计 L^2 误差. 考虑下列对偶问题: 求 $\Phi \in H_0^1(\Omega) \cap H^2(\Omega)$ 满足

$$-\nabla \cdot (\boldsymbol{\kappa} \nabla \Phi) = e_0, \ 在 \ \Omega. \tag{9.33}$$

假设上述对偶问题有 H^2 正则性, 即存在正常数 C 使得

$$\|\Phi\|_2 \leqslant C\|e_0\|. \tag{9.34}$$

定理 9.3　假设 $u_h \in V_h$ 是弱有限元数值解, 精确解 $u \in H^2(\Omega)$, 那么存在一个正常数 C 使得

$$\|u - u_0\| \leqslant Ch^2 \|u\|_2. \tag{9.35}$$

证明　在方程 (9.33) 两端与 e_0 作内积, 并利用分部积分可得

$$
\begin{aligned}
\|e_0\|^2 &= -(\nabla \cdot (\boldsymbol{\kappa} \nabla \Phi), e_0) \\
&= \sum_{K \in \mathcal{T}_h} (\boldsymbol{\kappa} \nabla \Phi, \nabla e_0)_K - \sum_{K \in \mathcal{T}_h} \langle \boldsymbol{\kappa} \nabla \Phi \cdot \boldsymbol{n}, e_0 - e_b \rangle_{\partial K},
\end{aligned} \tag{9.36}
$$

这里我们用到了 $\sum_{K \in \mathcal{T}_h} \langle \boldsymbol{\kappa} \nabla \Phi \cdot \boldsymbol{n}, e_b \rangle_{\partial K} = 0$. 在 (9.26) 中, 令 $u = \Phi$ 和 $v = e_h$ 得到

$$(\boldsymbol{\kappa} \nabla_w Q_h \Phi, \nabla_w e_h)_K = (\boldsymbol{\kappa} \nabla \Phi, \nabla e_0)_K - \langle \boldsymbol{\kappa} \mathbb{Q}_h(\nabla \Phi) \cdot \boldsymbol{n}, e_0 - e_b \rangle_{\partial K}. \tag{9.37}$$

将 (9.37) 代入 (9.36) 可以得到

$$
\begin{aligned}
\|e_0\|^2 &= \sum_{K \in \mathcal{T}_h} (\boldsymbol{\kappa} \nabla_w Q_h \Phi, \nabla_w e_h)_K + \sum_{K \in \mathcal{T}_h} \langle \boldsymbol{\kappa} (\mathbb{Q}_h(\nabla \Phi) - \nabla \Phi) \cdot \boldsymbol{n}, e_0 - e_b \rangle_{\partial K} \\
&= \sum_{K \in \mathcal{T}_h} (\boldsymbol{\kappa} \nabla_w Q_h \Phi, \nabla_w e_h)_K - \ell_\Phi(e_h).
\end{aligned} \tag{9.38}
$$

根据误差方程 (9.23) 可知

$$\sum_{K \in \mathcal{T}_h} (\boldsymbol{\kappa} \nabla_w e_h, \nabla_w Q_h \Phi)_K = \ell_u(Q_h \Phi) + s(Q_h u, Q_h \Phi) - s(e_h, Q_h \Phi). \tag{9.39}$$

由 (9.38) (9.39) 可得

$$\|e_0\|^2 = \ell_u(Q_h \Phi) + s(Q_h u, Q_h \Phi) - s(e_h, Q_h \Phi) - \ell_\Phi(e_h). \tag{9.40}$$

接下来估计 (9.40) 的每一项. 根据三角不等式可得

$$\left|\ell_u(Q_h \Phi)\right| = \left| \sum_{K \in \mathcal{T}_h} \langle \boldsymbol{\kappa} (\nabla u - \mathbb{Q}_h \nabla u) \cdot \boldsymbol{n}, Q_0 \Phi - Q_b \Phi \rangle_{\partial K} \right|$$

$$
\leqslant \left| \sum_{K \in \mathcal{T}_h} \langle \boldsymbol{\kappa} \left(\nabla u - \mathbb{Q}_h \nabla u \right) \cdot \boldsymbol{n}, Q_0 \Phi - \Phi \rangle_{\partial K} \right| +
$$

$$
\left| \sum_{K \in \mathcal{T}_h} \langle \boldsymbol{\kappa} \left(\nabla u - \mathbb{Q}_h \nabla u \right) \cdot \boldsymbol{n}, \Phi - Q_b \Phi \rangle_{\partial K} \right|. \tag{9.41}
$$

使用投影算子 Q_b 的定义和在 $\partial \Omega$ 上 $\Phi = 0$ 可以得到

$$
\sum_{K \in \mathcal{T}_h} \langle \boldsymbol{\kappa} \left(\nabla u - \mathbb{Q}_h \nabla u \right) \cdot \boldsymbol{n}, \Phi - Q_b \Phi \rangle_{\partial K} = \sum_{K \in \mathcal{T}_h} \langle \boldsymbol{\kappa} \nabla u \cdot \boldsymbol{n}, \Phi - Q_b \Phi \rangle_{\partial K} = 0. \tag{9.42}
$$

根据迹不等式 (6.77) 和投影不等式 (9.18) (9.19) 可得

$$
\left(\sum_{K \in \mathcal{T}_h} \| Q_0 \Phi - \Phi \|_{\partial K}^2 \right)^{\frac{1}{2}} \leqslant C h^{\frac{3}{2}} \| \Phi \|_2, \tag{9.43}
$$

和

$$
\left(\sum_{K \in \mathcal{T}_h} \| \boldsymbol{\kappa} \left(\nabla u - \mathbb{Q}_h \nabla u \right) \|_{\partial K}^2 \right)^{\frac{1}{2}} \leqslant C h^{\frac{1}{2}} \| u \|_2. \tag{9.44}
$$

根据 Cauchy-Schwarz 不等式和上述两个估计可以得到

$$
\left| \sum_{K \in \mathcal{T}_h} \langle \boldsymbol{\kappa} \left(\nabla u - \mathbb{Q}_h \nabla u \right) \cdot \boldsymbol{n}, Q_0 \Phi - \Phi \rangle_{\partial K} \right|
$$

$$
\leqslant C \left(\sum_{K \in \mathcal{T}_h} \| \boldsymbol{\kappa} \left(\nabla u - \mathbb{Q}_h \nabla u \right) \|_{\partial K}^2 \right)^{\frac{1}{2}} \left(\sum_{K \in \mathcal{T}_h} \| Q_0 \Phi - \Phi \|_{\partial K}^2 \right)^{\frac{1}{2}}
$$

$$
\leqslant C h^2 \| u \|_2 \| \Phi \|_2. \tag{9.45}
$$

再结合 (9.42) 和 (9.45) 可以得到

$$
| \ell_u \left(Q_h \Phi \right) | \leqslant C h^2 \| u \|_2 \| \Phi \|_2. \tag{9.46}
$$

类似地, 根据投影算子 Q_b 的定义, 迹不等式 (6.77) 和投影不等式 (9.18) 可得

$$
| s \left(Q_h u, Q_h \Phi \right) | \leqslant \left| \sum_{K \in \mathcal{T}_h} h_K^{-1} \langle Q_b \left(Q_0 u \right) - Q_b u, Q_b \left(Q_0 \Phi \right) - Q_b \Phi \rangle_{\partial K} \right|
$$

$$
\leqslant \sum_{K \in \mathcal{T}_h} h_K^{-1} \| Q_b \left(Q_0 u - u \right) \|_{\partial K} \| Q_b \left(Q_0 \Phi - \Phi \right) \|_{\partial K}
$$

$$
\leqslant \sum_{K \in \mathcal{T}_h} h_K^{-1} \| Q_0 u - u \|_{\partial K} \| Q_0 \Phi - \Phi \|_{\partial K}
$$

$$
\leqslant C \left(\sum_{K \in \mathcal{T}_h} h_K^{-1} \| Q_0 u - u \|_{\partial K}^2 \right)^{\frac{1}{2}} \left(\sum_{K \in \mathcal{T}_h} h_K^{-1} \| Q_0 \Phi - \Phi \|_{\partial K}^2 \right)^{\frac{1}{2}}
$$

$$
\leqslant C h^2 \| u \|_2 \| \Phi \|_2. \tag{9.47}
$$

根据估计 (9.29) 和 (9.31) 可得

$$|s(e_h, Q_h\Phi)| \leqslant Ch\|\Phi\|_2\|\|e_h\|\| \leqslant Ch^2\|u\|_2\|\Phi\|_2. \tag{9.48}$$

类似地, 根据估计 (9.28) 和 (9.31) 可得

$$|\ell_\Phi(e_h)| \leqslant Ch^2\|u\|_2\|\Phi\|_2. \tag{9.49}$$

现在将估计 (9.46)—(9.49) 代入 (9.40) 可得

$$\|e_0\|^2 \leqslant Ch^2\|u\|_2\|\Phi\|_2. \tag{9.50}$$

再结合 H^2 正则性估计 (9.34) 和三角不等式可以得到估计 (9.35). 定理得证. □

9.3 无稳定子弱有限元数值格式

本节给出求解二阶椭圆型问题 (9.7) (9.8) 的无稳定子弱有限元数值格式. 无稳定子弱有限元方法 [34], 通过提高弱梯度算子值域空间中多项式的次数, 去掉了数值格式中的稳定子, 简化了数值格式.

在有限元剖分 $\mathcal{T}_h$ 上定义下列弱有限元空间 V_h

$$V_h = \{v_h = \{v_0, v_b\} : v_0|_K \in P_1(K), v_b|_e \in P_1(e), \forall e \subset \partial K, K \in \mathcal{T}_h\}.$$

那么, 含有齐次边界条件的弱有限元空间可定义为

$$V_h^0 = \{v_h : v_h \in V_h, v_b|_e = 0, e \subset \partial\Omega\}.$$

在无稳定子弱有限元法中, 我们将弱函数 v 的离散弱梯度的定义延伸至 $V_h + H^1(\Omega)$.

定义 9.4 对任意的 $v \in V_h + H^1(\Omega)$, 在每个单元 $K \in \mathcal{T}_h$ 定义离散弱梯度 $(\nabla_w v)|_K \in [P_j(K)]^d (j > 1)$, 满足

$$(\nabla_w v, \boldsymbol{q})_K = -(v_0, \nabla \cdot \boldsymbol{q})_K + \langle v_b, \boldsymbol{q} \cdot \boldsymbol{n} \rangle_{\partial K}, \quad \forall \boldsymbol{q} \in [P_j(K)]^d. \tag{9.51}$$

在下一小节的证明中可以看到, 弱梯度的次数可以选取为 $j = n$, 这里 n 表示多边形单元的边数或多面体单元的面数.

对于 $K \in \mathcal{T}_h$, 记 Q_0 为从 $L^2(K)$ 到 $P_1(K)$ 的 L^2 投影, Q_b 为从 $L^2(e)$ 到 $P_1(e)$ 的 L^2 投影. 记投影算子 $Q_h : H^1(\Omega) \to V_h$, 使得在每个单元 $K \in \mathcal{T}_h$, 有

$$Q_h v = \{Q_0 v, Q_b v\}. \tag{9.52}$$

因此, 对于二阶椭圆型 Dirichlet 边值问题 (9.7) (9.8), 相应的无稳定子弱有限元数值格式为: 求 $u_h = \{u_0, u_b\} \in V_h^0$ 满足方程

$$\sum_{K \in \mathcal{T}_h} (\boldsymbol{\kappa} \nabla_w u_h, \nabla_w v)_K = \sum_{K \in \mathcal{T}_h} (f, v_0)_K, \quad \forall v_h = \{v_0, v_b\} \in V_h^0. \tag{9.53}$$

9.3.1 适定性

对于任意的 $v \in V_h + H^1(\Omega)$, 定义下列半范数:

$$|||v|||^2 = \sum_{K \in \mathcal{T}_h} (\boldsymbol{\kappa} \nabla_w v, \nabla_w v)_K. \tag{9.54}$$

引理 9.8 设 K 是一个直径为 h_K 的凸多边形或凸多面体, 边数或面数为 n, 记 $e, e_2, \cdots, e_n$ 为它的边. 对于任意给定的多项式函数 $q_0 \in P_1(e)$, 定义多项式 $q = \lambda_2 \lambda_3 \cdots \lambda_n q^* \in P_n(K)$, 且满足

$$\langle q - q_0, p \rangle_e = 0, \quad \forall p \in P_1(e), \tag{9.55}$$

$$(q, r)_K = 0, \quad \forall r \in P_0(K), \tag{9.56}$$

其中, $\lambda_i \in P_1(K)$ 在 e_i $(i = 2, 3, \cdots, n)$ 上为 0, 并假设在 e 的重心处值为 1, $q^* \in P_1(K)$, 则存在与单元 K 和 q_0 无关的常数 C, 使得以下估计成立

$$\|q\|_K \leqslant C h_K^{\frac{1}{2}} \|q_0\|_e.$$

引理 9.9 对任意的 $v = \{v_0, v_b\} \in V_h$ 和单元 $K \in \mathcal{T}_h$, 存在正常数 C 使得如下不等式成立

$$\|v_b - v_0\|_{\partial K}^2 \leqslant C h_K \|\nabla_w v\|_K^2. \tag{9.57}$$

证明 对任意 $v = \{v_0, v_b\} \in V_h$, 根据弱梯度的定义 (9.51) 和分部积分, 可以得到

$$(\nabla_w v, \boldsymbol{q})_K = (\nabla v_0, \boldsymbol{q})_K + \langle v_b - v_0, \boldsymbol{q} \cdot \boldsymbol{n} \rangle_{\partial K}, \quad \forall \boldsymbol{q} \in [P_j(K)]^d. \tag{9.58}$$

由引理 9.8 知存在 $\boldsymbol{q}_0 \in [P_n(K)]^d$, 满足

$$(\nabla v_0, \boldsymbol{q}_0)_K = 0, \quad \langle v_b - v_0, \boldsymbol{q}_0 \cdot \boldsymbol{n} \rangle_{\partial K \backslash e} = 0, \quad \langle v_b - v_0, \boldsymbol{q}_0 \cdot \boldsymbol{n} \rangle_e = \|v_0 - v_b\|_e^2,$$

和

$$\|\boldsymbol{q}_0\|_K \leqslant C h_K^{\frac{1}{2}} \|v_b - v_0\|_e. \tag{9.59}$$

在 (9.58) 取 $\boldsymbol{q} = \boldsymbol{q}_0$, 有

$$(\nabla_w v, \boldsymbol{q}_0)_K = \|v_b - v_0\|_e^2.$$

由 Cauchy-Schwarz 不等式和 (9.59) 可得

$$\|v_b - v_0\|_e^2 \leqslant C \|\nabla_w v\|_K \|\boldsymbol{q}_0\|_K \leqslant C h_K^{\frac{1}{2}} \|\nabla_w v\|_K \|v_0 - v_b\|_e,$$

这表明

$$h_K^{-\frac{1}{2}} \|v_0 - v_b\|_{\partial K} \leqslant C \|\nabla_w v\|_K. \tag{9.60}$$

引理得证.　□

从上述引理的证明中可以看出, 为了确保估计 (9.57) 成立, 我们选取弱梯度的次数为 $j = n = d + 1$.

引理 9.10　$\|\!|\!| \cdot |\!|\!\|$ 是 V_h^0 空间上的范数.

证明　假设 $v \in V_h^0$ 且 $\|\!|\!| v |\!|\!\| = 0$. 根据 $\|\!|\!| \cdot |\!|\!\|$ 的定义可得

$$\|\!|\!| v |\!|\!\|^2 = \sum_{K \in \mathcal{T}_h} (\boldsymbol{\kappa} \nabla_w v, \nabla_w v)_K = 0,$$

即

$$\nabla_w v|_K = 0. \tag{9.61}$$

根据估计 (9.57) 可得

$$\|v_0 - v_b\|_{\partial K} = 0. \tag{9.62}$$

对任意的单元 $K \in \mathcal{T}_h$ 和 $\boldsymbol{q} \in [P_n(K)]^d$, 根据 (9.58) 和 (9.61) (9.62) 可得

$$(\nabla v_0, \boldsymbol{q})_K = (\nabla_w v, \boldsymbol{q})_K + \langle v_0 - v_b, \boldsymbol{q} \cdot \boldsymbol{n} \rangle_{\partial K} = 0.$$

取 $\boldsymbol{q} = \nabla v_0$ 可得

$$\|\nabla v_0\|_K = 0.$$

这意味着 v_0 在每个单元 $K \in \mathcal{T}_h$ 上是一个常数. 又因为 v_b 在边界 $\partial\Omega$ 上为 0. 再结合 (9.62) 可得, 在整个区域 Ω 上有 $v_0 = v_b = 0$. 引理得证.　□

引理 9.11　无稳定子弱有限元数值格式 (9.53) 存在唯一解.

9.3.2　H^1 误差估计

令 $u_h = \{u_0, u_b\}$ 是弱有限元数值格式 (9.53) 的数值解, u 为问题 (9.7) (9.8) 的精确解. 那么数值解 u_h 与精确解 u 之间的误差 e_h 记为

$$e_h = \{e_0, e_b\} = u - u_h = \{u - u_0, u - u_b\}.$$

另外, 记 $\varepsilon_h = Q_h u - u_h$, 那么误差 e_h 可记为

$$e_h = (u - Q_h u) + \varepsilon_h.$$

引理 9.12　在单元 $K \in \mathcal{T}_h$ 上, 记 $\mathbb{Q}_h$ 是到局部离散弱梯度空间 $[P_n(K)]^d$ 的 L^2

投影, 则有下列性质成立

$$\nabla_w \phi = \mathbb{Q}_h \nabla \phi, \quad \forall \phi \in H^1(K). \tag{9.63}$$

证明 对任意 $\boldsymbol{q} \in [P_n(K)]^d$, 根据 (9.58), 可以得到

$$(\nabla_w \phi, \boldsymbol{q})_K = (\nabla \phi, \boldsymbol{q})_K = (\mathbb{Q}_h \nabla \phi, \boldsymbol{q})_K,$$

在上式中取 $\boldsymbol{q} = \nabla_w \phi - \mathbb{Q}_h \nabla \phi$ 可得式 (9.63) 成立. $\qquad\square$

引理 9.13 对任意的 $v \in V_h^0$, 误差 e_h 满足

$$\sum_{K \in \mathcal{T}_h} (\boldsymbol{\kappa} \nabla_w e_h, \nabla_w v)_K = \ell_u(v), \tag{9.64}$$

其中

$$\ell_u(v) = \sum_{K \in \mathcal{T}_h} \langle \boldsymbol{\kappa} \left(\nabla u - \mathbb{Q}_h \nabla u \right) \cdot \boldsymbol{n}, v_0 - v_b \rangle_{\partial K}.$$

证明 在方程 (9.7) 的两端与 $v = \{v_0, v_b\}$ 中的 v_0 作内积, 并利用分部积分可得

$$\sum_{K \in \mathcal{T}_h} (\boldsymbol{\kappa} \nabla u, \nabla v_0)_K - \sum_{K \in \mathcal{T}_h} \langle \boldsymbol{\kappa} \nabla u \cdot \boldsymbol{n}, v_0 - v_b \rangle_{\partial K} = \sum_{K \in \mathcal{T}_h} (f, v_0)_K. \tag{9.65}$$

这里我们用到 $\sum_{K \in \mathcal{T}_h} \langle \boldsymbol{\kappa} \nabla u \cdot \boldsymbol{n}, v_b \rangle_{\partial K} = 0$. 根据 (9.63), 分部积分和弱梯度的定义 (9.51) 可得

$$
\begin{aligned}
\sum_{K \in \mathcal{T}_h} (\boldsymbol{\kappa} \nabla u, \nabla v_0)_K &= \sum_{K \in \mathcal{T}_h} (\boldsymbol{\kappa} \mathbb{Q}_h \nabla u, \nabla v_0)_K \\
&= \sum_{K \in \mathcal{T}_h} -(v_0, \nabla \cdot (\boldsymbol{\kappa} \mathbb{Q}_h \nabla u))_K + \sum_{K \in \mathcal{T}_h} \langle v_0, \boldsymbol{\kappa} \mathbb{Q}_h \nabla u \cdot \boldsymbol{n} \rangle_{\partial K} \\
&= \sum_{K \in \mathcal{T}_h} (\boldsymbol{\kappa} \mathbb{Q}_h \nabla u, \nabla_w v)_K + \sum_{K \in \mathcal{T}_h} \langle v_0 - v_b, \boldsymbol{\kappa} \mathbb{Q}_h \nabla u \cdot \boldsymbol{n} \rangle_{\partial K} \\
&= \sum_{K \in \mathcal{T}_h} (\boldsymbol{\kappa} \nabla_w u, \nabla_w v)_K + \sum_{K \in \mathcal{T}_h} \langle v_0 - v_b, \boldsymbol{\kappa} \mathbb{Q}_h \nabla u \cdot \boldsymbol{n} \rangle_{\partial K}
\end{aligned} \tag{9.66}
$$

结合 (9.65) 和 (9.66) 可以得到

$$\sum_{K \in \mathcal{T}_h} (\boldsymbol{\kappa} \nabla_w u, \nabla_w v)_K = \sum_{K \in \mathcal{T}_h} (f, v_0)_K + \ell_u(v). \tag{9.67}$$

(9.67) 减去数值格式 (9.53) 得到

$$\sum_{K \in \mathcal{T}_h} (\boldsymbol{\kappa} \nabla_w e_h, \nabla_w v)_K = \ell_u(v), \quad \forall v \in V_h^0.$$

引理得证. $\qquad\square$

引理 9.14 对任意的 $w \in H^2(\Omega)$ 和 $v = \{v_0, v_b\} \in V_h^0$, 有下列估计成立

$$|\ell_w(v)| \leqslant Ch\|w\|_2\|v\|.\tag{9.68}$$

证明 根据 Cauchy-Schwarz 不等式, 迹不等式 (6.77), 投影不等式 (9.19) 和估计 (9.57), 我们有

$$\begin{aligned}
|\ell_w(v)| &= \left| \sum_{K \in \mathcal{T}_h} \langle \boldsymbol{\kappa}\left(\nabla w - \mathbb{Q}_h \nabla w\right) \cdot \boldsymbol{n}, v_0 - v_b\rangle_{\partial K} \right| \\
&\leqslant C \sum_{K \in \mathcal{T}_h} \|\nabla w - \mathbb{Q}_h \nabla w\|_{\partial K} \|v_0 - v_b\|_{\partial K} \\
&\leqslant C \left(\sum_{K \in \mathcal{T}_h} h_K \|\nabla w - \mathbb{Q}_h \nabla w\|_{\partial K}^2 \right)^{\frac{1}{2}} \left(\sum_{K \in \mathcal{T}_h} h_K^{-1} \|v_0 - v_b\|_{\partial K}^2 \right)^{\frac{1}{2}} \\
&\leqslant Ch\|w\|_2\|v\|.
\end{aligned}$$

引理得证. □

引理 9.15 对任意的 $w \in H^2(\Omega)$, 存在正常数 C 使得下列估计成立

$$\|w - Q_h w\| \leqslant Ch\|w\|_2.\tag{9.69}$$

证明 对任意的 $\boldsymbol{q} \in [P_n(K)]^d$, 根据弱梯度的定义 (9.51), 分部积分, 迹不等式 (6.77) 和逆不等式 (6.76) 可得

$$\begin{aligned}
\left(\nabla_w\left(w - Q_h w\right), \boldsymbol{q}\right)_K &= -\left(w - Q_0 w, \nabla \cdot \boldsymbol{q}\right)_K + \langle w - Q_b w, \boldsymbol{q} \cdot \boldsymbol{n}\rangle_{\partial K} \\
&= \left(\nabla\left(w - Q_0 w\right), \boldsymbol{q}\right)_K + \langle Q_0 w - Q_b w, \boldsymbol{q} \cdot \boldsymbol{n}\rangle_{\partial K} \\
&\leqslant C \|\nabla\left(w - Q_0 w\right)\|_K \|\boldsymbol{q}\|_K + Ch_K^{-\frac{1}{2}} \|w - Q_0 w\|_{\partial K} \|\boldsymbol{q}\|_K \\
&\leqslant Ch\|w\|_{2,K}\|\boldsymbol{q}\|_K.
\end{aligned}$$

在上式中令 $\boldsymbol{q} = \nabla_w\left(w - Q_h w\right)$ 并对 K 求和可得

$$\|w - Q_h w\| \leqslant Ch\|w\|_2.$$

引理得证. □

定理 9.4 假设精确解 $u \in H^2(\Omega)$, 那么存在正常数 C 使得

$$\|u - u_h\| \leqslant Ch\|u\|_2.\tag{9.70}$$

证明 根据 $\|\cdot\|$ 的定义可得

$$\begin{aligned}
\|e_h\|^2 &= \sum_{K \in \mathcal{T}_h} \left(\boldsymbol{\kappa}\nabla_w e_h, \nabla_w e_h\right)_K \\
&= \sum_{K \in \mathcal{T}_h} \left(\boldsymbol{\kappa}(\nabla_w u - \nabla_w u_h), \nabla_w e_h\right)_K
\end{aligned}$$

$$= \sum_{K \in \mathcal{T}_h} (\boldsymbol{\kappa}(\nabla_w Q_h u - \nabla_w u_h), \nabla_w e_h)_K + \sum_{K \in \mathcal{T}_h} (\boldsymbol{\kappa}(\nabla_w u - \nabla_w Q_h u), \nabla_w e_h)_K$$

$$= \sum_{K \in \mathcal{T}_h} (\boldsymbol{\kappa}\nabla_w e_h, \nabla_w \varepsilon_h)_K + \sum_{K \in \mathcal{T}_h} (\boldsymbol{\kappa}(\nabla_w u - \nabla_w Q_h u), \nabla_w e_h)_K. \tag{9.71}$$

接下来我们估计 (9.71) 的每一项. 在误差方程 (9.64) 中令 $v = \varepsilon_h \in V_h^0$ 并根据估计 (9.68)—(9.69) 和 Young 不等式可得

$$\left| \sum_{K \in \mathcal{T}_h} (\boldsymbol{\kappa}\nabla_w e_h, \nabla_w \varepsilon_h)_K \right| = |\ell_u(\varepsilon_h)|$$

$$\leqslant Ch\|u\|_2 \|\|\varepsilon_h\|\|$$

$$\leqslant Ch\|u\|_2 \|\|Q_h u - u_h\|\|$$

$$\leqslant Ch\|u\|_2 \left(\|\|Q_h u - u\|\| + \|\|u - u_h\|\| \right)$$

$$\leqslant Ch^2 \|u\|_2^2 + \frac{1}{4} \|\|e_h\|\|^2. \tag{9.72}$$

类似地, 根据估计 (9.69) 和 Young 不等式可得

$$\left| \sum_{K \in \mathcal{T}_h} (\boldsymbol{\kappa}(\nabla_w u - \nabla_w Q_h u), \nabla_w e_h)_K \right| \leqslant C \|\|u - Q_h u\|\| \, \|\|e_h\|\|$$

$$\leqslant Ch^2 \|u\|_2^2 + \frac{1}{4} \|\|e_h\|\|^2. \tag{9.73}$$

结合估计 (9.71)—(9.73) 可得

$$\|\|e_h\|\| \leqslant Ch\|u\|_2.$$

定理得证. □

9.3.3　L^2 误差估计

接下来我们使用对偶方法来得到 L^2 误差估计. 考虑下列对偶问题: 求 $\Phi \in H_0^1(\Omega) \cap H^2(\Omega)$, 使得

$$-\nabla \cdot (\boldsymbol{\kappa}\nabla\Phi) = \varepsilon_0, \ \text{在} \ \Omega \ \text{上}. \tag{9.74}$$

假设上述对偶问题有 H^2 正则性, 即存在常数 C 使得

$$\|\Phi\|_2 \leqslant C \, \|\varepsilon_0\|. \tag{9.75}$$

定理 9.5　假设 $u_h \in V_h$ 是弱有限元数值解, 精确解 $u \in H^2(\Omega)$. 那么存在正常数 C 使得

$$\|u - u_0\| \leqslant Ch^2 \|u\|_2. \tag{9.76}$$

证明　在方程 (9.74) 两端与 ε_0 作内积, 并结合 $\sum\limits_{K\in\mathcal{T}_h}\langle\boldsymbol{\kappa}\nabla\Phi\cdot\boldsymbol{n},\varepsilon_b\rangle_{\partial K}=0$ 可以得到

$$\|\varepsilon_0\|^2 = -\left(\nabla\cdot(\boldsymbol{\kappa}\nabla\Phi),\varepsilon_0\right)$$
$$= \sum_{K\in\mathcal{T}_h}(\boldsymbol{\kappa}\nabla\Phi,\nabla\varepsilon_0)_K - \sum_{K\in\mathcal{T}_h}\langle\boldsymbol{\kappa}\nabla\Phi\cdot\boldsymbol{n},\varepsilon_0-\varepsilon_b\rangle_{\partial K}. \tag{9.77}$$

在 (9.66) 中令 $u=\Phi$, $v=\varepsilon_h$ 得到

$$\sum_{K\in\mathcal{T}_h}(\boldsymbol{\kappa}\nabla\Phi,\nabla\varepsilon_0)_K = \sum_{K\in\mathcal{T}_h}(\boldsymbol{\kappa}\nabla_w\Phi,\nabla_w\varepsilon_h)_K + \sum_{K\in\mathcal{T}_h}\langle\boldsymbol{\kappa}\mathbb{Q}_h\nabla\Phi\cdot\boldsymbol{n},\varepsilon_0-\varepsilon_b\rangle_{\partial K}. \tag{9.78}$$

将 (9.78) 代入 (9.77) 可得

$$\|\varepsilon_0\|^2 = \sum_{K\in\mathcal{T}_h}(\boldsymbol{\kappa}\nabla_w\varepsilon_h,\nabla_w\Phi)_K - \sum_{K\in\mathcal{T}_h}\langle\boldsymbol{\kappa}\left(\nabla\Phi-\mathbb{Q}_h\nabla\Phi\right)\cdot\boldsymbol{n},\varepsilon_0-\varepsilon_b\rangle_{\partial K}$$
$$= \sum_{K\in\mathcal{T}_h}(\boldsymbol{\kappa}\nabla_w e_h,\nabla_w\Phi)_K + \sum_{K\in\mathcal{T}_h}(\boldsymbol{\kappa}\nabla_w(Q_hu-u),\nabla_w\Phi)_K - \ell_\Phi(\varepsilon_h)$$
$$= \sum_{K\in\mathcal{T}_h}(\boldsymbol{\kappa}\nabla_w e_h,\nabla_w Q_h\Phi)_K + \sum_{K\in\mathcal{T}_h}(\boldsymbol{\kappa}\nabla_w e_h,\nabla_w(\Phi-Q_h\Phi))_K +$$
$$\sum_{K\in\mathcal{T}_h}(\boldsymbol{\kappa}\nabla_w(Q_hu-u),\nabla_w\Phi)_K - \ell_\Phi(\varepsilon_h)$$
$$= \ell_u(Q_h\Phi) + \sum_{K\in\mathcal{T}_h}(\boldsymbol{\kappa}\nabla_w e_h,\nabla_w(\Phi-Q_h\Phi))_K +$$
$$\sum_{K\in\mathcal{T}_h}(\boldsymbol{\kappa}\nabla_w(Q_hu-u),\nabla_w\Phi)_K - \ell_\Phi(\varepsilon_h)$$
$$= I_1 + I_2 + I_3 + I_4. \tag{9.79}$$

接下来, 我们估计 (9.79) 右端的每一项. 根据 Cauchy-Schwarz 不等式, 迹不等式 (6.77), 投影算子 Q_h 和 $\mathbb{Q}_h$ 的定义以及投影不等式 (9.19) 可得

$$I_1 = |\ell_u(Q_h\Phi)|$$
$$\leqslant \left|\sum_{K\in\mathcal{T}_h}\langle\boldsymbol{\kappa}\left(\nabla u-\mathbb{Q}_h\nabla u\right)\cdot\boldsymbol{n},Q_0\Phi-Q_b\Phi\rangle_{\partial K}\right|$$
$$\leqslant C\left(\sum_{K\in\mathcal{T}_h}\|\nabla u-\mathbb{Q}_h\nabla u\|_{\partial K}^2\right)^{\frac12}\left(\sum_{K\in\mathcal{T}_h}\|Q_0\Phi-Q_b\Phi\|_{\partial K}^2\right)^{\frac12}$$
$$\leqslant C\left(\sum_{K\in\mathcal{T}_h}h_K\|\nabla u-\mathbb{Q}_h\nabla u\|_{\partial K}^2\right)^{\frac12}\left(\sum_{K\in\mathcal{T}_h}h_K^{-1}\|Q_0\Phi-\Phi\|_{\partial K}^2\right)^{\frac12}$$
$$\leqslant Ch^2\|u\|_2\|\Phi\|_2.$$

由估计 (9.69) 和 (9.70) 可得

$$I_2 = \left| \sum_{K \in \mathcal{T}_h} \left(\boldsymbol{\kappa} \nabla_w e_h, \nabla_w \left(\Phi - Q_h \Phi \right) \right)_K \right|$$

$$\leqslant C \||e_h\|| \, \||\Phi - Q_h \Phi\||$$

$$\leqslant C h^2 \|u\|_2 \|\Phi\|_2.$$

为了估计 I_3, 我们定义 R_h 为从 $[L^2(K)]^d$ 到 $[P_1(K)]^d$ 的 L^2 投影算子. 根据弱梯度的定义 (9.51) 可得

$$\left(\boldsymbol{\kappa} \nabla_w \left(Q_h u - u \right), R_h \nabla \Phi \right)_K = - \left(Q_0 u - u, \nabla \cdot \left(\boldsymbol{\kappa} R_h \nabla \Phi \right) \right)_K + \langle Q_b u - u, \boldsymbol{\kappa} R_h \nabla \Phi \cdot \boldsymbol{n} \rangle_{\partial K}$$

$$= 0.$$

结合上式和估计 (9.69), 投影算子 R_h 的定义以及投影不等式 (9.19), 我们有

$$I_3 = \left| \sum_{K \in \mathcal{T}_h} \left(\boldsymbol{\kappa} \nabla_w \left(Q_h u - u \right), \nabla_w \Phi \right)_K \right|$$

$$= \left| \sum_{K \in \mathcal{T}_h} \left(\boldsymbol{\kappa} \nabla_w \left(Q_h u - u \right), \nabla_w \Phi - R_h \nabla \Phi \right)_K \right|$$

$$= \left| \sum_{K \in \mathcal{T}_h} \left(\boldsymbol{\kappa} \nabla_w \left(Q_h u - u \right), \nabla \Phi - R_h \nabla \Phi \right)_K \right|$$

$$\leqslant C h^2 \|u\|_2 \|\Phi\|_2.$$

根据估计 (9.68) — (9.70) 可得

$$I_4 = |\ell_\Phi(\varepsilon_h)|$$

$$\leqslant C h \|\Phi\|_2 \||\varepsilon_h\||$$

$$\leqslant C h \|\Phi\|_2 \left(\||e_h\|| + \||u - Q_h u\|| \right)$$

$$\leqslant C h^2 \|u\|_2 \|\Phi\|_2.$$

结合上述所有估计与 (9.79) 可得

$$\|\varepsilon_0\|^2 \leqslant C h^2 \|u\|_2 \|\Phi\|_2.$$

再根据 H^2 正则性估计 (9.75) 可得

$$\|\varepsilon_0\| \leqslant C h^2 \|u\|_2.$$

最后由三角不等式和投影不等式 (9.18), 我们有

$$\|e_0\| \leqslant \|\varepsilon_0\| + \|u - Q_0 u\| \leqslant C h^2 \|u\|_2.$$

定理得证. $\qquad\qquad\qquad\qquad\qquad\qquad\qquad\qquad\qquad\qquad\qquad\qquad\quad \square$

第 10 章

有限元多重网格法

多重网格法是求解离散椭圆型问题的一种最优复杂性的算法 [17, 18, 22]. 可以用 $O(N)$ 的计算量得到与有限元解相同精度的近似解, 这里 N 是有限元方程组的未知数个数.

多重网格算法的思想可以用两句话描述: 在当前网格磨光; 在粗网格校正. 磨光步可以减少误差的高频部分; 校正步利用粗网格求得的误差修正近似解, 提高精度.

10.1 模型问题

设 $\Omega \subset \mathbb{R}^d$ $(d = 2, 3)$ 是凸多边形或凸多面体区域. 设

$$a(u, v) = \int_\Omega \boldsymbol{\kappa} \nabla u \cdot \nabla v \mathrm{d}\boldsymbol{x}, \tag{10.1}$$

其中系数 $\boldsymbol{\kappa}$ 满足: $\boldsymbol{\kappa} \in C^1(\bar{\Omega})^{d \times d}$ 且存在常数 $a_0 > 0$ 使得矩阵 $\boldsymbol{\kappa}$ 满足

$$(\boldsymbol{\kappa}(\boldsymbol{x})\boldsymbol{\xi}, \boldsymbol{\xi}) \geqslant a_0(\boldsymbol{\xi}, \boldsymbol{\xi}), \quad \forall \boldsymbol{\xi} \in \mathbb{R}^d, \ \boldsymbol{x} \in \Omega.$$

给定 $f \in L^2(\Omega)$, 考虑 Dirichlet 边值问题: 求 $u \in V = H_0^1(\Omega)$ 使得

$$a(u, v) = (f, v), \quad \forall v \in V. \tag{10.2}$$

设 $\mathcal{M}_k, k = 1, 2, \cdots$ 是 Ω 的一列嵌套的三角剖分, $\mathcal{M}_k$ 由 $\mathcal{M}_{k-1}$ $(k > 1)$ 通过一致加密得到. 设 $V_k \subset H_0^1(\Omega)$ 是 $\mathcal{M}_k$ 上的连续线性有限元空间. 显然 $V_{k-1} \subset V_k$ $(k > 1)$. 空间 V_k 上的有限元离散为: 求 $u_k \in V_k$ 使得

$$a(u_k, v_k) = (f, v_k), \quad \forall v_k \in V_k. \tag{10.3}$$

我们引入到 V_k 的 L^2 和 H^1 投影算子

$$(Q_k \varphi, v_k) = (\varphi, v_k), \quad a(P_k \psi, v_k) = a(\psi, v_k), \quad \forall v_k \in V_k,$$

其中 $\varphi \in L^2(\Omega)$, $\psi \in H_0^1(\Omega)$. 显然 $u_k = P_k u$. 记 $h_k = \max\limits_{K \in \mathcal{M}_k} h_K$, $\|\cdot\|_A = a(\cdot, \cdot)^{\frac{1}{2}}$. 应用 Aubin-Nitsche 技巧可得

$$\|(I - P_k)v\|_{L^2(\Omega)} \leqslant C h_k \|(\boldsymbol{I} - P_k)v\|_A, \quad \forall v \in H_0^1(\Omega). \tag{10.4}$$

10.2　经典迭代法

10.2.1　矩阵形式和算子形式

记 $\left\{\phi_k^i, i=1,2,\cdots,n_k\right\}$ 为 V_k 的节点基. 任给 $v_k = \sum\limits_{i=1}^{n_k} v_k^i \phi_k^i \in V_k$ 和 $g_k \in V_k$, 如下定义 $\widetilde{v}_k = \left(\widetilde{v}_k^i\right)_{n_k \times 1}, \widetilde{g}_k = \left(\widetilde{g}_k^{\,i}\right)_{n_k \times 1} \in \mathbb{R}^{n_k}$

$$\widetilde{v}_k^i = v_k^i, \quad \widetilde{g}_k^{\,i} = \left(g_k, \phi_k^i\right), \quad i=1,2,\cdots,n_k. \tag{10.5}$$

记 $\widetilde{A}_k = \left[a\left(\phi_k^j, \phi_k^i\right)\right]_{i,j=1}^{n_k}$ 为刚度矩阵, 则 (10.3) 的矩阵形式为

$$\widetilde{A}_k \widetilde{u}_k = \widetilde{\widetilde{f}}_k, \quad \text{其中 } f_k := Q_k f. \tag{10.6}$$

求解 (10.6) 的线性迭代法的一般形式为: 给定初值 $\widetilde{u}^{(0)} \in \mathbb{R}^{n_k}$,

$$\widetilde{u}^{(n+1)} = \widetilde{u}^{(n)} + \widetilde{R}_k \left(\widetilde{\widetilde{f}}_k - \widetilde{A}_k \widetilde{u}^{(n)}\right), \quad n=0,1,2,\cdots. \tag{10.7}$$

矩阵 $\widetilde{R}_k$ 称为迭代子. 我们知道, (10.7) 收敛的充要条件是谱半径 $\rho\left(I - \widetilde{R}_k \widetilde{A}_k\right) < 1$.

注意到 $\widetilde{A}_k$ 是对称正定的, 把它分解 $\widetilde{A}_k = \widetilde{D} + \widetilde{L} + \widetilde{L}^{\mathrm{T}}$, 其中 $\widetilde{D}$ 和 $\widetilde{L}$ 分别为 $\widetilde{A}_k$ 的对角线所组成的对角矩阵和 $\widetilde{A}_k$ 的下三角形矩阵. 我们回忆以下几种迭代法:

$$\widetilde{R}_k = \begin{cases} \omega \boldsymbol{I}, & \text{Richardson}, \\ \omega \widetilde{D}^{-1}, & \text{阻尼 Jacobi}, \\ \left(\widetilde{D} + \widetilde{L}\right)^{-1}, & \text{Gauss-Seidel}. \end{cases} \tag{10.8}$$

引理 10.1　(i) Richardson 迭代法收敛的充要条件是 $0 < \omega < \dfrac{2}{\rho\left(\widetilde{A}_k\right)}$;

(ii) 阻尼 Jacobi 迭代法收敛的充要条件是 $0 < \omega < \dfrac{2}{\rho\left(\widetilde{D}^{-1} \widetilde{A}_k\right)}$;

(iii) Gauss-Seidel 迭代法恒收敛.

定义算子 $A_k : V_k \to V_k$:

$$\left(A_k w_k, v_k\right) = a\left(w_k, v_k\right), \quad \forall v_k \in V_k.$$

有限元格式 (10.3) 的算子形式为

$$A_k u_k = f_k. \tag{10.9}$$

易知

$$\widetilde{\widetilde{A_k v_k}} = \widetilde{A}_k \widetilde{v}_k, \quad \forall v_k \in V_k. \tag{10.10}$$

从而, (10.9) 两边同时取 $\widetilde{}$ 运算即可得到 (10.6). 如果定义线性算子 $R_k : V_k \mapsto V_k$ 为

$$R_k g = \sum_{i,j=1}^{n_k} \left(\widetilde{R}_k \right)_{ij} \left(g, \phi_k^j \right) \phi_k^i, \tag{10.11}$$

则 $\widetilde{R_k g} = \widetilde{R}_k \widetilde{g}$, 从而求解矩阵方程 (10.6) 的迭代法 (10.7) 等价于下面求解算子方程 (10.9) 的迭代法: 给定初值 $u^{(0)} \in V_k$

$$u^{(n+1)} = u^{(n)} + R_k \left(f_k - A_k u^{(n)} \right), \quad n = 0, 1, 2, \cdots, \tag{10.12}$$

也就是, (10.12) 两边同时取 $\widetilde{}$ 运算即可得到 (10.7). 误差传播算子为 $I - R_k A_k$.

引理 10.2 设 P_k^i 为到 $\{\phi_k^i\}$ 张成的空间的投影:

$$a \left(P_k^i w_k, \phi_k^i \right) = a \left(w_k, \phi_k^i \right), \quad \forall w_k \in V_k. \tag{10.13}$$

则几种迭代法的等价算子形式 (见(10.12)) 的迭代子满足

$$R_k g = \begin{cases} \omega \sum_{i=1}^{n_k} \left(g, \phi_k^i \right) \phi_k^i, & \text{Richardson}, \\[2mm] \omega \sum_{i=1}^{n_k} P_k^i A_k^{-1} g, & \text{阻尼 Jacobi}, \\[2mm] (\boldsymbol{I} - E_k) A_k^{-1} g, & \text{Gauss-Seidel}. \end{cases} \tag{10.14}$$

其中 $E_k = (\boldsymbol{I} - P_k^{n_k}) \cdots (\boldsymbol{I} - P_k^2) (\boldsymbol{I} - P_k^1)$

证明 以阻尼 Jacobi 方法为例, 由 (10.13) 知

$$P_k^i w_k = \frac{a \left(w_k, \phi_k^i \right)}{a \left(\phi_k^i, \phi_k^i \right)} \phi_k^i, \quad i = 1, 2, \cdots, n_k.$$

阻尼 Jacobi 法的迭代子为

$$\widetilde{R}_k = \omega \widetilde{D}^{-1} = \omega \operatorname{diag} \left(a \left(\phi_k^1, \phi_k^1 \right)^{-1}, a \left(\phi_k^2, \phi_k^2 \right)^{-1}, \cdots, a (\phi_k^{n_k}, \phi_k^{n_k})^{-1} \right).$$

由 (10.11),

$$R_k g = \omega \sum_{i=1}^{n_k} \frac{\left(g, \phi_k^i \right)}{a \left(\phi_k^i, \phi_k^i \right)} \phi_k^i = \omega \sum_{i=1}^{n_k} \frac{a \left(A_k^{-1} g, \phi_k^i \right)}{a \left(\phi_k^i, \phi_k^i \right)} \phi_k^i = \omega \sum_{i=1}^{n_k} P_k^i A_k^{-1} g, \quad \forall g \in V_k,$$

得证. $\qquad\qquad\qquad\qquad\qquad\qquad\qquad\qquad\qquad\qquad\qquad\qquad\qquad\qquad\quad\square$

10.2.2 磨光性质

众所周知, 当 n_k 大时 (即网格密时), (10.8) 中的几个迭代法不能十分有效地求解有限元方程组 (10.6). 为了使得误差下降一半, 需要 $O\left(h_k^{-2}\right)$ 步迭代, 即需要 $O\left(n_k^{1+\frac{2}{d}}\right)$ 的计算量. 但是它们都有一个重要的所谓 "磨光性质". 例如考虑 (10.6) 的 Richardson 迭代 $\left(\text{取 } \omega = \dfrac{1}{\rho(\widetilde{A}_k)}\right)$:

$$\widetilde{u}^{(n+1)} = \widetilde{u}^{(n)} + \frac{1}{\rho(\widetilde{A}_k)}\left(\widetilde{\widetilde{f}}_k - \widetilde{A}_k \widetilde{u}^{(n)}\right), \quad n = 0, 1, 2, \cdots.$$

由于 $\widetilde{A}_k$ 是对称正定的, 它存在 n_k 个实特征值 $0 < \mu_1 \leqslant \mu_2 \leqslant \cdots \leqslant \mu_{n_k}$, 且可取对应的特征向量为 $\widetilde{\phi}_1, \widetilde{\phi}_2, \cdots, \widetilde{\phi}_{n_k}$ 满足 $\left(\widetilde{\phi}_i, \widetilde{\phi}_j\right) = \delta_{ij}$. 既然刚度矩阵对应椭圆型微分算子的离散, 一般说来, 特征值越大, 其对应的特征向量振荡得越厉害. 设 $\widetilde{u}_k - \widetilde{u}^0 = \sum\limits_{i=1}^{n_k} \alpha_i \widetilde{\phi}_i$, 则

$$\widetilde{u}_k - \widetilde{u}^{(n)} = \sum_i \alpha_i \left(1 - \frac{\mu_i}{\mu_{n_k}}\right)^n \widetilde{\phi}_i.$$

显然, 如果 μ_i 接近 μ_{n_k}, 那么当 $n \to \infty$ 时, $\left(1 - \dfrac{\mu_i}{\mu_{n_k}}\right)^n$ 以很快的速度趋于 0. 这意味着误差的高频分量衰减很快.

下面给出一个数值例子演示一下 Gauss-Seidel 方法的磨光性质. 考虑单位正方形上的 Poisson 问题 $-\Delta u = 1, x \in \Omega, u = 0, x \in \partial\Omega$. 取一致三角剖分. 图 10.1 显示误差的高频部分在 Gauss-Seidel 迭代中衰减很快. Gauss-Seidel 迭代收敛慢是因为对误差的低频部分衰减得不好.

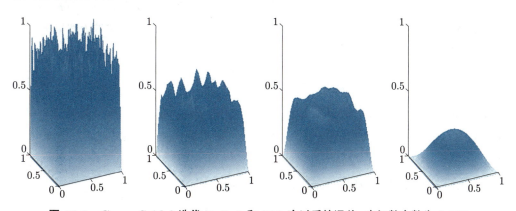

图 10.1 Gauss-Seidel 迭代 0, 3, 9 和 200 次以后的误差, 未知数个数为 2 113

对于上面的模型问题, Brandt 利用 "局部模态分析" 的办法得知阻尼 Jacobi 方法当 $\omega = \dfrac{4}{5}$ 具有最好的磨光性质; Gauss-Seidel 方法的磨光效果比阻尼 Jacobi 方法好; 红黑

序的 Gauss-Seidel 方法比字典序的要好. 我们知道 Jacobi 方法和红黑序的 Gauss-Seidel 适合于并行计算.

下面引理刻画了阻尼 Jacobi 方法的磨光性质, 由于篇幅所限, 略去证明.

引理 10.3 假设 $\omega > 0$ 足够小. 记 $K_k = \boldsymbol{I} - R_k A_k$, 则存在常数 $\alpha > 0$, 使得对自然数 $m > 0$,

$$\left\|(\boldsymbol{I} - P_{k-1}) K_k^m v\right\|_A^2 \leqslant \frac{\alpha}{m} \left(\|v\|_A^2 - \|K_k^m v\|_A^2\right), \quad \forall v \in V_k.$$

此引理说明, 阻尼 Jacobi 迭代后, 近似解的误差可以被上一层的较粗网格上的有限元函数很好地逼近. 正因为经典迭代法的磨光效应, 我们把其迭代子也称为光滑子.

10.3 多重网格 V 循环算法

多重网格法的基本思想是在当前网格磨光, 在粗网格校正. 设 $R_k : V_k \to V_k$ 为一光滑子, R_k^t 是 R_k 关于 L^2 内积 $(\cdot, \cdot)$ 的伴随算子. 求解 (10.9) 的多重网格 V 循环算法可写为一般线性迭代法的形式: 给定 $u^{(0)} \in V_k$,

$$u^{(n+1)} = u^{(n)} + \mathbb{B}_k \left(f_k - A_k u^{(n)}\right), \quad n = 0, 1, 2, \cdots, \tag{10.15}$$

关键是如何定义迭代子 $\mathbb{B}_k$. 显然, 只需对任意的 $g \in V_k$ 定义 $\mathbb{B}_k g$. 类比 (10.15) (若 $u^{(0)} = 0$, 则 $u^{(1)} = \mathbb{B}_k f_k$), 相当于求解方程 $A_k y = g$, 以零为初值按多重网格方法迭代一次得到的近似解即为 $\mathbb{B}_k g$.

为此我们先用经典迭代法从 $y^0 = 0$ 出发迭代几次做磨光, 比如迭代 m 次得到 y^m.

记误差为 $e = y - y^m$. 显然 e 满足 $A_k e = r := g - A_k y^m$, 正好是右端为残量 r 的有限元解, 等价地写为: 求 $e \in V_k$ 使得

$$a(e, v) = (r, v), \quad \forall v \in V_k. \tag{10.16}$$

如果在细网格空间 V_k 上把误差 e 精确求出来, 用它来校正近似解 y^m, 即计算 $y^m + e$ 正好就能得到精确解 y. 但这样做代价太大, 不亚于直接求解原方程 $A_k y = g$. 既然磨光后误差 e 变得光滑了, 用粗网格函数就可以逼近得比较好了, 所以自然地, 我们可以把(10.16) 限制到粗网格空间 V_{k-1} 来近似求解误差, 即: 求 $e \in V_{k-1}$ 使得

$$a(e, v) = (r, v) = (Q_{k-1} r, v), \quad \forall v \in V_{k-1}.$$

其等价的算子形式为

$$A_{k-1} e = Q_{k-1} r. \tag{10.17}$$

求解上面的粗网格方程得到 $e \in V_{k-1}$ 应该是上面细网格误差的很好近似, 而且显著减少了计算量. 用这个 e 校正 y^m 得到 $y^m + e$ 应该也是 y 的一个好的近似. 如果精确求解粗网格误差方程 (10.17), 就得到 "两重网格方法". 当然, 可以继续用多重网格方法求解(10.17), 即以零为初值 (误差 e 一般很小), 迭代一次得到 $\mathbb{B}_{k-1}Q_{k-1}r$ 作为误差 e 的近似. 这样递归下去直到最粗网格精确求解, 就得到了多重网格方法.

总结上述过程就可以得到多重网格迭代子的递归算法 10.1, 包含三个步骤: 细网格前磨光, 粗网格校正, 后磨光. 前两个步骤如前所述, 后磨光主要是为了对称性.

算法 10.1 V 循环迭代子

对 $k = 1$, 定义 $\mathbb{B}_1 = A_1^{-1}$. 假设 $\mathbb{B}_{k-1} : V_{k-1} \mapsto V_{k-1}$ 已定义. 迭代子 $\mathbb{B}_k : V_k \mapsto V_k$ 定义如下. 任给 $g \in V_k$.

    1. 前磨光: 取 $y^0 = 0 \in V_k$, 对 $j = 1, 2, \cdots, m$,

$$y^j = y^{j-1} + R_k\left(g - A_k y^{j-1}\right).$$

    2. 粗网格校正: $e = \mathbb{B}_{k-1}Q_{k-1}\left(g - A_k y^m\right), y^{m+1} = y^m + e$,
    3. 后磨光: 对 $j = m+2, m+3, \cdots, 2m+1$,

$$y^j = y^{j-1} + R_k^t\left(g - A_k y^{j-1}\right).$$

定义 $\mathbb{B}_k g = y^{2m+1}$.

顺便说明一下, 多重网格迭代子也可以被用来作为预条件子处理一下有限元方程改善其条件数, 再用其他迭代法求解, 比如共轭斜量法, 得到多重网格预处理的共轭斜量 (MG-PCG) 法.

为了证明收敛性, 我们先给出多重网格算法误差传播算子的递推关系. 记 $y = A_k^{-1}g$, 则

$$y - y^{2m+1} = \left(\boldsymbol{I} - R_k^t A_k\right)^m \left(\boldsymbol{I} - \mathbb{B}_{k-1}Q_{k-1}A_k\right)\left(\boldsymbol{I} - R_k A_k\right)^m \left(y - y^0\right).$$

记 $K_k = \boldsymbol{I} - R_k A_k$, K_k^* 为 K_k 关于内积 $a(\cdot, \cdot)$ 的伴随算子, 则 $K_k^* = \boldsymbol{I} - R_k^t A_k$ 且

$$\boldsymbol{I} - \mathbb{B}_k A_k = K_k^{*m}\left(\boldsymbol{I} - \mathbb{B}_{k-1}Q_{k-1}A_k\right)K_k^m.$$

另外, 对任何 $v_k \in V_k, w_{k-1} \in V_{k-1}$, 有

$$(Q_{k-1}A_k v_k, w_{k-1}) = (A_k v_k, w_{k-1}) = a(v_k, w_{k-1})$$
$$= a(P_{k-1}v_k, w_{k-1}) = (A_{k-1}P_{k-1}v_k, w_{k-1}),$$

从而 $Q_{k-1}A_k = A_{k-1}P_{k-1}$. 因此我们得到下面的递推关系:

    引理 10.4 在 V_k 中成立

$$\boldsymbol{I} - \mathbb{B}_k A_k = K_k^{*m}\left((\boldsymbol{I} - P_{k-1}) + (\boldsymbol{I} - \mathbb{B}_{k-1}A_{k-1})P_{k-1}\right)K_k^m.$$

下面仅对采用阻尼 Jacobi 磨光的多重网格 V 循环算法, 给出收敛性分析. 此时

$$R_k = \omega \sum_{i=1}^{n_k} P_k^i A_k^{-1}.$$

下面引理的证明留作习题.

引理 10.5 对采用阻尼 Jacobi 磨光的多重网格 V 循环算法有

$$R_k^t = R_k, \quad K_k^* = K_k, \quad (R_k v_k, v_k) \geqslant 0, \quad \forall v_k \in V_k;$$

$$B_k^t = B_k, \quad (\boldsymbol{I} - \mathbb{B}_k A_k)^* = (\boldsymbol{I} - \mathbb{B}_k A_k).$$

定理 10.1 在引理 10.3 的条件下, 有如下的关于带阻尼 Jacobi 磨光的多重网格 V 循环算法的收敛性估计:

$$\|\boldsymbol{I} - \mathbb{B}_k A_k\|_A \leqslant \delta := \frac{\alpha}{\alpha + m}, \tag{10.18}$$

其中 $\alpha > 0$ 与网格 $\mathcal{M}_k$ 及磨光次数 $m \geqslant 1$ 无关,

$$\|\boldsymbol{I} - \mathbb{B}_k A_k\|_A = \sup_{0 \neq v \in V_k} \frac{\|(\boldsymbol{I} - \mathbb{B}_k A_k) v\|_A}{\|v\|_A} = \sup_{0 \neq v \in V_k} \frac{a((\boldsymbol{I} - \mathbb{B}_k A_k) v, v)}{\|v\|_A^2}.$$

证明 我们用数学归纳法证明:

$$0 \leqslant a((\boldsymbol{I} - \mathbb{B}_k A_k) v, v) \leqslant \delta a(v, v), \quad \forall v \in V_k. \tag{10.19}$$

既然 $\mathbb{B}_1 = A_1^{-1}$, $k = 1$ 时显然成立. 假设 $k-1$ 时成立, 下面证明 k 时成立. 由引理 10.4—10.5, 对任意 $v \in V_k$,

$$a((\boldsymbol{I} - \mathbb{B}_k A_k) v, v) = a(K_k^m (\boldsymbol{I} - P_{k-1}) K_k^m v, v) +$$

$$a(K_k^m (\boldsymbol{I} - \mathbb{B}_{k-1} A_{k-1}) P_{k-1} K_k^m v, v)$$

$$= a((\boldsymbol{I} - P_{k-1}) K_k^m v, (\boldsymbol{I} - P_{k-1}) K_k^m v) +$$

$$a((\boldsymbol{I} - \mathbb{B}_{k-1} A_{k-1}) P_{k-1} K_k^m v, P_{k-1} K_k^m v)$$

$$\geqslant 0.$$

另外, 由引理 10.3

$$a((\boldsymbol{I} - \mathbb{B}_k A_k) v, v) \leqslant \|(\boldsymbol{I} - P_{k-1}) K_k^m v\|_A^2 + \delta \|P_{k-1} K_k^m v\|_A^2$$

$$= (1 - \delta) \|(\boldsymbol{I} - P_{k-1}) K_k^m v\|_A^2 + \delta \|K_k^m v\|_A^2$$

$$\leqslant (1 - \delta) \frac{\alpha}{m} \left(\|v\|_A^2 - \|K_k^m v\|_A^2 \right) + \delta \|K_k^m v\|_A^2$$

$$= \delta \|v\|_A^2.$$

证毕. $\qquad\qquad\qquad\qquad\qquad\qquad\qquad\qquad\qquad\qquad\qquad\qquad\qquad\qquad\qquad\qquad$ $\square$

我们指出, 定理 10.1 的结论对带 Gauss-Sediel 磨光的多重网格 V 循环算法也成立.

例 10.1 考虑单位正方形 Ω 上的 Poisson 问题 $-\Delta u = 1$, $x \in \Omega$, $u|_{\partial\Omega} = 0$ 的线性有限元离散, 采用三角剖分. 初始剖分有 4 个三角形组成. 我们用 V 循环算法 (10.15) 求解有限元方程组. 初值为零, 采用 Gauss-Seidel 磨光, 磨光次数 $m = 2$, 终止条件为

$$\big\|\widetilde{\widetilde{f}}_k - \widetilde{A}_k \widetilde{u}_k^{(n)}\big\|_\infty / \big\|\widetilde{\widetilde{f}}_k - \widetilde{A}_k \widetilde{u}_k^{(0)}\big\|_\infty < 10^{-6}.$$

表 10.1 给出了 1—10 次一致加密的多重网格法的迭代次数. 最后一层网格含 4 194 304 个三角形, 有 2 095 105 个内部节点.

表 10.1 例 10.1: 未知数个数 N 和多重网格法的迭代次数 l

N	5	25	113	481	1 985	8 065	32 513	130 561	523 265	2 095 105
l	3	6	6	7	7	7	7	7	7	7

10.4　完全多重网格法和工作量估计

我们知道多重网格 V 循环算法的收敛速度是最优阶的, 即与加密次数 k 无关. 在这一节, 我们将进一步证明, 多重网格 V 循环算法的每步迭代的计算量也是最优阶的, 即 $O(n_k)$. 但是, 要达到 $O(h_k)$ 的误差, 多重网格 V 循环算法需要 $O\left(\log \dfrac{1}{h_k}\right) = O(\log n_k)$ 次迭代, 从而需要 $O(n_k \log n_k)$ 的计算量. 这不是最优阶的. 在本节, 我们还将引入 "完全多重网格方法", 仅用 $O(n_k)$ 的计算量, 就可以得到精度为 $O(h_k)$ 的近似解, 是真正的最优阶方法.

由第 3 章的收敛性理论, 我们知道第 k 层网格上的有限元解 u_k 满足如下误差估计:

$$\|u - u_k\|_A \leqslant c_1 h_k, \quad k \geqslant 1, \tag{10.20}$$

其中 $c_1 > 0$ 是与 k 无关的常数.

完全多重网格法的设计基于以下事实: $u_{k-1} \in V_{k-1} \subset V_k$ 是 $u_k \in V_k$ 的近似, 因此可以被用于求解 u_k 的多重网格迭代法的初值. 具体算法见算法 10.2.

算法 10.2 完全多重网格
___
给定正整数 l.
　　对 $k = 1$, 计算 $\hat{u}_1 = A_1^{-1} f_1$;
　　对 $k \geqslant 2$, 令 $\hat{u}_k = \hat{u}_{k-1}$, 作 l 次多重网格迭代: $\hat{u}_k \leftarrow \hat{u}_k + \mathbb{B}_k (f_k - A_k \hat{u}_k)$.
___

记 $\tilde{h}_k = \max\limits_{K \in \mathcal{M}_k} |K|^{\frac{1}{d}}$. 易知存在 $p > 1$ 使得 $\tilde{h}_k = \dfrac{\tilde{h}_{k-1}}{p}$. 显然 $\tilde{h}_k$ 与 h_k 等价, 即存在

仅依赖于网格的正则性的正数 c_2 和 c_3 使得 $c_2 \tilde{h}_k \leqslant h_k \leqslant c_3 \tilde{h}_k$.

下面定理说明, 完全多重网格法得到的近似解的 H^1 误差与有限元解具有同样的收敛阶.

定理 10.2 假设 (10.18) 成立且 $\delta^l < \dfrac{1}{p}$. 则

$$\|u_k - \hat{u}_k\|_A \leqslant \frac{c_3 p \delta^l}{c_2 \left(1 - p\delta^l\right)} c_1 h_k, \quad k \geqslant 1.$$

证明 由 (10.18),

$$\|u_k - \hat{u}_k\|_A \leqslant \delta^l \|u_k - \hat{u}_{k-1}\|_A \leqslant \delta^l \left(\|u_k - u_{k-1}\|_A + \|u_{k-1} - \hat{u}_{k-1}\|_A\right)$$
$$\leqslant \delta^l \left(\|u - u_{k-1}\|_A + \|u_{k-1} - \hat{u}_{k-1}\|_A\right)$$
$$\leqslant \delta^l \|u_{k-1} - \hat{u}_{k-1}\|_A + c_1 \delta^l h_{k-1}.$$

注意到 $\|u_1 - \hat{u}_1\|_A = 0$, 可得

$$\|u_k - \hat{u}_k\|_A \leqslant c_1 \sum_{n=1}^{k-1} \left(\delta^l\right)^n h_{k-n} \leqslant c_1 c_3 \sum_{n=1}^{k-1} \left(\delta^l\right)^n \tilde{h}_{k-n}$$
$$\leqslant c_1 c_3 \tilde{h}_k \sum_{n=1}^{k-1} \left(p\delta^l\right)^n \leqslant \frac{c_1 c_3}{c_2} \frac{p\delta^l}{1 - p\delta^l} h_k.$$

证毕. □

下面我们转到计算量估计. 显然

$$n_k = \dim V_k \sim \frac{1}{h_k^d} \sim \frac{1}{\tilde{h}_k^d} \sim \left(p^d\right)^k. \tag{10.21}$$

定理 10.3 完全多重网格法的工作量是 $O(n_k)$.

证明 令 W_k 表示第 k 层 V 循环迭代的计算量. 易知

$$W_k \leqslant Cmn_k + W_{k-1}.$$

因此

$$W_k \leqslant Cm \left(n_1 + n_2 + \cdots + n_k\right) \leqslant Cn_k.$$

记 $\hat{W}_k$ 为完全多重网格方法中求得 $\hat{u}_k$ 的计算量, 则

$$\hat{W}_k \leqslant \hat{W}_{k-1} + lW_k \leqslant \hat{W}_{k-1} + Cn_k.$$

因此

$$\hat{W}_k \leqslant C \left(n_1 + n_2 + \cdots + n_k\right) \leqslant Cn_k.$$

证毕. □

10.5　多重网格 V 循环算法的矩阵形式

为了便于程序实现, 本节利用算符 $\widetilde{}$ 和 $\widetilde{}$ 将多重网格 V 循环算法及完全多重网格算法的算子形式改写为矩阵形式.

记 $\{\phi_k^1, \phi_k^2, \cdots, \phi_k^{n_k}\}$ 为 V_k 的节点基, 我们定义所谓的 "延拓矩阵" $I_{k-1}^k \in \mathbb{R}^{n_k \times n_{k-1}}$ 如下:

$$\phi_{k-1}^j = \sum_{i=1}^{n_k} \left(I_{k-1}^k\right)_{ij} \phi_k^i. \tag{10.22}$$

由 $\widetilde{v}_k$ 和 $\widetilde{\widetilde{v}}_k$ 的定义 (10.5) 得

$$\widetilde{v}_k = I_{k-1}^k \widetilde{v}_{k-1}, \quad \forall v_k = v_{k-1}, v_k \in V_k, v_{k-1} \in V_{k-1}, \tag{10.23}$$

$$\widetilde{\widetilde{Q_{k-1}r_k}} = \left(I_{k-1}^k\right)^{\mathrm{T}} \widetilde{\widetilde{r}}_k, \quad \forall r_k \in V_k. \tag{10.24}$$

上面这两个性质表明, 通过延拓矩阵 I_{k-1}^k 可以将粗网格解向量插值得到细网格解向量; 通过 $\left(I_{k-1}^k\right)^{\mathrm{T}}$ 将细网格残差向量投影到粗网格残量.

注意到 $A_{k-1}v_{k-1} = Q_{k-1}A_k v_{k-1}, \forall v_{k-1} \in V_{k-1}$, 我们有

$$\widetilde{A}_{k-1}\widetilde{v}_{k-1} = \widetilde{\widetilde{A_{k-1}v_{k-1}}} = \left(I_{k-1}^k\right)^{\mathrm{T}} \widetilde{\widetilde{A_k v_{k-1}}} = \left(I_{k-1}^k\right)^{\mathrm{T}} \widetilde{A}_k I_{k-1}^k \widetilde{v}_{k-1},$$

即利用延拓矩阵对细网格刚度矩阵作合同变换就可以得到粗网格刚度矩阵:

$$\widetilde{A}_{k-1} = \left(I_{k-1}^k\right)^{\mathrm{T}} \widetilde{A}_k I_{k-1}^k. \tag{10.25}$$

对多重网格 V 循环算法 (10.15) 及迭代子算法 10.1 取 $\widetilde{}$ 运算, 并利用性质 (10.10) (10.23) (10.24), 即得下面的多重网格 V 循环算法的矩阵形式: 给定 $\widetilde{u}^{(0)} \in \mathbb{R}^{n_k}$,

$$\widetilde{u}^{(n+1)} = \widetilde{u}^{(n)} + \mathbb{B}_k\left(\widetilde{f}_k - \widetilde{A}_k \widetilde{u}^{(n)}\right), \quad n = 0, 1, 2, \cdots \tag{10.26}$$

及迭代子算法矩阵形式 10.3.

算法 10.3　V 循环迭代子: 矩阵形式

令 $\mathbb{B}_1 = \widetilde{A}_1^{-1}$. 假设 $\mathbb{B}_{k-1} \in \mathbb{R}^{n_{k-1} \times n_{k-1}}$ 已定义, 则 $\widetilde{\mathbb{B}}_k \in \mathbb{R}^{n_k \times n_k}$ 定义如下: $\forall \widetilde{g} \in \mathbb{R}^{n_k}$.
 1. 前磨光: 对 $\widetilde{y}^0 = 0$ 及 $j = 1, 2, \cdots, m$,

$$\widetilde{y}^j = \widetilde{y}^{j-1} + \widetilde{R}_k\left(\widetilde{g} - \widetilde{A}_k \widetilde{y}^{j-1}\right).$$

 2. 粗网格校正: $\widetilde{e} = \mathbb{B}_{k-1}\left(I_{k-1}^k\right)^{\mathrm{T}}\left(\widetilde{g} - \widetilde{A}_k \widetilde{y}^m\right), \widetilde{y}^{m+1} = \widetilde{y}^m + I_{k-1}^k \widetilde{e}.$
 3. 后磨光: 对于 $j = m+2, m+3, \cdots, 2m+1$,

$$\widetilde{y}^j = \widetilde{y}^{j-1} + \widetilde{R}_k^{\mathrm{T}}\left(\widetilde{g} - \widetilde{A}_k \widetilde{y}^{j-1}\right).$$

定义 $\widetilde{\mathbb{B}}_k \widetilde{g} = \widetilde{y}^{2m+1}.$

类似可得完全多重网格算法 10.2 的矩阵形式算法 10.4.

算法 10.4 完全多重网格算法: 矩阵形式

对 $k = 1, \widetilde{u}_1 = \widetilde{A}_1^{-1} \widetilde{f}_1$.

对 $k \geqslant 2$, 令 $\widetilde{u}_k = I_{k-1}^k \widetilde{u}_{k-1}$, 作 l 次迭代 $\widetilde{u}_k \leftarrow \widetilde{u}_k + \widetilde{\mathbb{B}}_k \left(\widetilde{f}_k - \widetilde{A}_k \widetilde{u}_k \right)$.

10.5.1 习题

1. 证明引理 10.2 的 Gauss-Seidel 迭代的情形.

2. 证明引理 10.5.

3. 利用完全多重网格法求解如下椭圆型问题的线性有限元离散:

$$\begin{cases} -\nabla \cdot (a \nabla u) = 1, & x \in \Omega := (-1, 1) \times (-1, 1), \\ u = 0, & x \in \partial \Omega, \end{cases} \qquad a = \begin{cases} 1, & x_1 x_2 > 0, \\ 10, & x_1 x_2 \leqslant 0. \end{cases}$$

探究不同的 l 的选取对完全多重网格法所求近似解的精度的影响 (参见定理 10.2, 与直接法的解或与 V 循环多重网格解比较即可).

第 11 章

自适应有限元法

基于可计算的后验误差估计的自适应有限元法 (参见 [18, 35]) 提供了一种系统的局部加密或粗化网格的方法, 适于求解带奇性的定常或发展型偏微分问题. 本章的内容取自 [18], 目的是以求解二阶椭圆型问题为例, 来描述自适应有限元法的基本思想.

11.1　一个带奇性的例子

我们知道, 如果椭圆型问题的解 $Lu = f$ 具有正则性 $u \in H^2(\Omega)$, 则线性有限元法可以达到最优收敛阶 $O(h)$. 但是, 对于具有凹角的区域, 解一般不再属于 $H^2(\Omega)$. 因此, 经典的拟均匀网格上的有限元法无法给出令人满意的结果, 即达不到最优阶收敛. 本章的目的是提供一种解决这一问题的方法.

首先我们给出一个例子来展示凹角带来奇性行为. 给定角度 $0 < \omega < 2\pi$, 我们考虑扇形区域 $S_\omega = \{(r, \theta) : 0 < r < \infty, 0 \leqslant \theta \leqslant \omega\}$ (如图 11.1) 上的调和函数, 即 $-\Delta u = 0$, 满足边界条件: $u|_{\Gamma_1 \cup \Gamma_2} = 0$, 其中

$$\Gamma_1 = \{(r, \theta) : r > 0, \theta = 0\},$$
$$\Gamma_2 = \{(r, \theta) : r > 0, \theta = \omega\}.$$

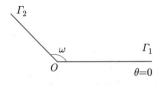

图 11.1　示意图

我们利用分离变量法, 考虑形如 $u = r^\alpha \mu(\theta)$ 的解. 由于在极坐标中

$$\Delta u = \frac{\partial^2 u}{\partial r^2} + \frac{1}{r} \frac{\partial u}{\partial r} + \frac{1}{r^2} \frac{\partial u}{\partial \theta^2},$$

我们有

$$\Delta u = \alpha(\alpha - 1) r^{\alpha - 2} \mu(\theta) + \alpha r^{\alpha - 2} \mu(\theta) + r^{\alpha - 2} \mu''(\theta) = 0,$$

这意味着

$$\mu''(\theta) + \alpha^2 \mu(\theta) = 0,$$

因此 $\mu(\theta) = A \sin \alpha\theta + B \cos \alpha\theta$. 由边界条件 $\mu(0) = \mu(\omega) = 0$ 得出 $\alpha = \dfrac{k\pi}{\omega}$ 和 $\mu(\theta) = A \sin\left(\dfrac{k\pi}{\omega}\theta\right), k = 1, 2, 3, \cdots$. 因此边值问题: $\Delta u = 0, x \in S_\omega; u = 0, x \in \Gamma_1 \cup \Gamma_2$, 有非平凡解

$$u = r^\alpha \sin(\alpha\theta), \quad \alpha = \frac{\pi}{\omega}.$$

引理 11.1 如果 $\pi < \omega < 2\pi$, 那么对于任何 $R > 0$, $u \notin H^2(S_\omega \cap B_R)$.

证明 注意到此时 $\alpha \in \left(\frac{1}{2}, 1\right)$, 直接计算得

$$\int_\Omega \left|\frac{\partial^2 u}{\partial r^2}\right|^2 \mathrm{d}\boldsymbol{x} = \int_0^R \int_0^\omega |\alpha(\alpha-1)r^{\alpha-2}\sin(\alpha\theta)|^2 r\mathrm{d}r\mathrm{d}\theta$$

$$= \alpha^2(\alpha-1)^2 \int_0^\omega |\sin^2(\alpha\theta)|\mathrm{d}\theta \cdot \int_0^R r^{2\alpha-3}\mathrm{d}r$$

$$= c\, r^{2(\alpha-1)}\big|_0^R = +\infty.$$

得证. □

例 11.1 考虑如图 11.2 所示的 L 形区域 Ω 上的 Laplace 方程 $\Delta u = 0$, 取 Dirichlet 边界条件, 使得其精确解为 $u = r^{\frac{2}{3}} \sin\left(\frac{2}{3}\theta\right)$.

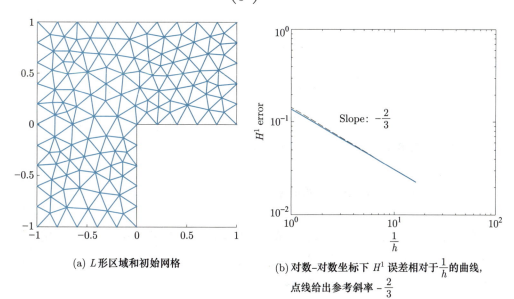

(a) L 形区域和初始网格   (b) 对数–对数坐标下 H^1 误差相对于 $\frac{1}{h}$ 的曲线, 点线给出参考斜率 $-\frac{2}{3}$

图 11.2

设 $\mathcal{M}_h$ 为 Ω 的一个三角剖分, u_h 为 $\mathcal{M}_h$ 上的线性有限元解. 由于 $u \notin H^2(\Omega)$, 定理 6.10 中关于 u_h 的满阶 H^1 误差估计对于这个 L 形区域问题不成立. 为了展示线性有限元解 u_h 的收敛速度, 我们取如图 11.2(a) 所示的初始网格, 并采用一致四等分加密, 图 11.2(b) 画出了对数–对数坐标下的 H^1 误差 $\|u - u_h\|_{H^1(\Omega)}$ 关于 $\frac{1}{h}$ 的曲线. 结果表明, 对于拟均匀三角剖分上 L 型区域问题的线性有限元近似, 应该由如下误差估计:

$$\|u - u_h\|_{H^1(\Omega)} \leqslant Ch^{\frac{2}{3}}.$$

如果记 N 为自由度数, 即有限元方程组未知数的个数, 则显然 $h = O(N^{-\frac{1}{2}})$, 从而

$$\|u - u_h\|_{H^1(\Omega)} \leqslant C N^{-\frac{1}{3}}. \tag{11.1}$$

11.2　后验误差分析

设 $\Omega \subset R^d$ $(d = 2, 3)$ 为有界的多面体区域, $\{\mathcal{M}_h\}$ 为 Ω 的一族正则三角剖分. 将网格 $\mathcal{M}_h$ 的所有内部边/面的集合记为 $\mathcal{E}_h^I$. 设 $V_h \subset H^1(\Omega)$ 为 $\mathcal{M}_h$ 上的线性有限元空间, 记 $V_h^0 = V_h \cap H_0^1(\Omega)$. 对任意 $K \in \mathcal{M}_h$, 记 h_K 为其直径; 对任意 $e = K_1 \cap K_2 \in \mathcal{E}_h^I$, 记 h_e 为其直径, $\Omega_e = K_1 \cup K_2$. 需要指出的是, Ω 不一定是凸的.

考虑变分问题: 求 $u \in H_0^1(\Omega)$ 使得

$$(a\nabla u, \nabla v) = (f, v), \quad \forall v \in H_0^1(\Omega), \tag{11.2}$$

其中 $f \in L^2(\Omega)$, 不妨假设 $a(x)$ 在 $\mathcal{M}_h$ 上是正的分片常数函数. 设 $u_h \in V_h^0$ 为其有限元解:

$$(a\nabla u_h, \nabla v_h) = (f, v_h), \quad \forall v_h \in V_h^0. \tag{11.3}$$

在本节中, 我们首先介绍非光滑函数的 Scott-Zhang 插值算子, 然后介绍后验误差估计, 包括上界估计和下界估计.

11.2.1　Scott-Zhang 插值算子

我们知道, 二阶椭圆型问题的弱解属于 H^1 空间, 但 H^1 空间中的函数不一定连续 (见例 5.2), 所以其 Lagrange 插值不一定有定义. 本小节介绍的 Scott-Zhang 插值对 H^1 中的函数有定义, 将被用来推导有限元解的后验误差估计.

记 $\mathcal{N}_h$ 为网格 $\mathcal{M}_h$ 中节点集合. 对任意 $z \in \mathcal{N}_h$, 记 $\phi_z \in V_h$ 为 z 点对应的节点基函数. 显然,

$$v_h = \sum_{z \in \mathcal{N}_h} v_h(z)\phi_z, \quad \forall v_h \in V_h.$$

取 e_z 为以节点 z 为顶点的一个单元的边/面, 要求其满足: 若 $z \in \partial\Omega$, 则 $e_z \subset \partial\Omega$.

引入 e_z 上的线性函数:

$$\psi_z \in P_1(e_z) : \int_{e_z} \psi_z q \mathrm{d}s = q(z), \quad \forall q \in P_1(e_z). \tag{11.4}$$

显然

$$\|\psi_z\|^2_{L^2(e_z)} = \int_{e_z} \psi_z\psi_z \mathrm{d}s = \psi_z(z) \leqslant C|e_z|^{-\frac{1}{2}}\|\psi_z\|_{L^2(e_z)},$$

从而 ψ_z 满足估计

$$\|\psi_z\|_{L^2(e_z)} \leqslant C|e_z|^{-\frac{1}{2}}, \quad \|\psi_z\|_{L^\infty(e_z)} \leqslant C|e_z|^{-1}. \tag{11.5}$$

任给 $v \in H^1(\Omega)$, 定义其 Scott-Zhang 插值 $\varPi_h v \in V_h$ 满足:

$$(\varPi_h v)(z) = \int_{e_z} \psi_z v \mathrm{d}s, \quad \forall z \in \mathcal{N}_h, \quad \text{即} \quad \varPi_h v = \sum_{z \in \mathcal{N}_h} \left(\int_{e_z} \psi_z v \mathrm{d}s\right)\phi_z. \tag{11.6}$$

下面定理说明 Scott-Zhang 插值是一个投影, 自然保持齐次 Dirichlet 边界条件, 并给出其误差估计.

定理 11.1 存在一个只依赖于 $\mathcal{M}_h$ 的最小角的常数 C, 使得对于任意 $v \in H^1(\Omega)$, $K \in \mathcal{M}_h$ 有

(i) $\varPi_h v_h = v_h, \forall v_h \in V_h$, 即 $\varPi_h$ 是一个投影算子.

(ii) $\varPi_h v \in V_h^0, \forall v \in H_0^1(\Omega)$.

(iii) $\|v - \varPi_h v\|_{L^2(K)} + h_K\|\nabla(v - \varPi_h v)\|_{L^2(K)} \leqslant Ch_K\|\nabla v\|_{L^2(\tilde{K})}$.

(iv) $\|v - \varPi_h v\|_{L^2(\partial K)} \leqslant Ch_e^{\frac{1}{2}}\|\nabla v\|_{L^2(\tilde{K})}$.

(v) $\|\nabla \varPi_h v\|_{L^2(K)} \leqslant C\|\nabla v\|_{L^2(\tilde{K})}$,

$\|\varPi_h v\|_{L^2(K)} \leqslant C\left(\|v\|_{L^2(K)} + h_K\|\nabla v\|_{L^2(\tilde{K})}\right)$.

其中 $\tilde{K}$ 是 $\mathcal{M}_h$ 中与 K 的交非空的所有单元的并集.

证明 由 $\varPi_h$ 的定义, (i) 和 (ii) 显然成立. (iv) 可以由 (iii) 和局部迹不等式 (6.77) 推出. (v) 显然是 (iii) 和三角不等式的推论. 剩下只需证明 (iii). 先证明如下稳定性估计:

$$\|\varPi_h v\|_{L^2(K)} + h_K\|\nabla \varPi_h v\|_{L^2(K)} \leqslant \|v\|_{L^2(\tilde{K})} + h_K\|\nabla v\|_{L^2(\tilde{K})}. \tag{11.7}$$

首先, 对任一顶点 $z \in K$, 记 K_z 为以 e_z 为其一边/面的单元, 由 (11.5) 及局部迹不等式 (6.77) 得

$$|(\varPi_h v)(z)| \leqslant \|\psi_z\|_{L^2(e_z)}\|v\|_{L^2(e_z)} \leqslant C|e_z|^{-\frac{1}{2}}\left(h_K^{-\frac{1}{2}}\|v\|_{L^2(K_z)} + h_K^{\frac{1}{2}}\|\nabla v\|_{L^2(K_z)}\right).$$

故由有限元逆不等式 (6.76) 得

$$\|\varPi_h v\|_{L^2(K)} + h_K\|\nabla \varPi_h v\|_{L^2(K)} \leqslant C\|\varPi_h v\|_{L^2(K)} \leqslant C|K|^{\frac{1}{2}}\max_{z \in K}|(\varPi_h v)(z)|$$

$$\leqslant C|K|^{\frac{1}{2}}\max_{z \in K}|e_z|^{-\frac{1}{2}}\left(h_K^{-\frac{1}{2}}\|v\|_{L^2(K_z)} + h_K^{\frac{1}{2}}\|\nabla v\|_{L^2(K_z)}\right)$$

$$\leqslant C|K|^{\frac{1}{2}}|\partial K|^{-\frac{1}{2}}h_K^{-\frac{1}{2}}\left(\|v\|_{L^2(\tilde{K})} + h_K\|\nabla v\|_{L^2(\tilde{K})}\right),$$

从而 (11.7) 成立. 由 (i) 和 (11.7) 得, 对任意 $v_h \in V_h$ 有

$$
\begin{aligned}
&\|v - \Pi_h v\|_{L^2(K)} + h_K \|\nabla(v - \Pi_h v)\|_{L^2(K)} \\
&= \|v - v_h - \Pi_h(v - v_h)\|_{L^2(K)} + h_K \|\nabla(v - v_h - \Pi_h(v - v_h))\|_{L^2(K)} \\
&\leqslant C \left(\|v - v_h\|_{L^2(\tilde{K})} + h_K \|\nabla(v - v_h)\|_{L^2(\tilde{K})} \right).
\end{aligned} \tag{11.8}
$$

注意到网格是正则的, 以每个 $z \in \mathcal{N}_h$ 为顶点的单元的个数有上界. 将 $\tilde{K}$ 视为一个小网格片, 那么存在有限个参考网格片 $\widehat{\tilde{K}}_1, \widehat{\tilde{K}}_2, \cdots, \widehat{\tilde{K}}_m$, 其中 m 只与网格的最小角有关, 使得对任一 $K \in \mathcal{M}_h$, $\tilde{K}$ 都能分片仿射等价于某个 $\widehat{\tilde{K}}_{i_K}, 1 \leqslant i_K \leqslant m$. 由尺度变换技巧 (见引理 6.3—6.4), 得

$$
\|v - v_h\|_{L^2(\tilde{K})} + h_K \|\nabla(v - v_h)\|_{L^2(\tilde{K})} \leqslant C|K|^{\frac{1}{2}} \left(\|\hat{v} - \hat{v}_h\|_{L^2(\widehat{\tilde{K}})} + \|\widehat{\nabla}(\hat{v} - \hat{v}_h)\|_{L^2(\widehat{\tilde{K}})} \right).
$$

取 v_h 使得 $\hat{v}_h$ 为 $\hat{v}$ 在 $\widehat{\tilde{K}}$ 上的积分平均并利用 Poincaré 不等式得

$$
\|v - v_h\|_{L^2(\tilde{K})} + h_K \|\nabla(v - v_h)\|_{L^2(\tilde{K})} \leqslant C|K|^{\frac{1}{2}} \|\widehat{\nabla}\hat{v}\|_{L^2(\widehat{\tilde{K}})} \leqslant C h_K \|\nabla v\|_{L^2(\tilde{K})}.
$$

代入 (11.8) 即得 (iii) 成立. 证毕. □

11.2.2　后验误差估计

对于任意 $e \in \mathcal{E}_h^I$ 且 $e = K_1 \cap K_2$, 我们定义 u_h 的跳跃残量

$$
J_e = \left[\!\left[a(x)\nabla u_h \right]\!\right]\big|_e := a(x)\nabla u_h|_{K_1} \cdot \nu_1 + a(x)\nabla u_h|_{K_2} \cdot \nu_2 \tag{11.9}
$$

其中 ν_i 是 ∂K_i 的单位外法向量在 e 上的限制. 为了方便, 对任意一边界边/面 $e \subset \partial\Omega$ 定义 $J_e = 0$. 对于任意单元 $K \in \mathcal{M}_h$, 定义误差指示子 η_K 为

$$
\eta_K^2 := h_K^2 \|f\|_{L^2(K)}^2 + h_K \sum_{e \subset \partial K} \|J_e\|_{L^2(e)}^2. \tag{11.10}
$$

显然, 一旦算出了有限元解 u_h, 那么 η_K 是可计算的.

对任意子网格 $\mathcal{T} \subset \mathcal{M}_h$, 记 $\eta_{\mathcal{T}} = \left(\sum_{K \in \mathcal{T}} \eta_K^2 \right)^{\frac{1}{2}}$. 对任何子区域 $G \subset \Omega$, 令 $\|\!|\cdot|\!\|_G = \|a^{\frac{1}{2}}\nabla \cdot\|_{L^2(G)}$. 注意到, $\|\!|\cdot|\!\|_\Omega$ 即为 $H_0^1(\Omega)$ 上的能量范数. 下面定理给出有限元解误差的一个后验的上界估计.

定理 11.2　存在一个只依赖于网格 $\mathcal{M}_h$ 的最小角度和 $a(x)$ 最小值的常数 $C_1 > 0$, 使得

$$
\|\!|u - u_h|\!\|_\Omega \leqslant C_1 \eta_{\mathcal{M}_h}.
$$

证明　定义有限元解的残量 $R \in H^{-1}(\Omega)$:

$$\langle R, \varphi \rangle = (f, \varphi) - (a\nabla u_h, \nabla \varphi) = (a\nabla(u - u_h), \nabla \varphi), \quad \forall \varphi \in H_0^1(\Omega).$$

通过 (11.2) (11.3) 我们得到 Galerkin 正交性: $\langle R, u_h \rangle = 0, \ \forall v_h \in V_h^0$. 因此,

$$
\begin{aligned}
(a\nabla(u - u_h), \nabla \varphi) &= \langle R, \varphi - \Pi_h \varphi \rangle \\
&= (f, \varphi - \Pi_h \varphi) - (a\nabla u_h, \nabla(\varphi - \Pi_h \varphi)) \\
&= (f, \varphi - \Pi_h \varphi) - \sum_{K \in \mathcal{M}_h} \int_K a\nabla u_h \cdot \nabla(\varphi - \Pi_h \varphi) \mathrm{d}\boldsymbol{x} \\
&= (f, \varphi - \Pi_h \varphi) - \sum_{K \in \mathcal{M}_h} \int_{\partial K} a\nabla u_h \cdot \nu (\varphi - \Pi_h \varphi) \mathrm{d}\boldsymbol{x} \\
&= \sum_{K \in \mathcal{M}_h} \int_K f(\varphi - \Pi_h \varphi) \mathrm{d}\boldsymbol{x} - \sum_{e \in \mathcal{E}_h^I} \int_e J_e(\varphi - \Pi_h \varphi) \mathrm{d}\boldsymbol{x} \\
&\leqslant C \left(\sum_{K \in \mathcal{M}_h} h_K^2 \|f\|_{L^2(K)}^2 \right)^{\frac{1}{2}} \|\nabla \varphi\|_{L^2(\Omega)} + \\
&\quad\ C \left(\sum_{e \in \mathcal{E}_h^I} h_e \|J_e\|_{L^2(e)}^2 \right)^{\frac{1}{2}} \|\nabla \varphi\|_{L^2(\Omega)} \\
&\leqslant C_1 \left(\sum_{K \in \mathcal{M}_h} \eta_K^2 \right)^{\frac{1}{2}} \|\!|\varphi|\!\|_\Omega.
\end{aligned}
$$

取 $\varphi = u - u_h \in H_0^1(\Omega)$ 即得证明. $\qquad\qquad\square$

下面定理给出局部的下界估计.

定理 11.3　存在一个只依赖于网格 $\mathcal{M}_h$ 的最小角度和 $a(x)$ 最大值的常数 $C_2 > 0$, 使得对任意单元 $K \in \mathcal{M}_h$ 有

$$\eta_K^2 \leqslant C_2 \|\!|u - u_h|\!\|_{K^*}^2 + C_2 \sum_{K \subset K^*} h_K^2 \|f - f_K\|_{L^2(K)}^2,$$

其中 $f_K = \dfrac{1}{|K|} \displaystyle\int_K f \mathrm{d}\boldsymbol{x}$, K^* 是与 K 至少有一公共边/面的所有单元的并集.

证明　由定理 11.2 的证明,

$$(a\nabla(u - u_h), \nabla \varphi) = \sum_{K \in \mathcal{M}_h} \int_K f\varphi \mathrm{d}\boldsymbol{x} - \sum_{e \in \mathcal{E}_h^I} \int_e J_e \varphi \mathrm{d}s, \quad \forall \varphi \in H_0^1(\Omega). \tag{11.11}$$

剩下的证明分为两步.

$1°$ 对任意 $K \in \mathcal{M}_h$, 令 $\varphi_K = (d+1)^{d+1} \lambda_1 \lambda_2 \cdots \lambda_{d+1}$ 为 K 上的标准泡函数, 取

$$\varphi = \begin{cases} \varphi_K f_K, & \boldsymbol{x} \in K, \\ 0, & \boldsymbol{x} \notin K, \end{cases} \text{则易知}$$

$$\|f_K\|_{L^2(K)}^2 \leqslant C \int_K f_K \varphi \mathrm{d}\boldsymbol{x},$$

$$\|\varphi\|_{L^2(K)} + h_K \|\nabla\varphi\|_{L^2(K)} \leqslant C\|\varphi\|_{L^2(K)} \leqslant C\|f_K\|_{L^2(K)}.$$

由 (11.11) 可得

$$\|f_K\|_{L^2(K)}^2 \leqslant C \int_K f_K \varphi \mathrm{d}\boldsymbol{x} = C \left(\int_K (f_K - f)\varphi \mathrm{d}\boldsymbol{x} + \int_K a\nabla(u - u_h)\nabla\varphi \mathrm{d}\boldsymbol{x} \right)$$

$$\leqslant C\|f - f_K\|_{L^2(K)}\|\varphi\|_{L^2(K)} + C\|u - u_h\|_K \|\nabla\varphi\|_{L^2(K)}$$

$$\leqslant C\|f_K\|_{L^2(K)} \left(h_K^{-1} \|u - u_h\|_K + \|f - f_K\|_{L^2(K)} \right).$$

因此,

$$h_K \|f_K\|_{L^2(K)} \leqslant C \left(\|u - u_h\|_K + h_K \|f - f_K\|_{L^2(K)} \right).$$

再由三角不等式得

$$\|h_K f\|_{L^2(K)}^2 \leqslant C \left(\|u - u_h\|_K^2 + \|h_K(f - f_K)\|_{L^2(K)}^2 \right).$$

$2°$ 对于任意边/面 $e \subset \partial K \cap \Omega$, 记 Ω_e 为以 e 为公共边/面的两个单元的并, 设 $\psi_e = d^d \lambda_1 \lambda_2 \cdots \lambda_d$ 为 Ω_e 上的泡函数, 其中 $\lambda_1, \lambda_2, \cdots, \lambda_d$ 是与 e 的节点对应的重心坐标函数. 取 $\psi = \begin{cases} \psi_e J_e, & \boldsymbol{x} \in \Omega_e, \\ 0, & \boldsymbol{x} \notin \Omega_e, \end{cases}$ 则

$$\|J_e\|_{L^2(e)}^2 \leqslant C \int_e J_e \psi \mathrm{d}s,$$

容易验证因此

$$\|\psi\|_{L^2(\Omega_e)} + h_K \|\nabla\psi\|_{L^2(\Omega_e)} \leqslant C\|\psi\|_{L^2(\Omega_e)} \leqslant C h_e^{\frac{1}{2}} \|J_e\|_{L^2(e)}.$$

现在由 (11.11) 和 $\psi \in H_0^1(\Omega_e)$ 得

$$\|J_e\|_{L^2(e)}^2 \leqslant C \int_e J_e \psi \mathrm{d}s = C \left(\int_{\Omega_e} f\psi \mathrm{d}\boldsymbol{x} - \int_{\Omega_e} a\nabla(u - u_h)\nabla\psi \mathrm{d}\boldsymbol{x} \right)$$

$$\leqslant C\|J_e\|_{L^2(e)} \left(h_e^{\frac{1}{2}} \|f\|_{L^2(\Omega_e)} + h_e^{-\frac{1}{2}} \|u - u_h\|_{\Omega_e} \right).$$

所以代入 $\|h_K f\|_{L^2(K)}$ 的估计即得证明. □

定理 11.3 表明, 若 f 分片光滑, 则在相差一个高阶量 $\left(\sum_{K \subset K^*} h_K^2 \|f - f_K\|_{L^2(K)}^2 \right)^{\frac{1}{2}}$ 的前提下, 误差指示子 η_K 可以作为局部能量误差 $\|u - u_h\|_{K^*}$ 的下界. 所以, 如果 η_K 大, 那么在单元 K 附近误差一定大.

11.3 自适应算法

基于局部误差指示子, 求解变分问题 (11.3) 的自适应算法通常可以描述为如下形式
的循环:

$$求解 \longrightarrow 估计 \longrightarrow 标记 \longrightarrow 加密. \tag{11.12}$$

为了保证自适应算法收敛, 即, 从任何给定初始网格开始, 循环迭代 (11.12) 有限步终止,
我们需要适当设计标记策略. 文献中已有的标记策略, 通常基于所谓的误差平均分配原
则: 最优的网格应该按单元平均分配误差. 下面, 我们简要回顾两种常用的标记策略: 已
知网格 $\mathcal{M}_H$ 和其上的误差指示子 $\eta_K, K \in \mathcal{M}_H$,

1. 最大值策略: 给定 $\theta \in (0,1)$, 标记所有满足

$$\eta_K \geqslant \theta \max_{K' \in \mathcal{M}_H} \eta_{K'}$$

的单元 K,

2. Dörfler 策略: 给定 $\theta \in (0,1]$, 找 $\mathcal{M}_H$ 的子集 $\hat{\mathcal{M}}_H$ 并标记其中的单元, 使得

$$\eta_{\hat{\mathcal{M}}_H} \geqslant \theta \eta_{\mathcal{M}_H}. \tag{11.13}$$

需要说明的是, 在 Dörfler 策略中, 为了保证自适应算法的拟最优性, 我们一般选取最少
个数的单元使得 (11.13) 成立.

给定一个粗网格 $\mathcal{M}_H$ 和标记的子网格 $\hat{\mathcal{M}}_H \subset \mathcal{M}_H$, 通过加密 $\hat{\mathcal{M}}_H$ 中的单元得
到细网格 $\mathcal{M}_h$. 当然, 加密网格通常包括两个步骤: 加密标记的单元和去悬点 (hanging
nodes). 我们对第一步作如下假设: 存在常数 $m > 1$, 使得

$$|K| \leqslant \frac{1}{m}|K'|, \quad \forall K \subset K', \ K \in \mathcal{M}_h, \ K' \in \hat{\mathcal{M}}_H, \tag{11.14}$$

即任何标记的粗网格单元加密后所得细网格子单元的测度不超过这个粗网格单元测度的
$\frac{1}{m}$. 例如, 在二等分加密的情况下, $m = 2$. 注意到, 在去悬点的步骤中, 可能会加密一些
未标记的单元.

下面给出自适应有限元算法 11.1:

算法 11.1 自适应有限元算法

给定 $\theta \in (0,1]$, 初始网格 $\mathcal{M}_0$, 赋值 $k \leftarrow 0$.

    1. 求 $\mathcal{M}_k$ 上的有限元解 u_k.

    2. 计算 $\mathcal{M}_k$ 上误差指示子 $\eta_K, \forall K \in \mathcal{M}_k$.

    3. 按 Dörfler 策略标记单元, 即选 $\hat{\mathcal{M}}_k \subset \mathcal{M}_k$ 使得 $\eta_{\hat{\mathcal{M}}_k} \geqslant \theta \eta_{\mathcal{M}_k}$.

    4. 加密 $\hat{\mathcal{M}}_k$ 得到 $\mathcal{M}_k$, 满足 (11.14).

    5. $k \leftarrow k + 1$, 回到步 1.

11.4 收敛性分析

在本节中, 我们考虑基于 Dörfler 策略的自适应有限元算法 11.1 的收敛性. 我们从下面的引理开始.

引理 11.2 设 $\mathcal{M}_h$ 是 $\mathcal{M}_H$ 的加密使得 $V_H \subset V_h$, 则

$$\|\|u - u_h\|\|_\Omega^2 = \|\|u - u_H\|\|_\Omega^2 - \|\|u_h - u_H\|\|_\Omega^2.$$

证明 由 $u_h - u_H \in V_h^0$ 及 Galerkin 正交性易证. □

令 $\widetilde{h}_K := |K|^{\frac{1}{d}}$, 引入与 η_K 等价的误差指示子:

$$\widetilde{\eta}_K^2 := \widetilde{h}_K^2 \|f\|_{L^2(K)}^2 + \widetilde{h}_K \sum_{e \subset \partial K} \|J_e\|_{L^2(e)}^2. \tag{11.15}$$

显然, 存在正常数 c_1 和 c_2, 使得

$$c_2 \eta_K \leqslant \widetilde{\eta}_K \leqslant c_1 \eta_K. \tag{11.16}$$

修改后的误差指标 $\widetilde{\eta}_K$ 具有以下的缩减性质.

引理 11.3 设 $\hat{\mathcal{M}}_H \subset \mathcal{M}_H$ 为标记的粗网格单元的集合, $\mathcal{M}_h$ 为满足假设 (11.14) 的 $\mathcal{M}_H$ 的一个加密. 那么存在一个只依赖于网格 $\mathcal{M}_h$ 的最小角度和 $a(x)$ 最大值的一个常数 C_3, 使得对任何 $\delta > 0$, 有

$$\widetilde{\eta}_{\mathcal{M}_h}^2 \leqslant (1+\delta)\left(\widetilde{\eta}_{\mathcal{M}_H}^2 - \left(1 - \frac{1}{\sqrt[d]{m}}\right)\widetilde{\eta}_{\hat{\mathcal{M}}_H}^2\right) + \left(1 + \frac{1}{\delta}\right)C_3\|\|u_h - u_H\|\|_\Omega^2.$$

证明 由参数取为 δ 的 Young 不等式,

$$\widetilde{\eta}_{\mathcal{M}_h}^2 = \sum_{K \in \mathcal{M}_h}\left(\widetilde{h}_K^2\|f\|_{L^2(K)}^2 + \widetilde{h}_K \sum_{e \subset \partial K \cap \Omega} \|[\![a\nabla(u_H + u_h - u_H)]\!]\|_{L^2(e)}^2\right)$$

$$\leqslant \sum_{K \in \mathcal{M}_h}\left(\widetilde{h}_K^2\|f\|_{L^2(K)}^2 + (1+\delta)\widetilde{h}_K \sum_{e \subset \partial K \cap \Omega} \|[\![a\nabla u_H]\!]\|_{L^2(e)}^2\right) +$$

$$\left(1 + \frac{1}{\delta}\right)\sum_{K \in \mathcal{M}_h}\widetilde{h}_K \sum_{e \subset \partial K \cap \Omega} \|[\![a\nabla(u_h - u_H)]\!]\|_{L^2(e)}^2$$

$$=: I + II.$$

注意到, 对于一个粗网格单元 $K' \in \mathcal{M}_H$ 内部的任何 e 有 $[\![a\nabla u_H]\!]_e = 0$, 并且对任何细网格单元 $K \subset K' \in \hat{\mathcal{M}}_H$ 有 $\widetilde{h}_K = |K|^{\frac{1}{d}} \leqslant \frac{1}{\sqrt[d]{m}}\widetilde{H}_{K'}$, 我们有

$$I \leqslant (1+\delta)\sum_{K \subset K' \in \mathcal{M}_H \setminus \hat{\mathcal{M}}_H}\left(\widetilde{h}_K^2\|f\|_{L^2(K)}^2 + \widetilde{h}_K \sum_{e \subset \partial K \cap \Omega} \|[\![a\nabla u_H]\!]\|_{L^2(e)}^2\right) +$$

$$(1+\delta)\sum_{K\subset K'\in\hat{\mathcal{M}}_H}\left(\widetilde{h}_K^2\|f\|_{L^2(K)}^2+\widetilde{h}_K\sum_{e\subset\partial K\cap\Omega}\|[\![a\nabla u_H]\!]\|_{L^2(e)}^2\right)$$

$$\leqslant(1+\delta)\sum_{K'\in\mathcal{M}_H\setminus\hat{\mathcal{M}}_H}\left(\widetilde{H}_{K'}^2\|f\|_{L^2(K')}^2+\widetilde{H}_{K'}\sum_{e'\subset\partial K'\cap\Omega}\|[\![a\nabla u_H]\!]\|_{L^2(e')}^2\right)+$$

$$\frac{1+\delta}{\sqrt[d]{m}}\sum_{K'\in\hat{\mathcal{M}}_H}\left(\widetilde{H}_{K'}^2\|f\|_{L^2(K')}^2+\widetilde{H}_{K'}\sum_{e'\subset\partial K'\cap\Omega}\|[\![a\nabla u_H]\!]\|_{L^2(e')}^2\right)$$

$$=(1+\delta)\widetilde{\eta}_{\mathcal{M}_H\setminus\hat{\mathcal{M}}_H}^2+\frac{1+\delta}{\sqrt[d]{m}}\widetilde{\eta}_{\hat{\mathcal{M}}_H}^2=(1+\delta)\left(\widetilde{\eta}_{\mathcal{M}_H}^2-\left(1-\frac{1}{\sqrt[d]{m}}\right)\widetilde{\eta}_{\hat{\mathcal{M}}_H}^2\right).$$

接下来我们估计 II. 对任意 $e\in\mathcal{E}_h^I$, 记 K_1^e 和 K_2^e 为以 e 为公共边/面的两个单元. 我们有

$$II\leqslant C\left(1+\frac{1}{\delta}\right)\sum_{e\in\mathcal{E}_h^I}h_e\|[\![a\nabla(u_h-u_H)]\!]\|_{L^2(e)}^2$$

$$\leqslant C\left(1+\frac{1}{\delta}\right)\sum_{e\in\mathcal{E}_h^I}h_e\left(\|a\nabla(u_h-u_H)|_{K_1^e}\|_{L^2(e)}^2+\|a\nabla(u_h-u_H)|_{K_2^e}\|_{L^2(e)}^2\right)$$

$$\leqslant C\left(1+\frac{1}{\delta}\right)\sum_{K\in\mathcal{M}_h}h_K\|a\nabla(u_h-u_H)\|_{L^2(\partial K)}^2$$

$$\leqslant\left(1+\frac{1}{\delta}\right)C_3\|\!|u_h-u_H|\!\|_{\Omega}^2,$$

这里用到了局部迹不等式 (6.77) 来推导最后一个不等式. 结合上面三个估计即得证明.
$\square$

下面定理说明, 自适应有限元迭代得到的有限元解序列的误差按线性速度趋于零.

定理 11.4　给定 $\theta\in(0,1]$, 设 $\{\mathcal{M}_k,u_k\}_{k\geqslant0}$ 为按自适应有限元算法 11.1 产生的网格和离散解序列. 假设网格族 $\{\mathcal{M}_k\}$ 是正则的, 则存在常数 $\gamma>0$, $C_0>0$ 和 $0<\alpha<1$, 仅依赖于 $\{\mathcal{M}_k\}$ 的形状正则性, m 和标记参数 θ, 使得

$$\left(\|\!|u-u_k|\!\|_{\Omega}^2+\gamma\eta_{\mathcal{M}_k}^2\right)^{\frac{1}{2}}\leqslant C_0\alpha^k.\tag{11.17}$$

证明　我们首先证明存在常数 $\gamma_0>0$ 和 $0<\alpha<1$, 使得

$$\|\!|u-u_{k+1}|\!\|_{\Omega}^2+\gamma_0\widetilde{\eta}_{\mathcal{M}_{k+1}}^2\leqslant\alpha^2\left(\|\!|u-u_k|\!\|_{\Omega}^2+\gamma_0\widetilde{\eta}_{\mathcal{M}_k}^2\right).\tag{11.18}$$

为了简便, 记

$$e_k:=\|\!|u-u_k|\!\|_{\Omega},\quad\widetilde{\eta}_k:=\widetilde{\eta}_{\mathcal{M}_k},\quad\lambda:=1-\frac{1}{\sqrt[d]{m}}.$$

由引理 11.2—11.3 和 Dörfler 策略, 我们有

$$\widetilde{\eta}_{k+1}\leqslant(1+\delta)(1-\lambda\theta^2)\widetilde{\eta}_k+\left(1+\frac{1}{\delta}\right)C_3(e_k^2-e_{k+1}^2).\tag{11.19}$$

由上界估计定理 11.2 和 (11.16), 我们有

$$e_k^2 \leqslant \widetilde{C}_1 \widetilde{\eta}_k^2, \quad \text{其中} \quad \widetilde{C}_1 = \frac{C_1}{c_2}. \tag{11.20}$$

记 $\beta = \left(1 + \dfrac{1}{\delta}\right) C_3$. 对任意 $0 < \zeta < 1$, 由 (11.19)—(11.20) 知,

$$
\begin{aligned}
e_{k+1}^2 + \frac{1}{\beta} \widetilde{\eta}_{k+1}^2 &\leqslant e_k^2 + \frac{1}{\beta} (1+\delta)(1-\lambda\theta^2) \widetilde{\eta}_k^2 \\
&\leqslant \zeta e_k^2 + \left[(1-\zeta)\widetilde{C}_1 + \frac{1}{\beta}(1+\delta)(1-\lambda\theta^2) \right] \widetilde{\eta}_k^2 \\
&= \zeta \left[e_k^2 + \frac{1}{\beta} \left(\beta\zeta^{-1}(1-\zeta)\widetilde{C}_1 + \zeta^{-1}(1+\delta)(1-\lambda\theta^2) \right) \widetilde{\eta}_k^2 \right].
\end{aligned}
$$

我们取 $\delta > 0$ 使得 $(1+\delta)(1-\lambda\theta^2) < 1$, 并取 ζ 使得 $\beta\zeta^{-1}(1-\zeta)\widetilde{C}_1 + \zeta^{-1}(1+\delta)(1-\lambda\theta^2) = 1$, 即取

$$\zeta = \frac{(1+\delta)(1-\lambda\theta^2) + \beta\widetilde{C}_1}{1 + \beta\widetilde{C}_1} < 1,$$

从而得 (11.18) 成立, 其中

$$\gamma_0 = \frac{1}{\beta} = \frac{\delta}{(1+\delta)C_3}, \quad \alpha^2 = \zeta = \frac{\delta(1+\delta)(1-\lambda\theta^2) + (1+\delta)\widetilde{C}_1 C_3}{\delta + (1+\delta)\widetilde{C}_1 C_3}.$$

进一步, 注意到, 由 (11.16), $\widetilde{\eta}_k \geqslant c_2 \eta_k$, 令

$$\gamma = \gamma_0 c_2^2 \quad \text{和} \quad C_0 = \left(\|\| u - u_0 \|\|_\Omega^2 + \gamma_0 \widetilde{\eta}_0^2 \right)^{\frac{1}{2}}.$$

即知 (11.17) 成立. 得证. □

在二维情况下, 大量的数值实验表明, 本章中描述的基于后验误差估计的自适应有限元方法不仅收敛, 而且得到网格和相关的数值复杂性是拟最优的, 即其上的线性有限元离散的能量范数误差为 $O(N^{-\frac{1}{2}})$, 其中 N 是自由度数. 这一点在适当条件下可以给出证明, 但由于篇幅所限, 我们略去自适应有限元算法的拟最优性理论.

例 11.2　继续考虑例 11.1 中的 L 形区域问题, 这次我们用线性自适应有限元方法 11.1 求解. 图 11.3 绘制了 10 次自适应迭代后的网格图 (a), 和对数–对数坐标下的误差 $\|u - u_k\|_{H^1(\Omega)}$ 关于 N_k 的曲线 (b), 其中 u_k 是 k 次迭代后的网格 $\mathcal{M}_k$ 上的有限元解, $\mathcal{N}_k$ 是 $\mathcal{M}_k$ 上的总自由度数. 可以看出

$$\|u - u_k\|_{H^1(\Omega)} = O(N_k^{-\frac{1}{2}}), \tag{11.21}$$

即收敛速度是拟最优的.

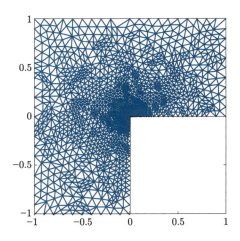

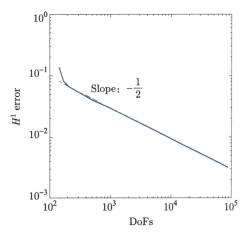

(a) 经过 10 次自适应迭代后的网格 (b) 对数–对数坐标下的 H^1 误差关于总自由度数的 曲线. 虚线为斜率等于 $-\frac{1}{2}$ 的参考线

图 11.3

11.4.1 习题

1. 求扇形区域 $\mathcal{S}_w$ 上的 Laplace 方程 $-\Delta u = 0$ 的形如 $u = r^\alpha \mu(\theta)$ 的通解, 分别满足边界条件:

   (i) $\left.\dfrac{\partial u}{\partial v}\right|_{\Gamma_i} = 0,\ i = 1, 2;$

   (ii) $u|_{\Gamma_1} = 0,\ \left.\dfrac{\partial u}{\partial v}\right|_{\Gamma_2} = 0.$

2. 设 Ω 为 $\mathbb{R}^d (d = 2, 3)$ 中的有界多面体域. 证明以下 Scott-Zhang 插值算子的误差估计.

$$\|\varphi - \Pi_h \varphi\|_{H^k(K)} \leqslant C h_K^{2-k} |\varphi|_{H^2(\tilde{K})}, \quad \forall \varphi \in H^2(\Omega), \quad k = 0, 1.$$

3. 设 $\Omega \subset \mathbb{R}^2$ 是一个有界多边形区域. $f \in L^2(\Omega)$ 和 $g \in L^2(\partial\Omega)$, 设 $u \in H^1(\Omega)$ 为如下椭圆型问题的弱解:

$$-\Delta u = f,\ x \in \Omega; \quad \frac{\partial u}{\partial n} + u = g,\ x \in \partial\Omega.$$

   推导其线性有限元解的后验误差上界估计.

4. 对于两点边值问题: $-u'' = f,\ x \in (0, 1);\ u(0) = \alpha,\ u'(1) = \beta$, 推导其线性有限元解的后验误差上界和下界估计.

参考文献

[1] 李荣华, 刘播. 微分方程数值解法. 4 版. 北京: 高等教育出版社, 2009.

[2] 伍卓群, 李勇. 常微分方程. 2 版. 北京: 高等教育出版社, 2023.

[3] 江泽坚, 孙善利. 泛函分析. 2 版. 北京: 高等教育出版社, 2005.

[4] 复旦大学数学系. 数学物理方程. 北京: 高等教育出版社, 1979.

[5] 冯果忱, 黄明游. 数值分析: 上册. 北京: 高等教育出版社, 2007.

[6] 黄明游, 冯果忱. 数值分析: 下册. 北京: 高等教育出版社, 2007.

[7] 徐绪海, 朱方生. 刚性微分方程的数值方法. 武汉: 武汉大学出版社, 1997.

[8] 黄明游. 发展方程的有限元方法. 上海: 上海科学技术出版社, 1988.

[9] 李荣华. 偏微分方程数值解法. 2 版. 北京: 高等教育出版社, 2010.

[10] 李荣华. 边值问题的 Galerkin 有限元法. 北京: 科学出版社, 2005.

[11] 胡建伟, 汤怀民. 微分方程的数值方法. 北京: 科学出版社, 1999.

[12] 郭本瑜. 偏微分方程的差分法. 北京: 科学出版社, 1988.

[13] 向新民. 谱方法的数值分析. 北京: 科学出版社, 2000.

[14] 马驷良, 李荣华. 关于矩阵族一致有界的代数准则 (综合报告). 吉林大学自然科学学报, 1986 (1): 21–36.

[15] 矢嶋信男, 野木达夫. 发展方程的数值分析. 王宝兴, 殷广济, 雷光耀, 译. 北京: 人民教育出版社, 1982.

[16] Samarskii, A.A. and Andreev, V.B.. 椭圆型方程数值方法. 武汉大学计算数学教研室, 译. 北京: 科学出版社, 1984.

[17] Hackbusch, W.. 多重网格法. 林群, 等译. 北京: 科学出版社, 1998.

[18] Chen, Z. and Wu, H.. Selected Topics in Finite Element Methods. Beijing: Beijing Science Press, 2010.

[19] Li, R., Chen, Z., and Wu, W.. Generalized Difference Methods for Differential Equations – Numerical Analysis of Finite Volume Methods. New York: Marcel Dekker, Inc., 2000.

[20] Li, Y. and Li, R.. Generalized difference methods on arbitrary quadrilateral networks. J. Comp. Math., 1999, 17, 653–672.

[21] Lv, J. and Li, Y.. L^2 Error Estimate of The Finite Volume Element Methods on Quadrilateral Meshes. Adv. Comp. Math. 2010, 33, 129–148.

[22] Bramble, J.H.. Multigrid Methods. New York: Longman Scientific & Technical, 1993.

[23] Courant, R. and Hilbert, D.. Methods of Mathematical Physics. Vol II. Hoboken: J. Wiley & Sons Inc., 1962.

[24] Ciarlet, D.G.. The Finite Element Method for Elliptic Problems. Amsterdam: North Holland, 1978.

[25] Gear, C.W.. Numerical Initial Value Problem in Ordinary Differential Equation. London: Prentice Hall, 1971.

[26] Henrici, P.. Discrete Variable Methods in Ordinary Differential Equations. Hoboken: J. Wiley & Sons Inc., 1962.

[27] Leunbert, J.D.. Computational Methods in Ordinary Differential Equations. Hoboken: J. Wiley & Sons Inc., 1973.

[28] Richtmyer, R.D. and Morton, K.W.. Difference Methods for Initial Value Problems. 2nd edition. Hoboken: J. Wiley & Sons Inc., 1967.

[29] Strang, G. and Fix, G.J.. An Analysis of The Finite Element Method. London: Prentice Hall, 1973.

[30] Saul'yev, V.K.. Difference Methods for Solving Equation of Parabolic Type. Moscow: Moscow Press, 1960.

[31] Thomas, J. W.. Numerical Partial Differential Equations. New York: Springer Verlag, 1999.

[32] Wang, J. and Ye, X.. A Weak Galerkin Finite Element Method for Second Order Elliptic Problems. J. Comput. Appl. Math., 2013, 241, 103–115.

[33] Mu, L., Wang, J., and Ye, X.. A Weak Galerkin Finite Element Method with Polynomial Reduction. J. Comp. Appl. Math., 2015, 285, 45–58.

[34] X. Ye and S. Zhang. A Stabilizer-Free Weak Galerkin Finite Element Method on Polytopal Meshes. J. Comp. Appl. Math., 2020, 371, 112699, 9.

[35] Brenner, S. and Scott, R.. The Mathematical Theory of Finite Element Methods. 3rd edition. New York: Springer, 2008.

[36] Arnold, D.N., Brezzi, F., Cockburn, B., and Marini, L. D.. Unified Analysis of Discontinuous Galerkin Methods for Elliptic Problems. SIAM J. Numer. Anal. 2002, 39, 1749–1779.

[37] Cockburn, B., Gopalakrishnan, J., and Sayas, F.. A Projection-Based Error Analysis of HDG Methods. Math. Comp. 2010, 79, 1351–1367.

[38] Cockburn, B. and Shu, C.-W.. The Local Discontinuous Galerkin Method for Convection-Diffusion Systems. SIAM J. Numer. Anal. 1998, 35, 2440–2463.

[39] Riviére, B.. Discontinuous Galerkin Methods for Solving Elliptic and Parabolic Equations: Theory and Implementation. New York: SIAM, 2008.

数学家简介

郑重声明

高等教育出版社依法对本书享有专有出版权。任何未经许可的复制、销售行为均违反《中华人民共和国著作权法》，其行为人将承担相应的民事责任和行政责任；构成犯罪的，将被依法追究刑事责任。为了维护市场秩序，保护读者的合法权益，避免读者误用盗版书造成不良后果，我社将配合行政执法部门和司法机关对违法犯罪的单位和个人进行严厉打击。社会各界人士如发现上述侵权行为，希望及时举报，我社将奖励举报有功人员。

反盗版举报电话　　(010) 58581999　58582371

反盗版举报邮箱　　dd@hep.com.cn

通信地址　　北京市西城区德外大街4号
　　　　　　高等教育出版社知识产权与法律事务部

邮政编码　　100120

读者意见反馈

为收集对教材的意见建议，进一步完善教材编写并做好服务工作，读者可将对本教材的意见建议通过如下渠道反馈至我社。

咨询电话　　400-810-0598

反馈邮箱　　hepsci@pub.hep.cn

通信地址　　北京市朝阳区惠新东街4号富盛大厦1座
　　　　　　高等教育出版社理科事业部

邮政编码　　100029

防伪查询说明

用户购书后刮开封底防伪涂层，使用手机微信等软件扫描二维码，会跳转至防伪查询网页，获得所购图书详细信息。

防伪客服电话　　(010) 58582300

图书在版编目（CIP）数据

微分方程数值解法 / 李荣华，李永海，武海军编著.
北京：高等教育出版社，2025.4. -- ISBN 978-7-04
-063698-7

Ⅰ.O241.8

中国国家版本馆 CIP 数据核字第 2025M1S558 号

Weifen Fangcheng Shuzhi Jiefa

策划编辑	宋玉文	出版发行	高等教育出版社
责任编辑	宋玉文	社　　址	北京市西城区德外大街4号
封面设计	王　洋	邮政编码	100120
版式设计	童　丹	购书热线	010-58581118
责任绘图	杨伟露	咨询电话	400-810-0598
责任校对	吕红颖	网　　址	http://www.hep.edu.cn
责任印制	赵义民		http://www.hep.com.cn
		网上订购	http://www.hepmall.com.cn
			http://www.hepmall.com
			http://www.hepmall.cn

印　　刷	北京盛通印刷股份有限公司
开　　本	787mm×1092mm　1/16
印　　张	20.75
字　　数	390千字
版　　次	2025年4月第1版
印　　次	2025年4月第1次印刷
定　　价	54.00元

数学"101 计划"已出版教材目录

1.	《基础复分析》	崔贵珍　高　延
2.	《代数学（一）》	李　方　邓少强　冯荣权　刘东文
3.	《代数学（二）》	李　方　邓少强　冯荣权　刘东文
4.	《代数学（三）》	冯荣权　邓少强　李　方　徐彬斌
5.	《代数学（四）》	冯荣权　邓少强　李　方　徐彬斌
6.	《代数学（五）》	邓少强　李　方　冯荣权　常　亮
7.	《数学物理方程》	雷　震　王志强　华波波　曲　鹏　黄耿耿
8.	《概率论（上册）》	李增沪　张　梅　何　辉
9.	《概率论（下册）》	李增沪　张　梅　何　辉
10.	《概率论和随机过程 上册》	林正炎　苏中根　张立新
11.	《概率论和随机过程 下册》	苏中根
12.	《实变函数》	程　伟　吕　勇　尹会成
13.	《泛函分析》	王　凯　姚一隽　黄昭波
14.	《数论基础》	方江学
15.	《基础拓扑学及应用》	雷逢春　杨志青　李风玲
16.	《微分几何》	黎俊彬　袁　伟　张会春
17.	《最优化方法与理论》	文再文　袁亚湘
18.	《数理统计》	王兆军　邹长亮　周永道　冯　龙
19.	《数学分析》数字教材	张　然　王春朋　尹景学
20.	《微分方程Ⅱ》	周蜀林
21.	《数学分析（上册）》	楼红卫　杨家忠　梅加强
22.	《数学分析（中册）》	杨家忠　梅加强　楼红卫
23.	《数学分析（下册）》	梅加强　楼红卫　杨家忠
24.	《微分方程数值解法》	李荣华　李永海　武海军